Chmelka — Melan

Einführung in die Statik

Achte, erweiterte und verbesserte Auflage

Von

Fritz Chmelka

Unveränderter Nachdruck 1977

Mit 167 Abbildungen

1968

Springer-Verlag

Wien · New York

Dr. phil., Dr. techn. Fritz Chmelka
o. Professor an der Universität in Innsbruck

Softcover reprint of the hardcover 8th edition 1968
Library of Congress Catalog Card Number 68-27733

ISBN-13: 978-3-211-80855-9 e-ISBN-13: 978-3-7091-8187-4
DOI: 10.1007/978-3-7091-8187-4

Vorwort zur achten Auflage

Die erste Auflage des vorliegenden Buches, die im Jahre 1942 erschien, ging von Vorlesungen aus, die zuerst von meinem verehrten Lehrer Ernst Melan und später dann von mir an der Architekturfakultät der Technischen Hochschule in Wien gehalten wurden. Dieses damals noch sehr schmale Büchlein sollte in erster Linie dazu dienen, jenen Studierenden, die durch Kriegsdienst am Besuch der Vorlesungen verhindert waren, einen Studienbehelf in die Hand zu geben. Das Büchlein wurde sehr freundlich aufgenommen und erlebte zunächst fünf verhältnismäßig unveränderte Auflagen. Erst die sechste Auflage stellte eine wesentliche Erweiterung gegenüber den vorhergegangenen dar, so daß aus dem Büchlein schon ein kleines Buch geworden war, während die siebente Auflage (1961) wiederum nicht wesentlich von der sechsten abwich.

Die vorliegende achte Auflage unterscheidet sich abermals sehr merklich von ihren Vorgängerinnen. Sie bringt zunächst eine völlige Neugestaltung und wesentliche Erweiterung des I. Kapitels, das von den Kräften handelt. Im Gegensatz zu den früheren Auflagen wurden hier die Vektoren mit Frakturbuchstaben bezeichnet, und in dieser Bezeichnung wurden einige ganz einfache Vektoroperationen dargestellt. Damit sollte eine Verbindung zu den Lehrbüchern der allgemeinen Mechanik hergestellt werden. Allerdings ergab sich dadurch eine Schwierigkeit hinsichtlich des in diesem Buch zu behandelnden Sachgebietes, denn kaum je werden in der technischen Praxis etwa die auf einem Träger stehenden Lasten sowie seine Auflagerdrücke mit Frakturbuchstaben bezeichnet. Sie werden vielmehr durch Pfeile gekennzeichnet, und ihre Beträge werden entweder in Lateinbuchstaben oder in Form spezieller Zahlen daneben geschrieben. Der Übergang von der einen zu der anderen Bezeichnung, die am Beginn des III. Kapitels vorgenommen wurde, stellt zweifellos eine gewisse Inkonsequenz dar, die jedoch auch manche andere Bücher über diesen Gegenstand nicht vermeiden können; nur sprechen sie meist nicht so ausführlich darüber, wie es hier geschieht. Indessen soll sich der Studierende daran gewöhnen, das Wesentliche der Dinge zu erfassen, und soll nicht an einer bestimmten Bezeichnung kleben. Er wird dann überrascht sein, wie schnell er sich von der einen auf die andere Bezeichnung umzustellen vermag.

Eine zweite wesentliche Änderung gegenüber den früheren Auflagen dieses Buches betrifft die Bezeichnung der Krafteinheiten. In der vorliegenden Auflage wurde ausnahmslos die Bezeichnung Kilopond (kp) bzw. Megapond (Mp) eingeführt und verwendet. Zwar sagt das österreichische Maß- und Eichgesetz, daß für die Krafteinheit weiterhin die Bezeichnung Kilogramm (kg) bzw. Tonne (t) verwendet werden darf, sofern keine Verwechslungsmöglichkeit mit der betreffenden Masseneinheit besteht. Eine solche Möglichkeit besteht nun tatsächlich in der Statik nicht. Doch sollte der Leser trachten, stets die neue Bezeichnung zu verwenden, die sich in der Dynamik bestens bewährt hat und die sich auch in der Statik mehr und mehr einbürgert.

In seinem ganzen Aufbau wie auch in den Anwendungsbeispielen ist das Buch, wie in seinen bisherigen Auflagen, in erster Linie auf das Bauwesen (Bauingenieurwesen und Architektur) ausgerichtet. Zur Weiterbildung auf diesem Gebiet können die im selben Verlag erschienenen Bücher *Einführung in die Festigkeitslehre* von F. Chmelka und E. Melan sowie *Einführung in die Baustatik* von E. Melan zur Hand genommen werden. Was beim Leser an mathematischen Vorkenntnissen vorausgesetzt wird, ist gering, und entspricht etwa dem an einer allgemeinbildenden höheren Schule vermittelten Lehrstoff. Das Buch ist mit Absicht so ausführlich gehalten, daß auch jene Leser, die keine sonstige Anleitung erhalten, in den Gegenstand einzudringen vermögen.

Am 10. Dezember 1963 starb völlig unerwartet Ernst Melan, der als Mitautor der ersten sieben Auflagen dieses Buches gezeichnet hatte. Mit ihm schied eine Persönlichkeit aus dem Leben, die in geradezu idealer Form den akademischen Lehrer, den Forscher und den praktischen Konstrukteur in sich vereinigte. Großzügig wie er war, ließ er mir schon bei der Verfassung der ersten Auflage so gut wie vollkommen freie Hand, stand mir jedoch mit seinem wertvollen Rat stets hilfsbereit zur Seite. Ich möchte an dieser Stelle seiner in Dankbarkeit gedenken.

Wie schon bei der Herstellung aller bisherigen Auflagen war der Verlag auch diesmal in dankenswerter Weise bereit, auf alle meine Wünsche einzugehen, und die Zusammenarbeit verlief in angenehmster Weise.

Bad Aussee, im September 1968 Fritz Chmelka

Inhaltsverzeichnis

VII. Weitere statisch bestimmte Systeme

I. Die Zusammensetzung und das Gleichgewicht von Kräften

1. Zur Definition der Kraft. Die *Statik*, von der das vorliegende Buch handelt, ist ein Teilgebiet der *Mechanik*. Diese kann etwa als die Lehre von den Bewegungen der Körper und ihrem Verhalten unter dem Einfluß von Kräften bezeichnet werden. Damit stoßen wir bereits auf den gar nicht so leicht zu definierenden Begriff der *Kraft*. Was unter einer Kraft zu verstehen ist, wird zunächst aus einer subjektiven Empfindung abgeleitet. Wir wissen, daß es einer Anstrengung, einer Muskelanspannung, bedarf, um einen Körper aus dem Ruhezustand in Bewegung zu versetzen, und ebenso, um einen in Bewegung befindlichen Körper anzuhalten. Aber auch wenn wir bloß die Bewegungsrichtung eines Körpers ändern wollen, ohne den Betrag seiner Geschwindigkeit zu ändern, ist eine solche Anstrengung nötig. In allen diesen Fällen sagen wir, daß wir auf den Körper eine *Kraft* ausgeübt haben und daß wir dadurch seinen *Bewegungszustand* geändert haben. Unter „Änderung des Bewegungszustandes" verstehen wir eine Änderung der Größe der Geschwindigkeit oder eine Änderung der Richtung der Geschwindigkeit oder auch beides zugleich. Denn auch bei einer bloßen Richtungsänderung der Geschwindigkeit ändert sich der Bewegungszustand eines Körpers. Bewegt er sich etwa gleichförmig längs eines Viertelkreises, so hat er am Ende dieses Wegstückes eine Bewegung in einer Richtung, in der ursprünglich keine Bewegung vorhanden war, während die Bewegung in der Anfangsrichtung aufgehört hat.

Wir beobachten ferner, daß wir an ein und demselben Körper mit einer größeren Anstrengung, also mit einer größeren Kraft, eine stärkere Änderung des Bewegungszustandes hervorrufen als mit einer geringeren Kraft. Wir bringen einen Wagen schneller auf eine bestimmte Geschwindigkeit, wenn wir kräftiger anschieben, als wenn wir uns nicht so sehr anstrengen. Und dann ist auch noch die Richtung, in der wir die Kraft auf den Körper einwirken lassen, auf die Änderung seines Bewegungszustandes von Einfluß.

Ziehen wir verschiedene Körper in Betracht, so sehen wir, daß wir an ihnen mit der gleichen Anstrengung oft sehr verschieden große Änderungen des Bewegungszustandes hervorbringen. Als den Grund hierfür sehen wir die verschiedene *Massen* der Körper an. Körper größerer Masse (etwa ein beladener Wagen) setzen einer Bewegungsänderung einen größeren Widerstand entgegen als solche kleinerer Masse (der leere Wagen).

Soviel über das Verhalten von Körpern, auf die wir selbst mit unserer Muskelkraft einwirken. Nun beobachten wir aber auch Bewegungsänderungen an Körpern, ohne daß wir selbst daran irgendwie beteiligt sind. Wir sagen, daß auch diese Bewegungsänderungen durch *Kräfte* verursacht werden, und objektivieren damit den zunächst rein subjektiven Kraftbegriff. Wird etwa ein Ball von einer Wand zurückgeworfen, so sagen wir, die Wand habe auf den Ball eine Kraft ausgeübt, genauso wie wir es auch mit unserer Hand hätten tun können. Und fällt ein losgelassener Stein herunter, so bezeichnen wir als Ursache dieser Bewegung die Anziehungskraft, die die Erde auf den Stein ausübt, oder kurz die Schwerkraft.

Wir haben damit die Kraft als die Ursache der Änderung des Bewegungszustandes eines Körpers definiert. Es soll nicht verschwiegen werden, daß manche Autoren die Kraft nicht in dieser Weise definiert wissen wollen und daß sich der Kraftbegriff bei genauer Analyse als ein sehr schwierig zu fassender Begriff erweist. Doch für unsere Zwecke mag die oben gegebene Erklärung ausreichen.

Wir haben gesehen, daß zur eindeutigen Kennzeichnung einer Kraft sowohl die Angabe ihrer *Größe* oder, wie man auch sagt, ihres *Betrages* als auch die Angabe ihrer Richtung gehört. Physikalische Größen dieser Art nennt man *Vektoren*. Physikalische Begriffe, zu deren Kennzeichnung bloß die Angabe ihres Betrages, also bloß eine einzige Zahl, erforderlich ist, heißen *Skalare*. Beispiele für Vektoren sind außer der Kraft noch die Geschwindigkeit, die Beschleunigung (das ist die Geschwindigkeitsänderung in der Zeiteinheit) usw. Beispiele für Skalare sind die Masse, die Temperatur.

Ein Vektor läßt sich als gerichtete Größe vorteilhaft durch einen Pfeil darstellen, dessen Länge in irgendeinem Maßstab dem Betrag der betreffenden physikalischen Größe entspricht. In den späteren technischen Anwendungen werden wir jedoch oft so verfahren, daß wir durch einen Pfeil beliebiger Länge lediglich die Richtung des Vektors angeben und seinen Betrag bloß zu dem Pfeil dazuschreiben. In diesem Kapitel hingegen, wo wir mit den Vektoren selbst ein wenig rechnen wollen, werden wir einen Vektor, also den Inbegriff von Größe und Richtung, stets durch einen Frakturbuchstaben bezeichnen, und seinen Betrag mit dem entsprechenden Lateinbuchstaben; also beispielsweise den Kraftvektor $\mathfrak{P}$, der den (stets positiven) Betrag P hat. Für diesen „absoluten Betrag" des Vektors $\mathfrak{P}$ schreibt man oft auch $|\mathfrak{P}| = P$.

Ist die Kraftwirkung auf einen Körper in einem bestimmten Punkt lokalisiert, etwa dadurch, daß auf den betrachteten Körper von einem anderen Körper an einer punktförmigen Berührungsstelle ein Druck ausgeübt wird (wir werden später oft sagen: eine Druckkraft „übertragen" wird), so sprechen wir von einer *Einzelkraft*. Die Stelle der Krafteinwirkung wird *Angriffspunkt* der Kraft genannt, und die Gerade, in der die Kraft wirkt, heißt ihre *Wirkungslinie*. Die Kraftwirkung kann aber auch über die Oberfläche oder über das Volumen des Körpers verteilt sein. Wir sprechen dann von *Flächen-* bzw. von *Volums-* oder auch *Massenkräften*. Flächenkräfte sind etwa der Wasserdruck auf die Wände eines Behälters oder der Winddruck, aber auch Sandschüttungen, Menschengedränge verursachen flächenhafte Belastungen. Ein Beispiel für eine Massenkraft ist die Schwerkraft (das Gewicht). Zuweilen werden wir auch Kräfte betrachten, die längs gerader oder krummer Linien verteilt sind und die als *Streckenlasten* bezeichnet werden.

Nun zu den Körpern, mit denen wir uns beschäftigen wollen. Es sollen durchwegs *feste Körper* sein, das sind Körper, die innerhalb gewisser Belastungsgrenzen ihre Gestalt und ihr Volumen nur wenig ändern. Der Grenzfall eines festen Körpers ist der *starre Körper*, ein Körper, der unter Belastung überhaupt keine Formänderungen erfährt (und bei dem auch im Inneren keinerlei Massenumlagerungen stattfinden). Solche Körper gibt es in Wirklichkeit nicht; doch sind die Formänderungen, die die von uns betrachteten Körper unter Belastung erleiden, oft so klein im Vergleich zu den Abmessungen der Körper, daß wir sie mit guter Näherung vernachlässigen können und die Körper als starr betrachten können. In manchen Fällen führt jedoch diese idealisierende Betrachtungsweise nicht zum Ziel, und wir sind gezwungen, auf die Formänderungen des Körpers einzugehen. Ein Beispiel hierzu ist die Berechnung der Stützendrücke, die bei einem Träger über mehr als zwei Stützen infolge einer gegebenen Belastung auftreten. Sie führt nur dann zu einem eindeutigen Ergebnis, wenn wir annehmen, daß sich der Träger unter der Belastung durchbiegt.

Wir sehen jetzt, daß auch die Annahme einer Einzellast eine Idealisierung ist. Wenn zwei Körper einander berühren und an der Berührungsstelle Kräfte übertragen, so wird sich diese Stelle auf jeden Fall ein wenig abplatten, und die Kraft wird in Wirklichkeit über eine kleine Fläche verteilt sein. Aber auch hier werden wir in vielen Fällen diese Fläche als einen Punkt betrachten können im Vergleich zu den Abmessungen des Körpers, abgesehen davon, daß wir meist trachten werden, verteilte Belastungen durch gleichwertige Einzellasten zu ersetzen.

Eine weitere Idealisierung, der sich die Mechanik gern bedient, ist der sogenannte „*Massenpunkt*". Das ist ein Körper von so geringer Ausdehnung im Vergleich zu den Abmessungen seiner Umgebung, daß wir ihn praktisch als geometrischen Punkt betrachten können, der aber dennoch eine endlich große Masse besitzen soll. Wir betrachten lediglich die fortschreitende Bewegung dieses Körperchens, seine allfällige Drehung bleibt außer Betracht (die ja, strenggenommen, für einen geometrischen Punkt gar keinen Sinn hätte). Ein Beispiel für die Anwendung dieser sogenannten „*Punktmechanik*" ist die Berechnung der Planetenbewegungen um die Sonne, wobei alle beteiligten Körper wegen ihrer großen Entfernungen im Vergleich zu ihren Durchmessern als Massenpunkte betrachtet werden können.

Kommen wir zum Schluß noch einmal auf den Fall zurück, daß ein Körper unter dem Einfluß von Kräften deformiert wird, so werden nach Aufbringung der Kräfte die einzelnen Teilchen des Körpers zunächst gegeneinander in Bewegung gebracht. Auch hier tritt also als Folge der Kräfte eine Änderung des Bewegungszustandes ein. In vielen Fällen kommt diese Bewegung wieder zum Stillstand, weil der Körper seiner zunehmenden Verformung einen steigenden Widerstand entgegensetzt, und diese „inneren Kräfte" mit den „äußeren Kräften" zu einem Gleichgewichtszustand kommen.

2. Die Newtonschen Grundgesetze der Mechanik. Nachdem GALILEO GALILEI (1564—1642) in Italien, JOHANNES KEPLER (1571—1630) in Deutschland, CHRISTIAN HUYGENS (1629—1695) in den Niederlanden und andere einige Bewegungsgesetze der Mechanik entdeckt hatten, die zunächst als Einzeltatsachen untereinander noch keine rechte Verbindung hatten, gelang es ISAAC NEWTON (1642—1727), von wenigen Grundgesetzen ausgehend, die Mechanik geschlossen aufzubauen[1]. Er folgte damit dem Vorbild EUKLIDS, der bereits im Altertum die gesamte Geometrie aus wenigen Axiomen heraus entwickelte. Obwohl die Grundgesetze NEWTONS später lebhaft diskutiert und kritisiert wurden und diese Erörterungen heute noch andauern, können diese Gesetze im großen und ganzen immer noch als Ausgangspunkt einer Darstellung der Mechanik gewählt werden.

NEWTON stellt in seinem berühmten Buch „*philosophiae naturalis principia mathematica*" (London 1687) zunächst drei Axiome auf, die wie folgt lauten[2]:

---

[1] Bereits im Altertum hatte man einige Gesetze der Statik entdeckt; so war z. B. ARCHIMEDES (287—212 v. Chr.) das Hebelgesetz und das Gesetz vom Auftrieb bekannt. Die Bewegungsvorgänge wurden jedoch bis zum Beginn der Neuzeit im allgemeinen nicht richtig gedeutet.

[2] Die hier gegebene Übersetzung aus dem Lateinischen ist dem Buch von ERNST MACH, „Die Mechanik in ihrer Entwicklung" (1. Aufl., Leipzig 1883), entnommen. MACH war einer der ersten, der die NEWTONschen Grundlegungen einer Kritik unterzog.

1. Jeder Körper beharrt in seinem Zustand der Ruhe oder der gleichförmigen geradlinigen Bewegung, wenn er nicht durch einwirkende Kräfte gezwungen wird, diesen Zustand zu ändern.

2. Die Änderung der Bewegung ist der Einwirkung der bewegenden Kraft proportional und geschieht nach der Richtung derjenigen geraden Linie, nach welcher jene Kraft wirkt.

3. Die Wirkung ist stets der Gegenwirkung gleich, oder die Wirkungen zweier Körper aufeinander sind stets gleich und von entgegengesetzter Richtung.

Das erste Gesetz ist das *Trägheitsgesetz*, das im wesentlichen schon Galilei bekannt war. Danach bleibt ein ruhender Körper, auf den keine Kräfte einwirken, auch weiterhin in Ruhe. Wir wissen jedoch, daß Körper, auf die Kräfte einwirken, nicht unbedingt aus dem Ruhezustand in Bewegung kommen müssen, sondern in Ruhe bleiben können; dann nämlich, wenn sich die beschleunigenden Wirkungen dieser Kräfte, von denen das zweite Gesetz spricht, gegenseitig aufheben. (Wir sehen schon, daß in diesem Fall mindestens zwei Kräfte angreifen müssen.) Ein Beispiel für diesen Fall ist ein auf einem Tisch liegender Gegenstand, etwa ein Buch. Auf jeden Körper unserer Umgebung wirkt die Schwerkraft, wir nennen diese Kraft das „Gewicht" des betreffenden Körpers. Wäre dieses die einzige Kraft, die auf das Buch wirkte, dann würde es beschleunigt werden, es würde herunterfallen. Der Tisch aber verhindert dies. Er muß also auf das Buch eine Kraft ausüben, die *gleich dem Gewicht* des Buches ist, aber entgegengesetzt gerichtet ist wie die Schwerkraft. Wir sagen, daß das Buch unter dem Einfluß dieser beiden Kräfte im *Gleichgewicht* ist.

Mag sein, daß die Bezeichnung „Gleichgewicht" von dieser Erfahrung herstammt, oder vielleicht auch von der Waage her, wo der Last auf der einen Waagschale durch ein *gleiches Gewicht* auf der anderen Seite des Waagebalkens das Gleichgewicht gehalten wird, wobei hier bereits drei Kräfte am Waagebalken wirksam sind, da dieser ja noch in der Mitte unterstützt werden muß. Wir sind damit zum Gegenstand der „*Statik*" gekommen: *der Lehre vom Gleichgewicht von Körpern, die unter dem Einfluß von Kräften stehen.*

Doch vorerst noch ein paar Worte zum zweiten und dritten Newtonschen Axiom. Das zweite gilt zunächst nur für einen Massenpunkt. Verstehen wir unter „Änderung der Bewegung" die Beschleunigung, so sagt das Gesetz aus, daß der Beschleunigungsvektor $\mathfrak{b}$ dem Kraftvektor $\mathfrak{P}$ proportional ist, das heißt, daß die beiden Vektoren proportionale Beträge und gleiche Richtung haben. In dem Proportionalitätsfaktor steckt die Masse m des Körpers. Man schreibt das Gesetz in Form der dynamischen Grundgleichung an: Masse mal Beschleunigung ist gleich der Kraft:

$$m\mathfrak{b} = \mathfrak{P}. \qquad (2, 1)$$

Haben wir einen ausgedehnten starren (oder näherungsweise starren) Körper vor uns, so ist es nicht gleichgültig, wo die Kraft an ihm angreift. War der Körper ursprünglich in Ruhe, so wird er infolge der Kraftwirkung nicht nur in fortschreitende Bewegung geraten, sondern im allgemeinen auch in Drehung. Nur wenn die Wirkungslinie der Kraft durch den *Schwerpunkt* des Körpers geht, kommt keine Drehung zustande. Während die Drehbewegung von der Exzentrizität des Kraftangriffs bezüglich des Schwerpunkts abhängt, ist diese für die Bewegung des Schwerpunkts ohne Belang. Es gilt nämlich der sogenannte *Schwerpunktssatz*, der besagt, daß sich der Schwerpunkt eines Körpers (dieser mag starr sein oder nicht) so bewegt wie ein Massenpunkt, in dem die Gesamtmasse des Körpers vereinigt ist und an dem alle Kräfte angreifen, die von außen auf den Körper einwirken. Wir können daher das zweite NEWTONsche Axiom auch auf einen ausgedehnten Körper beziehen, wenn wir lediglich die Bewegung seines Schwerpunkts betrachten.

Wir wollen hier den Beweis des Schwerpunktssatzes nicht vorführen, denn was für das Folgende wichtig ist, ist die Tatsache, daß ein ursprünglich in Ruhe befindlicher Körper auf jeden Fall in Bewegung kommt, wenn auf ihn eine Kraft wirkt, sofern deren Wirkung nicht etwa durch andere Kräfte aufgehoben wird.

Das dritte NEWTONsche Axiom ist auch unter dem Namen *Gegenwirkungssatz* oder *Reaktionsprinzip* bekannt und besagt, daß, wenn ein Körper A auf einen Körper B mit einer Kraft einwirkt, der Körper B auf den Körper A mit der gleich großen und entgegengesetzt gerichteten Kraft zurückwirkt. In unserem obigen Beispiel drückt das Buch mit seinem Gewicht auf den Tisch, und der Tisch mit einer dem Gewicht gleichen, aber entgegengesetzt gerichteten Kraft auf das Buch. Auch die Sonne wird von der Erde mit der gleichen Kraft angezogen wie die Erde von der Sonne; nur die Beschleunigungen, die die beiden Körper nach dem zweiten Grundgesetz einander erteilen, sind infolge des großen Massenunterschiedes sehr verschieden.

NEWTON läßt seinen drei Grundgesetzen noch eine Reihe von Zusätzen folgen, unter denen sich auch der Satz vom *Kräfteparallelogramm* befindet, der eigentlich ein Axiom für sich darstellt. Danach sind zwei Kräfte $\mathfrak{P}_1$ und $\mathfrak{P}_2$, die im selben Punkt A eines Körpers angreifen, gleichwertig einer einzigen Kraft $\mathfrak{R}$, die als ihre *Resultierende* bezeichnet wird, und die nach Größe und Richtung gegeben ist durch die vom Punkt A ausgehende Diagonale des Parallelogramms, das man mit Hilfe der beiden Vektoren $\mathfrak{P}_1$ und $\mathfrak{P}_2$ zeichnen kann. Für einen starren Körper kann man dies auch durch das sogenannte *Unabhängigkeitsprinzip* ausdrücken: die Wirkungen von $\mathfrak{P}_1$ und $\mathfrak{P}_2$ auf den Körper überlagern sich unabhängig voneinander (was keineswegs denknotwendig ist).

3. Einteilung der Mechanik. Unsere vorhergehenden Betrachtungen zusammenfassend und ergänzend, können wir sagen, daß die Mechanik nach verschiedenen Gesichtspunkten eingeteilt werden kann. Zunächst einmal nach der Art der Körper, die wir betrachten, können wir die Mechanik einteilen in die Mechanik der festen, der flüssigen und der gasförmigen Körper. Die erstere, die uns hier allein interessiert, kann wieder unterteilt werden in die Mechanik der Massenpunkte, der starren und der deformierbaren Körper.

Eine andere Art der Einteilung der Mechanik geht aus von den Vorgängen, die wir betrachten wollen. Da ist zunächst die reine Bewegungslehre, die *Kinematik*, bei der bloß nach dem Ablauf einer Bewegung gefragt wird, ohne auf ihre Ursachen einzugehen, wie etwa bei der Beschreibung der Bewegung eines Zahnradgetriebes. Fragen wir hingegen nach der Bewegung, die ein Körper oder auch ein System von Körpern unter dem Einfluß von Kräften ausführt, so ist dies eine Aufgabe der *Dynamik* [dýnamis (gr.) = Kraft], der Lehre von den Kräften und den durch sie verursachten Bewegungen. (Dieses Gebiet wird häufig auch *Kinetik* genannt.) Als Beispiel erwähnen wir die Berechnung der Bewegung eines Planeten im Gravitationsfeld der Sonne. — Ein Sonderfall der Dynamik, oder, wenn man will, ihr Gegenstück, ist die *Statik*, welche, wie wir bereits in Nr. 2 ausgeführt haben, Körper betrachtet, die, obwohl Kräfte auf sie einwirken, sich dauernd in Ruhe, im Gleichgewicht, befinden. Von ihr handelt das vorliegende Buch.

4. Einheiten. Um die einzelnen Größen, mit denen wir uns im folgenden beschäftigen wollen, miteinander vergleichen zu können, müssen wir gewisse Einheitsgrößen festsetzen, die wir unseren Messungen zugrunde legen. Da wir uns mit Körpern befassen werden, auf die Kräfte einwirken, ist es naheliegend, daß wir uns über eine Längeneinheit und über eine Krafteinheit einigen werden.

Die technische Längeneinheit ist das *Meter* (m), das näherungsweise gleich dem vierzigmillionsten Teil der Länge eines Erdmeridians ist. Streng definiert ist es durch die Länge des „Urmeters“, das ist der Abstand zweier Striche auf einem in Sèvres bei Paris aufbewahrten Platin-Iridium-Stab. Der hundertste Teil eines Meters ist ein Zentimeter (cm).

Die technische Krafteinheit ist das *Kilopond* (kp), das ist, grob gesprochen, jene Kraft, mit der ein an der Erdoberfläche befindlicher ruhender Körper von der Masse 1 Kilogramm auf seine Unterlage drückt. Dabei ist 1 *Kilogramm* (1 kg) ungefähr gleich der Masse von 1 Liter Wasser bei 4° Celsius. Grob gesprochen, ist also 1 Kilopond das *Gewicht* der Masse 1 Kilogramm an der Erdoberfläche.

Wollen wir diese Definition genauer fassen, so ist zunächst zu sagen, daß man unter dem *Gewicht* eines Körpers die Kraft versteht, die der an einem

Ort der Erde ruhende Körper im leeren Raum[1] auf seine Unterlage ausübt. Das Gewicht eines Körpers ist nicht an allen Punkten der Erdoberfläche das gleiche. In erster Linie infolge der von der Erddrehung herrührenden Fliehkraft und, in geringerem Maße, infolge der Abweichung der Erde von der exakten Kugelgestalt, ist das Gewicht eines Körpers am Äquator etwas kleiner als an den Polen der Erde. Man definiert daher als das *Normgewicht* eines Körpers sein Gewicht an einem bestimmten Ort, dem sogenannten *Normort*. Das ist jener Punkt der Erde, wo die Fallbeschleunigung ihren *Normwert* $g = 9{,}80665$ m/sec² besitzt. (Dies entsprach nach den seinerzeitigen Messungen einem Ort von 45° geographischer Breite auf Meeresniveau, was ähnlich wie bei der Meterfestsetzung nach den heutigen Messungen nicht mehr ganz genau zutrifft.) Unter 1 Kilopond versteht man nun das Normgewicht der Masse 1 Kilogramm, wobei die Masse 1 kg exakt definiert ist durch die Masse eines Pt-Ir-Prototyps, das sich ebenfalls in Sèvres bei Paris befindet.

Die Veränderung, die das Gewicht eines Körpers bei Änderung seines Ortes an der Erdoberfläche, sei es nach geographischer Breite oder nach Seehöhe, erfährt, ist jedoch so klein, daß man in vielen technischen Anwendungen von ihr absehen kann.

Teile und Vielfache des Kilopond sind das *Pond* (p) und das *Megapond* (Mp). Es ist 1 kp = 1000 p und 1 Mp = 1000 kp = 10^6 p. 1 Pond ist das Gewicht der Masse 1 Gramm (1 g = 10^{-3} kg, näherungsweise die Masse von 1 cm³ Wasser). 1 Megapond ist das Gewicht der Masse 1 Tonne (1 t = 10^3 kg, näherungsweise die Masse von 1 m³ Wasser).

Früher bezeichnete man sowohl die Gewichtseinheit wie auch die Masseneinheit mit 1 kg (bzw. mit 1 g), und unter 1 t wurde so gut wie immer eine Krafteinheit verstanden. Das führte dauernd zu Verwechslungen, und man war gezwungen, zwischen „Kilogrammgewicht" und „Kilogrammasse" zu unterscheiden. Durch die Einführung der Bezeichnung p, kp, Mp für die Krafteinheiten, und g, kg, t für die Masseneinheiten ist diese Schwierigkeit behoben worden. Man darf allerdings laut Maß- und Eichgesetz an Stelle von kp bzw. Mp die alte Bezeichnung kg bzw. t verwenden, falls keine Verwechslungsgefahr besteht (was z. B. in der Statik der Fall wäre), doch ist es zu empfehlen, sich an die neuen Bezeichnungen zu gewöhnen, die sich in der Dynamik bestens bewährt haben.

Da wir es in der Statik nur mit Körpern zu tun haben, die sich in Ruhe befinden, kommt die Zeit in unseren Betrachtungen nicht vor. Die Einheiten (Dimensionen) aller Größen, die uns im folgenden begegnen werden, werden sich daher lediglich aus Potenzen der Kraft- und der Längeneinheit zusammensetzen. Es werden also z. B. flächenhaft verteilte Lasten in kp/m² oder in kp/cm² (als Last pro Flächeneinheit) zu messen sein. Volumskräfte werden in kp/m³ (Kraft pro Volumseinheit) und Streckenlasten in kp/m oder in Mp/m (Last je Längeneinheit) auszudrücken sein.

[1] Dies, damit der Auftrieb des umgebenden Mediums, also z. B. der Luft, wegfällt.

5. Kraftsysteme. Gruppen von Kräften nennt man *Kraftsysteme*. Wir unterscheiden das *ebene Kraftsystem*, wenn die Kraftvektoren alle in ein und derselben Ebene liegen, und das *räumliche Kraftsystem*, wenn die Kraftvektoren irgendwie im Raum liegen. Wir sprechen ferner von einem *zentralen Kraftsystem*, wenn alle Kräfte des Systems im selben Punkt angreifen, und von einem *allgemeinen Kraftsystem*, wenn dies nicht der Fall ist und wenn sich die Kräfte auch nicht, ohne am Kräftespiel etwas zu ändern, in einen gemeinsamen Angriffspunkt verschieben lassen (siehe Nr. 11).

A. Das zentrale ebene Kraftsystem

6. Zeichnerische Behandlung des zentralen ebenen Kraftsystems. Wir betrachten im folgenden eine Gruppe von Kräften, die alle in ein und derselben Ebene (unserer Zeichenebene) liegen und die im selben Punkt eines Körpers angreifen. Es ist für das Folgende belanglos, ob wir den stets festen Körper, den wir vor Augen haben, als starr oder nicht starr voraussetzen. Wir stellen uns die Aufgabe, das Kraftsystem zu *reduzieren*, das heißt, durch ein gleichwertiges Kraftsystem zu ersetzen, das möglichst einfach ist. Dazu verwenden wir den bereits in Nr. 2 angeführten Satz vom *Kräfteparallelogramm*, dem wir hier zunächst noch einige Ergänzungen anfügen wollen.

Zwei Kräfte $\mathfrak{P}_1$ und $\mathfrak{P}_2$ von beliebiger Größe und Richtung, die im selben Punkt A eines Körpers angreifen, stellen ja das einfachste zentrale ebene Kraftsystem dar. Wie wir bereits festgestellt haben, können diese beiden Kräfte durch eine einzige Kraft, ihre *Resultierende* $\mathfrak{R}$, ersetzt werden, die nach Größe, Richtung und Lage durch die in Abb. 1 *a* dargestellte Konstruktion als Diagonale des aus $\mathfrak{P}_1$ und $\mathfrak{P}_2$ konstruierten Kräfteparallelogramms gefunden werden kann. $\mathfrak{R}$ greift also ebenfalls im Punkt A an und liegt in der durch die Vektoren $\mathfrak{P}_1$ und $\mathfrak{P}_2$ bestimmten Ebene.

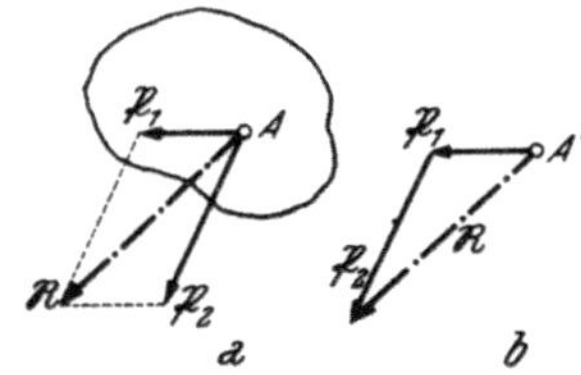

Abb. 1

Anstatt mit Hilfe des Kräfteparallelogramms können wir $\mathfrak{R}$ auch mittels des *Kräftedreiecks*, oder, wie wir später allgemein sagen werden, mittels des *Kraftecks*, finden. Wir fügen dazu, von einem beliebigen Punkt A' ausgehend, die Vektoren $\mathfrak{P}_1$ und $\mathfrak{P}_2$ in der Richtung ihrer Pfeile aneinander. Das so entstehende, zunächst offene Dreieck wird durch die Resultierende $\mathfrak{R}$ geschlossen, wobei zu beachten ist, daß der Richtungssinn von $\mathfrak{R}$ dem durch die Pfeile von $\mathfrak{P}_1$ und $\mathfrak{P}_2$ gegebenen Umlaufssinn des Dreiecks entgegen weist (Abb. 1 *b*). Wir haben jetzt nur noch die Resultierende $\mathfrak{R}$ aus dem *Kräfteplan*, wie man die Figur *b* nennt, in den *Lageplan*, die Figur *a*, zu übertragen, dorthin also, wo die Kräfte in ihrer richtigen Lage am Körper dargestellt sind. — Wir stellen fest, daß wir zu genau derselben Resultierenden $\mathfrak{R}$ kommen, wenn wir im Kräfteplan die Kräfte in der Reihenfolge $\mathfrak{P}_2$, $\mathfrak{P}_1$ aneinanderfügen.

Man nennt ganz allgemein die Zusammenfügung von Vektoren, wie sie die Abb. 1 *b* zeigt, *geometrische Addition* oder *Vektoraddition*, und bezeichnet im vorliegenden Fall $\mathfrak{R}$ als die *geometrische Summe* oder *Vektorsumme* der beiden Vektoren $\mathfrak{P}_1$ und $\mathfrak{P}_2$, und schreibt

$$\mathfrak{R} = \mathfrak{P}_1 + \mathfrak{P}_2. \tag{6, 1}$$

Wie wir schon festgestellt haben, kommt es auf die Reihenfolge der Summanden nicht an, und es gilt auch

$$\mathfrak{R} = \mathfrak{P}_2 + \mathfrak{P}_1. \tag{6, 2}$$

Es ist also

$$\mathfrak{P}_1 + \mathfrak{P}_2 = \mathfrak{P}_2 + \mathfrak{P}_1, \tag{6, 3}$$

das heißt, für die Vektoraddition gilt (wie für die Addition gewöhnlicher Zahlen) das *kommutative Gesetz.*

Wir gehen nun dazu über, ein aus beliebig vielen Kräften bestehendes zentrales ebenes Kraftsystem zu reduzieren, etwa das in Abb. 2 dargestellte System $\mathfrak{P}_1$, $\mathfrak{P}_2$, $\mathfrak{P}_3$, $\mathfrak{P}_4$, mit dem gemeinsamen Angriffspunkt A. Hier gibt es zwei Möglichkeiten. Zunächst können wir nach der Parallelogrammregel verfahren, indem wir diese mehrmals hintereinander anwenden (Abb. 2 *a*): Setzen wir zunächst $\mathfrak{P}_1$ und $\mathfrak{P}_2$ miteinander zusammen, so liefert dies die Teilresultierende $\mathfrak{R}_{1,2}$. Diese setzen wir mit $\mathfrak{P}_3$ zusammen und erhalten die Teilresultierende $\mathfrak{R}_{1,2,3}$, die, mit $\mathfrak{P}_4$ zusammengesetzt, schließlich die Resultierende $\mathfrak{R}$ aller vier Kräfte liefert.

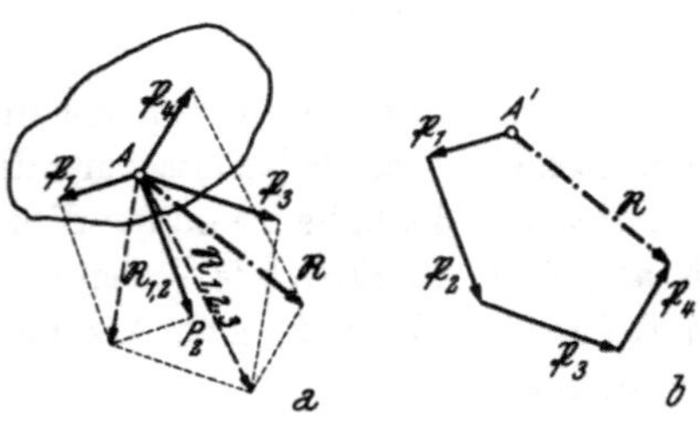

Abb. 2

Einfacher kommen wir jedoch mit Hilfe des Kraftecks, das hier zum Polygon wird, zum Ziel (Abb. 2 *b*): Von einem beliebigen Punkt A' ausgehend, zeichnen wir zunächst $\mathfrak{P}_1$ und fügen daran $\mathfrak{P}_2$. Das Ergebnis dieser Vektoraddition wäre $\mathfrak{R}_{1,2}$, das wir jedoch, um es mit $\mathfrak{P}_3$ zusammenzusetzen, gar nicht einzuzeichnen brauchen. Wir fügen einfach an die Pfeilspitze von $\mathfrak{P}_2$ den Vektor $\mathfrak{P}_3$ und daran $\mathfrak{P}_4$. Wir erhalten so ein zunächst offenes Polygon, dessen Schlußseite die Resultierende $\mathfrak{R}$ darstellt, deren Richtungssinn wieder dem Umlaufssinn des Polygons, wie er durch die Pfeile $\mathfrak{P}_1$ bis $\mathfrak{P}_4$ gegeben ist, entgegen weist. Der so gewonnene Vektor $\mathfrak{R}$ ist wieder aus dem Kräfteplan in den Punkt A des Lageplans zu übertragen. Wie vorhin schreiben wir $\mathfrak{R}$ als geometrische Summe der einzelnen Kraftvektoren an:

$$\mathfrak{R} = \mathfrak{P}_1 + \mathfrak{P}_2 + \mathfrak{P}_3 + \mathfrak{P}_4. \tag{6, 4}$$

Besteht allgemein unser zentrales ebenes Kraftsystem aus n Kräften $\mathfrak{P}_i$, $i = 1, \ldots n$, so gilt

$$\mathfrak{R} = \mathfrak{P}_1 + \mathfrak{P}_2 + \ldots + \mathfrak{P}_n = \sum_{i=1}^{n} \mathfrak{P}_i. \tag{6, 5}$$

(Das zuletzt stehende Symbol ist eine Abkürzung für „Summe über alle $\mathfrak{P}_i$, i läuft von 1 bis n".) Die Reihenfolge der Summanden in Gl. (6, 5) ist wieder beliebig. Eines ist jedoch wohl zu beachten. Aus den Vektorgleichungen (6, 1), 6, 4) und (6, 5) darf *nicht* gefolgert werden, daß der absolute Betrag von $\mathfrak{R}$ gleich der Summe der absoluten Beträge der einzelnen $\mathfrak{P}_i$ ist. Denn wie z. B. Abb. 2 *b* zeigt, ist die Länge des Vektors $\mathfrak{R}$ keineswegs gleich der Summe der Längen der Vektoren $\mathfrak{P}_1$ bis $\mathfrak{P}_4$. Das wäre nur dann der Fall, wenn alle $\mathfrak{P}_i$ dieselbe Richtung hätten.

Bevor wir weitergehen, wollen wir noch die folgende kurze Bemerkung einschalten. Wenn wir die Resultierende eines Kraftsystems mittels des Kraftecks ermitteln, müssen wir die Kraftvektoren bloß im Kräfteplan maßstabrichtig darstellen, während dies im Lageplan nicht unbedingt nötig ist. Hier müssen die Kräfte bloß in ihrer richtigen Lage in der Ebene dargestellt werden, und wir können sie allenfalls auch durch lauter gleich lange Pfeile veranschaulichen, wobei die Absolutbeträge der Kräfte in irgendeiner Weise zu vermerken sind.

Nehmen wir an, der Körper sei, bevor die Kräfte $\mathfrak{P}_1$ bis $\mathfrak{P}_n$ auf ihn aufgebracht wurden, in Ruhe gewesen. Hat das Kraftsystem eine von Null verschiedene Resultierende, so wird der Körper nach dem, was wir in Nr. 2 festgestellt haben, auf jeden Fall in Bewegung geraten. Der Körper ist also unter dem Einfluß dieses Kraftsystems nicht im Gleichgewicht. Da die Gestalt des Körpers auf das Ergebnis der Kräftezusammensetzung keinen Einfluß hat, werden wir später oft nur die Kräfte allein aufzeichnen und uns den Körper, an dem sie angreifen, bloß hinzudenken. Anstatt zu sagen, „der Körper ist unter dem Einfluß des Kraftsystems nicht im Gleichgewicht", sagt man daher meist kürzer, obgleich nicht ganz korrekt, „das Kraftsystem ist nicht im Gleichgewicht".

Wenn sich bei der Reduktion eines zentralen ebenen Kraftsystems keine Resultierende ergibt, dann ist es trotz vorhandener Kräfte so, als wirkte überhaupt keine Kraft auf den Körper ein; und wenn er anfangs in Ruhe war, dann wird er nach dem Trägheitsgesetz (Nr. 2) auch weiterhin in Ruhe bleiben. Wir sagen in diesem Fall, daß sich der Körper unter dem Einfluß des Kraftsystems im *Gleichgewicht* befindet, oder kurz, daß das Kraftsystem im Gleichgewicht ist. Keine Resultierende, oder, wie wir auch sagen, eine Resultierende $\mathfrak{R} = 0$, ergibt sich jedoch dann und nur dann, wenn sich das Krafteck der gegebenen Kräfte (bei stetiger Aufeinanderfolge der Pfeile) schließt, so wie es etwa für die fünf Kräfte der Abb. 3 dargestellt ist. In diesem Fall ist also die geometrische Summe aller Kräfte gleich Null.

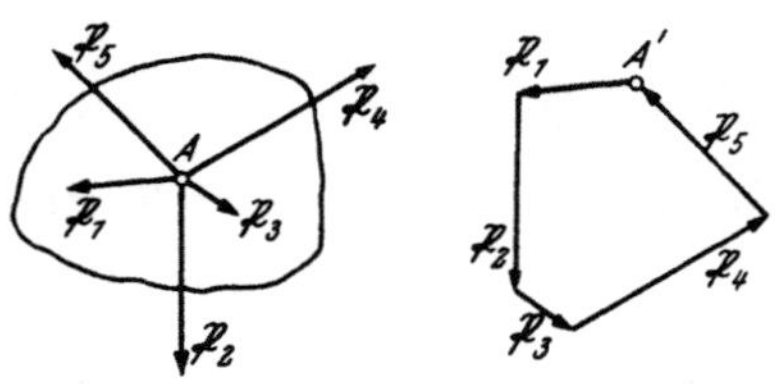

Abb. 3

Wir können daher allgemein sagen: Die notwendige und hinreichende Bedingung[1] dafür, daß ein zentrales ebenes Kraftsystem, bestehend aus den Kräften $\mathfrak{P}_1 \ldots \mathfrak{P}_n$, im Gleichgewicht ist, lautet

$$\mathfrak{P}_1 + \mathfrak{P}_2 + \ldots + \mathfrak{P}_n = \sum_{i=1}^{n} \mathfrak{P}_i = 0, \qquad (6, 6)$$

was zeichnerisch bedeutet, daß das Krafteck dieser n Kräfte geschlossen sein muß.

Bei der Reduktion eines zentralen ebenen Kraftsystems sind somit die beiden folgenden Ergebnisse möglich:

1. Das Kraftsystem reduziert sich auf eine Resultierende. Zeichnerisches Kennzeichen: das Krafteck der gegebenen Kräfte ist offen. Die Resultierende ergibt sich als Schlußseite des Kraftecks, ihr Richtungssinn ist dem Umlaufssinn des Kraftecks der gegebenen Kräfte entgegengesetzt. Die Resultierende greift im gemeinsamen Angriffspunkt aller Kräfte an.

---

[1] Als eine *notwendige* Bedingung für das Eintreten eines Ereignisses bezeichnet man eine solche, bei deren Nichterfüllung das Ereignis nicht eintritt, bei deren Erfüllung jedoch das Ereignis nicht unbedingt eintreten muß. Bei Erfüllung einer *hinreichenden* Bedingung tritt das Ereignis ein, ihre Nichterfüllung schließt jedoch das Eintreten des Ereignisses nicht aus. Eine *notwendige und hinreichende* Bedingung ist gewissermaßen der Idealfall: Ist sie erfüllt, dann tritt das Ereignis ein, wenn nicht, dann fällt es aus. Anstatt zu sagen, „die notwendige und hinreichende Bedingung dafür, daß dieses oder jenes Ereignis eintritt, ist . . .“, sagt man kürzer auch: „das Ereignis tritt *dann und nur dann* ein, wenn . . .“

Die Bedingung (6, 6) ist für das Gleichgewicht des Körpers notwendig und hinreichend, wenn wir, was wir immer tun wollen, voraussetzen, daß der Körper, bevor wir das Kraftsystem auf ihn wirken lassen, in Ruhe war. Er bleibt dann auch weiterhin in Ruhe. Hätte sich der Körper jedoch vor Aufbringung der Kräfte in gleichförmig geradliniger Bewegung befunden, dann würde er diese Bewegung auch unter der Einwirkung der Kräfte beibehalten, wenn diese die Bedingung (6, 6) erfüllen. Setzt man den Ruhezustand des Körpers vor Aufbringung der Kräfte nicht voraus, dann würde (6, 6) nur eine notwendige Bedingung für das Gleichgewicht sein.

2. Das Kraftsystem ist im Gleichgewicht. Zeichnerisches Kennzeichen: das Krafteck der gegebenen Kräfte ist geschlossen (bei stetigem Umlaufssinn aller Kräfte).

Ein Körper, der bloß unter dem Einfluß einer einzigen Kraft steht, ist niemals im Gleichgewicht. Der einfachste Fall eines zentralen Kraftsystems, das im Gleichgewicht ist, sind zwei gleich große und entgegengesetzt gerichtete Kräfte, die im selben Punkt angreifen. Diese beiden Kräfte, deren Resultierende gleich Null ist, heben sich auf und können daher weggelassen werden. Wir können aber auch zwei solche Kräfte zu einem beliebigen Kraftsystem hinzufügen, ohne an seiner Wirkung etwas zu ändern, von welcher Möglichkeit wir später oft Gebrauch machen werden.

7. Zerlegung einer Kraft in zwei Komponenten. Ebenso wie man zwei Kräfte, die im selben Punkt angreifen, zu einer einzigen Kraft vereinigen kann, kann man auch eine Kraft in zwei Teilkräfte, welche *Komponenten* genannt werden, zerlegen. Soll etwa die Kraft $\mathfrak{P}$ der Abb. 4 nach den vorgegebenen Wirkungslinien a und b, die durch den Angriffspunkt A der Kraft gehen, in die Komponentenvektoren $\mathfrak{P}_a$ und $\mathfrak{P}_b$ zerlegt werden, so kann dies entweder mit Hilfe des Kräfteparallelogramms oder mittels des Kräftedreiecks geschehen. Im letzteren Fall sind die aus dem Krafteck gewonnenen Komponenten vom Punkt A aus aufzutragen.

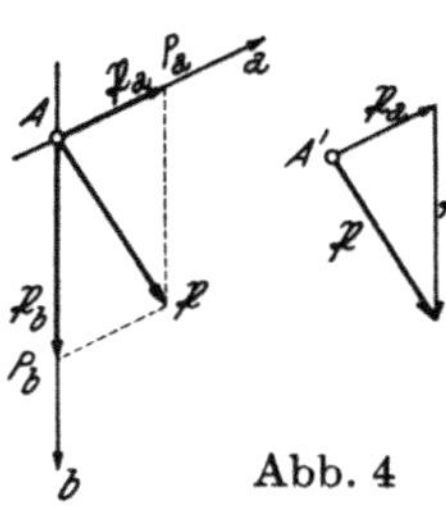

Abb. 4

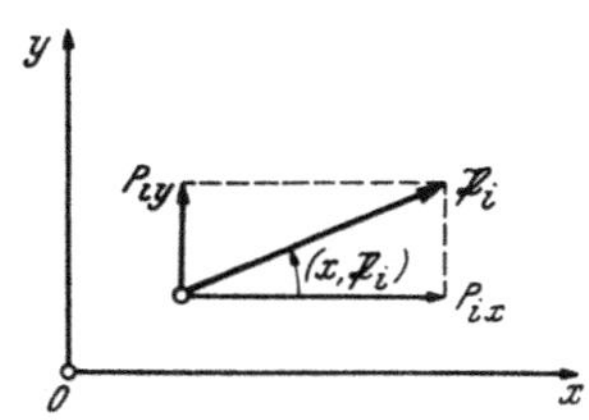

Abb. 5

Es ist zweckmäßig, den ***Zahlwerten dieser Komponenten*** Vorzeichen zu geben, was insbesondere bei der sogleich folgenden Komponentenzerlegung von Kräften nach den Achsenrichtungen eines rechtwinkeligen Koordinatensystems von Vorteil ist. Wir können auch in dem vorliegenden Beispiel irgendeinen Richtungssinn auf der Geraden a bzw. b als den positiven bezeichnen und die Zahlwerte P_a bzw. P_b positiv oder negativ werten, je nachdem ob die betreffende Vektorkomponente in die positive oder in die negative Richtung weist.

Für die im folgenden zu behandelnde rechnerische Reduktion von Kraftsystemen ist die Zerlegung von Kräften in zwei zueinander senkrechte Komponenten von größter Wichtigkeit. Wir wählen die beiden Komponentenrichtungen als Achsrichtungen eines rechtwinkeligen Koordinatensystems x, y und wollen zunächst die Kraft $\mathfrak{P}_i$ in Komponenten zerlegen, deren Zahlwerte wir mit P_{ix} und P_{iy} bezeichnen (Abb. 5). Der stets positive Absolutbetrag von $\mathfrak{P}_i$ sei P_i, und die Richtung $\mathfrak{P}_i$ soll durch den Winkel $(x, \mathfrak{P}_i)$ gekennzeichnet werden, den Winkel, den der Vektor $\mathfrak{P}_i$ mit der positiven x-Achse einschließt. Diesen Winkel wollen wir, von der positiven x-Achse ausgehend, im Gegenzeigersinn von 0° bis 360° zählen. Die Komponenten von $\mathfrak{P}_i$ sind dann

$$P_{ix} = P_i \cos(x, \mathfrak{P}_i), \quad P_{iy} = P_i \sin(x, \mathfrak{P}_i). \tag{7, 1}$$

Nach diesen Formeln ergeben sich die Komponenten sogleich mit den richtigen Vorzeichen. Liegt, so wie für die in Abb. 5 dargestellte Kraft $\mathfrak{P}_i$, der Winkel $(x, \mathfrak{P}_i)$ zwischen 0° und 90°, so sind beide Winkelfunktionen positiv, und daher ergeben sich beide Komponenten als positiv, wie es der Zeichnung entspricht. Läge der Winkel $(x, \mathfrak{P}_i)$ zwischen 90° und 180°, dann würde die Kraft nach links oben weisen. Ihre x-Komponente wäre dann negativ, ihre y-Komponente positiv. Tatsächlich ist in diesem Fall $\cos(x, \mathfrak{P}_i) < 0$, $\sin(x, \mathfrak{P}_i) > 0$. Und entsprechendes gilt, wenn der Winkel in einem der beiden weiteren Quadranten liegt.

Durch Angabe des Betrages und der Richtung einer Kraft sind also ihre beiden Komponenten eindeutig bestimmt. Umgekehrt ist durch Angabe der beiden Komponenten einer Kraft der Betrag und die Richtung der Kraft eindeutig festgelegt. Den Betrag erhalten wir aus den Gln. (7, 1), indem wir sie quadrieren und addieren (oder auch, indem wir einen Blick auf die Abb. 5 werfen), zu

$$P_i = \sqrt{P_{ix}^2 + P_{iy}^2}, \tag{7, 2}$$

wobei die Wurzel stets positiv zu nehmen ist. Die Richtung ergibt sich, indem wir die zweite der Gln. (7, 1) durch die erste dividieren, zu

$$\operatorname{tg}(x, \mathfrak{P}_i) = \frac{P_{iy}}{P_{ix}}. \tag{7, 3}$$

Nun ist allerdings ein Winkel durch seinen Tangens nur bis auf Vielfache von 180° eindeutig festgelegt. Ist etwa $\operatorname{tg}(x, \mathfrak{P}_i) > 0$, so könnte der Winkel $(x, \mathfrak{P}_i)$ im ersten oder im dritten Quadranten liegen. [Wäre z. B. $\operatorname{tg}(x, \mathfrak{P}_i) = 1$, so könnte $(x, \mathfrak{P}_i) = 45°$ oder $= 225°$ sein.] Ein Blick auf die Vorzeichen der beiden Komponenten schließt jedoch jeden Zweifel aus. Sind sie beide positiv, dann muß $\mathfrak{P}_i$ in den ersten Quadranten weisen, sind sie beide negativ, dann in den dritten. Analog ist es, wenn $\operatorname{tg}(x, \mathfrak{P}_i) < 0$ ist. Der Winkel $(x, \mathfrak{P}_i)$ liegt im zweiten Quadranten, wenn $P_{ix} < 0$, $P_{iy} > 0$ ist, und im vierten, wenn $P_{ix} > 0$, $P_{iy} < 0$ ist.

8. Rechnerische Behandlung des zentralen ebenen Kraftsystems.

a) *System von zwei Kräften.* Für zwei Kräfte $\mathfrak{P}_1$, $\mathfrak{P}_2$, die im selben Punkt angreifen und die miteinander den Winkel α einschließen, läßt sich der Betrag der Resultierenden $\mathfrak{R}$ nach dem Cosinussatz der ebenen Trigonometrie leicht berechnen. Aus dem Dreieck ABC der Abb. 6 *a* folgt wegen $\cos(180 - \alpha) = -\cos\alpha$

$$R = \sqrt{P_1^2 + P_2^2 + 2 P_1 P_2 \cos\alpha}. \qquad (8, 1)$$

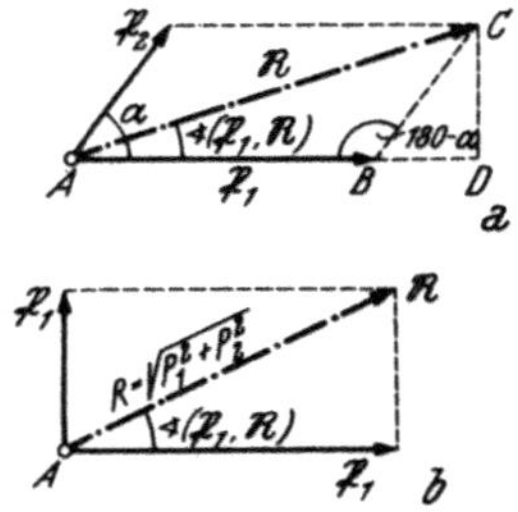

Abb. 6

Darin bedeuten P_1, P_2 die Absolutbeträge der beiden Kräfte; die Wurzel ist stets positiv zu nehmen.

Die Richtung von $\mathfrak{R}$, etwa der Winkel, den $\mathfrak{R}$ mit $\mathfrak{P}_1$ einschließt, läßt sich ebenfalls aus dem Dreieck ABC, und zwar nach dem Sinussatz, bestimmen. Wegen $\sin(180 - \alpha) = \sin\alpha$ erhalten wir

$$\sin(\mathfrak{P}_1, \mathfrak{R}) = \frac{P_2}{R} \sin\alpha, \qquad (8, 2)$$

wo für R der oben berechnete Wert einzusetzen ist. Da für α nur Werte zwischen 0° und 180° in Frage kommen, ist (wenn wir die Grenzen ausschließen) $\sin\alpha > 0$, und für $\sin(\mathfrak{P}_1, \mathfrak{R})$ ergibt sich stets ein positiver Wert. Man mag nun im Zweifel sein, ob der Winkel $(\mathfrak{P}_1, \mathfrak{R})$ spitz oder stumpf ist. Wenn $\alpha \leq 90°$ ist, dann ist $(\mathfrak{P}_1, \mathfrak{R})$ auf jeden Fall spitz, da dieser Winkel auf jeden Fall kleiner als α sein muß. Ist $\alpha > 90°$, dann berechne man besser $\cos(\mathfrak{P}_1, \mathfrak{R})$, der sich aus dem Dreieck ACD der Abb. 6 *a* zu

$$\cos(\mathfrak{P}_1, \mathfrak{R}) = \frac{P_1 + P_2 \cos\alpha}{R} \qquad (8, 3)$$

ergibt. Ist er positiv, dann liegt $(\mathfrak{P}_1, \mathfrak{R})$ im ersten Quadranten, sonst im zweiten.

Schließen $\mathfrak{P}_1$ und $\mathfrak{P}_2$ miteinander einen rechten Winkel ein (Abb. 6 *b*), dann ist

$$R = \sqrt{P_1^2 + P_2^2}, \qquad (8, 4)$$

und

$$\operatorname{tg}(\mathfrak{P}_1, \mathfrak{R}) = \frac{P_2}{P_1}, \qquad (8, 5)$$

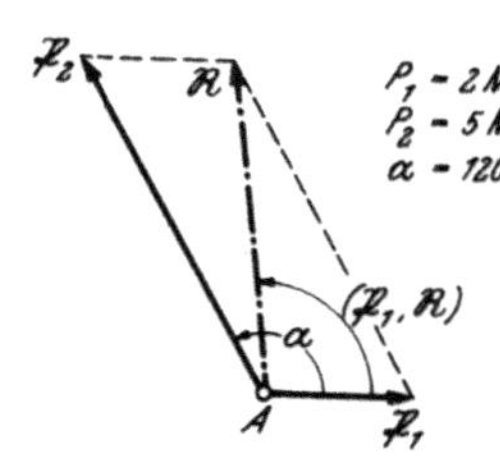

Abb. 7

welcher Wert auf jeden Fall positiv ist, also auf einen spitzen Winkel führt, da P_1 und P_2 als Absolutbeträge immer positiv sind.

Beispiel. Gegeben seien zwei Kräfte $\mathfrak{P}_1$, $\mathfrak{P}_2$, die miteinander den Winkel $\alpha = 120°$ einschließen. Die Beträge der Kräfte seien $P_1 = 2$ Mp, $P_2 = 5$ Mp. Gesucht sind der Betrag und die Richtung der Resultierenden $\mathfrak{R}$ (Abb. 7).

Mit

$$\cos\alpha = \cos 120 = -\cos 60 = -0{,}500$$

erhalten wir aus Gl. (8, 1)

$$R = \sqrt{2^2 + 5^2 - 2 \cdot 2 \cdot 5 \cdot 0{,}500} = \sqrt{19{,}00} = 4{,}36 \text{ Mp}.$$

Aus Gl. (8, 3) ergibt sich

$$\cos(\mathfrak{P}_1, \mathfrak{R}) = \frac{2 - 5 \cdot 0{,}500}{4{,}36} = -0{,}1147.$$

Der Winkel $(\mathfrak{P}_1, \mathfrak{R})$ ist also stumpf und ergibt sich zu

$$(\mathfrak{P}_1, \mathfrak{R}) = 96^\circ\, 35'.$$

In Abb. 7 ist die zeichnerische Lösung der Aufgabe durchgeführt, wobei als Kraftmaßstab 1 cm $\triangleq$ 2 Mp angenommen wurde.

b) *System von beliebig vielen Kräften.* Gegeben sei ein aus den Kräften $\mathfrak{P}_1, \mathfrak{P}_2, \ldots \mathfrak{P}_n$ bestehendes zentrales ebenes Kraftsystem, dessen Resultierende $\mathfrak{R}$ gefunden werden soll. Von den Kräften $\mathfrak{P}_i$ sind die Beträge P_i gegeben sowie ihre Richtungen, letztere etwa durch die Winkel, den die einzelnen Kraftvektoren mit einer bestimmten, vorgegebenen Richtung einschließen. Wir wollen diese Richtung als x-Richtung bezeichnen und die genannten Winkel mit $(x, \mathfrak{P}_i)$. Größe und Richtung der Resultierenden sind nach Nr. 7 berechenbar, wenn wir die beiden Komponenten R_x und R_y der Kraft $\mathfrak{R}$ nach Größe und Vorzeichen kennen.

Nach Gl. (6, 4) ist $\mathfrak{R}$ gleich der Vektorsumme aller $\mathfrak{P}_i$:

$$\mathfrak{R} = \mathfrak{P}_1 + \mathfrak{P}_2 + \ldots + \mathfrak{P}_n = \sum_{i=1}^{n} \mathfrak{P}_i. \tag{8, 6}$$

Betrachten wir der Einfachheit halber zunächst ein bloß aus drei Kräften bestehendes Kraftsystem. Wir führen ein Koordinatensystem x, y ein, dessen Ursprung O der gemeinsame Angriffspunkt aller Kräfte ist (Abb. 8). Die Resultierende

$$\mathfrak{R} = \mathfrak{P}_1 + \mathfrak{P}_2 + \mathfrak{P}_3$$

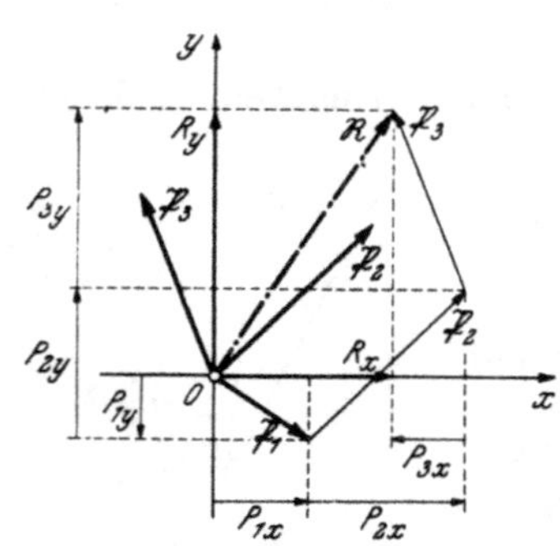

Abb. 8

ist gleich der Schlußseite des aus den drei Kräften gebildeten Vektorpolygons, das wir gleich vom Punkt O ausgehend zeichnen. Projizieren wir nun das Krafteck einmal auf die x-Achse, dann auf die y-Achse unseres Koordinatensystems, so sehen wir, daß sich die Komponenten der Resultierenden aus den Komponenten der einzelnen Kräfte des Systems wie folgt zusammensetzen: Zunächst ist R_x gleich der Komponente P_{1x}, vermehrt um die Komponente P_{2x}, vermindert um den Betrag der Komponente P_{3x}. Da sich diese jedoch aus den Gl. (7, 1) automatisch als negativ ergibt, während sich P_{1x} und P_{2x} aus diesen Gleichungen als positiv ergeben, können wir schreiben:

$$R_x = P_{1x} + P_{2x} + P_{3x};$$

R_x ist also gleich der *algebraischen* Summe (Summe aus positiven und negativen Summanden) der x-Komponenten aller Kräfte.

In gleicher Weise ergibt sich die Komponente R_y als algebraische Summe der y-Komponenten aller Kräfte:

$$R_y = P_{1y} + P_{2y} + P_{3y},$$

worin in unserem Fall P_{1y} negativ ist, während P_{2y} und P_{3y} positiv sind.

Besteht das Kraftsystem aus n Kräften $\mathfrak{P}_i$, $i = 1 \ldots n$ mit den Komponenten P_{ix}, P_{iy}, die nach den Gl. (7, 1) zu berechnen sind, so ergeben sich die Komponenten der Resultierenden $\mathfrak{R}$ ganz analog wie eben ausgeführt zu

$$\begin{aligned} R_x &= P_{1x} + P_{2x} + \ldots + P_{nx} = \sum_{i=1}^{n} P_{ix}, \\ R_y &= P_{1y} + P_{2y} + \ldots + P_{ny} = \sum_{i=1}^{n} P_{iy}; \end{aligned} \qquad (8, 6a)$$

in Worten: *die Komponenten der Resultierenden sind gleich den algebraischen Summen der Komponenten der einzelnen Kräfte des Systems.* Wie sich später zeigen wird, gilt dies nicht nur für das zentrale, sondern auch für das allgemeine ebene Kraftsystem, und es gilt nicht nur für ebene, sondern auch für beliebige räumliche Kraftsysteme, wobei natürlich noch eine z-Komponente von $\mathfrak{R}$ hinzukommt (siehe Nr. 28).

Wir beachten noch folgendes: Der einen Vektorgleichung (8, 6) entsprechen (in der Ebene) zwei Gleichungen in den Komponenten, also zwei Gleichungen in gewöhnlichen Zahlen oder „skalare Gleichungen", wie man auch sagt; und im Raum sind es natürlich drei Gleichungen.

Nachdem aus den Gl. (8, 6a) die Komponenten der Resultierenden berechnet sind, ergibt sich nach den Gl. (7, 2) bzw. (7, 3) deren Betrag und Richtung:

$$R = \sqrt{R_x^2 + R_y^2}, \qquad (8, 7)$$

$$\operatorname{tg}(x, \mathfrak{R}) = \frac{R_y}{R_x}, \qquad (8, 8)$$

wobei in die zweite Gleichung R_x und R_y mit ihren Vorzeichen einzusetzen sind. Die Bestimmung des Quadranten, in dem der Winkel $(x, \mathfrak{R})$ liegt, geschieht dann in der in Nr. 7 angegebenen Weise.

Von besonderer Wichtigkeit sind die Bedingungen, unter denen ein zentrales ebenes Kraftsystem im *Gleichgewicht* ist. Wir haben bereits in Nr. 6 festgestellt, daß dafür notwendig und hinreichend ist, daß die Resultierende $\mathfrak{R} = 0$ ist. Nun ist allgemein ein Vektor dann und nur dann gleich Null, wenn sein absoluter Betrag verschwindet. Dies ist, wie Gl. (8, 7) zeigt, dann und nur dann der Fall, wenn *beide* Komponenten des Vektors verschwinden, in unserem Fall also, wenn $R_x = R_y = 0$ ist. Nach den Gl. (8, 6a) lauten demnach die notwendigen und hinreichenden Gleichgewichtsbedingungen für ein zentrales ebenes Kraftsystem:

$$\sum_{i=1}^{n} P_{ix} = 0, \quad \sum_{i=1}^{n} P_{iy} = 0. \tag{8, 9}$$

In Worten: *Ein zentrales ebenes Kraftsystem ist dann und nur dann im Gleichgewicht, wenn sowohl die (algebraische) Summe der x-Komponenten als auch die Summe der y-Komponenten aller Kräfte gleich Null ist.* Für ein solches Kraftsystem müssen also *zwei* (skalare) Gleichgewichtsbedingungen erfüllt sein.

In Vektorform drückte sich die Gleichgewichtsbedingung des zentralen Kraftsystems durch die *eine* Gl. (6, 6) aus, der in der Ebene wiederum *zwei* skalare Gleichungen entsprechen. (Im Raum werden es drei sein.)

Bei der Anwendung der Gl. (8, 9) war die Lage des Koordinatensystems völlig beliebig. Wir können daher auch sagen, daß ein zentrales ebenes Kraftsystem im Gleichgewicht ist, wenn die Summe der Komponenten aller Kräfte in zwei beliebigen Richtungen, die nur nicht den Winkel 0° oder 180° einschließen dürfen, gleich Null ist.

9. Beispiele für die Reduktion zentraler ebener Kraftsysteme.

1. Beispiel. *System von Kräften mit verschiedener Richtung.* Für das in Abb. 9 dargestellte, aus drei Kräften bestehende zentrale ebene Kraftsystem sollen Größe und Richtung der Resultierenden auf zeichnerischem sowie auf rechnerischem Wege ermittelt werden.

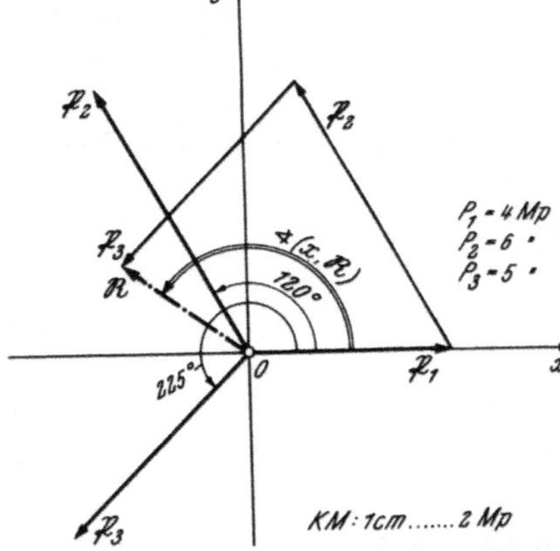

Abb. 9

Die zeichnerische Lösung wurde mittels eines Kraftecks durchgeführt, das in Abb. 9 gleich vom Punkt O ausgehend gezeichnet wurde. Als Kraftmaßstab (wir schreiben in Hinkunft KM) wurde 1 cm ≙ 2 Mp gewählt. Die Schlußlinie des Kraftecks ist die Resultierende $\mathfrak{R}$, welche zu 1,5 cm Länge gemessen wird. Demnach ist der Betrag der Resultierenden $R = 1{,}5 \cdot 2 = 3{,}0$ Mp. Der gemessene Winkel $(x, \mathfrak{R})$ ergibt sich zu 147°.

Das zur rechnerischen Lösung erforderliche Koordinatensystem legt man zweckmäßig so, daß eine Achse mit einer der Kräfte zusammenfällt. Die Rechnung wird am besten in Form einer Tabelle durchgeführt (Tabelle 1). In den ersten drei Spalten befinden sich die Angaben über das Kraftsystem, in den übrigen die erforderlichen Zwischenresultate. Zunächst werden die Komponenten der einzelnen Kräfte nach den Gl. (7, 1) berechnet, deren

Tabelle 1

Kraft	P_i Mp	$(x, \mathfrak{p}_i)$ Grad	$\cos(x, \mathfrak{p}_i)$	$\sin(x, \mathfrak{p}_i)$	P_{ix} Mp	P_{iy} Mp
$\mathfrak{P}_1$	4,000	0	+1,000	0,000	+4,000	0,000
$\mathfrak{P}_2$	6,000	120	−0,500	+0,866	−3,000	+5,196
$\mathfrak{P}_3$	5,000	225	−0,707	−0,707	−3,535	−3,535
				Summen:	−2,535	+1,661

algebraische Summen nach den Gl. (8, 6a) die Komponenten der Resultierenden ergeben: $R_x = -2{,}535$, $R_y = +1{,}661$. Daraus ergibt sich nach Gl. (8, 7) die Größe der Resultierenden

$$R = \sqrt{2{,}535^2 + 1{,}661^2} = 3{,}031 \text{ Mp}.$$

Nach Gl. (8, 8) folgt für die Richtung von $\mathfrak{R}$

$$\operatorname{tg}(x, \mathfrak{R}) = \frac{1{,}661}{-2{,}535} = -0{,}655.$$

Da $R_x < 0$, $R_y > 0$ ist, liegt der Winkel $(x, \mathfrak{R})$ im 2. Quadranten. Er beträgt gerundet

$$(x, \mathfrak{R}) = 146^\circ\, 45'.$$

2. Beispiel. *System von Kräften derselben Wirkungslinie.* In dem in Abb. 10 dargestellten Kraftsystem greifen alle drei Kräfte $\mathfrak{P}_1$, $\mathfrak{P}_2$, $\mathfrak{P}_3$ im Punkt O an und liegen in derselben Wirkungslinie g. Sie sind nur der Deutlichkeit halber etwas nebeneinander gezeichnet. Wir können auch für dieses Kraftsystem die Resultierende auf zeichnerischem Wege finden, indem wir ein Krafteck zeichnen, das allerdings in eine Strecke ausartet. Auch hier sind die ineinander fallenden Kräfte etwas nebeneinander gezeichnet. Das Krafteck beginnt im Punkt O', seine Schlußlinie ist die Resultierende $\mathfrak{R}$, welche ebenfalls in der Wirkungslinie g liegt und die Größe 1 Mp hat.

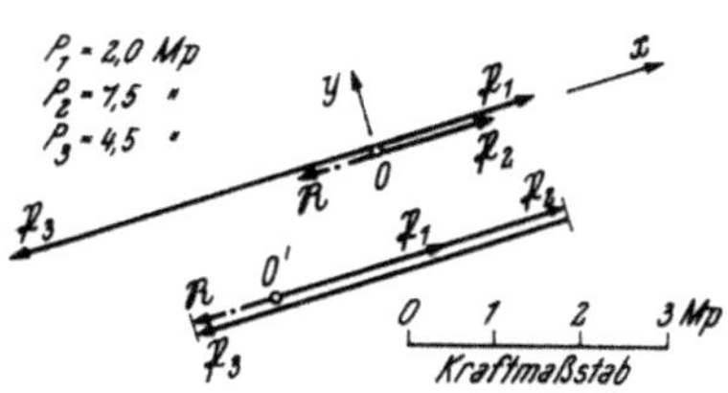

Abb. 10

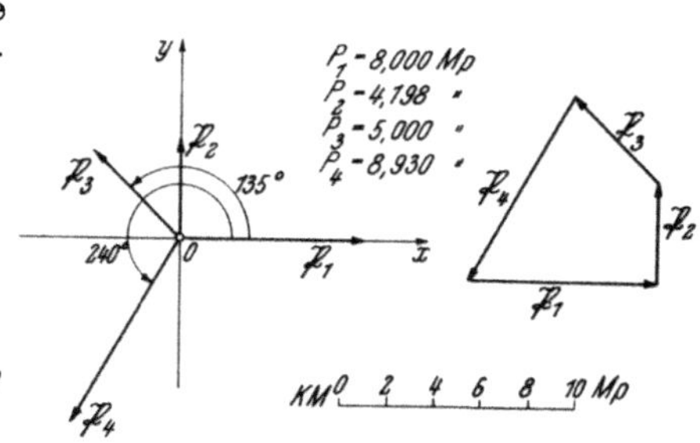

Abb. 11

Um $\mathfrak{R}$ rechnerisch zu finden, führen wir bloß in Gedanken (in der Praxis wird man das natürlich niemals tun) ein Koordinatensystem x, y ein, wie es in die Abb. 10 eingezeichnet ist. Da keine der Kräfte eine y-Komponente hat, ist $R_y = 0$, und die Resultierende liegt, wie zu erwarten, parallel zu den Kräften. R_x ist dem Betrag nach gleich dem Betrag von $\mathfrak{R}$ ($|R_x| = R$) und ergibt sich als algebraische Summe der x-Komponenten der einzelnen Kräfte. Diese sind gleich den mit den entsprechenden Vorzeichen versehenen Beträgen der Kräfte. Wir erhalten

$$R_x = P_1 + P_2 - P_3 = 2{,}0 + 1{,}5 - 4{,}5 = -1{,}0\,\mathrm{Mp}.$$

Die Resultierende hat also den Betrag $R = 1$ Mp und weist in die negative x-Richtung (d. h. nach links).

Praktisch wird man von vornherein den Beträgen der Kräfte je nach deren Richtung Vorzeichen geben. Der Absolutbetrag der wie oben gebildeten algebraischen Summe ergibt die Größe und das Vorzeichen die Richtung der Resultierenden.

3. Beispiel. *Gleichgewicht.* Es sei das in Abb. 11 dargestellte Kraftsystem zu reduzieren. Die zeichnerische Lösung liefert ein geschlossenes Krafteck, also Gleichgewicht. Wir wollen dies auch durch Rechnung bestätigen und legen hierzu die folgende Tabelle 2 an.

Tabelle 2

$\mathfrak{p}_i$	P_i Mp	$(x, \mathfrak{p}_i)$ Grad	$\cos(x, \mathfrak{p}_i)$	$\sin(x, \mathfrak{p}_i)$	P_{ix} Mp	P_{iy} Mp
$\mathfrak{P}_1$	8,000	0	+1,000	0,000	+8,000	0,000
$\mathfrak{P}_2$	4,198	90	0,000	+1,000	0,000	+4,198
$\mathfrak{P}_3$	5,000	135	−0,707	+0,707	−3,535	+3,535
$\mathfrak{P}_4$	8,930	240	−0,500	−0,866	−4,465	−7,733
				Summen:	0,000	0,000

Es ist also

$$\sum_{i=1}^{4} P_{ix} = 0, \qquad \sum_{i=1}^{4} P_{iy} = 0,$$

was nach Gl. (8, 9) bedeutet, daß sich das Kraftsystem im Gleichgewicht befindet.

B. Das allgemeine ebene Kraftsystem

10. Vorbemerkung. Wie wir schon in Nr. 5 ausführten, sprechen wir von einem allgemeinen ebenen Kraftsystem, wenn die Kräfte zwar alle in ein und derselben Ebene liegen, jedoch nicht alle denselben Angriffspunkt haben (und auch nicht in denselben Punkt hinein verschoben werden können). Wir stellen uns wieder die Aufgabe, das Kraftsystem zu reduzieren, das heißt durch ein gleichwertiges Kraftsystem zu ersetzen, das möglichst einfach ist. Ferner wollen wir die notwendigen und hinreichenden Bedingungen ermitteln, unter denen ein Körper, an dem ein solches Kraftsystem angreift, im Gleichgewicht ist, oder, wie wir uns kurz ausdrücken, unter denen ein allgemeines ebenes Kraftsystem im Gleichgewicht ist. Im folgenden werden wir stets voraussetzen, daß der jeweils betrachtete Körper ein *starrer Körper* sei. Inwieweit die Ergebnisse unserer Betrachtungen auch für nichtstarre Körper Geltung haben, wird noch festzustellen sein (siehe Nr. 26).

11. Verschiebbarkeit einer Kraft in ihrer Wirkungslinie. Wir wollen den folgenden Satz beweisen: *Am starren Körper darf eine Kraft in ihrer Wirkungslinie beliebig verschoben werden, ohne daß sich in ihrer Wirkung auf den Körper etwas ändert. (Verschiebungssatz für Kräfte.)*

Wir haben in Nr. 6 gesehen, daß ein Körper, auf den zwei gleich große und entgegengesetzt gerichtete Kräfte einwirken, die im selben Punkt angreifen, im Gleichgewicht ist. Wir wollen diese Feststellung nun dahingehend erweitern, daß wir uns klarmachen, daß ein starrer Körper unter dem Einfluß zweier entgegengesetzt gleicher Kräfte auch dann im Gleichgewicht ist, wenn diese nur in ein und derselben Geraden liegen, jedoch in verschiedenen Punkten des Körpers angreifen. In Abb. 12, wo dieser Fall dargestellt ist, wurden die beiden Kräfte mit $\mathfrak{P}$ und $-\mathfrak{P}$ bezeichnet[1].

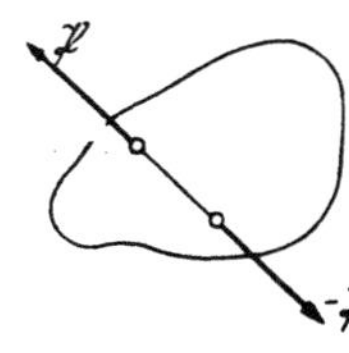

Abb. 12

Was wir behaupten, ist unmittelbar einleuchtend. Denn wenn wir im Gegensatz hierzu annehmen, daß sich der Körper unter dem Einfluß dieser beiden Kräfte in irgendeiner Richtung in Bewegung setze, also sich verschiebe oder sich drehe oder beides zugleich, so können wir sofort fragen, warum er sich gerade in dieser Richtung bewege und nicht in der entgegengesetzten.

Wenn sich also zwei solche Kräfte in ihrer Wirkung auf den Körper aufheben, so können wir sie ohneweiters zu einem gegebenen Kraftsystem hinzufügen oder aus ihm entfernen. Damit können wir nun leicht den Verschiebungssatz für Kräfte beweisen. An dem in Bild *1* der Abb. 13 dargestellten starren Körper greife im Punkt A eine Kraft $\mathfrak{P}$ an. Wir wollen zeigen, daß wir sie in ihrer Wirkungslinie in den Punkt B verschieben dürfen, ohne ihre Wirkung auf den Körper zu verändern. Wir fügen im Punkt A die Kraft $-\mathfrak{P}$, im Punkt B die Kraft $\mathfrak{P}$ hinzu (Bild *2*) und haben dadurch nichts verändert. Nun können wir, nach dem am Ende der Nr. 6 Ausgeführten, die beiden im Punkt A angreifenden Kräfte $\mathfrak{P}$ und $-\mathfrak{P}$ weglassen, und es verbleibt die Kraft $\mathfrak{P}$ im Punkt B (Bild *3*).

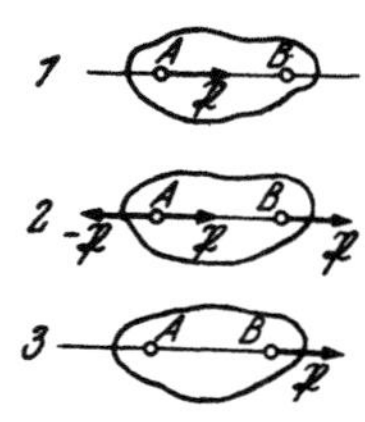

Abb. 13

Es ist zu beachten, daß das Verhalten eines nichtstarren Körpers durch solche Kräfteverschiebungen im allgemeinen beeinflußt wird. Betrachten wir etwa einen Stab, an dem die beiden Kräfte $\mathfrak{P}$ und $-\mathfrak{P}$ in der in Abb. 14, Bild *1* dargestellten Weise wirken. Der Stab erfährt eine Zugbeanspruchung

---

[1] Allgemein bezeichnet man einen Vektor von gleicher Größe, aber entgegengesetzter Richtung wie der Vektor $\mathfrak{P}$ mit $-\mathfrak{P}$, und zwar auch dann, wenn diese beiden Vektoren nicht in derselben, sondern in parallelen Geraden liegen. Denn die beiden Vektoren geben addiert die Resultierende Null.

und wird sich ein wenig dehnen. Verschieben wir die Kraft $\mathfrak{P}$ an das linke Ende des Stabes, die Kraft $-\mathfrak{P}$ an das rechte Ende, so wird nunmehr der Stab auf Druck beansprucht und wird sich demgemäß etwas verkürzen. Wir sehen, daß man, sofern es sich um die Ermittlung der sogenannten „inneren Kräfte", der in dem Körper herrschenden „Spannungen" handelt, sowie der von diesen Spannungen hervorgerufenen Formänderungen, den Verschiebungssatz nicht gedankenlos anwenden darf, da sich, zumindest im Bereich dieser Verschiebungen, der Spannungs- und Formänderungszustand ändert. Ist jedoch nach den inneren Kräften und den Formänderungen nicht gefragt und sind die letzteren überdies klein gegenüber den Abmessungen des Körpers, so können wir, wenn es sich um Fragen der Bewegung oder des Gleichgewichts des Körpers handelt, auch hier den Verschiebungssatz wie für den starren Körper anwenden[1].

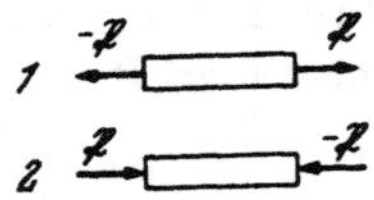

Abb. 14

12. Gleichwertige Kraftsysteme. Wir haben uns in Nr. 10 die Aufgabe gestellt, ein gegebenes Kraftsystem durch ein gleichwertiges zu ersetzen, das möglichst einfach ist, wobei wir stets annehmen wollen, daß die betrachteten Kräfte an einem starren Körper angreifen. Wir sind jetzt in der Lage, genau zu definieren, was wir unter gleichwertigen Kraftsystemen verstehen. *Wir bezeichnen zwei Kraftsysteme als gleichwertig oder äquivalent, wenn sie durch (allenfalls wiederholte) Anwendung des Satzes vom Kräfteparallelogramm sowie durch Hinzufügung oder Weglassung von gleich großen und entgegengesetzt gerichteten Kräften, die in derselben Wirkungslinie liegen, ineinander übergeführt werden können.*

Wir können dies auch noch anders ausdrücken. Kehren wir nämlich in einem von zwei äquivalenten Kraftsystemen sämtliche Kraftrichtungen um, so müssen die beiden Systeme einander das Gleichgewicht halten. Denn jetzt müssen wir nach Ausführung der oben genannten Operationen auf zwei Kraftsysteme kommen, deren Kräfte sich paarweise aufheben, zwei Kraftsysteme also, die im Gleichgewicht sind. Dann müssen aber die beiden Kraftsysteme auch schon vor Ausführung der Umwandlungsoperationen im Gleichgewicht gestanden sein, womit unsere Behauptung bewiesen ist.

13. Zeichnerische Reduktion des allgemeinen ebenen Kraftsystems.

a) *Mit Hilfe von Teilresultierenden.* Mit Hilfe des Verschiebungssatzes für Kräfte können wir schon gewisse allgemeine ebene Kraftsysteme behandeln, z. B. das in Abb. 15 dargestellte. Wir wollen sehen, ob wir die drei Kräfte $\mathfrak{P}_1$, $\mathfrak{P}_2$, $\mathfrak{P}_3$ mit den Angriffspunkten A, B, C zu einer Resultierenden vereinigen können.

Wir denken uns zunächst die Kräfte $\mathfrak{P}_1$ und $\mathfrak{P}_2$ nicht in den Punkten A und B angreifend, sondern im Schnittpunkt ihrer Wirkungslinien D.

[1] Siehe auch die diesbezügliche Bemerkung in Nr. 67.

Dann können sie nach Nr. 6 zu einer Teilresultierenden $\mathfrak{R}_{1,2}$ zusammengefaßt werden, deren Größe wir aus dem Krafteck entnehmen und die ebenfalls durch den Punkt D gehen muß. Nun setzen wir ganz analog $\mathfrak{P}_3$ mit $\mathfrak{R}_{1,2}$ zusammen, indem wir uns die beiden Kräfte im Punkt E angreifend denken. Ihre Resultierende $\mathfrak{R}$, welche gleich ist der gesuchten Resultierenden von $\mathfrak{P}_1$, $\mathfrak{P}_2$, $\mathfrak{P}_3$, muß dann ebenfalls durch den Punkt E gehen. Die Größe von $\mathfrak{R}$ entnehmen wir aus dem für $\mathfrak{R}_{1,2}$ und $\mathfrak{P}_3$ gezeichneten Krafteck, das an das vorige gleich angefügt wurde.

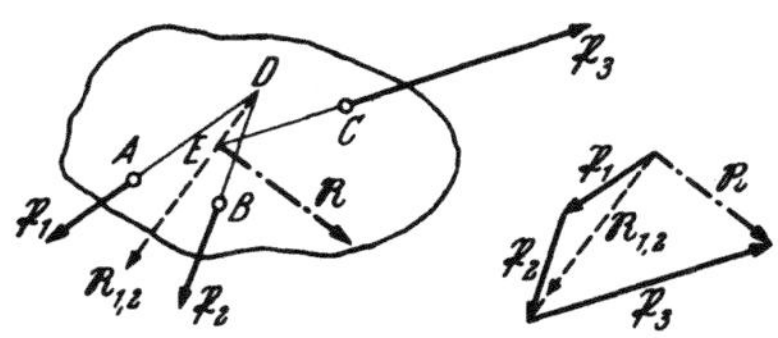

Abb. 15

Wir sehen, daß wir Größe und Richtung der Resultierenden eines allgemeinen ebenen Kraftsystems aus einem Krafteck entnehmen können, das genauso konstruiert wird wie im Falle des zentralen Kraftsystems. Es gilt also auch hier

$$\mathfrak{R} = \mathfrak{P}_1 + \mathfrak{P}_2 + \mathfrak{P}_3 \tag{13, 1}$$

bzw. allgemein, wenn das System aus n Kräften besteht,

$$\mathfrak{R} = \mathfrak{P}_1 + \mathfrak{P}_2 + \ldots + \mathfrak{P}_n = \sum_{i=1}^{n} \mathfrak{P}_i. \tag{13, 2}$$

Wir müssen uns hier nur noch irgendwie einen Punkt der Wirkungslinie von $\mathfrak{R}$ beschaffen. In welchem Punkt dieser Geraden wir $\mathfrak{R}$ dann angreifen lassen, ist nach dem Verschiebungssatz unwesentlich.

Die Gestalt des Körpers, an dem das Kraftsystem angreift, ist, sofern der Körper starr ist, für das Ergebnis der Kräftezusammensetzung ohne Belang, weshalb wir im folgenden wieder nur die Kräfte allein aufzeichnen werden.

b) *Das Seileckverfahren.* Das vorhin angegebene Verfahren zur Aufsuchung der Lage der Resultierenden eines allgemeinen ebenen Kraftsystems wird umständlich, wenn die Schnittpunkte der Wirkungslinien der Kräfte außerhalb des Zeichenblattes liegen, und versagt ganz, wenn die Kräfte parallel sind. Deshalb werden wir eine zweite Methode zur Aufsuchung der Wirkungslinie der Resultierenden entwickeln, die in jedem Fall zum Ziel führt.

Es seien die in Abb. 16 gezeichneten drei Kräfte zu einer Resultierenden zusammenzufassen. Wir fügen dem Kraftsystem zwei gleich große und entgegengesetzt gerichtete, aber sonst beliebige Kräfte $\mathfrak{S}_1$ und $-\mathfrak{S}_1$ hinzu, die in derselben Wirkunglinie liegen. Dadurch wird ja nach Nr. 11 nichts geändert, und insbesondere wird die Resultierende $\mathfrak{R}$ des Kraftsystems in keiner Weise beeinflußt. Wir suchen sie auf, indem wir die fünf Kräfte $\mathfrak{S}_1$, $\mathfrak{P}_1$, $\mathfrak{P}_2$, $\mathfrak{P}_3$, $-\mathfrak{S}_1$ nach der vorhin erörterten

Methode schrittweise zusammensetzen. Zunächst vereinigen wir $\mathfrak{S}_1$ und $\mathfrak{P}_1$ im Kräfteplan zu einer Kraft $\mathfrak{S}_2$, die im Lageplan durch den Schnittpunkt A von $\mathfrak{S}_1$ und $\mathfrak{P}_1$ gehen muß. $\mathfrak{S}_2$ und $\mathfrak{P}_2$ setzen wir im Kräfteplan zu einer Kraft $\mathfrak{S}_3$ zusammen, die im Lageplan durch den Punkt B gehen muß. $\mathfrak{S}_3$ wird mit $\mathfrak{P}_3$ zu $\mathfrak{S}_4$ zusammengesetzt, welche im Lageplan durch den Punkt C zu zeichnen ist. $\mathfrak{S}_4$ muß nun, mit der letzten Kraft $-\mathfrak{S}_1$ zusammengesetzt, die Resultierende unserer fünf Kräfte, welche gleich der Resultierenden $\mathfrak{R}$ der Kräfte $\mathfrak{P}_1$, $\mathfrak{P}_2$, $\mathfrak{P}_3$ ist, liefern. Wir zeichnen im Kräfteplan $-\mathfrak{S}_1$ über $\mathfrak{S}_1$ und sehen, daß das Krafteck aus $-\mathfrak{S}_1$ und $\mathfrak{S}_4$ tatsächlich durch $\mathfrak{R}$ geschlossen wird. Im Lageplan muß $\mathfrak{R}$ durch den Schnittpunkt D von $-\mathfrak{S}_1$ und $\mathfrak{S}_4$ oder, was dasselbe ist, durch den Schnittpunkt von $\mathfrak{S}_1$ und $\mathfrak{S}_4$ gehen.

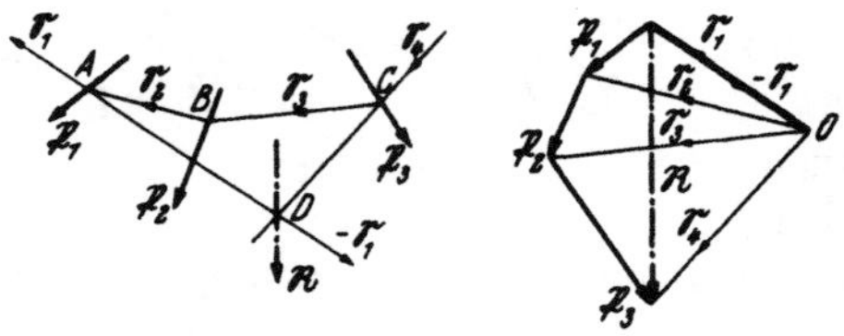

Abb. 16

Daraus ergibt sich nun folgendes einfache Verfahren zur Aufsuchung der Resultierenden eines allgemeinen ebenen Kraftsystems, bestehend aus den Kräften $\mathfrak{P}_1, \mathfrak{P}_2, \ldots \mathfrak{P}_n$: Zuerst zeichnet man für die $\mathfrak{P}_i$ das Krafteck, aus dem sich bereits Größe und Richtung von $\mathfrak{R}$ ergeben. Nun wählt man einen beliebigen Punkt O, welcher *Pol des Kraftecks* genannt wird, und zieht die Verbindungslinien von O zu sämtlichen Eckpunkten des Kraftecks, die *Polstrahlen*. Dann zeichnet man im Lageplan die Parallelen zu den Polstrahlen, welche *Seilstrahlen* heißen, nach folgender aus Abb. 16 leicht abzulesender Regel: Wenn zwei Polstrahlen im Kräfteplan eine Kraft einschließen, dann schneiden sich die parallelen Seilstrahlen im Lageplan auf dieser Kraft. Nach derselben Regel ist dann der Schnittpunkt des ersten und letzten Seilstrahles ein Punkt der Wirkungslinie von $\mathfrak{R}$.

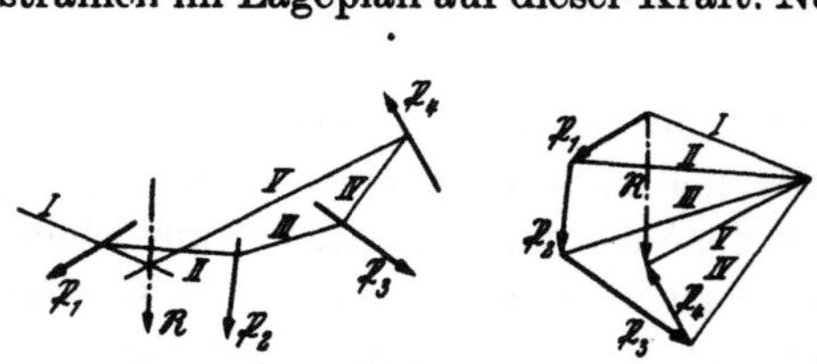

Abb. 17

Der Polygonzug der Seilstrahlen im Lageplan heißt *Seileck* oder *Seilpolygon*. Ein mit den Kräften $\mathfrak{P}_1$ bis $\mathfrak{P}_n$ belastetes biegsames Seil, das in der Richtung des ersten und letzten Seilstrahls an zwei Punkten befestigt ist, würde sich nämlich genau nach dem so gewonnenen Polygonzug einstellen. Es ist ganz gleichgültig, wo man den Punkt O und den Anfangspunkt des Seilecks wählt, es muß sich immer die gleiche Resultierende ergeben, da ja Größe, Lage und Richtung von $\mathfrak{S}_1$ vollkommen beliebig angenommen werden konnte. (Der Leser überzeuge sich davon.)

Die Abb. 17 bis 19 zeigen Anwendungsbeispiele. Die zusammengehörigen Pol- und Seilstrahlen sind gleichartig bezeichnet. In den Abb. 18 und 19, wo die Resultierenden von Systemen paralleler Kräfte aufgesucht wurden, sind im Kräfteplan die sich deckenden Kräfte der Deutlichkeit halber etwas nebeneinander gezeichnet. In diesen Beispielen erhalten wir Größe und Richtung der Resultierenden wieder wie in Nr. 9, 2. Beispiel, wenn wir wie dort die Kräfte je nach ihrer Richtung mit Vorzeichen versehen und ihre algebraische Summe bilden. Der Betrag dieser Summe ist gleich dem Betrag der Resultierenden, und das Vorzeichen gibt die Richtung der Resultierenden an.

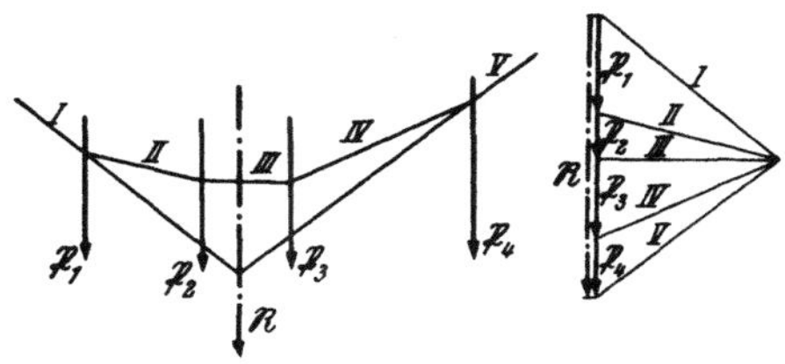

Abb. 18

Aus Abb. 19, welche die Zusammenfassung von zwei Kräften $\mathfrak{P}_1$ und $\mathfrak{P}_2$ zeigt, die in parallelen Wirkungslinien liegen, erkennen wir die folgende allgemeingültige Regel: Sind die beiden Kräfte gleich gerichtet (Bild *1*), so liegt die Resultierende $\mathfrak{R}$ stets zwischen ihnen, und zwar näher der größeren der beiden Kräfte. Sind die beiden Kräfte entgegengesetzt gerichtet (Bild *2*),

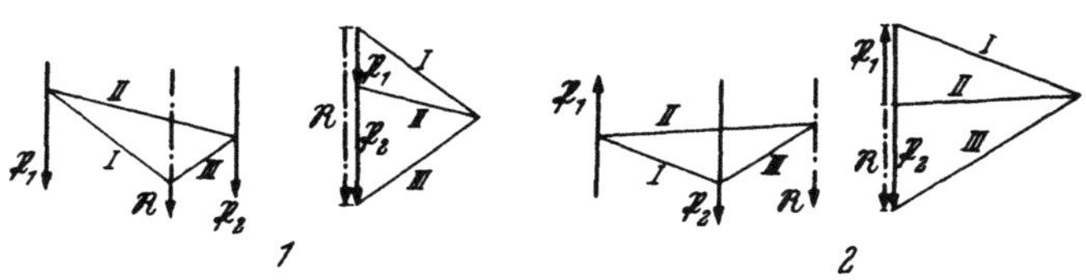

Abb. 19

so liegt die Resultierende stets außerhalb des durch die Wirkungslinien von $\mathfrak{P}_1$ und $\mathfrak{P}_2$ begrenzten Parallelstreifens, und zwar auf der Seite der größeren Kraft. Der Richtungssinn von $\mathfrak{R}$ stimmt mit dem Richtungssinn der größeren Kraft überein. Je mehr die beiden entgegengesetzt parallelen Kräfte $\mathfrak{P}_1$ und $\mathfrak{P}_2$ dem Betrag nach übereinstimmen, desto kleiner wird $\mathfrak{R}$ und desto weiter rückt es hinaus, bis es bei Übereinstimmung der Beträge von $\mathfrak{P}_1$ und $\mathfrak{P}_2$ die Größe Null hat und im Unendlichen liegt (Kräftepaar, siehe Nr. 14). Dieser Sachverhalt läßt sich auch mittels des Satzes von der Momentensumme (Nr. 21) leicht überblicken.

14. Ergebnisse der Reduktion des allgemeinen ebenen Kraftsystems. Die von uns bisher behandelten allgemeinen ebenen Kraftsysteme ließen sich alle auf eine Einzelkraft reduzieren. Bei ihnen waren zunächst das Krafteck und das Seileck offen. Wir haben zuerst das Krafteck durch die Resultierende geschlossen und diese dann, nach Schließung des Seilecks, durch dessen neu hinzukommenden Eckpunkt gezeichnet.

Nun kann auch der Fall eintreten, daß sich das Kraftsystem im Gleichgewicht befindet. Ein solches Kraftsystem gewinnen wir z. B. aus dem in Abb. 16 gezeichneten, wenn wir noch eine Kraft $\mathfrak{P}_4$ hinzufügen, die gleich und entgegengesetzt ist der Resultierenden aus den Kräften

$\mathfrak{P}_1$, $\mathfrak{P}_2$, $\mathfrak{P}_3$ und in dieselbe Wirkungslinie fällt wie diese. Dann wird jene Kraft die Wirkung der drei anderen gerade aufheben (Abb. 20). Zeichnen wir für diese vier Kräfte das Krafteck, so schließt es sich. Zeichnen wir im Lageplan dasselbe Seileck wie in Abb. 16, so muß es sich ebenfalls schließen, da ja $\mathfrak{P}_4$ genau in der Wirkungslinie von $\mathfrak{R}$ liegt. Weil aber jedes beliebige Seileck in Abb. 16 zu einem Punkt der Wirkungslinie von $\mathfrak{R}$ führen muß, so muß sich in Abb. 20 jedes beliebige für die vier Kräfte gezeichnete Seileck schließen.

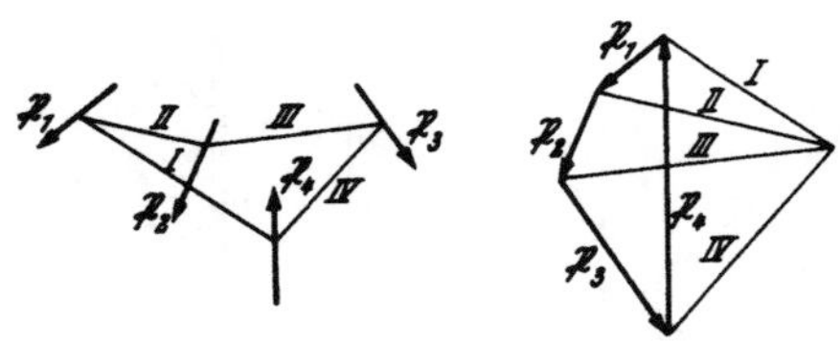

Abb. 20

Mit diesen zwei Fällen ist aber die Zahl der möglichen Ergebnisse der Reduktion eines allgemeinen ebenen Kraftsystems noch nicht erschöpft. Zeichnen wir z. B. nochmals das Kraftsystem der Abb. 16 auf und fügen abermals eine Kraft $\mathfrak{P}_4$ hinzu, die gleich und entgegengesetzt der Resultierenden von $\mathfrak{P}_1$, $\mathfrak{P}_2$, $\mathfrak{P}_3$ ist, jedoch gegen diese um ein Stück parallel verschoben ist (Abb. 21 *a*), dann sehen wir, daß sich in diesem Fall wohl das Krafteck schließt, nicht aber das Seileck, denn dieses endet mit zwei parallelen Seilstrahlen *I* und *I'*. Die Resultierende unseres Kraftsystems ist also gleich Null:

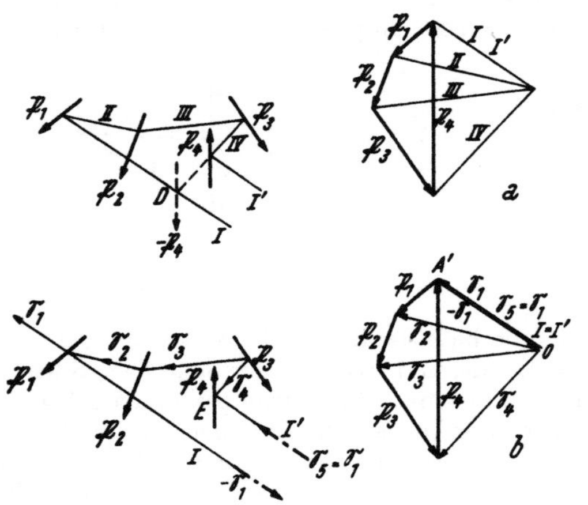

Abb. 21

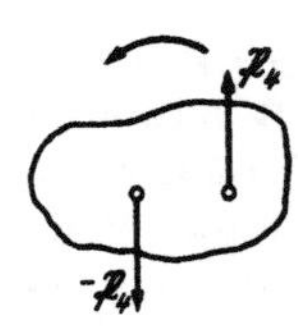

Abb. 22

$$\mathfrak{R} = \sum_{i=1}^{n} \mathfrak{P}_i = 0. \tag{14, 1}$$

Als Angriffspunkt dieser Resultierenden Null ergibt sich als Schnittpunkt des ersten und letzten Seilstrahls der unendlich ferne Punkt. Um zu sehen, was das bedeutet, denken wir uns die drei Kräfte $\mathfrak{P}_1$, $\mathfrak{P}_2$, $\mathfrak{P}_3$ durch ihre Resultierende ersetzt, die durch den Punkt *D* geht. Da sie gleich groß und entgegengesetzt ist wie $\mathfrak{P}_4$, bezeichnen wir sie mit $-\mathfrak{P}_4$. Unser Kraftsystem reduziert sich also auf die beiden antiparallelen Kräfte $\mathfrak{P}_4$ und $-\mathfrak{P}_4$, die man ein *Kräftepaar* nennt (Abb. 22). Ein solches Kräftepaar läßt sich nicht weiter reduzieren, sondern höchstens, wie wir in Nr. 18 sehen werden, durch ein anderes, gleichwertiges, ersetzen. Der Körper, an dem es angreift, ist ersichtlich nicht im Gleichgewicht, sondern gerät, wenn sonst keine Kräfte auf ihn wirken, in der eingezeichneten Richtung in Drehung. (Diese aus der Erfahrung gewonnene Erkenntnis kann wohl als unmittelbar einleuchtend betrachtet werden.)

Ein dem eben behandelten Kraftsystem gleichwertiges Kräftepaar kann auch sofort mittels des offenen Seilecks gewonnen werden. Vollziehen wir nochmals an Hand der Abb. 21 *b* die Reduktion des Kraftsystems $\mathfrak{P}_1$, $\mathfrak{P}_2$, $\mathfrak{P}_3$, $\mathfrak{P}_4$, indem wir wie in Nr. 13, Abb. 16 zwei entgegengesetzt gleiche Kräfte $\mathfrak{S}_1$ und $-\mathfrak{S}_1$ hinzufügen, die in derselben Wirkungslinie liegen. Das Kraftsystem $\mathfrak{P}_1 \ldots \mathfrak{P}_4$ ist demnach völlig gleichwertig dem Kraftsystem $\mathfrak{S}_1$, $\mathfrak{P}_1 \ldots \mathfrak{P}_4$, $-\mathfrak{S}_1$. Die Zusammensetzung von $\mathfrak{S}_1$ mit $\mathfrak{P}_1$ ergibt $\mathfrak{S}_2$, dieses mit $\mathfrak{P}_2$ zusammengesetzt liefert $\mathfrak{S}_3$, dieses mit $\mathfrak{P}_3$ zusammen liefert $\mathfrak{S}_4$ und dieses mit $\mathfrak{P}_4$ zusammen ergibt $\mathfrak{S}_5$, das in unserem Fall parallel zu $-\mathfrak{S}_1$ liegt und die Größe und Richtung von $\mathfrak{S}_1$ hat. Obwohl die Kraft $\mathfrak{S}_5$ nicht in der Wirkungslinie von $\mathfrak{S}_1$ liegt und obwohl sie, wie wir in Nr. 20 sehen werden, in ihrer Wirkung auf den starren Körper nicht gleichwertig der Kraft $\mathfrak{S}_1$ ist, erweist es sich in der Vektorrechnung als zweckmäßig, zwei solche parallele und gleich große Vektoren als gleich zu bezeichnen, was auch wir hier tun wollen; wir schreiben also $\mathfrak{S}_5 = \mathfrak{S}_1$. Damit wurde unser Kraftsystem auf die Kraft $\mathfrak{S}_1$ durch den Punkt E und die noch übriggebliebene Kraft $-\mathfrak{S}_1$ reduziert, also auf ein Kräftepaar $\mathfrak{S}_1$, $-\mathfrak{S}_1$. Endet also das zur Reduktion eines Kraftsystems gezeichnete Seileck mit zwei parallelen Seilstrahlen, so können diese als die Wirkungslinien des resultierenden Kräftepaares aufgefaßt werden, wenn als Größe der beiden Kräfte die Länge des zugehörigen Polstrahls genommen wird. Dabei ist als Kraftrichtung im ersten Seilstrahl (I) die Richtung $A'O$ im Krafteck (also zum Pol hin) zu nehmen, als Kraftrichtung in dem zuletzt gezeichneten Seilstrahl (I') die Richtung OA' im Krafteck zu nehmen (also vom Pol weg), womit auch der Drehsinn des resultierenden Kräftepaares festliegt.

Wir sehen also, daß wir bei der Reduktion eines allgemeinen ebenen Kraftsystems zu folgenden Ergebnissen kommen können:

a) Das Kraftsystem reduziert sich auf eine Einzelkraft (Resultierende). Zeichnerisches Kennzeichen: Krafteck und Seileck offen. Beide können geschlossen werden.

b) Das Krafteck reduziert sich auf ein Kräftepaar. Zeichnerisches Kennzeichen: Krafteck geschlossen, Seileck offen. Das Seileck kann im Endlichen nicht geschlossen werden.

c) Das Kraftsystem ist im Gleichgewicht. Zeichnerisches Kennzeichen: Krafteck und Seileck geschlossen.

15. Gleichgewicht von zwei und von drei Kräften. *Aus unseren bisherigen Ausführungen geht hervor, daß zwei Kräfte dann und nur dann im Gleichgewicht sind, wenn sie gleich groß und entgegengesetzt gerichtet sind und in derselben Wirkungslinie liegen.* In allen anderen Fällen ergibt sich entweder eine Resultierende oder ein Kräftepaar.

Betrachten wir nun ein System von drei Kräften (Abb. 23), so können wir etwa $\mathfrak{P}_1$ und $\mathfrak{P}_2$ zu einer Resultierenden $\mathfrak{R}_{1,2}$ zusammenfassen, die durch den Punkt A geht. Soll Gleichgewicht herrschen, so müssen für $\mathfrak{P}_3$ und $\mathfrak{R}_{1,2}$ die Bedingungen für das Gleichgewicht zweier Kräfte erfüllt sein. $\mathfrak{P}_3$ muß also jedenfalls auch durch den Punkt A gehen, so daß wir folgenden Satz aussprechen können: *Drei Kräfte können nur dann im Gleichgewicht sein, wenn sich ihre Wirkungslinien in einem Punkt schneiden.* Diese Bedingung ist für das Gleichgewicht notwendig, aber nicht hinreichend. Das Gleichgewicht ist erst dann gesichert, wenn sich außerdem noch das Krafteck dieser drei Kräfte schließt.

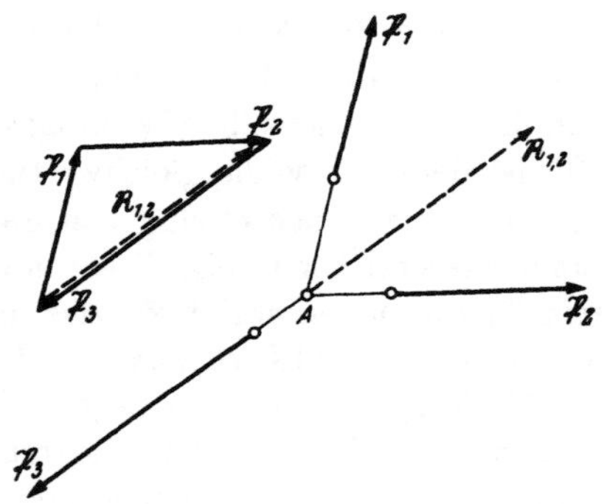

Abb. 23

Es sei noch erwähnt, daß der Schnittpunkt der Wirkungslinien von drei einander das Gleichgewicht haltenden Kräften auch der unendlich ferne Punkt sein kann; mit anderen Worten, es können auch drei Kräfte im Gleichgewicht sein, deren Wirkungslinien parallel zueinander sind. Wir werden diesen Fall in Nr. 25 behandeln.

16. Moment einer Kraft. Unter dem *Moment einer Kraft* in bezug auf einen Punkt versteht man das Produkt aus dem absoluten Betrag der Kraft und dem senkrechten Abstand ihrer Wirkungslinie von diesem Punkt. Wir vereinbaren, daß wir diesem Produkt, das auch *Drehmoment* der Kraft um den Punkt genannt wird, das *positive* Vorzeichen geben, wenn die Kraft um den Punkt im Gegenzeigersinn dreht, das *negative* Vorzeichen, wenn die Drehung im Uhrzeigersinn erfolgt. Dies in Übereinstimmung mit den in Nr. 7 über den Drehsinn getroffenen Festsetzungen. Für die in Abb. 24*a* dargestellte Kraft $\mathfrak{P}$, mit dem absoluten Betrag P, ist demnach das Moment M um den Punkt O gegeben durch

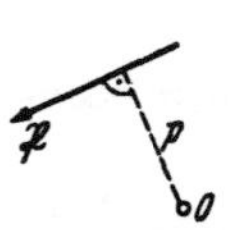

Abb. 24*a*

$$M = + Pp.$$

p wird auch *Hebelarm* der Kraft genannt.

Das Moment einer Kraft ist also abhängig von der Lage des Bezugspunktes. Es wird Null, wenn dieser auf der Wirkungslinie der Kraft liegt. Dagegen ändert sich das Moment nicht, wenn wir die Kraft längs ihrer Wirkungslinie verschieben. Die Dimension des Moments ist als Produkt einer Kraft und einer Länge, je nach den verwendeten Einheiten, kpm (Kilopondmeter) bzw. kpcm bzw. Mpm (Megapondmeter).

Geometrisch kann der Betrag des Moments der Kraft $\mathfrak{P}$ um den Punkt O als die doppelte Fläche eines Dreiecks gedeutet werden, dessen Grundlinie $\mathfrak{P}$ und dessen Spitze O ist (Abb. 24 *b*). Denn dieses Dreieck hat die Höhe p und seine Fläche ist $\frac{1}{2}pP = \frac{1}{2}M$.

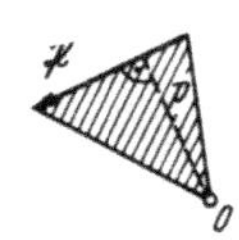

Abb. 24 *b*

Sind mehrere Kräfte vorhanden, dann wollen wir unter dem *resultierenden Moment* aller Kräfte um einen bestimmten, in der Ebene des Kraftsystems gelegenen Punkt die algebraische Summe der Momente der einzelnen Kräfte um diesen Punkt verstehen.

Es wird sich zwar erst bei der Behandlung des räumlichen Kraftsystems als zweckmäßig erweisen, doch wir wollen schon hier zeigen, daß man das Moment der Kraft um einen Punkt durch einen Vektor darstellen kann. Dieser Vektor $\mathfrak{M}$ wird dem Betrag nach gleich dem Absolutbetrag des Moments, also gleich Pp, gemacht, und er wird im Punkt O senkrecht zu der durch $\mathfrak{P}$ und O bestimmten Ebene errichtet, und zwar so, daß von seiner Spitze aus gesehen $\mathfrak{P}$ und O im positiven, also im Gegenzeigersinn dreht.

Im Fall des ebenen Kraftsystems steht $\mathfrak{M}$, falls (wie wir im folgenden stets annehmen wollen) O in der Ebene des Kraftsystems liegt, auf dieser Ebene senkrecht. Führen wir in dieser Ebene ein Koordinatensystem x, y ein und ergänzen es durch eine z-Achse senkrecht zur Ebene des Kraftsystems[1], so hat $\mathfrak{M}$, falls es ungleich Null ist, nur eine einzige von Null verschiedene Komponente, nämlich M_z (Abb. 24 *c*). Was wir oben als positives bzw. negatives Moment von $\mathfrak{P}$ und O bezeichnet haben, ist somit genaugenommen die positive bzw. die negative z-Komponente des nach oben oder nach unten gerichteten Vektors $\mathfrak{M}$, und wir sollten, strenggenommen, nicht schreiben $M = + Pp$ bzw. $- Pp$, sondern

[1] Die räumlichen Koordinatensysteme, die wir im folgenden verwenden, sind immer sogenannte „Rechtssysteme", das sind Systeme, bei denen die Achsen so gerichtet sind, daß z. B. von der Spitze der positiven z-Achse aus gesehen die $+x$-Achse durch eine Drehung um 90° im Gegenzeigersinn in die $+y$-Achse übergeführt werden kann. Die positiven Achsenrichtungen eines solchen Systems entsprechen den Richtungen der ersten drei Finger der rechten Hand.

$M_z = +Pp$ bzw. $-Pp$, weil wir konsequenterweise unter M den stets positiven Betrag des Vektors $\mathfrak{M}$ verstehen sollten. Der Einfachheit halber wollen wir jedoch, solange wir uns bloß mit *ebenen* Kraftsystemen beschäftigen, an der oben eingeführten Bezeichnung festhalten.

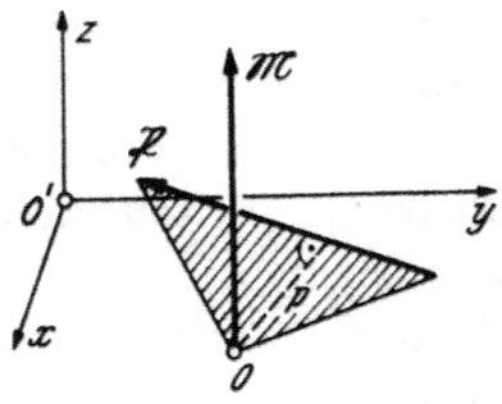

Abb. 24 c

Wir verstehen nun auch die oben gegebene, vielleicht auf den ersten Blick willkürlich erscheinende Definition des resultierenden Moments eines Kraftsystems in bezug auf einen in der Ebene des Kraftsystems liegenden Punkt. Sie ergibt sich aus der geometrischen Addition der einzelnen Momentenvektoren, die, da die Vektoren alle in ein und derselben Geraden liegen, auf eine algebraische Addition ihrer z-Komponenten hinausläuft.

17. Moment eines Kräftepaares. Nach unserer in Nr. 16 getroffenen Festsetzung ist das resultierende Moment der beiden Kräfte des in Abb. 25, Bild *1* gezeichneten Kräftepaares $\mathfrak{P}, -\mathfrak{P}$, das wir kurz das *Moment des Kräftepaares* nennen wollen, um den Punkt O gegeben durch

$$M = Pp' - Pp'' = P(p' - p'') = Pa.$$

Für das in Bild *2* gezeichnete Kräftepaar $\mathfrak{P}_1, -\mathfrak{P}_1$ ergibt sich als Moment um den Punkt O_1:

$$M_1 = -P_1p_1' + P_1p_1'' = -P_1(p_1' - p_1'') = -P_1a_1.^1$$

Das Moment eines Kräftepaares ist also gleich dem Betrag einer Kraft des Paares mal dem Abstand beider Kräfte; positiv oder negativ, je nachdem, ob das Kräftepaar den Körper, an dem es angreift, im Gegenzeigersinn oder im Uhrzeigersinn drehen will. Das gleiche wird ausgedrückt, wenn wir sagen: *Das Moment eines Kräftepaares ist gleich dem Moment einer Kraft des Paares um einen Punkt der Wirkungslinie der anderen.* Irgendwelche Angaben über die Lage des Bezugspunktes kommen im Ausdruck für das Moment nicht vor, woraus der wichtige Satz

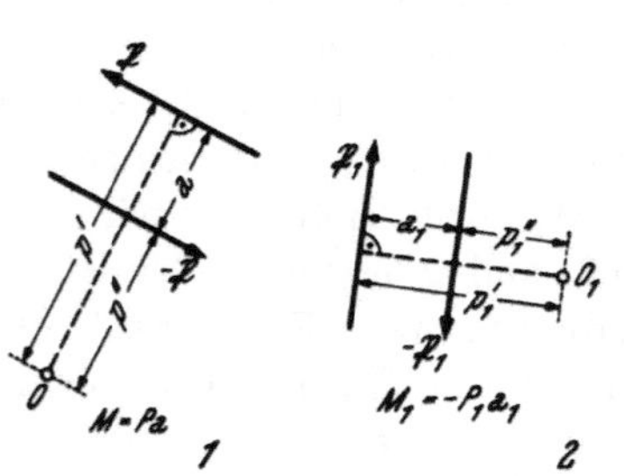

Abb. 25

[1] Man lasse sich durch die Vorzeichen der Kraftvektoren nicht irremachen, sondern halte sich streng an die in Nr. 16 gegebene Definition. Der absolute Betrag der Kraft $-\mathfrak{P}_1$ ist P_1, sie dreht um O_1 im Gegenzeigersinn, also ist ihr Moment $+P_1p_1''$.

folgt: *Das Moment eines Kräftepaares ist unabhängig von der Lage des Bezugspunktes*[1].

Wir können also vom Moment eines Kräftepaares schlechtweg sprechen bzw. ein Moment bestimmter Größe immer durch ein entsprechendes Kräftepaar darstellen. Und zwar geht das auf unendlich viele Arten. Soll etwa ein Moment von der Größe −10 Mpm dargestellt werden, so muß $Pa = 10$ Mpm sein. Also etwa $P = 5$ Mp, $a = 2$ m oder $P = 10$ Mp, $a = 1$ m usw. Die beiden Kräfte sind so anzuordnen, daß das Kräftepaar im Uhrzeigersinn dreht.

18. Gleichwertige Kräftepaare. Gegeben sei das Kräftepaar $\mathfrak{P}$, $-\mathfrak{P}$, das in den parallelen Geraden a_1, a_2 mit dem Abstand a wirke. Sein Moment ist $M_1 = Pa$ (Abb. 26). Wir wollen dieses Kräftepaar in ein gleichwertiges Kräftepaar umwandeln, das in den beliebig vorgegebenen Geraden b_1, b_2 wirkt, deren Abstand b sei. Setzen wir zunächst voraus, daß die Geraden a_1, a_2 den Geraden b_1, b_2 nicht parallel seien, so können wir wie folgt verfahren: Wir verschieben die Kraft $\mathfrak{P}$ in den Schnittpunkt A der beiden Geraden a_1 und b_1 und die Kraft $-\mathfrak{P}$ in den Schnittpunkt B der beiden Geraden a_2 und b_2. Nun zerlegen wir $\mathfrak{P}$ nach dem Parallelogrammsatz in zwei Kräfte $\mathfrak{Q}$ und $\mathfrak{R}$, von denen $\mathfrak{Q}$ in der Geraden b_1 liegt und $\mathfrak{R}$ in der Verbindungslinie der Punkte A und B. Analog verfahren wir mit der Kraft $-\mathfrak{P}$, die wir, wie aus der Abbildung ersichtlich, in die Kräfte $-\mathfrak{Q}$ und $-\mathfrak{R}$ zerlegen. Die Kräfte $\mathfrak{R}$, $-\mathfrak{R}$, die in derselben Geraden liegen, heben sich auf, und es bleibt das Kräftepaar $\mathfrak{Q}$, $-\mathfrak{Q}$ übrig, das dem Kräftepaar $\mathfrak{P}$, $-\mathfrak{P}$ äquivalent sein muß, da es ja durch die in Nr. 12 angeführten Operationen aus ihm hervorgegangen ist.

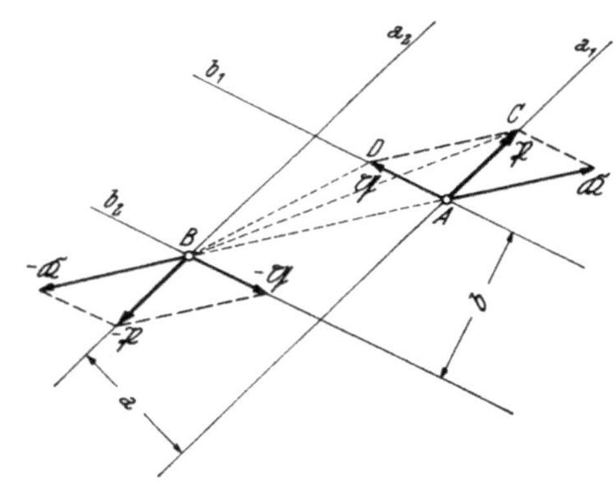

Abb. 26

Wir behaupten, daß das Kräftepaar $\mathfrak{Q}$, $-\mathfrak{Q}$ nach Größe und Vorzeichen das gleiche Moment hat wie das Paar $\mathfrak{P}$, $-\mathfrak{P}$: Nach Nr. 17 ist das Moment des Paares $\mathfrak{P}$, $-\mathfrak{P}$ gleich dem Moment der Kraft $\mathfrak{P}$ um den Punkt B und damit gleich der doppelten Fläche des Dreiecks ABC. Aus dem gleichen Grund ist das Moment des Paares $\mathfrak{Q}$, $-\mathfrak{Q}$ gleich der doppelten Fläche des Dreiecks ABD. Diese beiden Dreiecke sind aber

[1] Wie wir in Nr. 31 zeigen werden, gilt dies auch dann, wenn der Bezugspunkt außerhalb der Ebene des Kräftepaares angenommen wird.

flächengleich, weil sie gleiche Grundlinie und, gemäß der Parallelogrammkonstruktion, gleiche Höhe haben, womit zunächst die Gleichheit der Beträge der beiden Momente bewiesen ist. Da, wie aus der Abbildung ersichtlich ist, die beiden Kräftepaare auch den gleichen Drehsinn haben, stimmen die Momente auch dem Vorzeichen nach überein.

Da das Paar $\mathfrak{Q}$, $-\mathfrak{Q}$, dessen Kräfteabstand b ist, das Moment $M_2 = Qb$ hat, während das Moment des Paares $\mathfrak{P}$, $-\mathfrak{P}$ $M_1 = Pa$ war, gilt also

$$M_1 = M_2, \tag{18, 1}$$

oder

$$Pa = Qb, \tag{18, 2}$$

und wir können das Ergebnis unserer Betrachtung in den Satz zusammenfassen: *Gleichwertige Kräftepaare haben das gleiche Moment.*

Wir können aber auch die Umkehrung dieses Satzes beweisen, nämlich: *Kräftepaare mit dem gleichen Moment sind gleichwertig.* Wir brauchen dazu die Abb. 26 nur folgendermaßen zu deuten: Gegeben sei das Kräftepaar $\mathfrak{Q}$, $-\mathfrak{Q}$ in den Geraden b_1, b_2 und das Paar $\mathfrak{P}$, $-\mathfrak{P}$ in den Geraden a_1, a_2, deren Momente als gleich vorausgesetzt werden. Es müssen folglich die Dreiecke ABD und ABC flächengleich sein, was bedeutet, daß die Spitzen der Vektoren $\mathfrak{Q}$ und $\mathfrak{P}$ auf einer Parallelen zu der Strecke AB liegen. Dann können wir aber das Paar $\mathfrak{Q}$, $-\mathfrak{Q}$ sofort in das Paar $\mathfrak{P}$, $-\mathfrak{P}$ überführen, indem wir zu dem Paar $\mathfrak{Q}$, $-\mathfrak{Q}$ die beiden Kräfte $\mathfrak{R}$, $-\mathfrak{R}$, die in der Geraden AB liegen, hinzufügen, wodurch das gleichwertige Paar $\mathfrak{P}$, $-\mathfrak{P}$ entsteht.

Wir bemerken noch, daß die eben behandelten Konstruktionen nicht unmittelbar ausführbar sind, wenn die beiden Geradenpaare a_1, a_2 und b_1, b_2 zueinander parallel sind. In diesem Fall denke man sich das Kräftepaar $\mathfrak{P}$, $-\mathfrak{P}$ zunächst in ein Kräftepaar verwandelt, das in zwei parallelen Geraden c_1, c_2 liegt, welche die Geraden a_1, a_2 schneiden. c_1, c_2 schneiden dann auch b_1, b_2, und wir erhalten nach Wiederholung der Konstruktion ein Kräftepaar in diesen Geraden, das dem ursprünglichen Kräftepaar äquivalent ist.

Zusammenfassend können wir also sagen: *Gleichwertige Kräftepaare haben das gleiche Moment, und umgekehrt, Kräftepaare mit dem gleichen Moment sind gleichwertig, wie immer sie auch in der Ebene liegen mögen.* Speziell folgt daraus der *Verschiebungssatz für Kräftepaare: An einem starren Körper darf ein Kräftepaar in seiner Ebene beliebig gedreht oder verschoben werden.* — Abermals sei darauf hingewiesen, daß die inneren Kräfte eines Körpers und ebenso die Deformationen eines verformbaren Körpers, auf den man den obigen Verschiebungsssatz, falls die Formänderungen klein sind, häufig anwendet, durch solche Verschiebungen sehr wohl beeinflußt werden; indessen brauchen wir hier nicht näher darauf einzugehen.

Genauso, wie wir in Nr. 16 das Moment einer Kraft um einen Punkt durch einen Vektor $\mathfrak{M}$ darstellten, können wir dies auch für das Moment eines Kräftepaares tun, das ja stets als das Moment einer Kraft des Paares um einen Punkt der Wirkungslinie der anderen aufgefaßt werden kann. Der Momentenvektor $\mathfrak{M}$ eines Kräftepaares steht somit auf der Ebene des Kräftepaares, also hier auf unserer Zeichenebene senkrecht, und ist nach jener Seite dieser Ebene gerichtet, von der aus gesehen das Kräftepaar im Gegenzeigersinn dreht. Wegen der Verschiebbarkeit des Kräftepaares in seiner Ebene darf dieser Momentenvektor beliebig parallel zu sich selbst verschoben werden. Wir werden in Nr. 31, beim räumlichen Kraftsystem, zeigen, daß wir den Momentenvektor eines Kräftepaares auch *in* seiner Wirkungslinie beliebig verschieben dürfen, da man nämlich ein Kräftepaar nicht nur in seiner Ebene, sondern auch parallel dazu am starren Körper verschieben darf. Der Momentenvektor eines Kräftepaares wird daher oft als ein *freier Vektor* bezeichnet, im Gegensatz zum Kraftvektor, den man einen *gebundenen Vektor* nennt, da er nur in seiner Wirkungslinie verschoben werden darf, jedoch nicht parallel dazu, wenn an dem Verhalten des Körpers, an dem die Kraft angreift, nichts geändert werden soll.

Demnach ist ein Kräftepaar durch seinen Momentenvektor vollkommen charakterisiert. Die Länge dieses Vektors gibt die Größe, und zwar den Absolutwert des Moments des Paares an, der Richtungssinn des Vektors den Drehsinn des Paares. Die Ebene senkrecht zu dem Vektor ist die Ebene, in der die Kräfte des Paares liegen, die sogenannte *Momentenebene*, welche nach dem Obigen nicht eindeutig bestimmt ist. Wie bereits erwähnt, stellt ein Kräftepaar bzw. sein Momentenvektor gewissermaßen ein Moment *für sich* dar.

19. Zusammensetzung von Kräftepaaren. Wir nehmen an, auf einen starren Körper wirken zwei Kräftepaare: $\mathfrak{P}$, $-\mathfrak{P}$ (Abstand a) und $\mathfrak{Q}$, $-\mathfrak{Q}$ (Abstand b) (Abb. 27, Bild *1*). Das erste Paar hat das Moment

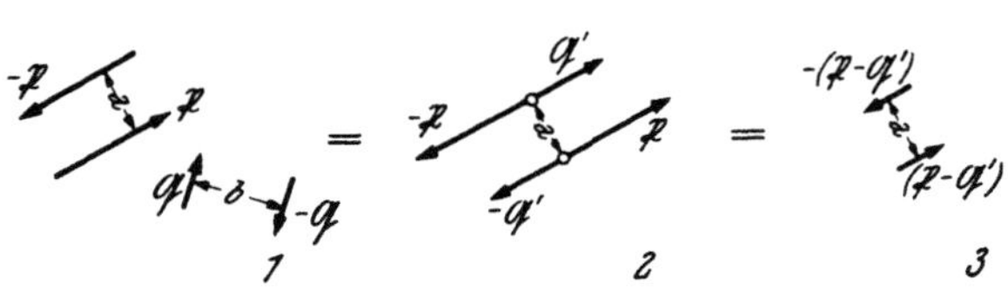

Abb. 27

$M_1 = Pa$, das zweite das Moment $M_2 = -Qb$. Wir werden nun zeigen, daß wir die beiden Kräftepaare zu einem einzigen resultierenden Kräftepaar vereinigen können, dessen Moment gleich ist der algebraischen Summe der Momente der beiden Paare.

Wir ersetzen zunächst das Kräftepaar $\mathfrak{Q}$, $-\mathfrak{Q}$ mit dem Abstand b durch ein gleichwertiges Paar $\mathfrak{Q}'$, $-\mathfrak{Q}'$ mit dem Abstand a. $\mathfrak{Q}'$ ergibt sich aus der Bedingung der Gleichheit der Momente

$$-Qb = -Q'a$$

zu

$$Q' = \frac{Qb}{a}.$$

Nun wenden wir den Verschiebungssatz für Kräftepaare an und fügen die Paare $\mathfrak{P}$, $-\mathfrak{P}$ und $\mathfrak{Q}'$, $-\mathfrak{Q}'$ in der in Bild *2* gezeichneten Weise aneinander. Die in dieselben Geraden fallenden Kräfte summieren wir algebraisch und erhalten so das in Bild *3* dargestellte resultierende Kräftepaar (die einzelnen Bilder sind durch Gleichheitszeichen verbunden), mit dem Moment

$$M = (P - Q')a = Pa - Q'a = Pa - Qb = M_1 + M_2,$$

was zu beweisen war.

Was für zwei Kräftepaare gilt, kann auch für mehrere als bewiesen gelten, wenn wir uns nacheinander eines zum anderen addiert denken. Wir können also folgenden Satz aussprechen: *Beliebig viele Kräftepaare können durch ein einziges ersetzt werden, dessen Moment gleich der algebraischen Summe der Momente der einzelnen Kräftepaare ist.*

Beispiel. Die in Abb. 28 gezeichneten drei Kräftepaare sollen zusammengesetzt werden. Es gilt:

$$\begin{aligned} M_1 &= -8 \cdot 1{,}5 = -12 \text{ Mpm} \\ M_2 &= +4 \cdot 2 \quad = +\ 8 \text{ ,,} \\ M_3 &= -6 \cdot 3 \quad = -18 \text{ ,,} \\ \hline M &= \qquad\quad -22 \text{ Mpm} \end{aligned}$$

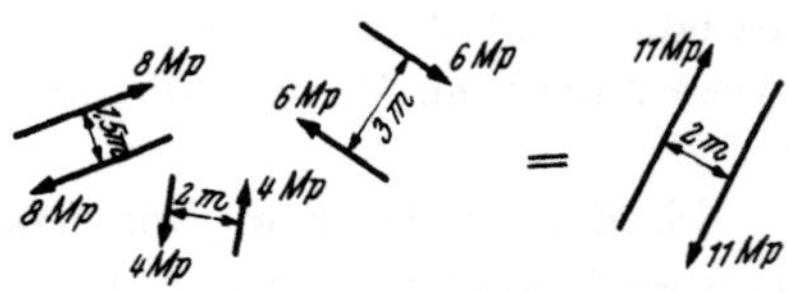

Abb. 28

Das resultierende Kräftepaar wird also z. B. (es gibt ja wieder unendlich viele Lösungen) dargestellt durch zwei Kräfte von 11 Mp in 2 m Abstand und negativem Drehsinn.

20. Kräftepaar und Einzelkraft.

a) Auf einen starren Körper wirke eine Einzelkraft $\mathfrak{R}$ im Punkt A und ein Kräftepaar $\mathfrak{P}$, $-\mathfrak{P}$ mit dem Moment $M = Pa$ (Abb. 29 *a*, Bild *1*). $\mathfrak{R}$ und das Kräftepaar sollen zusammengesetzt werden.

Wir verwandeln zunächst das Kräftepaar $\mathfrak{P}$, $-\mathfrak{P}$ mit dem Abstand a in das gleichwertige Paar $\mathfrak{R}$, $-\mathfrak{R}$ mit dem Abstand b. Dieser ergibt sich aus der Bedingung der Gleichheit der Momente (Nr. 18)

$$M = Pa = Kb$$

zu

$$b = \frac{Pa}{K} = \frac{M}{K}. \tag{20, 1}$$

Das Kräftepaar $\mathfrak{K}$, $-\mathfrak{K}$ verschieben wir nun in die im Bild *2* gezeichnete Lage. Dann heben sich die beiden im Punkt A angreifenden Kräfte auf, und es bleibt nur eine Einzelkraft $\mathfrak{K}$ übrig, die gegen die ursprünglich gegebene um das Stück b parallel verschoben ist (Bild *3*). Es gilt also: *Einzelkraft + Kräftepaar (Drehmoment) = parallel verschobene Einzelkraft.*

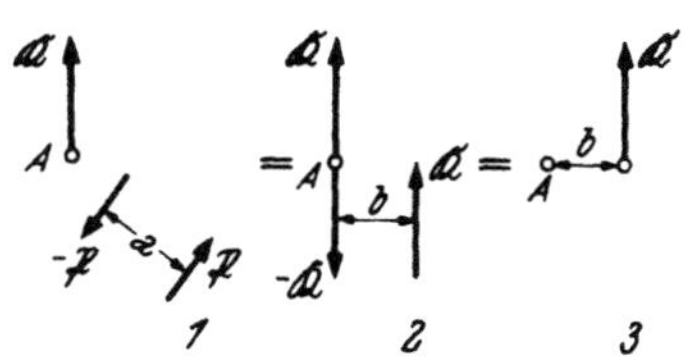

Abb. 29 *a*

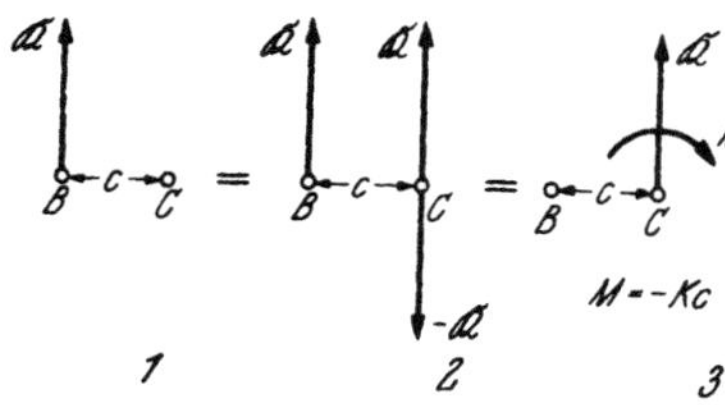

Abb. 29 *b*

Wir können Richtung und Größe der Verschiebung der Kraft sofort angeben, wenn wir beachten, daß das resultierende Moment um irgendeinen Punkt, etwa den Punkt A, durch die Zusammensetzungsoperationen nicht geändert wird. (Es ist dies ein spezieller Fall des in Nr. 21 zu behandelnden Satzes von der Momentensumme.) Für Bild *1* ergibt sich dieses Moment zu $M = Pa$ und für Bild *3* zu Kb, also wieder gleich M. Wir haben also die Einzelkraft so weit und nach jener Richtung parallel zu verschieben, daß das Moment der verschobenen Kraft um ihren alten Angriffspunkt nach Größe und Vorzeichen gleich dem Moment des Kräftepaares ist.

b) Mit der vorigen in Zusammenhang steht die folgende Aufgabe: Im Punkt B eines starren Körpers greife eine Kraft $\mathfrak{K}$ an. Wir verlangen nun, daß sie um das Stück c in den Punkt C parallel verschoben werde (Abb. 29 *b*, Bild *1*). Dann wird, soll das alte Kraftsystem dem neuen gleichwertig sein, noch irgend etwas hinzukommen müssen, denn wir dürfen Kräfte ohne weiteres nur in der Richtung ihrer Wirkungslinie verschieben (Nr. 11).

Wir denken uns im Punkt C zwei gleich große und entgegengesetzt gerichtete Kräfte $\mathfrak{K}$ und $-\mathfrak{K}$ hinzugefügt, wodurch wir nichts geändert haben (Bild *2*). Dann können wir $\mathfrak{K}$ in B und $-\mathfrak{K}$ in C als ein Kräftepaar auffassen, das zu der im Punkt C angreifenden Kraft $\mathfrak{K}$ hinzutritt. Sein Moment ist in unserem Falle $M = -Kc$.

Wir kommen also zu folgendem Ergebnis: *Die Parallelverschiebung einer Einzelkraft erfordert die Hinzunahme eines Kräftepaares (Dreh-*

moments). (In Bild *3* wurde an Stelle des Kräftepaares das Drehmoment durch einen krummen Pfeil angedeutet.) Größe und Drehsinn des hinzukommenden Kräftepaares können wieder aus der Tatsache ermittelt werden, daß sich das resultierende Moment um irgendeinen Punkt während der Umwandlungsoperationen nicht ändert. Wählen wir als Bezugspunkt etwa den Punkt C, so ist für Bild *1* das Moment gleich $-Kc$ und für Bild *3* gleich M, das wieder gleich $-Kc$ ist. Das durch die Parallelverschiebung der Kraft hinzukommende Drehmoment ist also geradeso groß wie das Moment der unverschobenen Kraft um den Angriffspunkt der verschobenen.

21. Vorbemerkungen zur rechnerischen Reduktion des allgemeinen ebenen Kraftsystems. Wir wollen in dieser Nummer den Vorgang der rechnerischen Reduktion des allgemeinen ebenen Kraftsystems bloß beschreiben, erst in der nächsten soll er in mathematische Symbole gefaßt werden.

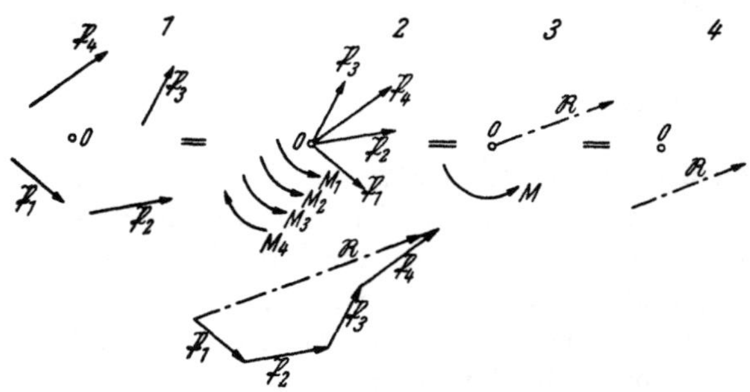

Abb. 30

Wir wissen schon aus Nr. 14, daß dreierlei Reduktionsergebnisse möglich sind (Einzelkraft, Kräftepaar, Gleichgewicht), und wollen zunächst annehmen, daß sich das aus den Kräften $\mathfrak{P}_1, \mathfrak{P}_2, \ldots \mathfrak{P}_n$ bestehende System auf eine Resultierende $\mathfrak{R}$ zurückführen lasse (Abb. 30, Bild *1*, wo $n=4$ ist). Um Größe, Richtung und Wirkungslinie dieser Kraft rechnerisch zu ermitteln, gehen wir folgendermaßen vor: Wir wählen in der Ebene des Kraftsystems einen beliebigen Punkt O, den sogenannten *Reduktionspunkt*, und verschieben sämtliche Kräfte parallel nach O (Bild *2*). Dadurch treten nach Nr. 20, b n Kräftepaare auf, deren Momente wir mit M_1, $M_2, \ldots M_n$ bezeichnen. M_1 ist gleich dem Moment von $\mathfrak{P}_1$ um O, M_2 gleich dem Moment von $\mathfrak{P}_2$ um O usw. Die nach O verschobenen Kräfte bilden nun ein zentrales Kraftsystem, dessen gleichfalls durch O gehende Resultierende nach Größe und Richtung mit $\mathfrak{R}$ übereinstimmen muß. Denn denken wir uns für die unverschobenen $\mathfrak{P}_i$ ein Krafteck gezeichnet, so fällt es genauso aus wie für die verschobenen, und es gilt also, wie wir schon aus Nr. 13 wissen,

$$\mathfrak{R} = \sum_{i=1}^{n} \mathfrak{P}_i. \qquad (21, 1)$$

Nur der Lage nach wird die Resultierende der verschobenen Kräfte von der der unverschobenen verschieden sein, denn diese wird im allgemeinen nicht durch O gehen. Fassen wir die n Kräftepaare nach Nr. 19 zu einem einzigen zusammen, so ist sein Moment M gleich der algebraischen Summe der Momente $M_1, M_2, \ldots M_n$. Damit haben wir das Kraftsystem auf eine Einzelkraft $\mathfrak{R}$ im Punkt O und ein Kräftepaar vom Moment M zurückgeführt (Bild *3*). Beides zusammengesetzt gibt nach Nr. 20, a eine parallel verschobene Einzelkraft $\mathfrak{R}$, die um O das Moment M hat (Bild *4*). Damit haben wir auch die Wirkungslinie von $\mathfrak{R}$ eindeutig festgelegt.

Die Resultierende unseres Kraftsystems hat demnach um den Punkt O ein Moment, das gleich ist der algebraischen Summe der Momente der einzelnen Kräfte (dem resultierenden Moment des Kraftsystems) um den Punkt O. Da der Punkt O ganz beliebig gewählt werden konnte, können wir den Satz aussprechen: *Das Moment der Resultierenden eines ebenen Kraftsystems um einen beliebigen Punkt der Ebene ist gleich der algebraischen Summe der Momente der einzelnen Kräfte um diesen Punkt.* Wir wollen diesen wichtigen Zusammenhang den *Satz von der Momentensumme* nennen[1].

Es ist klar, daß die Größe der Resultierenden eines Kraftsystems von der Wahl des Reduktionspunktes unabhängig ist. Nicht so die Größe des resultierenden Moments M, das z. B. Null wird, wenn O zufällig auf der Wirkungslinie von $\mathfrak{R}$ angenommen wurde. Sonst kann M positiv oder negativ ausfallen.

Es kann nun vorkommen, daß sich das Krafteck der nach O verschobenen Kräfte schließt, daß also $\mathfrak{R}$ gleich Null ist und nur die n Kräftepaare mit den Momenten $M_1, M_2, \ldots M_n$ übrigbleiben. Fassen wir sie zu einem resultierenden Kräftepaar mit dem Moment M zusammen, so hat sich, falls M ungleich Null ist, das Kraftsystem auf ein Kräftepaar

---

[1] Dieser Satz gilt nur für das *ebene* Kraftsystem in voller Allgemeinheit, und zwar sowohl für das allgemeine wie auch für das zentrale ebene Kraftsystem. Für ein räumliches Kraftsystem gilt er nur unter gewissen Voraussetzungen, die wir in Nr. 33 erörtern werden.

Es ist vielleicht besser, diesen Satz nicht „Momentensatz" zu nennen, wie dies zuweilen geschieht und wie er auch in den früheren Auflagen dieses Buches genannt wurde. Denn in der *Dynamik* (siehe Nr. 3) wird an Stelle der Bezeichnung ***Drallsatz*** mitunter auch die Bezeichnung ***Momentensatz*** verwendet. Der Drallsatz besagt, daß die zeitliche Änderung des ***Drehimpulses*** oder ***Dralls*** eines Körpers gleich dem Gesamtmoment der auf den Körper einwirkenden äußeren Kräfte ist. Drallsatz und Schwerpunktssatz bestimmen zusammen vollständig die Bewegung eines starren Körpers.

reduziert. Jetzt muß aber M unabhängig von der Lage des Reduktionspunktes sein. Denn ergäbe sich etwa für einen anderen Reduktionspunkt O' ein resultierendes Moment M', dann wäre unser Kraftsystem gleichzeitig einem Kräftepaar mit dem Moment M und einem anderen mit dem Moment M' äquivalent. Dann müßten diese beiden Kräftepaare auch untereinander gleichwertig sein, was nur möglich ist, wenn $M = M'$ ist (Nr. 18). Reduziert sich also ein Kraftsystem auf ein Kräftepaar, so ist dessen Moment gleich dem resultierenden Moment des Kraftsystems in bezug auf einen beliebigen Punkt.

Ist für ein Kraftsystem $\mathfrak{R} = 0$ und auch $M = 0$, ergibt sich also bei der Reduktion weder eine Resultierende noch ein Kräftepaar, so ist das Kraftsystem im *Gleichgewicht*. Nach dem Vorausgegangenen ist klar, daß $\mathfrak{R}$ und M, wenn sie für *einen* Reduktionspunkt verschwinden, auch für jeden beliebigen anderen Reduktionspunkt Null sein müssen. Die Feststellung, daß sich ein Kraftsystem im Gleichgewicht befindet, ist also von der Lage des Reduktionspunktes unabhängig; mit anderen Worten: Wenn wir festgestellt haben, daß für ein Kraftsystem $\mathfrak{R} = 0$ ist, dann genügt es nachzuweisen, daß bloß für *einen* ganz beliebig gewählten Bezugspunkt $M = 0$ ist, um sagen zu können, daß das Kraftsystem im Gleichgewicht ist.

22. Rechnerische Behandlung des allgemeinen ebenen Kraftsystems. Wir führen nun die in der vorigen Nummer besprochene Reduktion des allgemeinen ebenen Kraftsystems im einzelnen durch. Dazu machen wir den Reduktionspunkt O zum Ursprung eines Koordinatensystems x, y und zerlegen die sämtlichen Kräfte $\mathfrak{P}_1, \mathfrak{P}_2, \ldots \mathfrak{P}_n$ nach den Achsenrichtungen in Komponenten. Nach den Gl. (7, 1) gilt

$$P_{ix} = P_i \cos(x, \mathfrak{P}_i), \quad P_{iy} = P_i \sin(x, \mathfrak{P}_i). \qquad (22, 1)$$

Denken wir uns sämtliche Kräfte nach O parallel verschoben, so ändern sich ihre Komponenten nicht. Die Resultierende $\mathfrak{R}$ dieses zentralen Kraftsystems der verschobenen $\mathfrak{P}_i$ wird nach den in Nr. 8, Abschnitt b) entwickelten Gleichungen gefunden. Für ihre Komponenten gelten die Gl. (8, 6a):

$$R_x = \sum_{i=1}^{n} P_{ix}, \quad R_y = \sum_{i=1}^{n} P_{iy}. \qquad (22, 2)$$

Daraus folgt nach Gl. (8, 7) der Betrag der Resultierenden

$$R = \sqrt{R_x^2 + R_y^2}. \qquad (22, 3)$$

Zu dieser Resultierenden $\mathfrak{R}$ mit dem Angriffspunkt O tritt nun noch das resultierende Moment M des Kraftsystems in bezug auf den Punkt O hinzu. Für M gilt die Gleichung

$$M = \sum_{i=1}^{n} M_i . \tag{22, 4}$$

M_i, das Moment der Kraft $\mathfrak{P}_i$ um O, kann nach dem Satz von der Momentensumme (Nr. 21) als Summe der Momente der Komponenten von $\mathfrak{P}_i$ um O dargestellt werden. Bezeichnen wir die Koordinaten des Angriffspunktes der (unverschobenen) Kraft $\mathfrak{P}_i$ mit x_i und y_i, so überzeugen wir uns leicht an Hand der Abb. 31, daß gilt

$$M_i = P_{iy} x_i - P_{ix} y_i . \tag{22, 5}$$

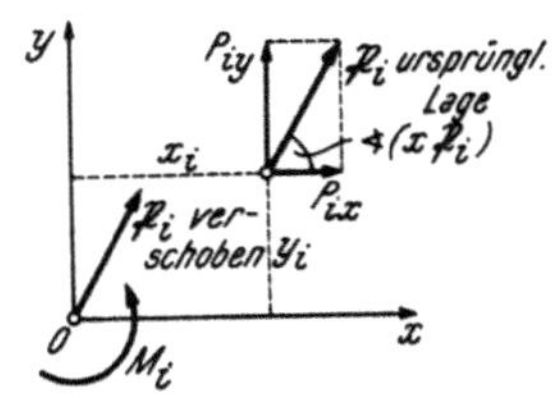

Abb. 31

Der Leser wird leicht feststellen, daß diese Formel stets den richtigen Wert von M_i nach Größe und Vorzeichen liefert, wie immer auch $\mathfrak{P}_i$ liegen mag, wenn wir nur die Vorzeichen der Komponenten und der Koordinaten berücksichtigen. Gl. (22, 5) in Gl. (22, 4) eingesetzt liefert

$$M = \sum_{i=1}^{n} (P_{iy} x_i - P_{ix} y_i) = \sum_{i=1}^{n} P_{iy} x_i - \sum_{i=1}^{n} P_{ix} y_i . \tag{22, 6}$$

Die Zusammensetzung von $\mathfrak{R}$ in O und M ergibt nun ein parallel verschobenes $\mathfrak{R}$, das um O das Moment M haben muß. Die Komponenten von $\mathfrak{R}$ ändern sich bei dieser Parallelverschiebung nicht. Bezeichnen wir die Koordinaten des Angriffspunktes der Resultierenden in ihrer endgültigen Lage mit x, y, so muß für das Moment der Resultierenden um O nach Gl. (22, 5), sinngemäß angewandt, gelten:

$$R_y x - R_x y = M . \tag{22, 7}$$

Das ist eine lineare Gleichung in x und y, also eine Gerade. Es ist der geometrische Ort aller Angriffspunkte, für die $\mathfrak{R}$ um O das Moment M hat, mit anderen Worten, die *Wirkungslinie der Resultierenden* unseres allgemeinen ebenen Kraftsystems. Die Größe von $\mathfrak{R}$ ist durch Gl. (22, 3) gegeben, und der Richtungssinn von $\mathfrak{R}$ auf seiner Wirkungslinie geht aus den Vorzeichen der Komponenten R_x und R_y hervor. Damit ist $\mathfrak{R}$ eindeutig festgelegt.

Bei Systemen von parallelen Kräften, wo die Richtung der Resultierenden von vornherein bekannt ist, berechnet man, anstatt die Gleichung der Wirkungslinie aufzustellen, einfacher deren senkrechten Abstand r vom Reduktionspunkt (bzw. von irgendeinem beliebig gewählten Punkt). Nach dem Satz von der Momentensumme muß ja gelten

$$\pm R r = M ,$$

wobei das Produkt Rr dasselbe Zeichen erhalten muß wie M. Daraus folgt

$$r = \frac{|M|}{R}, \tag{22, 8}$$

wo $|M|$ den absoluten Betrag des resultierenden Moments bedeutet (siehe Nr. 24, 2. Beispiel). Man kann diese Formel natürlich auch für beliebige Kraftsysteme anwenden, nachdem man Größe und Richtung der Resultierenden nach Gl. (8, 7) und (8, 8) berechnet hat (siehe Nr. 24, 5. Beispiel).

Mitunter kommt es vor, daß ein Kraftsystem nicht nur Einzelkräfte, sondern auch Kräftepaare (Momente) enthält. Diese beeinflussen die Komponenten der Resultierenden und damit deren Größe und Richtung nicht, sondern nur das resultierende Moment und damit die Lage der Wirkungslinie von $\mathfrak{R}$. Die Momente dieser Kräftepaare werden bei der Reduktion einfach dem aus den Kräften resultierenden Moment hinzugezählt (siehe ebenfalls Nr. 24, 5. Beispiel).

Wir sind nun in der Lage, auf rechnerischem Wege zu erkennen, welches der drei möglichen Reduktionsergebnisse bei einem gegebenen allgemeinen ebenen Kraftsystem vorliegt:

a) Das Kraftsystem reduziert sich auf eine *Einzelkraft*. Diesen Fall haben wir eben behandelt. Wenn die Resultierende nicht Null ist, muß mindestens eine ihrer Komponenten ungleich Null sein, also mindestens eine der Summen $\sum_{i=1}^{n} P_{ix}$ und $\sum_{i=1}^{n} P_{iy}$ von Null verschieden sein. Der Wert des resultierenden Moments M hängt von der Lage des Reduktionspunktes ab.

b) Das Kraftsystem reduziert sich auf ein *Kräftepaar*. In diesem Fall muß $\mathfrak{R} = 0$ sein, das heißt es muß gelten

$$\sum_{i=1}^{n} P_{ix} = 0, \quad \sum_{i=1}^{n} P_{iy} = 0; \tag{22, 9 a}$$

hingegen ist

$$M = \sum_{i=1}^{n} M_i \neq 0. \tag{22, 9 b}$$

Der Wert von M ist in diesem Fall unabhängig von der Lage des Reduktionspunktes und ist gleich dem Moment des resultierenden Kräftepaares.

c) Das Kraftsystem ist im *Gleichgewicht*. In diesem Fall ist wieder $\mathfrak{R} = 0$ und außerdem muß noch $M = 0$ sein. Es muß also gelten

$$\sum_{i=1}^{n} P_{ix} = 0, \quad \sum_{i=1}^{n} P_{iy} = 0, \quad \sum_{i=1}^{n} M_i = 0. \tag{22, 10}$$

Die letzte Gleichung muß im Gleichgewichtsfall für *jeden beliebigen* Bezugspunkt erfüllt sein. Es genügt daher, *falls die ersten beiden Gleichungen erfüllt sind*, die Gültigkeit der letzten in bezug auf *irgendeinen Punkt* zu prüfen. Ist sie erfüllt, dann herrscht sicher Gleichgewicht; wenn nicht, dann liegt der Fall b) vor.

Der Fall des Gleichgewichts ist für unsere folgenden Betrachtungen der allerwichtigste. Da wir uns die Kraftsysteme immer an starren Körpern angreifend gedacht haben, können wir sagen: *Ein starrer Körper ist unter dem Einfluß eines allgemeinen ebenen Kraftsystems im Gleichgewicht, wenn die folgenden drei Bedingungen erfüllt sind: 1. die Summe der x-Komponenten aller Kräfte ist gleich Null; 2. die Summe der y-Komponenten aller Kräfte ist gleich Null (beides in bezug auf ein beliebiges Koordinatensystem); 3. die Summe der Momente aller Kräfte ist gleich Null in bezug auf einen beliebigen Punkt.*

Diese Bedingungen, welche auch als *die drei statischen Gleichgewichtsbedingungen des starren Körpers in der Ebene* bezeichnet werden[1], sind für das Gleichgewicht eines *allgemeinen* ebenen Kraftsystems notwendig und hinreichend; letzteres wieder in dem in Nr. 6 ausgeführten Sinn, als der Körper, wenn er ursprünglich in Ruhe war, auch nach Aufbringung der Kräfte im Ruhezustand verbleibt. Das *zentrale* ebene Kraftsystem kann als Sonderfall des allgemeinen Kraftsystems aufgefaßt werden. Hier erübrigt sich jedoch die Nachprüfung der dritten Gleichung, falls die beiden ersten erfüllt sind (siehe Nr. 8), denn ein zentrales Kraftsystem kann sich niemals auf ein Kräftepaar reduzieren; falls $\mathfrak{R} = 0$ ist, dann ist immer auch $M = 0$ für jeden beliebigen Punkt. Für das Gleichgewicht eines zentralen ebenen Kraftsystems sind also bereits die ersten beiden Gleichungen (22, 10) notwendig und hinreichend, was wir schon in Nr. 8 festgestellt haben [vergl. Gl. (8, 9)]. Es sei noch darauf hingewiesen, daß ein System von Kräften mit verschiedenen Angriffspunkten, wobei sich jedoch die Wirkungslinien sämtlicher Kräfte in einem Punkt schneiden, nach dem Verschiebungssatz für Kräfte (Nr. 11) gleichwertig ist einem zentralen Kraftsystem.

Man kann auch in anderer Form drei Bedingungen angeben, die notwendig und hinreichend für das Gleichgewicht eines allgemeinen ebenen Kraftsystems sind, nämlich: *Ein allgemeines ebenes Kraftsystem ist im Gleichgewicht, wenn die Summe der Momente aller Kräfte um drei beliebig gewählte Punkte der Ebene, die nur nicht auf einer Geraden liegen dürfen, gleich Null ist.*

Um dies einzusehen zeigen wir, daß, falls diese drei Bedingungen erfüllt sind, weder der Fall a) noch der Fall b) vorliegen kann. Zunächst kann sich das Kraftsystem nicht auf ein Kräftepaar reduzieren, da in diesem Fall M für jeden beliebigen Bezugspunkt von Null verschieden sein muß. Hätte

[1] Statische Gleichgewichtsbedingungen, zum Unterschied von den Gleichgewichtsbedingungen der Dynamik (D'ALEMBERTsches Prinzip), mit denen wir uns hier nicht zu beschäftigen haben.

hingegen das Kraftsystem eine von Null verschiedene Resultierende, so könnte unter Umständen für zwei der drei gewählten Bezugspunkte $M = 0$ sein, wenn diese zufällig auf der Wirkungslinie von $\mathfrak{R}$ gewählt wurden. Dann kann aber für den dritten Punkt M keinesfalls verschwinden. Ist es aber doch Null, so kann nur der Fall c), also Gleichgewicht, vorliegen.

23. Systeme von starren Körpern. Betrachten wir nicht bloß einen, sondern eine Gruppe von starren Körpern, die miteinander irgendwie verbunden sein können, so sind hierfür, je nach der Art der Verbindung,

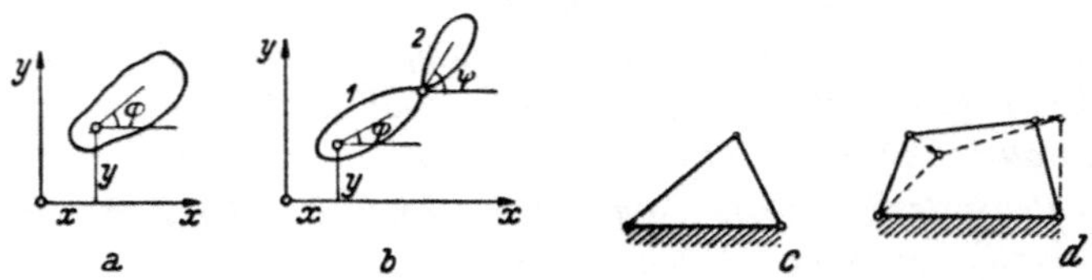

Abb. 32

im allgemeinen mehr als drei Gleichgewichtsbedingungen erforderlich; nämlich stets so viele, als die Zahl der *Freiheitsgrade* des Körpersystems beträgt. Darunter versteht man die Anzahl der voneinander unabhängigen Bestimmungsstücke, die notwendig sind, um die Lage des Systems eindeutig festzulegen. Für einen starren Körper in der Ebene sind dies drei. (Ist der Körper flach und lediglich durch Kräfte beansprucht, die in seiner Ebene liegen, so spricht man auch von einer *starren Scheibe.*) Denn halten wir zunächst einen Punkt des Körpers fest, wozu die Angabe zweier Koordinaten x, y nötig ist, so kann sich der Körper noch um diesen Punkt drehen. Um auch das zu verhindern, müssen wir noch etwa den Winkel φ angeben, den eine auf dem Körper markierte Richtung mit der x-Achse unseres Koordinatensystems einschließt (Abb. 32 *a*). Dieser Festlegung des Körpers entsprechend sichern die ersten beiden Gleichgewichtsbedingungen den Körper gegen Verschiebung, die letzte gegen Drehung. Drei Freiheitsgrade — drei Gleichgewichtsbedingungen.

Zwei Scheiben, die miteinander durch ein Gelenk verbunden sind (Abb. 32 *b*), stellen ein System mit vier Freiheitsgraden dar. Denn kennzeichnet man die Lage der Scheibe 1 wie früher durch drei Größen x, y, φ, so ist zur Festlegung der Scheibe 2 noch die Angabe des Winkels ψ nötig. Wir werden in Nr. 74 sehen, daß für ein solches System tatsächlich vier Gleichgewichtsbedingungen erforderlich sind. Nämlich drei, welche die Verschiebung und Drehung des Systems als Ganzes hintanhalten, und eine vierte, welche besagt, daß sich die beiden Scheiben auch nicht gegeneinander verdrehen.

Ein System miteinander unverschieblich verbundener Scheiben, z. B. die drei miteinander gelenkig verbundenen Stäbe der Abb. 32 *c*, welche ein starres Dreieck bilden, verhält sich wie ein einziger starrer Körper und erfordert nur drei Gleichgewichtsbedingungen. Hält man eine der Scheiben fest, so liegt das ganze System fest.

Ein System von vier gelenkig miteinander verbundenen Scheiben bzw. Stäben (Abb. 32 *d*), ein sogenanntes *offenes Viereck*, besitzt, wenn wir eine Scheibe festhalten, noch immer einen Freiheitsgrad. Erst wenn wir etwa die Größe eines Winkels oder die Länge einer Diagonale vorschreiben, liegt das System eindeutig fest. Sofern dies nicht geschieht, ist das System ein beweglicher Mechanismus und wird daher auch *Kurbelviereck* genannt.

Es sei noch erwähnt, daß ein starrer Körper im Raum sechs Freiheitsgrade besitzt.

24. Beispiele für die Reduktion allgemeiner ebener Kraftsysteme.

1. Beispiel. *System von Kräften verschiedener Richtung.* Das in Abb. 33 dargestellte Kraftsystem ist auf rechnerischem und zeichnerischem Wege zu reduzieren. Alle erforderlichen Angaben sind aus der Abbildung bzw. aus Tabelle 3 zu ersehen.

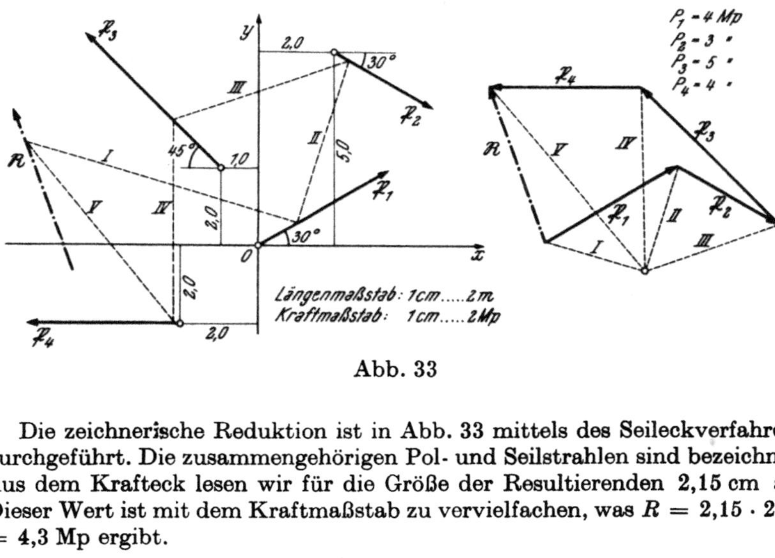

Abb. 33

Die zeichnerische Reduktion ist in Abb. 33 mittels des Seileckverfahrens durchgeführt. Die zusammengehörigen Pol- und Seilstrahlen sind bezeichnet. Aus dem Krafteck lesen wir für die Größe der Resultierenden 2,15 cm ab. Dieser Wert ist mit dem Kraftmaßstab zu vervielfachen, was $R = 2{,}15 \cdot 2 = 4{,}3$ Mp ergibt.

Tabelle 3

P_i	P_i Mp	x_i m	y_i m	(x, P_i) Grad	$\cos(x, P_i)$	$\sin(x, P_i)$	P_{ix} Mp	P_{iy} Mp	$P_{iy}x_i$ Mpm	$P_{ix}y_i$ Mpm
P_1	4,000	0,000	0,000	+ 30	+0,866	+0,500	+3,464	+2,000	0,000	0,000
P_2	3,000	+2,000	+5,000	− 30	+0,866	−0,500	+2,598	−1,500	−3,000	+12,990
P_3	5,000	−1,000	+2,000	+135	−0,707	+0,707	−3,535	+3,535	−3,535	− 7,070
P_4	4,000	−2,000	−2,000	+180	−1,000	0,000	−4,000	0,000	0,000	+ 8,000
						Summen:	−1,473	+4,035	−6,535	+13,920

Die rechnerische Behandlung des Kraftsystems wird wieder am besten in Form einer Tabelle durchgeführt. In den Spalten links vom starken Strich befinden sich die Angaben über das Kraftsystem, rechts davon die Zwischenergebnisse der Rechnung. Reduktionspunkt ist der Koordinatenursprung O. P_{ix} und P_{iy} folgen aus den Gl. (22, 1). Ihre algebraischen Summen liefern nach Gl. (22, 2) $R_x = -1{,}473$ und $R_y = +4{,}035$. Damit erhalten wir nach Gl. (22, 3) die Größe der Resultierenden

$$R = \sqrt{1{,}473^2 + 4{,}035^2} = 4{,}295 \text{ Mp}.$$

Aus $\sum_{i=1}^{4} P_{iy} x_i = -6{,}535$ und $\sum_{i=1}^{4} P_{ix} y_i = +13{,}920$ erhalten wir nach Gl. (22, 6) das resultierende Moment

$$M = -6{,}535 - 13{,}920 = -20{,}455 \text{ Mpm}.$$

Damit ergibt sich nach Gl. (22, 7) die Gleichung der Wirkungslinie von $\mathfrak{R}$,

$$4{,}035x + 1{,}473y = -20{,}455,$$

oder

$$y = -2{,}739x - 13{,}887.$$

Die Wirkungslinie kann etwa nach Ermittlung der Achsenabschnitte in das Koordinatensystem eingezeichnet werden. Für $y = 0$ ergibt sich $x = -5{,}070$, für $x = 0$: $y = -13{,}887$. Da $R_x < 0$, $R_y > 0$ ist, weist $\mathfrak{R}$ nach links oben.

2. Beispiel. *System paralleler Kräfte.* Ähnlich wie in Nr. 9, 2. Beispiel, ergeben sich bei der Reduktion eines Parallelkraftsystems wieder gewisse Vereinfachungen. Ist etwa das in Abb. 34 dargestellte Kraftsystem rechnerisch zu reduzieren, so legen wir den Reduktionspunkt O am besten in die Wirkungslinie einer Kraft und ziehen die x-Achse parallel zur gemeinsamen Richtung aller Kräfte. Dann sind die sämtlichen y-Komponenten der Kräfte gleich Null und damit auch die y-Komponente der Resultierenden $\mathfrak{R}$. Die Resultierende ist also den Kräften parallel und ihre Größe ist gleich dem absoluten Betrag der algebraischen Summe der x-Komponenten aller Kräfte. Das Vorzeichen dieser Summe gibt uns Auskunft über den Richtungssinn von $\mathfrak{R}$. Die x-Komponenten der Kräfte ergeben sich zu (Einheit Mp)

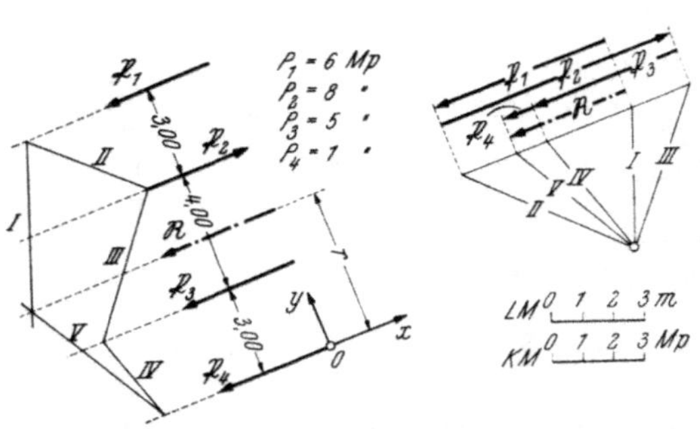

Abb. 34

$$P_{1x} = -P_1 = -6, \quad P_{2x} = P_2 = 8, \quad P_{3x} = -P_3 = -5, \quad P_{4x} = -P_4 = -1.$$

(Praktisch wird man auch hier kein Koordinatensystem einführen, sondern einfach die Kräfte je nach ihrer Richtung mit Vorzeichen versehen, wie in Nr. 9, 2. Beispiel, angedeutet wurde.) Damit erhalten wir

$$R_x = -6 + 8 - 5 - 1 = -4 \text{ Mp}.$$

Es ist also

$$R = 4 \text{ Mp}$$

und weist in die negative x-Richtung. Um die Lage von $\mathfrak{R}$ zu bestimmen, berechnen wir das resultierende Moment, das ist die hier sehr einfach zu bestimmende algebraische Summe der Momente aller Kräfte um den Punkt O:

$$M = 6 \cdot 10 - 8 \cdot 7 + 5 \cdot 3 + 1 \cdot 0 = 19 \,\text{Mpm}.$$

Daraus folgt nach Gl. (22, 8) der Abstand der Resultierenden von O

$$r = \frac{19}{4} = 4{,}75 \,\text{m}.$$

r ist so aufzutragen, daß $\mathfrak{R}$ um O im Gegenzeigersinn dreht, also nach oben. Damit können wir $\mathfrak{R}$ einzeichnen.

In Abb. 34 ist $\mathfrak{R}$ auch zeichnerisch mittels des Seilecks ermittelt.

3. Beispiel. *Das Kraftsystem reduziert sich auf ein Kräftepaar.* Das in Abb. 35 dargestellte, aus vier parallelen Kräften bestehende Kraftsystem soll reduziert werden.

Die zeichnerische Behandlung liefert zunächst ein geschlossenes Krafteck; das Seilpolygon endet jedoch mit zwei parallelen Seilstrahlen. Es herrscht also kein Gleichgewicht, sondern es ergibt sich ein Kräftepaar. Sein Moment erhalten wir nach den Ausführungen der Nr. 14 durch Messung von $S_1 = 4$ Mp und $a = 2$ m zu $M = -S_1 a = -8$ Mpm.

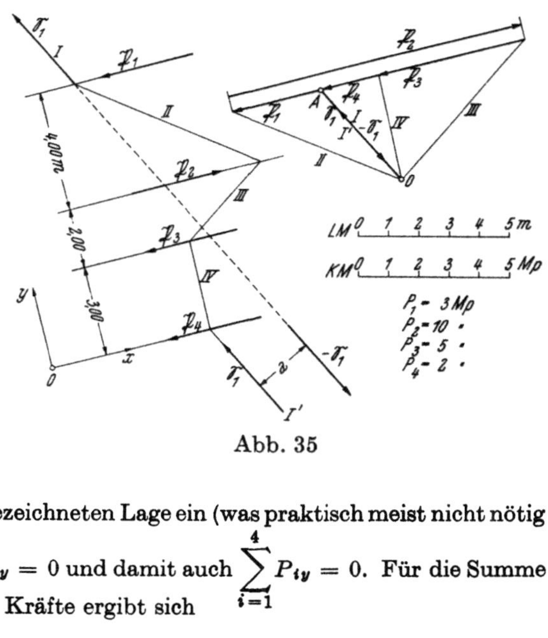

Abb. 35

Sehen wir nach, was die Rechnung liefert. Führen wir das Koordinatensytem x, y in der gezeichneten Lage ein (was praktisch meist nicht nötig sein wird), so sind alle $P_{iy} = 0$ und damit auch $\sum_{i=1}^{4} P_{iy} = 0$. Für die Summe der x-Komponenten aller Kräfte ergibt sich

$$\sum_{i=1}^{4} P_{ix} = -3 + 10 - 5 - 2 = 0.$$

Es ist also $\mathfrak{R} = 0$, was jedoch noch nicht Gleichgewicht bedeuten muß, da das Kraftsystem kein zentrales ist. Im Gleichgewichtsfalle müßte auch noch die Summe der Momente aller Kräfte um einen beliebig gewählten Punkt verschwinden. Wir bilden die Momentensumme etwa um den Punkt O und erhalten

$$M = \sum_{i=1}^{4} M_i = +3 \cdot 9 - 10 \cdot 5 + 5 \cdot 3 = -8 \,\text{Mpm}.$$

Es herrscht also kein Gleichgewicht, sondern es ergibt sich ein Kräftepaar, das im Uhrzeigersinn mit einem Moment von 8 Mpm dreht. Das gleiche resultierende Moment ergibt sich für jeden anderen Bezugspunkt, wovon sich der Leser überzeugen möge.

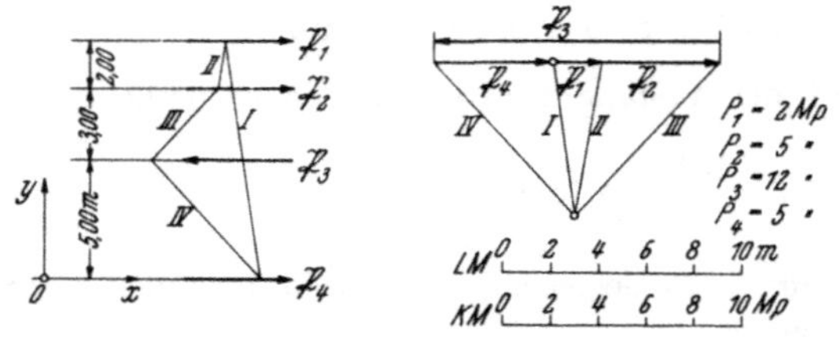

Abb. 36

4. Beispiel. *Gleichgewicht.* Wie die zeichnerische Behandlung zeigt, ist das in Abb. 36 dargestellte Kraftsystem im Gleichgewicht, denn sowohl Krafteck als auch Seileck sind geschlossen.

Die rechnerische Behandlung liefert zunächst, da alle $P_{iy} = 0$ sind,

$$\sum_{i=1}^{4} P_{iy} = 0.$$

Für die x-Komponenten ergibt sich

$$\sum_{i=1}^{4} P_{ix} = +2 + 5 - 12 + 5 = 0.$$

Berechnen wir nun auch die Momentensumme etwa um den Punkt O (wiederum muß für jeden Punkt das gleiche herauskommen), so erhalten wir

$$\sum_{i=1}^{4} M_i = -2 \cdot 10 - 5 \cdot 8 + 12 \cdot 5 = 0.$$

Es sind alle drei Gleichgewichtsbedingungen erfüllt [Gl. (22, 10)], das Kraftsystem ist also im Gleichgewicht.

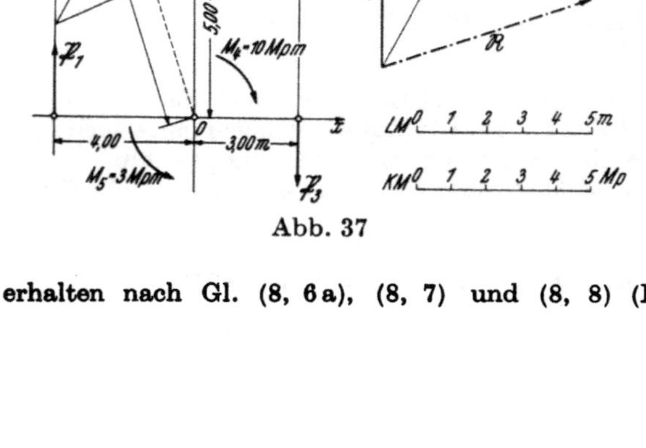

Abb. 37

5. Beispiel. *Einzelkräfte und Momente.* In Abb. 37 ist ein Kraftsystem dargestellt, das aus drei Einzelkräften $\mathfrak{P}_1$, $\mathfrak{P}_2$, $\mathfrak{P}_3$ und zwei Momenten M_4, M_5 (Kräftepaaren) besteht. Wir behandeln dieses System zunächst rechnerisch und ermitteln vorerst Größe und Richtung der Resultierenden $\mathfrak{R}$. Beides hängt nur von den Einzelkräften ab. Wir erhalten nach Gl. (8, 6a), (8, 7) und (8, 8) (Einheiten Mp und m):

$$R_x = \sum_{i=1}^{3} P_{ix} = 0 + 6 + 0 = +6,$$

$$R_y = \sum_{i=1}^{3} P_{iy} = 4 + 0 - 2 = +2,$$

$$R = \sqrt{R_x^2 + R_y^2} = \sqrt{36 + 4} = 6{,}325,$$

$$\operatorname{tg}(x, \mathfrak{R}) = \frac{R_y}{R_x} = \frac{2}{6} = +0{,}333.$$

Da R_x und R_y positiv sind, liegt der Winkel $(x, \mathfrak{R})$ im ersten Quadranten und ergibt sich (auf 10′ abgerundet) zu

$$(x, \mathfrak{R}) = 18^\circ\, 30'.$$

Um die Lage von $\mathfrak{R}$ zu bestimmen, ermitteln wir das resultierende Moment M des ganzen Systems und wählen als Bezugspunkt etwa den Punkt O. In dieses Moment gehen jetzt auch die Kräftepaare ein.

$$M = \sum_{i=1}^{5} M_i = -4 \cdot 4 - 6 \cdot 5 - 2 \cdot 3 - 10 + 3 = -59.$$

Nach dem Satz von der Momentensumme muß nun $\mathfrak{R}$ so gelegen sein, daß es um O das Moment $M = -59$ Mpm hat. Der senkrechte Abstand der Resultierenden von O ist daher [siehe Gl. (22, 8)] gegeben durch

$$r = \frac{|M|}{R} = \frac{59}{6{,}325} = 9{,}328.$$

Damit sich ein negativer Drehsinn ergibt, muß $\mathfrak{R}$ oberhalb von O liegen.

Zeichnerisch kann man etwa so verfahren, daß man zunächst mittels eines Seilecks die Resultierende der drei Einzelkräfte ermittelt, die ja mit der Resultierenden des Gesamtsystems wohl nach Größe und Richtung, jedoch nicht der Lage nach übereinstimmt (im Lageplan dünn strichliert gezeichnet). Die Messung ihrer Größe im Kräfteplan liefert $R = 6{,}33$ Mp. Zu ihr tritt nun noch ein Moment M' hinzu, das gleich der algebraischen Summe der Momente der Kräftepaare ist:

$$M' = M_4 + M_5 = -10 + 3 = -7.$$

Mit diesem Moment ist nun $\mathfrak{R}$ zusammenzusetzen, was nach Nr. 20 eine Parallelverschiebung von $\mathfrak{R}$ um den Betrag

$$r' = \frac{|M'|}{R} = \frac{7}{6{,}33} = 1{,}11$$

zur Folge hat. Diese Verschiebung hat nach oben zu erfolgen. Wir stellen fest, daß das verschobene $\mathfrak{R}$ (dick strichpunktiert gezeichnet) nun vom Ursprung den Abstand $r = 9{,}33$ hat, wie er sich aus der Rechnung ergab.

25. Zerlegung von Kräften. Gleichgewichtsaufgaben. *Die Zerlegung einer Kraft in zwei sich schneidende Komponenten* haben wir schon in Nr. 7 behandelt. Wir wollen hierzu noch ergänzend bemerken, daß eine Kraft $\mathfrak{P}$ nur dann in zwei Komponenten mit vorgegebenen Wirkungslinien zerlegt werden kann, wenn sich diese auf der Wirkungslinie von $\mathfrak{P}$ schneiden. Andernfalls ist die Aufgabe unlösbar. Denn würden sich die beiden Komponenten in einem Punkt außerhalb der Wirkungslinie von $\mathfrak{P}$ schneiden, so müßte nach dem Gesetz vom Kräfteparallelogramm auch ihre Resultierende durch diesen Punkt gehen, könnte also niemals der Kraft $\mathfrak{P}$ gleichwertig sein.

Hingegen ist die *Zerlegung einer Kraft* $\mathfrak{P}$ *in zwei zu ihr parallele Komponenten* $\mathfrak{P}_1$ *und* $\mathfrak{P}_2$, die in den Geraden g_1 und g_2 liegen, ohne weiteres möglich, denn hier ist der gemeinsame Schnittpunkt der drei Wirkungslinien der unendlich ferne Punkt. Die Durchführung geschieht auf Grund folgender Überlegung (Abb. 38): $\mathfrak{P}$ muß als Resultierende von $\mathfrak{P}_1$ und $\mathfrak{P}_2$ durch den dritten Eckpunkt eines zwischen den Geraden g_1 und g_2 liegenden geschlossenen Seilecks gehen (siehe Abb. 19, Bild *1*). Wir zeichnen also im Lageplan ein ganz beliebiges geschlossenes Seileck und ziehen die parallelen Polstrahlen im Kräfteplan. Die Strahlen *I* und *III* liefern die Lage des Pols, *II* die Unterteilung von $\mathfrak{P}$ in die gesuchten Komponenten.

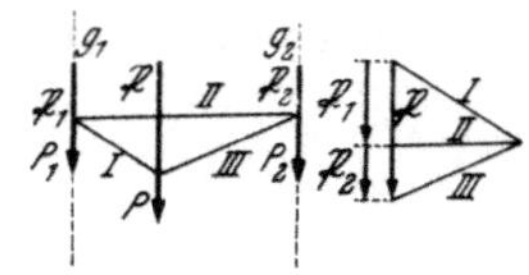

Abb. 38

Die Aufgabe ist auch rechnerisch unschwer lösbar, und zwar mit Hilfe des Satzes von der Momentensumme. Das Moment der Kraft $\mathfrak{P}$ um einen beliebigen Punkt muß gleich sein der Summe der Momente ihrer Komponenten $\mathfrak{P}_1$ und $\mathfrak{P}_2$ um diesen Punkt. Wählen wir den Momentenbezugspunkt einmal auf der Geraden g_2, dann auf der Geraden g_1, so erhalten wir, wenn wir die Beträge der drei Kräfte mit P, P_1, P_2, und die Abstände der Kräfte $\mathfrak{P}_1$, $\mathfrak{P}$ mit a_1, $\mathfrak{P}_2$, $\mathfrak{P}$ mit a_2 und $\mathfrak{P}_1$, $\mathfrak{P}_2$ mit a bezeichnen,

$$P_1 a = P a_2 \qquad \text{bzw.} \qquad -P_2 a = -P a_1,$$

und daraus

$$P_1 = P\frac{a_2}{a} \qquad \text{bzw.} \qquad P_2 = P\frac{a_1}{a}, \tag{25, 1}$$

woraus weiter folgt

$$P_1 : P_2 = a_2 : a_1. \tag{25, 2}$$

Die Beträge der beiden Komponenten der Kraft $\mathfrak{P}$ verhalten sich umgekehrt wie die Abstände der Komponenten von der Kraft.

Kehren wir den Richtungssinn der beiden Komponenten einer Kraft $\mathfrak{P}$ um, so müssen die drei Kräfte jetzt einander das Gleichgewicht halten. Damit haben wir die Lösung einer Aufgabe gefunden, die uns im folgenden öfters begegnen wird: *Eine Kraft* $\mathfrak{P}$ *durch zwei Kräfte* $\mathfrak{P}_1$ *und* $\mathfrak{P}_2$ *mit vorgegebenen Wirkungslinien ins Gleichgewicht zu setzen.* Nach dem am Beginn dieser Nummer Ausgeführten wie auch aus Nr. 15 geht hervor, daß die Aufgabe nur lösbar ist, wenn sich die Wirkungslinien dieser drei

Kräfte in einem Punkt schneiden, der auch im Unendlichen liegen kann. Bei der Durchführung verfahren wir zunächst genauso, als hätten wir $\mathfrak{P}$ nach den beiden Richtungen in Komponenten zu zerlegen und bestimmen den Richtungssinn von $\mathfrak{P}_1$ und $\mathfrak{P}_2$ aus der Bedingung, daß $\mathfrak{P}$, $\mathfrak{P}_1$, $\mathfrak{P}_2$ ein geschlossenes Krafteck mit stetigem Umlaufssinn bilden müssen.

Kehren wir die Richtungen der beiden zur Kraft $\mathfrak{P}$ parallelen Komponenten um, deren Beträge die Gl. (25, 1 bzw. 2) ausdrücken, so stellt der mit diesen drei Kräften belastete starre Körper einen im Gleichgewicht befindlichen Hebel dar, der im Angriffspunkt der Kraft $\mathfrak{P}$ unterstützt ist, und die Gl. (25, 2) stellt das bekannte *Hebelgesetz* dar.

Soll eine Kraft $\mathfrak{P}$ durch drei Kräfte $\mathfrak{P}_1$, $\mathfrak{P}_2$, $\mathfrak{P}_3$ ins Gleichgewicht gesetzt werden, die in den vorgegebenen Wirkungslinien g_1, g_2, g_3 liegen, so ist diese Aufgabe nur dann eindeutig lösbar, wenn sich g_1, g_2, g_3 *nicht* in einem Punkt schneiden[1] (Abb. 39). Die Größen der drei Kräfte finden wir zeichnerisch durch folgende Überlegung: Sollen $\mathfrak{P}$, $\mathfrak{P}_1$, $\mathfrak{P}_2$, $\mathfrak{P}_3$ im Gleichgewicht sein, dann muß die Resultierende von $\mathfrak{P}_2$ und $\mathfrak{P}_3$, die wir $\mathfrak{P}_{2,3}$ nennen wollen, den Kräften $\mathfrak{P}$ und $\mathfrak{P}_1$ das Gleichgewicht halten. Nach Nr. 15 muß also $\mathfrak{P}_{2,3}$ durch den Schnittpunkt A von $\mathfrak{P}$ und g_1 gehen. Da $\mathfrak{P}_{2,3}$ andererseits durch den Schnittpunkt B der Geraden g_1 und g_2 gehen muß, ist seine Wirkungslinie bekannt. Wir können daher im Krafteck $\mathfrak{P}$ zunächst durch zwei Kräfte mit den Wirkungslinien g_1 und AB ins Gleichgewicht setzen. Die erste ist $\mathfrak{P}_1$, die letztere, $\mathfrak{P}_{2,3}$, ist noch nach den Wirkungslinien g_2 und g_3 in die beiden Komponenten $\mathfrak{P}_2$ und $\mathfrak{P}_3$ zu zerlegen. Die Pfeile der Kräfte sind so anzuordnen, daß der Umlaufssinn des Kraftecks nirgends unterbrochen ist. — Die Konstruktion kann auf drei Arten durchgeführt werden und muß immer dasselbe Ergebnis liefern. Der Leser überzeuge sich davon.

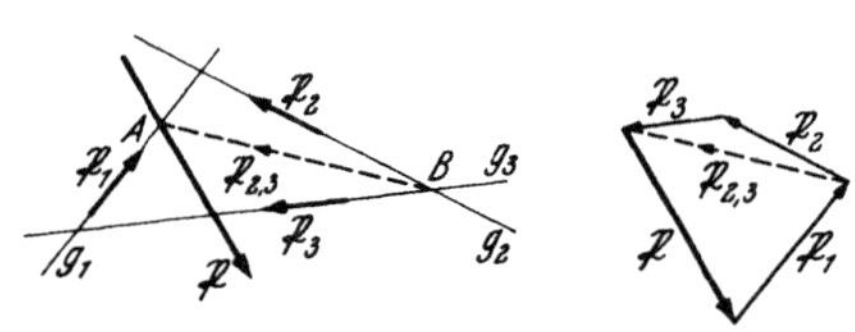

Abb. 39

Schneiden sich die drei Geraden g_1, g_2, g_3 in einem Punkt auf der Wirkungslinie von $\mathfrak{P}$, dann hat die Aufgabe unendlich viele Lösungen (ist unbestimmt). Dasselbe gilt, wenn die drei Geraden zu $\mathfrak{P}$ parallel sind, also durch den unendlich fernen Punkt der Wirkungslinie von $\mathfrak{P}$ gehen. Liegt der Schnittpunkt nicht auf P, dann ist die Aufgabe unlösbar. Denn die Resultierende von $\mathfrak{P}_1$, $\mathfrak{P}_2$, $\mathfrak{P}_3$ würde dann auch durch diesen gemeinsamen Schnittpunkt gehen und könnte nie mit $\mathfrak{P}$ im Gleichgewicht sein.

[1] Sie dürfen auch nicht zueinander parallel sein, also sich nicht im unendlich fernen Punkt schneiden.

In der gleichen Weise verläuft die *Zerlegung* einer Kraft in drei Komponenten mit vorgegebenen Wirkungslinien. Wir haben nur die oben erhaltenen Richtungen der Kräfte $\mathfrak{P}_1$, $\mathfrak{P}_2$, $\mathfrak{P}_3$ umzukehren. Die Zerlegung einer Kraft in mehr als drei Komponenten ist unbestimmt.

Wollen wir auf *rechnerischem Wege* drei Kräfte $\mathfrak{P}_1$, $\mathfrak{P}_2$, $\mathfrak{P}_3$ finden, die in den vorgegebenen Geraden g_1, g_2, g_3 liegen und die einer gegebenen Kraft $\mathfrak{P}$ das Gleichgewicht halten, so wenden wir dreimal die Gleichgewichtsbedingung $\sum M_i = 0$ an (wobei die Summe über alle vier Kräfte zu erstrecken ist). Verlegen wir den Momentenbezugspunkt in den Schnittpunkt B von g_2 und g_3, so erhalten wir eine Gleichung, in der nur die Beträge P und P_1 vorkommen. Aus ihr folgen Größe und Richtungssinn von $\mathfrak{P}_1$, das ja um B im entgegengesetzten Sinn drehen muß wie $\mathfrak{P}$. Wählen wir weiter als Bezugspunkt den Schnittpunkt von g_3 und g_1, so erhalten wir eine Gleichung für $\mathfrak{P}_2$, und wird schließlich die Momentensumme in bezug auf den Schnittpunkt von g_1 und g_2 gebildet, so ergibt sich daraus $\mathfrak{P}_3$. Die vier Kräfte sind sicherlich miteinander im Gleichgewicht, denn wir haben, entsprechend der Schlußbemerkung von Nr. 22, die Gleichgewichtsbedingung $\sum M_i = 0$ dreimal, und zwar für Bezugspunkte, die nicht auf einer Geraden liegen, angewandt.

26. Das Erstarrungsprinzip. Wir haben in Nr. 10 vorausgesetzt, daß die Kräfte der im folgenden betrachteten allgemeinen ebenen Kraftsysteme stets an starren Körpern angreifen sollten, und haben unter dieser Voraussetzung in Nr. 22 die drei Gleichgewichtsbedingungen eines starren Körpers unter dem Einfluß eines allgemeinen räumlichen Kraftsystems hergeleitet [siehe Gl. (22, 10)]. Wir sehen aber sofort, daß diese Gleichgewichtsbedingungen auch für die Kräfte erfüllt sein müssen, die an einem in Ruhe befindlichen, beliebig deformierbaren Körper angreifen. Es mag sich dabei um verhältnismäßig wenig deformierbare Körper, wie Träger oder Fachwerke, handeln, doch gilt dies auch für sehr weitgehend verformbare Körper, wie etwa Seile, oder auch Systeme von Körpern, wie etwa Ketten, ja auch für flüssige und gasförmige Körper. Am Ruhe- oder Gleichgewichtszustand eines solchen Körpers würde sich nichts ändern, wenn wir uns den Körper in diesem Zustand *erstarrt* denken, das heißt die Abstände seiner Teilchen voneinander als unveränderlich betrachten, allenfalls vorhandene Gelenke gesperrt denken, mit anderen Worten, wenn wir uns den in Ruhe befindlichen deformierbaren Körper durch einen starren Körper der gleichen Form ersetzt denken. Die an diesem Körper angreifenden Kräfte müssen aber die Gleichgewichtsbedingungen des starren Körpers erfüllen, womit unsere eingangs aufgestellte Behauptung erwiesen ist. Bei der Anwendung dieses sogenannten *Erstarrungsprinzips* ist jedoch zu beachten, daß der unter Krafteinwirkung stehende deformierbare Körper nicht mehr die gleiche Form hat wie der unbelastete Körper und daß wir die Gleichgewichtsbedingungen auf den verformten Körper anzuwenden haben. In vielen Fällen sind jedoch die Formänderungen des Körpers, verglichen mit dessen Abmessungen, so klein, daß wir mit guter Näherung die Gleichgewichtsbedingungen auf den unverformten Körper anwenden können, wie z. B. bei der Bestimmung der Auflagerdrücke eines belasteten Trägers (Kap. III) oder der Stabkräfte in einem Fachwerk (Kap. IV). In diesen Fällen sagen wir, daß wir „Theorie erster Ordnung" betreiben. In manchen Fällen führt diese Betrachtungsweise jedoch nicht zum Ziel. Wollen wir etwa die Last berechnen, unter der ein in seiner Achse gedrückter, ursprünglich gerader Stab ausknickt (die sogenannte „Knicklast"), so fragen wir nach der Last, unter der der Stab in einem ein wenig ausgebogenen Zustand im Gleichgewicht ist (siehe „Festigkeitslehre"). Hier müssen wir selbstverständlich die Gleichgewichtsbedingungen auf den verformten Stab anwenden. Dies ist dann „Theorie zweiter Ordnung".

C. Das räumliche Kraftsystem[1]

27. Allgemeines. Eine Gruppe von Kräften, die nicht alle in derselben Ebene liegen, nennt man ein *räumliches Kraftsystem*. Das Kraftsystem heißt *zentral*, wenn alle Kräfte im selben Punkt angreifen. Sonst spricht man von einem *allgemeinen* räumlichen Kraftsystem. Wir werden in den späteren Anwendungen nur selten mit räumlichen Kraftsystemen zu tun haben, und dann nur mit recht speziellen. Daher wollen wir hier in Kürze nur das Allerwichtigste behandeln. Wir stellen uns wieder die Aufgabe, das Kraftsystem zu *reduzieren*, das heißt also, auf ein möglichst einfaches zurückzuführen. Wir setzen voraus, daß das allgemeine Kraftsystem stets an einem starren Körper angreife; für das zentrale Kraftsystem ist diese Voraussetzung unwesentlich.

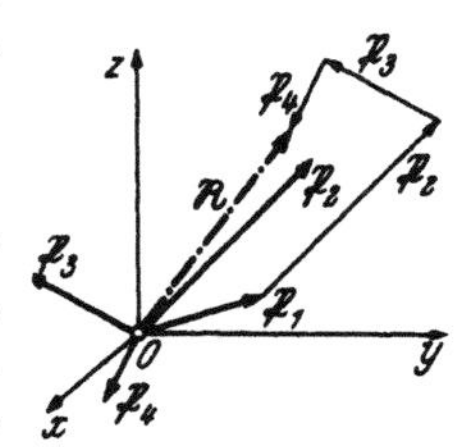

Abb. 40

28. Das zentrale räumliche Kraftsystem. Zur Behandlung des zentralen räumlichen Kraftsystems, bestehend aus den Kräften $\mathfrak{P}_1, \mathfrak{P}_2, \ldots \mathfrak{P}_n$, machen wir den gemeinsamen Angriffspunkt aller Kräfte zum Ursprung O eines rechtwinkeligen Koordinatensystems x, y, z (Abb. 40). Die Resultierende $\mathfrak{R}$ des Systems greift dann ebenfalls im Punkt O an und wird gefunden, indem man, wie beim ebenen Kraftsystem, sämtliche

[1] Dieser vielleicht etwas schwierigere Abschnitt kann ohne Nachteil für das Verstehen der folgenden Kapitel überschlagen werden.

Kräfte geometrisch addiert, das heißt also in der Richtung ihrer Pfeile im Raum aneinanderfügt, wobei die Reihenfolge wieder ganz beliebig sein kann. Die Schlußlinie des so entstehenden räumlichen Kraftecks ist dann $\mathfrak{R}$, und wir schreiben, analog wie in der Ebene,

$$\mathfrak{R} = \mathfrak{P}_1 + \mathfrak{P}_2 + \ldots + \mathfrak{P}_n = \sum_{i=1}^{n} \mathfrak{P}_i. \qquad (28, 1)$$

In Abb. 40 ist dies für die vier Kräfte $\mathfrak{P}_1$ bis $\mathfrak{P}_4$ angedeutet.

Zur praktischen Durchführung zeichnet man zwei Risse des Kraftsystems, etwa Grund- und Aufriß, welche dann jeder ein zentrales ebenes Kraftsystem darstellen. Diese Kraftsysteme werden zeichnerisch reduziert, wodurch man die Projektionen von $\mathfrak{R}$ auf die Grundriß- bzw. Aufrißebene erhält, aus denen dann nach den Methoden der darstellenden Geometrie $\mathfrak{R}$ selbst ermittelt werden kann.

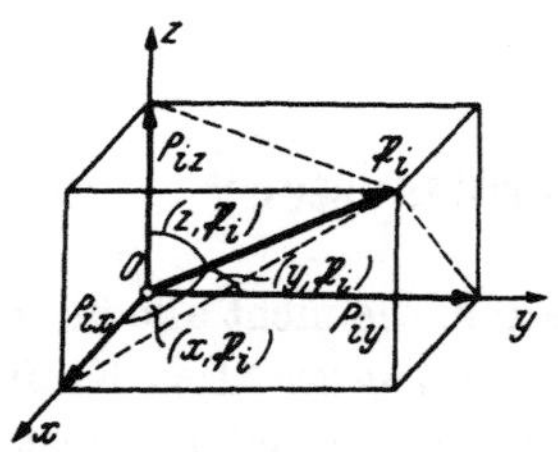

Abb. 41

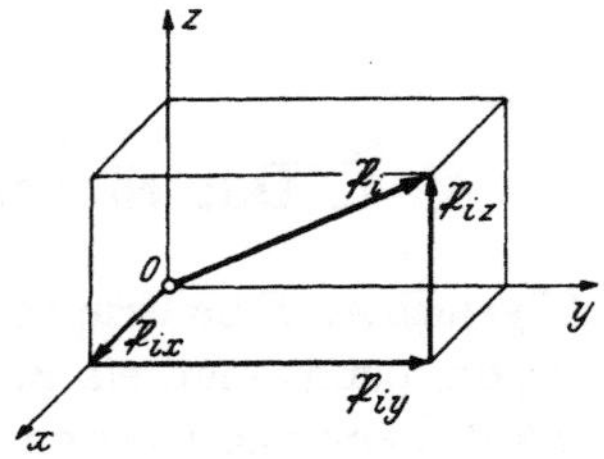

Abb. 42

Zur rechnerischen Behandlung des zentralen räumlichen Kraftsystems zerlegen wir zunächst jede Kraft $\mathfrak{P}_i$ nach den Richtungen der drei Koordinatenachsen in Komponenten. Diese werden erhalten, indem wir $\mathfrak{P}_i$ senkrecht auf die Koordinatenachsen projizieren. Bezeichnen wir die Winkel, die der Vektor $\mathfrak{P}_i$ mit den Koordinatenachsen einschließt, mit $(x, \mathfrak{P}_i)$, $(y, \mathfrak{P}_i)$, $(z, \mathfrak{P}_i)$, und ist P_i der Betrag der Kraft, so gilt für die Komponenten

$$P_{ix} = P_i \cos(x, \mathfrak{P}_i), \quad P_{iy} = P_i \cos(y, \mathfrak{P}_i), \quad P_{iz} = P_i \cos(z, \mathfrak{P}_i). \qquad (28, 2)$$

Es sind das einfach die Seiten des Quaders, der mit $\mathfrak{P}_i$ als Körperdiagonale und aus den Koordinatenebenen sowie den zu ihnen parallelen Ebenen durch die Spitze von $\mathfrak{P}_i$ gebildet werden kann (Abb. 41).

Sind also durch Größe und Richtung der Kraft $\mathfrak{P}_i$ deren drei Komponenten bestimmt, so bestimmen umgekehrt die drei Komponenten einer Kraft diese selbst.

Fassen wir zunächst die Komponenten als Vektoren auf, so sehen wir aus Abb. 42, daß deren geometrische Addition eindeutig den Vektor $\mathfrak{P}_i$ liefert:

$$\mathfrak{P}_{ix} + \mathfrak{P}_{iy} + \mathfrak{P}_{iz} = \mathfrak{P}_i. \qquad (28, 3)$$

Aus den Zahlwerten der Komponenten P_{ix}, P_{iy}, P_{iz} folgen Größe und Richtung von $\mathfrak{P}_i$. Zunächst ergibt sich die Länge der Diagonale des Quaders der Abb. 41 und damit der Betrag von $\mathfrak{P}_i$ zu

$$P_i = \sqrt{P_{ix}^2 + P_{iy}^2 + P_{iz}^2}. \qquad (28, 4)$$

Und die Winkel, welche die Richtung von $\mathfrak{P}_i$ mit den Koordinatenachsen einschließt bzw. die sogenannten „*Richtungscosinus*", folgen aus den Gl. (28, 2) zu

$$\cos(x, \mathfrak{P}_i) = \frac{P_{ix}}{P_i}, \quad \cos(y, \mathfrak{P}_i) = \frac{P_{iy}}{P_i}, \quad \cos(z, \mathfrak{P}_i) = \frac{P_{iz}}{P_i}. \qquad (28, 5)$$

Hierin ist P_i stets positiv einzusetzen, die Komponenten P_{ix} usw. hingegen mit ihren Vorzeichen. Damit erhalten die Richtungscosinus bestimmte Vorzeichen, welche die betreffenden Winkel im Intervall zwischen 0° und 180° festlegen. Ist z. B. cos $(x, \mathfrak{P}_i)$ positiv, so bedeutet das, daß $\mathfrak{P}_i$ mit der positiven x-Achse einen Winkel zwischen 0° und 90°, also einen spitzen Winkel, einschließt; ist der Cosinus jedoch negativ, dann liegt dieser Winkel zwischen 90° und 180° und ist somit ein stumpfer Winkel. Andere Möglichkeiten kommen hier, im Raum, nicht in Frage.

Wir wollen an dieser Stelle noch auf eine wichtige Beziehung zwischen den Richtungscosinus hinweisen, die nicht bloß für die Richtung eines Kraftvektors, sondern für irgendeinen Vektor, das heißt für irgendeine Richtung, Geltung hat. Quadrieren und addieren wir die drei Gl. (28, 5), so erhalten wir unter Verwendung der Gl. (28, 4)

$$\cos^2(x, \mathfrak{P}_i) + \cos^2(y, \mathfrak{P}_i) + \cos^2(z, \mathfrak{P}_i) = 1. \qquad (28, 6)$$

Die Quadratsumme der drei Richtungscosinus irgendeiner Richtung ist also gleich eins, mit anderen Worten, die drei Richtungscosinus und damit die drei Richtungswinkel sind nicht voneinander unabhängig. [Der Gl. (28, 6) entspricht in der Ebene die bekannte Formel $\sin^2\alpha + \cos^2\alpha = 1$.]

Gehen wir nun daran, die Resultierende $\mathfrak{R}$ eines aus den Kräften $\mathfrak{P}_1, \mathfrak{P}_2, \ldots \mathfrak{P}_n$ bestehenden zentralen räumlichen Kraftsystems rechnerisch nach Größe und Richtung zu finden, so werden wir trachten, ihre Komponenten R_x, R_y, R_z zu berechnen, durch die dann $\mathfrak{R}$ vollständig bestimmt ist. Wir werden vermuten, daß sich, genau wie in der Ebene, jede dieser Komponenten aus den algebraischen Summen der entsprechenden Komponenten der einzelnen Kräfte zusammensetzt. Um dies zu beweisen, werfen wir zunächst einen Blick auf die Abb. 40 und sehen, daß z. B. durch $\mathfrak{R}$ und die x-Achse eine Ebene bestimmt ist. In diese Ebene legen wir für den Augenblick unsere Zeichenebene (Abb. 43). Das räumliche Polygon der $\mathfrak{P}_i$ wird dann im allgemeinen nicht in dieser Ebene liegen, was wir dadurch andeuten, daß wir die Pfeile der $\mathfrak{P}_i$ gewissermaßen perspektivisch darstellen (vorne dicker als hinten, wenn sie zum Beschauer weisen, und umgekehrt). Legen wir nun durch die $n+1$ Ecken des Kräftepolygons $n+1$ Ebenen $E_0, E_1, \ldots E_n$ senkrecht zur x-Achse (und damit senkrecht zur Zeichenebene der Abb. 43), so liegen zwischen den Schnittpunkten dieser Ebenen mit der x-Achse die Projektionen der einzelnen Kräfte $\mathfrak{P}_i$ auf dieser Achse, mit anderen Worten, die x-Komponenten der einzelnen $\mathfrak{P}_i$. Zwischen E_0 und E_n liegt die Projektion von $\mathfrak{R}$ auf die x-Achse, und diese ist ersichtlich gleich der (algebraischen) Summe der Projektionen der einzelnen Kräfte des Polygons. Wir wollen diesen Satz als *Projektionssatz* bezeichnen. Entsprechendes gilt für die beiden anderen Koordinatenachsen, so daß wir schreiben können:

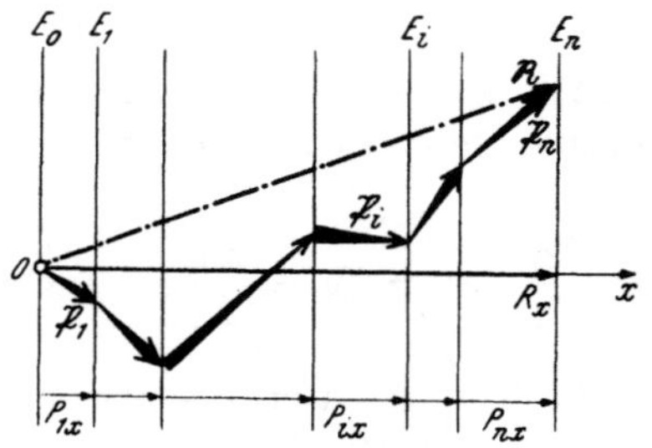

Abb. 43

$$R_x = \sum_{i=1}^{n} P_{ix}, \quad R_y = \sum_{i=1}^{n} P_{iy}, \quad R_z = \sum_{i=1}^{n} P_{iz}. \qquad (28, 7)$$

Die Komponenten P_{ix} usw. werden nach den Gl. (28, 2) berechnet, und damit sind R_x usw. bekannt. Aus ihnen folgt gemäß Gl. (28, 4) der Betrag von $\mathfrak{R}$:

$$R = \sqrt{R_x^2 + R_y^2 + R_z^2}, \qquad (28, 8)$$

und gemäß den Gl. (28, 5) die Richtung:

$$\cos(x, \mathfrak{R}) = \frac{R_x}{R}, \quad \cos(y, \mathfrak{R}) = \frac{R_y}{R}, \quad \cos(z, \mathfrak{R}) = \frac{R_z}{R}. \qquad (28, 9)$$

Wieder ist R positiv einzusetzen, während die Vorzeichen der Komponenten zu berücksichtigen sind.

Wie beim zentralen ebenen Kraftsystem gilt auch hier: *Ein zentrales räumliches Kraftsystem ist im Gleichgewicht, wenn seine Resultierende verschwindet.* Das ist dann und nur dann der Fall, wenn alle drei Komponenten von $\mathfrak{R}$ verschwinden. Somit lauten die *drei* Gleichgewichtsbedingungen des zentralen räumlichen Kraftsystems:

$$\sum_{i=1}^{n} P_{ix} = 0, \quad \sum_{i=1}^{n} P_{iy} = 0, \quad \sum_{i=1}^{n} P_{iz} = 0. \qquad (28, 10)$$

Wie in der Ebene, sind auch beim zentralen räumlichen Kraftsystem zwei Reduktionsergebnisse möglich: Entweder es ergibt sich eine Resultierende oder es herrscht Gleichgewicht.

29. Der Winkel zwischen zwei Richtungen im Raum. Wir wollen an dieser Stelle eine Formel für den Winkel zwischen zwei beliebig vorgegebenen Richtungen herleiten, die wir später benötigen werden. Die vorstehenden Betrachtungen bieten uns dazu eine bequeme Möglichkeit.

Analog, wie wir vorhin die Projektion des Vektors $\mathfrak{R}$ auf die x-Achse als Summe der Projektionen jener Vektoren $\mathfrak{P}_i$ berechnet haben, aus denen sich $\mathfrak{R}$ zusammensetzte (siehe Nr. 28), wollen wir jetzt die Projektion eines Vektors $\mathfrak{v}$ auf eine beliebig gerichtete Gerade bestimmen. Wir zeichnen auf dieser Geraden eine Richtung als die positive aus, dadurch, daß wir in die Gerade einen Vektor $\mathfrak{g}$ von bestimmter Richtung hineinlegen. Die beiden Vektoren $\mathfrak{v}$ und $\mathfrak{g}$ sollen vom Ursprung O eines Koordinatensystems x, y, z ausgehen (Abb. 44). Die Richtung von $\mathfrak{v}$ sei gekennzeichnet durch die Winkel $(x, \mathfrak{v})$ usw., die Richtung von $\mathfrak{g}$ durch die Winkel $(x, \mathfrak{g})$ usw. Der Winkel, den $\mathfrak{v}$ und $\mathfrak{g}$ miteinander einschließen und den wir berechnen wollen, sei mit $(\mathfrak{v}, \mathfrak{g})$ bezeichnet.

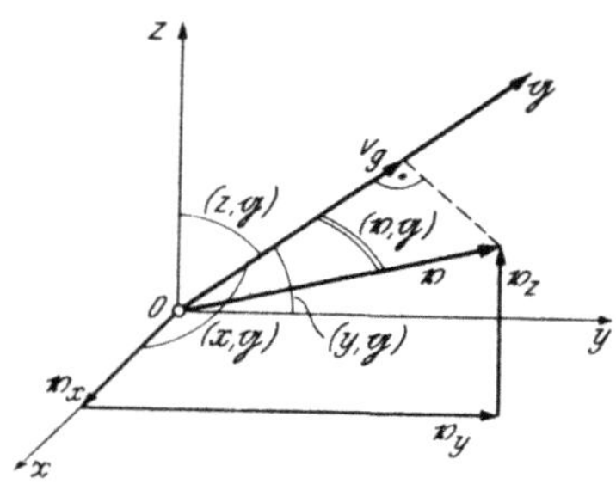

Abb. 44

Stellen wir $\mathfrak{v}$ durch die Summe seiner drei Komponentenvektoren dar [vergl. Gl. (28, 3)], so gilt

$$\mathfrak{v} = \mathfrak{v}_x + \mathfrak{v}_y + \mathfrak{v}_z. \tag{29, 1}$$

Nach dem Projektionssatz (siehe Nr. 28) ist die Komponente von $\mathfrak{v}$ in der Richtung $\mathfrak{g}$, die wir v_g nennen wollen, gleich der Summe der Projektionen der einzelnen Komponentenvektoren auf die Gerade $\mathfrak{g}$. Ist v_x der Zahlwert der Komponente $\mathfrak{v}_x$, so ist die Projektion von $\mathfrak{v}_x$ auf $\mathfrak{g}$ gleich $v_x \cos(x, \mathfrak{g})$. Wir überzeugen uns unschwer, daß diese Projektion positiv ausfällt, wenn $\mathfrak{v}_x$ und $\mathfrak{g}$ einen spitzen Winkel miteinander einschließen, und negativ bei stumpfem Winkel, sofern wir sowohl v_x als auch $\cos(x, \mathfrak{g})$ mit ihren Vorzeichen einsetzen: Angenommen $\mathfrak{g}$ schließe mit der $+x$-Achse einen spitzen Winkel ein, dann ist $\cos(x, \mathfrak{g}) > 0$. Hat $\mathfrak{v}_x$ die Richtung der $+x$-Achse, schließt es also mit $\mathfrak{g}$ einen spitzen Winkel ein, dann ist $v_x > 0$, und folglich ist $v_x \cos(x, \mathfrak{g}) > 0$. Hat hingegen $\mathfrak{v}_x$ die negative x-Richtung, dann schließt es mit $\mathfrak{g}$ einen stumpfen Winkel ein. Weil aber nun $v_x < 0$ ist, ist $v_x \cos(x, \mathfrak{g}) < 0$. Umgekehrt ist es, wenn $\mathfrak{g}$ mit der $+x$-Achse einen stumpfen Winkel einschließt. Und ganz analog liegen die Verhältnisse bei den beiden anderen Komponenten von $\mathfrak{v}$. Es gilt somit

$$v_g = v_x \cos(x, \mathfrak{g}) + v_y \cos(y, \mathfrak{g}) + v_z \cos(z, \mathfrak{g}). \tag{29, 2}$$

Nun können wir v_g auch direkt aus dem Betrag von $\mathfrak{v}$ und dem Winkel $(\mathfrak{v}, \mathfrak{g})$ berechnen und erhalten

$$v_g = v\cos(\mathfrak{v}, \mathfrak{g}). \tag{29, 3}$$

Schreiben wir ferner für die Komponenten von $\mathfrak{v}$:

$$v_x = v\cos(x, \mathfrak{v}), \quad v_y = v\cos(y, \mathfrak{v}), \quad v_z = v\cos(z, \mathfrak{v}) \tag{29, 4}$$

und setzen wir dies sowie Gl. (29, 3) in Gl. (29, 2) ein, so erhalten wir nach Kürzen durch v einen Ausdruck für den Winkel zwischen den beiden Richtungen $\mathfrak{v}$ und $\mathfrak{g}$:

$$\begin{aligned}\cos(\mathfrak{v}, \mathfrak{g}) = \cos(x, \mathfrak{v})\cos(x, \mathfrak{g}) + \cos(y, \mathfrak{v})\cos(y, \mathfrak{g}) + \\ + \cos(z, \mathfrak{v})\cos(z, \mathfrak{g}).\end{aligned} \tag{29, 5}$$

30. Die Reduktion des allgemeinen räumlichen Kraftsystems. Gegeben sei ein allgemeines räumliches Kraftsystem, bestehend aus n Kräften $\mathfrak{P}_i$, $i = 1, 2, \ldots n$, deren Angriffspunkte A_i beliebig im Raum verteilt liegen mögen. Um dieses Kraftsystem rechnerisch zu reduzieren, verfahren wir in gleicher Weise wie beim allgemeinen ebenen Kraftsystem[1]. Wir wählen einen beliebigen Punkt O als Reduktionspunkt und machen ihn zum Ursprung eines räumlichen Koordinatensystems. In diesem System habe der Punkt A_i die Koordinaten x_i, y_i, z_i und die Kraft $\mathfrak{P}_i$ die Komponenten P_{ix}, P_{iy}, P_{iz}, die nach den Gl. (28, 2) zu berechnen sind. Nun verschieben wir jede Kraft $\mathfrak{P}_i$ parallel zu sich selbst in den Punkt O. Dies bewerkstelligen wir so wie seinerzeit in Nr. 20, indem wir in O die beiden Kräfte $\mathfrak{P}_i$ und $-\mathfrak{P}_i$ anbringen, wodurch nichts geändert wird (Abb. 45). $\mathfrak{P}_i$ in A_i und $-\mathfrak{P}_i$ in O bilden dann ein Kräftepaar, dessen durch O und $\mathfrak{P}_i$ bestimmte Ebene irgendwie schräg in unserem Koordinatensystem liegen wird. Wie wir in Nr. 18 ausgeführt haben, können wir dieses Kräftepaar durch seinen Momentenvektor $\mathfrak{M}_i$ charakterisieren, der auf der Ebene des Kräftepaares senkrecht steht und der nach jener Seite dieser Ebene gerichtet ist, von wo aus gesehen das Kräftepaar im Gegenzeigersinn dreht. Die Länge dieses Vektors, $|\mathfrak{M}_i| = M_i$, ist gleich dem Absolutbetrag des Moments des Kräftepaares, also etwa gleich dem Moment der im Punkt A_i angreifenden Kraft $\mathfrak{P}_i$ um den Punkt O, wenn das Kräftepaar von jener Seite her betrachtet wird, von der aus gesehen $\mathfrak{P}_i$ um O im Gegenzeigersinn dreht. Der ursprünglich in A_i angreifenden Kraft $\mathfrak{P}_i$

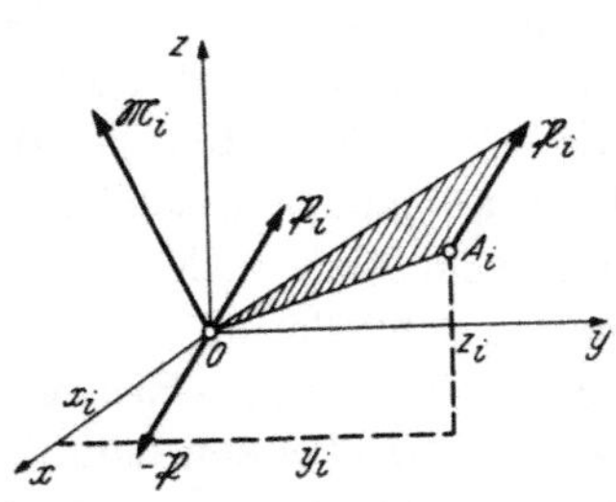

Abb. 45

[1] Eine Reduktion auf zeichnerischem Wege kommt hier, außer vielleicht bei sehr speziellen Kraftsystemen, wohl nicht in Frage.

ist somit gleichwertig eine im Punkt O angreifende Kraft $\mathfrak{P}_i$, zu der noch der Momentenvektor $\mathfrak{M}_i$ hinzutritt, den wir nach Nr. 18 ebenfalls durch den Punkt O zeichnen können.

Machen wir das mit sämtlichen Kräften des Systems, so erhalten wir ein aus den Kräften $\mathfrak{P}_1, \ldots \mathfrak{P}_n$ bestehendes zentrales Kraftsystem mit dem Angriffspunkt O und dazu noch n Momentenvektoren $\mathfrak{M}_1, \ldots \mathfrak{M}_n$, die wir ebenfalls alle als von O ausgehend annehmen können. Das zentrale Kraftsystem der $\mathfrak{P}_i$ wird nun nach den Ausführungen von Nr. 28 in eine Resultierende $\mathfrak{R}$ zusammengefaßt, die gleichfalls durch O geht, und wir stehen jetzt nur noch vor der Aufgabe, die n Momentenvektoren, die im allgemeinen nach allen Richtungen des Raumes weisen werden, irgendwie zusammenzufassen.

31. Der Momentenvektor im Raum. Die Einführung des Momentenvektors verhalf uns zunächst zu einer sehr anschaulichen Darstellung des Moments eines Kräftepaares. Die Frage ist nur, ob diese Vektoren auch dem Additionsgesetz der Vektorrechnung gehorchen, insofern, als zwei Kräftepaare mit beliebig gerichteten Momentenvektoren $\mathfrak{M}_1$ bzw. $\mathfrak{M}_2$ in ein einziges Kräftepaar zusammengefaßt werden können, dessen Momentenvektor gleich der geometrischen Summe von $\mathfrak{M}_1$ und $\mathfrak{M}_2$ ist. In dem besonderen Fall, daß die zu addierenden Kräftepaare in ein und derselben Ebene liegen, daß also $\mathfrak{M}_1$ und $\mathfrak{M}_2$ gleich oder entgegengesetzt gerichtet sind, gilt jedenfalls das Additionsgesetz und läuft auf eine algebraische Addition der Momente hinaus, wie wir bereits in Nr. 19 ausgeführt haben. Nun soll gezeigt werden, daß es auch dann gilt, wenn $\mathfrak{M}_1$ und $\mathfrak{M}_2$ einen beliebigen Winkel miteinander einschließen, wenn wir also Kräftepaare zusammensetzen wollen, die in beliebig zueinander geneigten Ebenen liegen (Abb. 46).

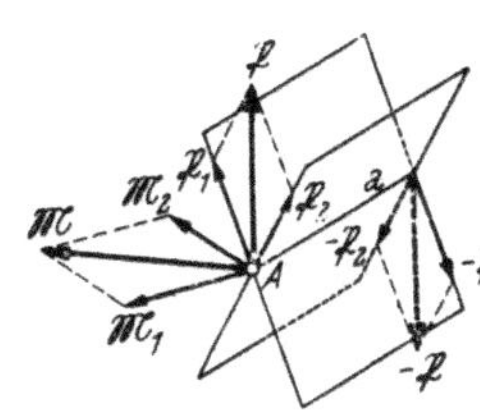

Abb. 46

Sollten die beiden Kräftepaare verschiedenen Kraftabstand haben, dann bringen wir sie durch Abänderung der Kräfte auf den gleichen Kraftabstand a (vgl. etwa Nr. 19). Dann soll das erste Paar aus den Kräften $\mathfrak{P}_1$, $-\mathfrak{P}_1$ bestehen, das zweite aus den Kräften $\mathfrak{P}_2$, $-\mathfrak{P}_2$. Für die Beträge der beiden Momentenvektoren gilt dann

$$M_1 = P_1 a, \qquad M_2 = P_2 a,$$

die Längen der Momentenvektoren sind also den Längen der Kraftvektoren der beiden Paare proportional. Nun verschieben wir jedes Kräftepaar in seiner Ebene bis zur Schnittlinie der beiden Ebenen und drehen es so, daß die Kräfte senkrecht zur Schnittlinie zu liegen kommen (siehe Abb. 46). Die Momentenvektoren, die wegen der Verschiebbarkeit der Kräftepaare in beliebigen Punkten der betreffenden Ebenen angebracht werden können, errichten wir im Punkt A der Schnittlinie. Sodann setzen wir die Kräfte $\mathfrak{P}_1$ und $\mathfrak{P}_2$ nach dem Parallelogrammsatz zu einer resultierenden Kraft $\mathfrak{P}$ zusammen und ebenso $-\mathfrak{P}_1$ und $-\mathfrak{P}_2$ zur Kraft $-\mathfrak{P}$. Die Kräfte $\mathfrak{P}$, $-\mathfrak{P}$ mit dem Abstand a bilden somit das resultierende Kräftepaar, dessen Moment gleich Pa ist. Wir sehen nun nach, ob sich dieses Moment auch durch Zusammensetzung der Vektoren $\mathfrak{M}_1$ und $\mathfrak{M}_2$ aus dem „Momentenparallelogramm" ergibt. Da die Seiten des Kräfte- und des Momentenparallelogramms einander proportional sind (Proportionalitätsfaktor a) und paarweise aufeinander senkrecht stehen, sind beide Figuren geometrisch ähnlich und gegeneinander um 90° verdreht. Daher müssen auch ihre Diagonalen, nämlich $\mathfrak{P}$ und $\mathfrak{M}$, aufeinander senkrecht stehen, und weil die Diagonale des Kräfteparallelogramms die Länge P hat, hat die des Momentenparallelogramms die Länge Pa. Damit ist bewiesen, daß sich der Momentenvektor des resultierenden Kräftepaares durch geometrische Addition aus den Momentenvektoren der beiden ursprünglich gegebenen Paare ergibt:

$$\mathfrak{M} = \mathfrak{M}_1 + \mathfrak{M}_2. \tag{31, 1}$$

Was für die Zusammensetzung von zwei Kräftepaaren gilt, kann natürlich auf beliebig viele Paare, die in verschiedenen Ebenen liegen, die sich schneiden, angewendet werden.

Es bleibt uns nur noch übrig zu zeigen, wie Kräftepaare, die in parallelen Ebenen liegen, zusammengesetzt werden. Wir werden folgenden Satz beweisen: *Zwei Kräftepaare mit demselben Moment und demselben Drehsinn, die in parallelen Ebenen liegen, sind einander gleichwertig.* Wir führen den Beweis, indem wir in einem Paar die Kraftrichtungen umkehren und zeigen, daß sich dann die beiden Paare das Gleichgewicht halten. Dann müssen die ursprünglichen Paare nach Nr. 12 einander gleichwertig sein. Wir bringen beide Paare auf gleichen Abstand, dann müssen wegen der Momentengleichheit auch die Kräfte einander gleich sein. Nun verschieben wir die beiden Paare in ihren Ebenen so, daß die entgegengesetzt gerichteten Kräfte genau übereinander zu liegen kommen (Abb. 47). Fassen wir nun die beiden nach rechts gerichteten Kräfte $\mathfrak{P}$ zu einer Resultierenden $2\mathfrak{P}$ zusammen, so liegt diese in der Schnittlinie der beiden geneigten Ebenen, die durch die beiden Kräfte $\mathfrak{P}$ einerseits und durch die beiden Kräfte $-\mathfrak{P}$ andererseits gelegt werden können. In dieselbe Gerade fällt aber auch die Resultierende $-2\mathfrak{P}$ der beiden Kräfte $-\mathfrak{P}$, und es herrscht also Gleichgewicht[1].

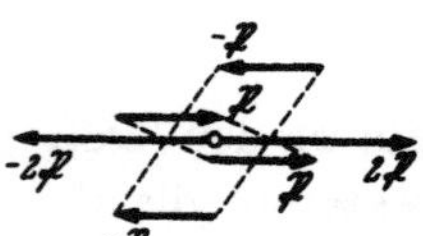

Abb. 47

[1] Aus dieser Feststellung folgt, daß der Momentenvektor eines Kräftepaares nicht nur unabhängig vom Bezugspunkt ist, wenn dieser in der

Wir dürfen also am starren Körper ein Kräftepaar nicht bloß in seiner Ebene beliebig verschieben, sondern auch parallel dazu. Kräftepaare, die in verschiedenen, zueinander parallelen Ebenen liegen, können bei der Reduktion so behandelt werden, als lägen sie in ein und derselben Ebene. Der Momentenvektor eines Kräftepaares kann also sowohl in der Richtung seiner Wirkungslinie als auch parallel dazu verschoben werden. Er wird deshalb ein *freier Vektor* genannt, im Gegensatz zum Kraftvektor, der nur in der Richtung seiner Wirkungslinie verschoben werden darf und deshalb als *gebundener Vektor* bezeichnet wird, was wir schon in Nr. 18 erwähnt haben.

Zusammenfassend können wir daher sagen, daß wir beliebig viele Kräftepaare, wie immer sie gelegen sein mögen, sei es in derselben Ebene oder in sich schneidenden oder in parallelen Ebenen, stets zu einem resultierenden Kräftepaar vereinigen können, dessen Momentenvektor gleich der geometrischen Summe der Momentenvektoren der einzelnen Paare ist:

$$\mathfrak{M} = \mathfrak{M}_1 + \mathfrak{M}_2 + \ldots + \mathfrak{M}_n = \sum_{i=1}^{n} \mathfrak{M}_i. \qquad (31, 2)$$

32. Zerlegung des Momentenvektors in Komponenten. Ebenso, wie wir mehrere Momentenvektoren in einen einzigen zusammenfassen können, ist es auch möglich, einen Momentenvektor in Komponenten zu zerlegen. Wir haben in Nr. 30, Abb. 45, infolge der Parallelverschiebung der Kraft $\mathfrak{P}_i$ nach dem Punkt O ein zusätzliches Kräftepaar erhalten, bestehend aus den Kräften $\mathfrak{P}_i$ in A_i (mit den Koordinaten x_i, y_i, z_i) und $-\mathfrak{P}_i$ in O, dessen Momentenvektor $\mathfrak{M}_i$ auf der durch O und $\mathfrak{P}_i$ bestimmten Ebene senkrecht stand und dessen Betrag M_i gleich dem Absolutbetrag des Moments der Kraft $\mathfrak{P}_i$ um O war. Nach Nr. 16 ist M_i gleich der doppelten Fläche des Dreiecks mit der Grundlinie $\mathfrak{P}_i$ und der Spitze O, also des Dreiecks OA_iB der Abb. 48.

Wir wollen nun $\mathfrak{M}_i$ in drei Komponenten nach den Achsenrichtungen unseres Koordinatensystems x, y, z zerlegen. Diese Komponenten sind gleich den Projektionen von $\mathfrak{M}_i$ auf die drei Koordinatenachsen. Bezeich-

Ebene des Kräftepaares angenommen wird, sondern auch dann, wenn er irgendwo außerhalb dieser Ebene gewählt wird. Wählen wir etwa den Bezugspunkt O in der Ebene des unteren Kräftepaares der Abb. 47. Das Gesamtmoment aller vier Kräfte dieses im Gleichgewicht befindlichen Systems um diesen Punkt muß jedenfalls verschwinden, da ja sonst ein Kräftepaar resultieren würde. Es muß daher der Momentenvektor des oberen Paares gleich und entgegengesetzt dem des unteren Paares sein. Kehren wir den Drehsinn des unteren Paares um, so daß es mit dem oberen Paar bis auf die Ebene, in der es liegt, übereinstimmt, so müssen die auf den Punkt O bezogenen Momentenvektoren beider Paare übereinstimmen, was zu beweisen war.

nen wir die Winkel, die $\mathfrak{M}_i$ mit den drei Achsen einschließt, mit $(x, \mathfrak{M}_i)$, $(y, \mathfrak{M}_i)$, $(z, \mathfrak{M}_i)$, so gilt für die Zahlwerte der Komponenten:

$$M_{ix} = M_i \cos(x, \mathfrak{M}_i), \quad M_{iy} = M_i \cos(y, \mathfrak{M}_i), \quad M_{iz} = M_i \cos(z, \mathfrak{M}_i). \qquad (32, 1)$$

Wir können nun etwa den Ausdruck für M_{iz} wie folgt deuten: Der Winkel $(z, \mathfrak{M}_i)$ ist als Winkel zwischen der Normalen auf der Dreiecksfläche OA_iB und der Normalen auf der x, y-Ebene gleich dem Winkel zwischen der Dreiecksfläche und der Grundrißebene x, y selbst. Multiplizieren wir die Dreiecksfläche mit diesem Winkel, so erhalten wir ihre Projektion auf die Grundrißebene, nämlich das Dreieck $OA_i'B$, das aus $\mathfrak{P}_i'$ als Grundlinie und O als Spitze gebildet wird, wo $\mathfrak{P}_i'$ die Projektion von $\mathfrak{P}_i$ auf die Grundrißebene ist. M_{iz} ist somit dem Betrag nach gleich der doppelten Fläche des Dreiecks $OA_i'B$. Diese doppelte Dreiecksfläche kann ihrerseits wieder gedeutet werden als der Betrag des Moments der Kraft $\mathfrak{P}_i'$ um O. Die Komponente M_{iz} ist also dem Betrag nach, und, wie man leicht sieht, auch dem Vorzeichen nach, gleich dem Moment von $\mathfrak{P}_i'$ um O. Hat $\mathfrak{P}_i$ die Komponenten P_{ix}, P_{iy}, P_{iz}, so hat $\mathfrak{P}_i'$ die Komponenten P_{ix}, P_{iy}. Aus ihnen und aus den Koordinaten x_i, y_i des Angriffspunkts A_i' der Kraft $\mathfrak{P}_i'$ kann deren Moment um O nach Gl. (22, 5) berechnet werden. Analoges gilt für die beiden anderen Komponenten von $\mathfrak{M}_i$, so daß wir zusammenfassend schreiben können:

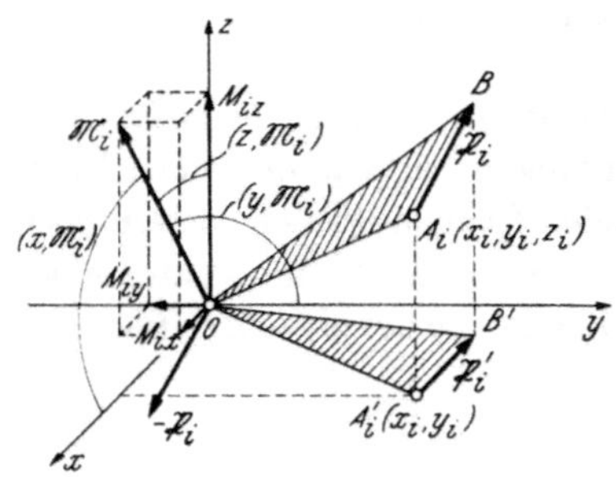

Abb. 48

$$M_{ix} = P_{iz} y_i - P_{iy} z_i, \quad M_{iy} = P_{ix} z_i - P_{iz} x_i, \quad M_{iz} = P_{iy} x_i - P_{ix} y_i. \qquad (32, 2)$$

Damit sind die Komponenten des Moments der Kraft $\mathfrak{P}_i$ um den Punkt O durch die Komponenten der Kraft und durch die Koordinaten ihres Angriffspunkts A_i ausgedrückt und bequem berechenbar.

Die durch die Gl. (32, 2) dargestellten Momente bzw. die zugehörigen Vektoren $\mathfrak{M}_{ix}$, $\mathfrak{M}_{iy}$, $\mathfrak{M}_{iz}$ werden auch als die Momente der Kraft $\mathfrak{P}_i$ um die drei Koordinatenachsen oder kurz als die *axialen Momente* von $\mathfrak{M}_i$ bezeichnet, denn es ist ja z. B. M_{iz} gleich der Projektion der Kraft $\mathfrak{P}_i$ auf eine Ebene senkrecht zur z-Achse mal dem Abstand dieser Projektion von der z-Achse, und zwar positiv oder negativ, je nachdem, ob $\mathfrak{P}_i'$, von der positiven Seite der z-Achse her gesehen, um diese Achse im positiven oder im negativen Sinn dreht. Zum Unterschied dagegen wird das Moment von $\mathfrak{P}_i$ um O auch als das *polare Moment* dieser Kraft bezüglich O bezeichnet.

33. Fortführung der Reduktion des allgemeinen räumlichen Kraftsystems. Nach Ausführungen über die Momentenvektoren in Nr. 31 und 32 können wir nun die in Nr. 30 begonnene Reduktion eines allgemeinen räumlichen Kraftsystems, bestehend aus den Kräften $\mathfrak{P}_i$ mit den Angriffspunkten A_i (x_i, y_i, z_i), $i = 1, \ldots n$, zu Ende führen. Am Ende der Nr. 30 waren wir bei einer Resultierenden $\mathfrak{R}$ im Punkt O unseres Koordinatensystems und n Momentenvektoren $\mathfrak{M}_i$ angelangt, wobei $\mathfrak{M}_i$ die in Nr. 30 angegebene Bedeutung hatte. Die Resultierende $\mathfrak{R}$ ist nach Nr. 28 gegeben durch

$$\mathfrak{R} = \sum_{i=1}^{n} \mathfrak{P}_i, \tag{33, 1}$$

oder, in Komponenten geschrieben:

$$R_x = \sum_{i=1}^{n} P_{ix}, \quad R_y = \sum_{i=1}^{n} P_{iy}, \quad R_z = \sum_{i=1}^{n} P_{iz}. \tag{33, 2}$$

Daraus folgt der Betrag (die Größe) von $\mathfrak{R}$:

$$R = \sqrt{R_x^2 + R_y^2 + R_z^2}, \tag{33, 3}$$

und die Richtung:

$$\cos(x, \mathfrak{R}) = \frac{R_x}{R}, \quad \cos(y, \mathfrak{R}) = \frac{R_y}{R}, \quad \cos(z, \mathfrak{R}) = \frac{R_z}{R}, \tag{33, 4}$$

wo R stets positiv, R_x usw. hingegen mit Vorzeichen einzusetzen ist.

Die n Momentenvektoren können wir nach Nr. 31 in einen einzigen resultierenden Momentenvektor, mit anderen Worten in ein resultierendes Kräftepaar zusammenfassen, dessen Moment gegeben ist durch

$$\mathfrak{M} = \sum_{i=1}^{n} \mathfrak{M}_i. \tag{33, 5}$$

Die Komponenten von $\mathfrak{M}$ berechnen sich nach Nr. 32 zu

$$\begin{aligned} M_x &= \sum_{i=1}^{n} M_{ix} = \sum_{i=1}^{n} (P_{iz} y_i - P_{iy} z_i) = \sum_{i=1}^{n} P_{iz} y_i - \sum_{i=1}^{n} P_{iy} z_i, \\ M_y &= \sum_{i=1}^{n} M_{iy} = \sum_{i=1}^{n} (P_{ix} z_i - P_{iz} x_i) = \sum_{i=1}^{n} P_{ix} z_i - \sum_{i=1}^{n} P_{iz} x_i, \\ M_z &= \sum_{i=1}^{n} M_{iz} = \sum_{i=1}^{n} (P_{iy} x_i - P_{ix} y_i) = \sum_{i=1}^{n} P_{iy} x_i - \sum_{i=1}^{n} P_{ix} y_i. \end{aligned} \tag{33, 6}$$

Aus diesen Komponenten von $\mathfrak{M}$ folgt der Betrag dieses Vektors bzw. der Betrag des Moments des resultierenden Kräftepaares:

$$M = \sqrt{M_x^2 + M_y^2 + M_z^2}, \tag{33, 7}$$

und die Richtung von $\mathfrak{M}$ bzw. der Normalen auf der Ebene des Kräftepaares:

$$\cos(x, \mathfrak{M}) = \frac{M_x}{M}, \quad \cos(y, \mathfrak{M}) = \frac{M_y}{M}, \quad \cos(z, \mathfrak{M}) = \frac{M_z}{M}, \tag{33, 8}$$

wo M positiv, M_x usw. mit Vorzeichen einzusetzen ist.

Wir haben damit unser Kraftsystem auf eine Resultierende $\mathfrak{R}$ in O und einen Momentenvektor $\mathfrak{M}$, den wir ebenfalls in O annehmen können, reduziert (Abb. 49 *a*). $\mathfrak{R}$ und $\mathfrak{M}$ werden miteinander irgendeinen Winkel einschließen, den wir nach Gl. (29, 5) aus den Richtungscosinus von $\mathfrak{R}$ und $\mathfrak{M}$ berechnen können:

$$\begin{aligned} \cos(\mathfrak{R}, \mathfrak{M}) = {} & \cos(x, \mathfrak{R}) \cos(x, \mathfrak{M}) + \cos(y, \mathfrak{R}) \cos(y, \mathfrak{M}) + \\ & + \cos(z, \mathfrak{R}) \cos(z, \mathfrak{M}). \end{aligned} \tag{33, 9}$$

Wir können nun unser Reduktionsergebnis noch weiter vereinfachen, indem wir den Vektor $\mathfrak{M}$ in zwei zueinander senkrechte Komponenten zerlegen, und zwar in eine Komponente $\mathfrak{M}_p$ parallel zu $\mathfrak{R}$, das heißt in der Wirkungslinie von $\mathfrak{R}$, und in eine Komponente $\mathfrak{M}_s$, die auf $\mathfrak{R}$ senkrecht steht (Abb. 49 *a*):

$$\mathfrak{M} = \mathfrak{M}_p + \mathfrak{M}_s. \tag{33, 10}$$

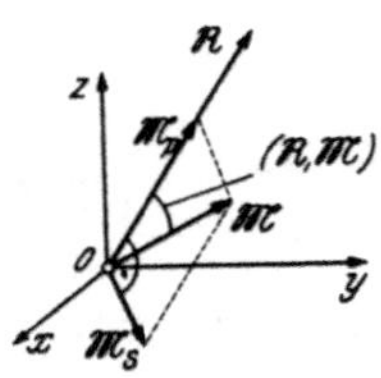

Abb. 49*a*

Der Zahlwert der ersteren Komponente ist gegeben durch

$$M_p = M \cos(\mathfrak{R}, \mathfrak{M}). \tag{33, 11}$$

Für die praktische Berechnung von M_p ist es jedoch meist einfacher, die Gl. (29, 2) heranzuziehen:

$$M_p = M_x \cos(x, \mathfrak{R}) + M_y \cos(y, \mathfrak{R}) + M_z \cos(z, \mathfrak{R}). \tag{33, 12}$$

M_p ergibt sich als positiv oder als negativ, je nachdem, ob $\mathfrak{M}_p$ die gleiche oder die entgegengesetzte Richtung hat wie $\mathfrak{R}$, das heißt je nachdem, ob $\mathfrak{R}$ und $\mathfrak{M}$ miteinander einen spitzen oder einen stumpfen Winkel einschließen.

Der Betrag der zweiten Komponente von $\mathfrak{M}$ ergibt sich aus der Beziehung

$$M = \sqrt{M_p^2 + M_s^2} \tag{33, 13}$$

zu

$$M_s = \sqrt{M^2 - M_p^2}. \tag{33, 14}$$

$\mathfrak{M}_s$ liegt in der durch $\mathfrak{R}$ und $\mathfrak{M}$ bestimmten Ebene und weist nach jener Seite von $\mathfrak{R}$, nach der $\mathfrak{M}$ weist. M_s bedeutet ein Kräftepaar, in dessen

Ebene $\mathfrak{R}$ liegt, und kann daher mit $\mathfrak{R}$ zusammengesetzt werden. Nach Nr. 20 liefert dies eine Parallelverschiebung von $\mathfrak{R}$ um den Betrag

$$r = \frac{M_s}{R} \tag{33, 15}$$

[siehe Gl. (20, 1)]. Die Verschiebung erfolgt in der Ebene des Kräftepaares, und zwar nach jener Richtung, daß das verschobene $\mathfrak{R}$ um seinen alten Angriffspunkt O im selben Sinn dreht wie das Kräftepaar $\mathfrak{M}_s$. (Mit anderen Worten: Das verschobene $\mathfrak{R}$ muß um O das Moment $\mathfrak{M}_s$ haben.)

Den noch verbleibenden Vektor $\mathfrak{M}_p$ können wir als freien Vektor beliebig parallel verschieben und verlegen ihn in die Wirkungslinie der Kraft $\mathfrak{R}$ in deren endgültiger Lage (siehe Abb. 49 *b*). $\mathfrak{M}_p$ bedeutet ein Kräftepaar, dessen Ebene auf $\mathfrak{R}$ senkrecht steht, das also gewissermaßen um $\mathfrak{R}$ als Achse dreht. Man nennt daher dieses aus $\mathfrak{R}$ und $\mathfrak{M}_p$ bestehende Gebilde eine *Kraftschraube* (es wird auch *Dyname* genannt). Damit sind wir am Ende unserer Reduktion angelangt und sehen, *daß sich ein allgemeines räumliches Kraftsystem im allgemeinen Fall nicht auf eine Einzelkraft allein, sondern auf eine Einzelkraft und ein Moment, dessen Vektor die Richtung dieser Einzelkraft hat, also auf eine Kraftschraube, reduzieren läßt.* Es läßt sich zeigen, daß dieses Reduktionsergebnis eindeutig ist, das heißt, man kommt für ein bestimmtes Kraftsystem immer zu derselben Kraftschraube, unabhängig von der Wahl des Reduktionspunktes[1]. Die Wirkungslinie der Resultierenden in ihrer endgültigen Lage, also die Achse der Kraftschraube, wird *Zentralachse* des Kraftsystems genannt.

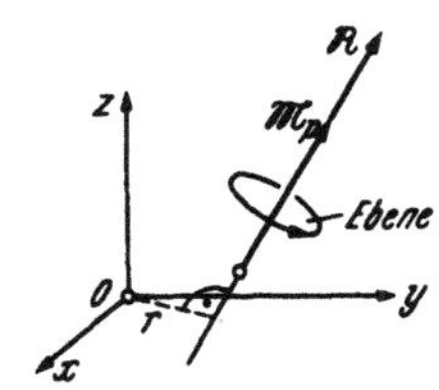

Abb. 49*b*

Neben dem eben beschriebenen allgemeinen Reduktionsergebnis eines allgemeinen räumlichen Kraftsystems sind auch spezielle Ergebnisse möglich, die wir in der folgenden Zusammenstellung anführen wollen. Bei der Reduktion kann sich ergeben:

1. $\mathfrak{R} \neq 0$, $\mathfrak{M} \neq 0$ und Winkel $(\mathfrak{R}, \mathfrak{M}) \neq 90°$, somit also $\mathfrak{M}_p \neq 0$. Dies ist der allgemeinste Fall, wo sich das Kraftsystem auf eine Kraftschraube $\mathfrak{R}$, $\mathfrak{M}_p$ reduziert.

2. $\mathfrak{R} \neq 0$, $\mathfrak{M} \neq 0$, jedoch $\mathfrak{M}$ senkrecht zu $\mathfrak{R}$, somit also $\mathfrak{M}_p = 0$. In diesem Fall reduziert sich das Kraftsystem auf eine Einzelkraft $\mathfrak{R}$ allein.

---

[1] Eine solche Kraftschraube läßt sich nicht mehr weiter vereinfachen. Man kann sie höchstens durch ein sogenanntes „*Kraftkreuz*“ ersetzen, das sich ergibt, wenn man in Abb. 49 *a* nicht $\mathfrak{M}$, sondern $\mathfrak{R}$ in zwei zueinander senkrechte Komponenten zerlegt, nämlich in $\mathfrak{R}_s$, senkrecht zu $\mathfrak{M}$, und in $\mathfrak{R}_p$, parallel zu $\mathfrak{M}$. Setzt man $\mathfrak{M}$ mit $\mathfrak{R}_s$ zusammen, so wird dadurch $\mathfrak{R}_s$ derart parallel verschoben, daß sich die Wirkungslinien von $\mathfrak{R}_p$ und $\mathfrak{R}_s$ nicht mehr schneiden. Das Ergebnis der Reduktion sind somit zwei zueinander senkrechte, windschiefe Kräfte $\mathfrak{R}_s$ und $\mathfrak{R}_p$.

3. $\mathfrak{R} = 0$, $\mathfrak{M} \neq 0$. Das Kraftsystem reduziert sich auf ein Kräftepaar vom Moment $\mathfrak{M}$, das von der Lage des Reduktionspunkts unabhängig ist.

4. $\mathfrak{R} = 0$, $\mathfrak{M} = 0$. Es herrscht *Gleichgewicht*. Wieder braucht die zweite Gleichung, falls die erste erfüllt ist, nur für einen einzigen Bezugspunkt geprüft zu werden. Sie gilt dann für jeden beliebigen Bezugspunkt. — Den beiden Vektorgleichungen

$$\mathfrak{R} = 0, \qquad \mathfrak{M} = 0 \tag{33, 16}$$

entsprechen je drei Gleichungen in den Komponenten. Sie stellen die *sechs Gleichgewichtsbedingungen für einen starren Körper unter der Einwirkung eines allgemeinen räumlichen Kraftsystems* dar. Nach den Gl. (33, 2) und (33, 6) lauten sie:

$$\begin{aligned} \sum_{i=1}^{n} P_{ix} &= 0, & \sum_{i=1}^{n} (P_{iz} y_i - P_{iy} z_i) &= 0, \\ \sum_{i=1}^{n} P_{iy} &= 0, & \sum_{i=1}^{n} (P_{ix} z_i - P_{iz} x_i) &= 0, \\ \sum_{i=1}^{n} P_{iz} &= 0, & \sum_{i=1}^{n} (P_{iy} x_i - P_{ix} y_i) &= 0. \end{aligned} \tag{33, 17}$$

Zum Abschluß sei noch eine kurze Betrachtung bezüglich des *Satzes von der Momentensumme* vorgenommen. Dieser in Nr. 21 für das ebene Kraftsystem aufgestellte Satz besagte, daß das Moment der Resultierenden eines Kraftsystems um einen beliebigen Punkt gleich ist der Summe der Momente der einzelnen Kräfte des Systems um diesen Punkt. Wir fragen, ob dieser Satz auch für das allgemeine räumliche Kraftsystem Geltung hat, wo natürlich an die Stelle der algebraischen Summe der Momente die geometrische Summe der Momentenvektoren treten wird.

Dazu ist zu sagen, daß der Satz in dem in obiger Zusammenstellung unter (1) verzeichneten allgemeinsten Fall *nicht* gilt, wenn wir unter der „Resultierenden" des Kraftsystems die Kraft $\mathfrak{R}$ in ihrer endgültigen Lage gemäß Abb. 49 *b* verstehen. Denn diese Kraft hat um O das Moment $\mathfrak{M}_s$ [siehe Gl. (33, 15)], während die Summe der Momente aller Kräfte des Systems bezüglich O nach Gl. (33, 5) gleich $\mathfrak{M}$ ist, für das aber $\mathfrak{M} = \mathfrak{M}_s + \mathfrak{M}_p$ gilt. In diesem Fall wäre der Satz von der Momentensumme zu verallgemeinern, indem man sagt, daß das Moment der resultierenden Kraftschraube (bestehend aus $\mathfrak{R}$ und $\mathfrak{M}_p$) gleich der Summe der Momente aller Kräfte ist.

In seiner ursprünglichen Form würde der Satz nur im Fall (2) gelten, wo $\mathfrak{M}_p = 0$ ist, wo also $\mathfrak{M}$ auf $\mathfrak{R}$ senkrecht steht. Dies ist z. B. bei einem ebenen Kraftsystem der Fall, wo $\mathfrak{R}$ in der Ebene des Kraftsystems liegt, während für jeden beliebigen in der Ebene gelegenen Bezugspunkt alle Vektoren $\mathfrak{M}_i$ und damit auch ihre Summe $\mathfrak{M}$ auf dieser Ebene und damit auf $\mathfrak{R}$ senkrecht stehen[1]. Ein anderes Beispiel dieser Art ist ein räumliches Kraftsystem, das

[1] Es läßt sich zeigen, daß der Satz von der Momentensumme für ein ebenes Kraftsystem auch für einen Bezugspunkt gilt, der nicht in der Ebene des Kraftsystems liegt. Dies kann aus der oben erwähnten Eindeutigkeit des Reduktionsergebnisses gefolgert werden.

aus lauter parallelen Kräften besteht. Die Resultierende ist hier parallel zu den Kräften, während für irgendeinen Bezugspunkt die Vektoren $\mathfrak{M}_i$ zur Kraftrichtung normal sind und daher auch ihre Summe $\mathfrak{M}$ keine Komponente parallel $\mathfrak{R}$ hat. Das System der Schwerkräfte, die auf einen Körper in einem homogenen Schwerefeld einwirken, stellt beispielsweise ein derartiges Kraftsystem dar. Dieses läßt sich nach den obigen Ausführungen auf eine Einzelkraft reduzieren. Deren Lage in bezug auf den Körper kann dann mittels des Satzes von der Momentensumme bestimmt werden.

34. Beispiel der Reduktion eines allgemeinen räumlichen Kraftsystems. In Abb. 50 ist ein aus drei Kräften von je 2 Mp bestehendes allgemeines räumliches Kraftsystem dargestellt, das an einem Würfel von 0,50 m Seitenlänge angreift. Zur Reduktion dieses Kraftsystems wurde die Tabelle 4 angelegt. Die Komponenten der Kräfte können unmittelbar hingeschrieben werden. Die Momente M_{ix} usw. können entweder nach Gl. (32, 2) berechnet werden, oder einfach als mit entsprechendem Vorzeichen versehene Produkte aus Kraft mal dem senkrechten Abstand von der betreffenden Achse.

Tabelle 4

$\mathfrak{p}_i$	$\lvert\mathfrak{p}_i\rvert$ Mp	x_i m	y_i m	z_i m	P_{ix} Mp	P_{iy} Mp	P_{iz} Mp	M_{ix} Mpm	M_{iy} Mpm	M_{iz} Mpm
$\mathfrak{P}_1$	2,00	0,50	0,50	0,50	+2,00	0,00	0,00	0,00	+1,00	−1,00
$\mathfrak{P}_2$	2,00	0,00	0,50	0,25	0,00	+2,00	0,00	−0,50	0,00	0,00
$\mathfrak{P}_3$	2,00	0,25	0,00	0,50	0,00	0,00	+2,00	0,00	−0,50	0,00
				Summen:	+2,00 $= R_x$	+2,00 $= R_y$	+2,00 $= R_z$	−0,50 $= M_x$	+0,50 $= M_y$	−1,00 $= M_z$

Der Betrag der Resultierenden $\mathfrak{R}$ ergibt sich gemäß Gl. (33, 3) zu

$$R = \sqrt{3 \cdot 2{,}00^2} = 2\sqrt{3} = 3{,}464 \text{ Mp}.$$

Die Richtungscosinus von $\mathfrak{R}$ folgen aus Gl. (33, 4):

$$\cos(x,\mathfrak{R}) = \cos(y,\mathfrak{R}) = \cos(z,\mathfrak{R}) = = \frac{2}{2\sqrt{3}} = \frac{\sqrt{3}}{3} = 0{,}577.$$

Die zunächst durch den Punkt O gehende Resultierende schließt mit allen drei Achsen gleiche Winkel ein, das heißt ihre Wirkungslinie ist die Würfeldiagonale. Es gilt

$$(x,\mathfrak{R}) = (y,\mathfrak{R}) = (z,\mathfrak{R}) = 54° \, 45'.$$

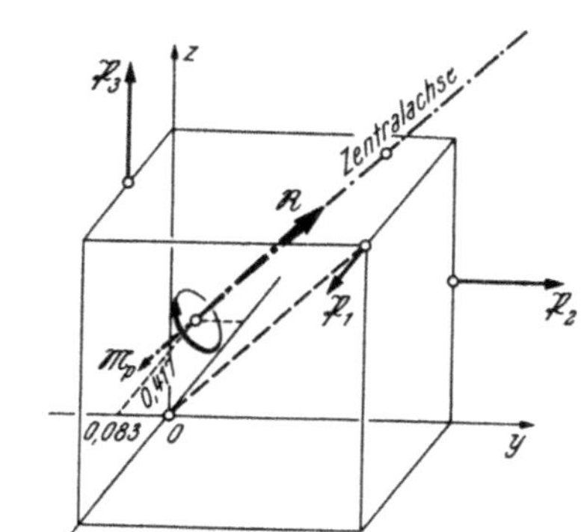

Abb. 50

Der Betrag des zu $\mathfrak{R}$ in O noch hinzutretenden resultierenden Moments $\mathfrak{M}$ folgt aus Gl. (33, 7):

$$M = \sqrt{0{,}50^2 + 0{,}50^2 + 1{,}00^2} = \sqrt{1{,}50} = \sqrt{\frac{3}{2}} = 1{,}225 \text{ Mpm}.$$

Aus Gl. (33, 12) folgt M_p:

$$M_p = (M_x + M_y + M_z)\cos(x, \mathfrak{R}) = -1{,}00\,\frac{\sqrt{3}}{3} = -\frac{\sqrt{3}}{3} = -0{,}577\ \text{Mpm}.$$

$\mathfrak{M}_p$ hat also die entgegengesetzte Richtung wie $\mathfrak{R}$, die Richtungscosinus des Vektors $\mathfrak{M}_p$ sind daher alle drei gleich $-\ 0{,}577$. Der Betrag von M_s folgt aus Gl. (33, 14):

$$M_s = \sqrt{\frac{3}{2} - \frac{1}{3}} = \sqrt{\frac{7}{6}} = 1{,}080\ \text{Mpm}.$$

Die Resultierende $\mathfrak{R}$ wird also gemäß Gl. (33, 15) um

$$r = \frac{1{,}080}{3{,}464} = 0{,}312\ \text{m}$$

aus der Würfeldiagonale heraus parallel verschoben. Zu diesem verschobenen $\mathfrak{R}$ tritt dann noch $\mathfrak{M}_p$ hinzu.

Um genauer zu sehen, wo $\mathfrak{R}$ bei dieser Parallelverschiebung hinkommt, überlegen wir folgendes. Das Moment des verschobenen $\mathfrak{R}$ um O muß gleich $\mathfrak{M}_s$ sein [siehe die auf Gl. (33, 15) folgende Bemerkung], die Komponenten dieser beiden Momente müssen also übereinstimmen. Ist x, y, z ein Punkt der Wirkungslinie der verschobenen Kraft $\mathfrak{R}$ (also ein Punkt der Zentralachse!), so ist die x-Komponente des Moments von $\mathfrak{R}$ um O nach Gl. (32, 2) gleich $R_z y - R_y z$, und sie muß gleich der x-Komponente von $\mathfrak{M}_s$ sein:

$$R_z y - R_y z = M_{sx},$$

und das gleiche muß für die beiden anderen Komponenten gelten.

Um M_{sx} zu berechnen, schreiben wir die Gl. (33, 10) in Komponenten auf. Es gilt dann $M_x = M_{px} + M_{sx}$ usw. Darin ist M_{px} die x-Komponente von $\mathfrak{M}_p$ und ist gleich dem Betrag von $\mathfrak{M}_p$ mal dem betreffenden Richtungscosinus, der, wie wir oben sahen, gleich $-\sqrt{3}/3 = -0{,}577$ ist. Mit $|\mathfrak{M}_p| = |M_p| = +\sqrt{3}/3$ ist dann

$$M_{px} = \frac{\sqrt{3}}{3}\cdot\left(-\frac{\sqrt{3}}{3}\right) = -\frac{1}{3} = M_{py} = M_{pz}.$$

Damit erhalten wir

$$M_{sx} = M_x - M_{px} = M_x + \frac{1}{3},$$

und analog lauten die Gleichungen für die beiden anderen Komponenten. Zusammenfassend gilt also zunächst allgemein und dann nach Einsetzen der Werte von R_x, M_x usw. aus Tabelle 4:

$$R_z y - R_y z = M_x + \frac{1}{3}, \qquad 2y - 2z = -0{,}50 + \frac{1}{3} = -\frac{1}{6},$$

$$R_x z - R_z x = M_y + \frac{1}{3}, \qquad 2z - 2x = +0{,}50 + \frac{1}{3} = \frac{5}{6},$$

$$R_y x - R_x y = M_z + \frac{1}{3}, \qquad 2x - 2y = -1{,}00 + \frac{1}{3} = -\frac{2}{3}.$$

Die erste Gleichung stellt eine Ebene parallel zur x-Achse dar, die zweite bzw. die dritte Gleichung eine Ebene parallel zur y-Achse bzw. zur z-Achse. Die Schnittlinie dieser drei Ebenen ist die Zentralachse, mit anderen Worten die Wirkungslinie von $\mathfrak{R}$ in der endgültigen Lage. Da eine Gerade bereits durch den Schnitt von zwei Ebenen bestimmt ist, sind die obigen drei Gleichungen nicht voneinander unabhängig: wir sehen, daß ihre Summe gleich Null ist.

Wir suchen den Schnittpunkt der Zentralachse mit der x, y-Ebene und setzen dazu in den ersten beiden Gleichungen $z = 0$. Dann ergibt sich

$$x = -\frac{5}{12} = -0{,}417\ \text{m}, \qquad y = -\frac{1}{12} = -0{,}083\ \text{m}.$$

Durch diesen Punkt geht die Resultierende $\mathfrak{R}$, und sie ist parallel zur Würfeldiagonale. Um sie herum dreht das Kräftepaar mit dem Moment $|\mathfrak{M}_p| = 0{,}577$ Mpm, und zwar im Uhrzeigersinn, von der Spitze von $\mathfrak{R}$ aus gesehen (siehe Abb. 50, wo auch der Durchstoßpunkt der Zentralachse durch die Deckfläche des Würfels eingezeichnet ist).

II. Schwerpunkte ebener Flächen

35. Definition und Eigenschaften des Schwerpunkts. Wir denken uns die beliebig berandete ebene Fläche F etwa aus Blech von konstanter Dicke t und konstantem spezifischem Gewicht γ ausgeschnitten und im Schwerefeld aufgehängt. Wenn wir uns F mosaikartig aus lauter kleinen Flächenteilchen ΔF zusammengesetzt denken, so gehört zu jedem ΔF ein Blechstückchen vom Volumen $t \cdot \Delta F$. Auf jedes dieser Blechstückchen wirkt dann die Kraft $\Delta\mathfrak{P}$, vom Betrag

$$\Delta P = \gamma t \Delta F \qquad (35, 1)$$

lotrecht nach abwärts (Abb. 51). Die Resultierende $\mathfrak{R}$ aller dieser kleinen parallelen Kräfte weist ebenfalls lotrecht nach abwärts und ihr Betrag ist gleich dem Gewicht der Blechscheibe:

$$R = \gamma t F. \qquad (35, 2)$$

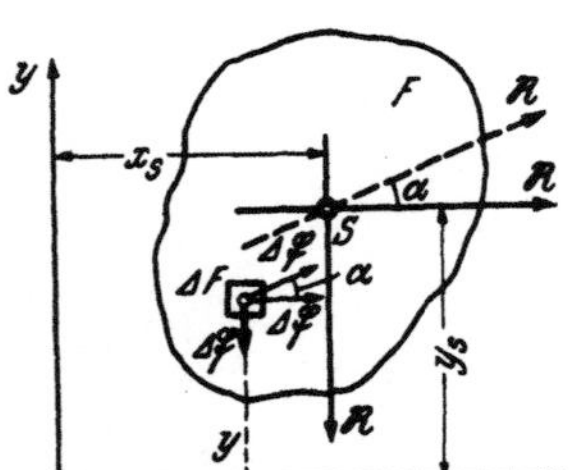

Abb. 51

Die Lage der Resultierenden in dem in Abb. 51 eingezeichneten Koordinatensystem x, y ist durch den Abstand x_s ihrer Wirkungslinie von der y-Achse gekennzeichnet. x_s gewinnen wir aus der Bedingung, daß das Moment von $\mathfrak{R}$ um den Koordinatenursprung O gleich sein muß der Summe der Momente aller $\Delta\mathfrak{P}$ um O (siehe Nr. 21). Das erstere Moment ist gleich $-Rx_s$. Bezeichnen wir die Koordinaten von ΔF mit x und y, so ist das Moment von $\Delta\mathfrak{P}$ um O gleich $-x\Delta P$, und es muß also gelten

$$Rx_s = \sum_F x \Delta P.$$

$\sum_F x\Delta P$ bedeutet, daß wir für jedes Flächenteilchen ΔF von F das Produkt $x \cdot \Delta P$ zu bilden und alle diese Produkte zu addieren (über ganz F zu summieren) haben. Setzen wir für R und ΔP ihre Werte ein und heben aus der Summe die konstanten Faktoren γ und t heraus, so erhalten wir

$$\gamma t F x_s = \gamma t \sum_F x \Delta F$$

und daraus

$$x_s = \frac{\sum_F x \Delta F}{F}. \tag{35, 3 a}$$

Wir denken uns nun F um 90° gedreht und bestimmen abermals die Lage der Resultierenden aller Schwerkräfte. Die Drehung können wir in Abb. 51 einfach dadurch bewerkstelligen, daß wir nunmehr die Schwerkräfte ΔP in horizontaler Richtung wirken lassen. Die Größe von $\mathfrak{R}$ wird sich dadurch nicht ändern. Ihre Lage wird jetzt durch ihren Abstand y_s von der x-Achse gekennzeichnet sein, das wir genau wie vorhin x_s berechnen können

$$y_s = \frac{\sum_F y \Delta F}{F}. \tag{35, 3 b}$$

Durch den Schnitt dieser beiden Wirkungslinien der Resultierenden, deren Lage bezüglich F nicht vom Koordinatensystem, sondern von der Verteilung der $\Delta \mathfrak{P}$, d. h. also nur von der Gestalt von F abhängt, wird ein Punkt S mit den Koordinaten x_s, y_s bezeichnet, welcher *Schwerpunkt* der Fläche F genannt wird. Wir werden später zeigen, daß, in welcher Richtung wir auch das Schwerefeld auf F wirken lassen, die Resultierende aller Schwerkräfte stets durch den Punkt S hindurch geht. Unterstützen wir daher die Fläche in diesem Punkt, so ist sie in jeder Lage im Gleichgewicht, da $\mathfrak{R}$ niemals ein Drehmoment um S besitzt. Durch Unterstützung in diesem einen Punkt wird also die Wirkung der Schwerkraft auf die Fläche vollkommen aufgehoben; daher sein Name.

Zur Berechnung der in den Gl. (35, 3) auftretenden Summen müssen wir uns überlegen, in welcher Weise die Einteilung der Fläche F in Flächenelemente ΔF vorgenommen werden muß. Da die Schwerkraft über die ganze Fläche kontinuierlich verteilt ist, müssen wir uns die ΔF unendlich klein vorstellen, also wie der Mathematiker sagt, einen Grenzübergang $\Delta F \to 0$ ausführen. Aus den genannten Summen von zunächst endlich vielen und endlich großen Summanden werden beim Grenzübergang Summen von unendlich vielen, unendlich kleinen Summanden, welche man als Integrale bezeichnet. Die exakten Formeln für die Koordinaten des Schwerpunktes lauten also

$$x_s = \frac{1}{F}\int_F x\,dF, \qquad y_s = \frac{1}{F}\int_F y\,dF. \tag{35, 4}$$

Der größeren Anschaulichkeit halber wollen wir in den folgenden Ableitungen stets von den Gl. (35, 3) ausgehen. Man könnte jedoch ebensogut die folgenden Entwicklungen an Hand der Gl. (35, 4) unter Beachtung der elementaren Regeln der Integralrechnung durchführen.

Wir wollen nun noch den Beweis nachtragen, daß die Resultierende $\mathfrak{R}$ der Schwerkräfte auf die Fläche F, mag diese liegen wie sie will, stets durch den Punkt S geht. Wir führen den Beweis, indem wir die Schwerkräfte unter einen beliebigen Winkel α gegen die x-Achse der Abb. 51 wirken lassen, die Gleichung der Wirkungslinie von $\mathfrak{R}$ aufstellen und zeigen, daß sie von den Koordinaten von S erfüllt wird. Bezeichnen wir mit ξ und η die laufenden Koordinaten eines Punktes der Wirkungslinie von $\mathfrak{R}$ (x und y sind als Koordinaten von ΔF bereits vergeben), so lautet deren Gleichung nach (22, 7):

$$R_y \xi - R_x \eta = M.$$

Für die Komponenten von $\mathfrak{R}$ gilt

$$R_x = R\cos\alpha, \qquad R_y = R\sin\alpha.$$

M ist das resultierende Moment des Kraftsystems der unter dem Winkel α gegen die x-Achse geneigten $\Delta\mathfrak{P}$. Ein solches $\Delta\mathfrak{P}$ hat die Komponenten $\Delta P_x = \Delta P\cos\alpha$ und $\Delta P_y = \Delta P\sin\alpha$. Sein Angriffspunkt hat die Koordinaten x, y (siehe Abb. 51). Daher ist sein Moment um O nach Gl. (22, 5) gegeben durch

$$\Delta M = x\Delta P_y - y\Delta P_x = x\Delta P\sin\alpha - y\Delta P\cos\alpha.$$

M ist die Summe aller Momente ΔM über die ganze Fläche. Die Gleichung der gesuchten Wirkungslinie lautet also

$$\xi R\sin\alpha - \eta R\cos\alpha = \sum_F (x\Delta P\sin\alpha - y\Delta P\cos\alpha). \qquad (35, 5)$$

Wir spalten die Summe in zwei Teile und setzen für den ΔP seinen Wert aus Gl. (35, 1) ein, dann heben wir alles, was während der Summation konstant ist, aus den Summen heraus und berücksichtigen schließlich die Gl. (35, 3)

$$\sum_F (x\Delta P\sin\alpha - y\Delta P\cos\alpha) = \gamma t\sin\alpha \sum_F x\Delta F - \gamma t\cos\alpha \sum_F y\Delta F =$$
$$= \gamma t x_s F\sin\alpha - \gamma t y_s F\cos\alpha.$$

Setzen wir dies in Gl. (35, 5) ein, nachdem wir noch für R seinen Wert gemäß Gl. (35, 2) eingeführt haben, so erhalten wir schließlich als Gleichung der Wirkungslinie der Resultierenden aller Schwerkräfte

$$\xi\sin\alpha - \eta\cos\alpha = x_s\sin\alpha - y_s\cos\alpha.$$

Setzen wir darin für $\xi = x_s$, für $\eta = y_s$, so ist die Gleichung für jedes beliebige α erfüllt, die Kraft $\mathfrak{R}$ geht also bei jeder beliebigen Lage von F stets durch den Punkt S.

Jede Gerade, die durch den Schwerpunkt von F geht, wird *Schwerlinie* der Fläche genannt. Kennt man zwei Schwerlinien, also zwei Wirkungslinien der Resultierenden der Schwerkräfte, so ist durch ihren Schnitt der Schwerpunkt bekannt. *Symmetrieachsen sind immer Schwerlinien,* da die Resultierende eines symmetrischen Kraftsystems in der Symmetrieachse des Systems liegen muß. Für Flächen mit zwei oder mehr Symmetrieachsen, wie Quadrat, Rechteck, Kreis, gleichseitiges Dreieck usw., kann demnach der Schwerpunkt sofort angegeben werden.

36. Das statische Moment. Die Summe $\sum_F x\Delta F$ im Zähler der Gl. (35, 3 a) bzw. das entsprechende Integral der Gl. (35, 4) bezeichnet man als das *statische Moment der Fläche F bezüglich der y-Achse* (oder kurz: um die y-Achse), S_y; denn die einzelnen Summanden sind Produkte aus Flächenelementen und ihren Abständen von der y-Achse:

$$S_y = \sum_F x\Delta F \quad \text{bzw.} \quad S_y = \int_F x\,dF. \qquad (36, 1\text{ a})$$

Ganz analog nennt man die Summe im Zähler der Gl. (35, 3 b) bzw. das entsprechende Integral der Gl. (35, 4) das *statische Moment der Fläche F bezüglich der x-Achse*, S_x:

$$S_x = \sum_F y\Delta F \quad \text{bzw.} \quad S_x = \int_F y\,dF. \qquad (36, 1\text{ b})$$

Nach den Gl. (35, 3) bzw. (35, 4) gilt

$$S_x = y_s F, \qquad S_y = x_s F. \qquad (36, 2)$$

Das statische Moment einer Fläche um eine Achse ist also gleich dem Produkt aus Fläche und dem senkrechten Abstand ihres Schwerpunkts von dieser Achse. Daraus folgt, daß das statische Moment einer Fläche um eine Schwerachse stets Null ist, und umgekehrt: ergibt sich für eine Achse das statische Moment gleich Null, so ist diese Achse eine Schwerachse. Sonst kann das statische Moment positiv oder negativ ausfallen.

Als Produkt einer Länge und einer Fläche hat das statische Moment, wenn wir die Längeneinheit cm zugrunde legen, die Dimension cm^3.

37. Zwei Hilfssätze. Bei der Berechnung der Schwerpunktskoordinaten einer Fläche liegt die Schwierigkeit gewöhnlich in der Ermittlung der statischen Momente. In gewissen Fällen, die wir jetzt behandeln wollen, sind jedoch Vereinfachungen möglich. In den technischen Anwendungen sind häufig die Schwerpunkte von Flächen zu bestimmen, die sich aus Teilen zusammensetzen, deren Schwerpunkte bekannt sind. Wir nennen die Koordinaten des Schwerpunkts der Gesamtfläche F x_s und y_s und bezeichnen mit (x_1, y_1), (x_2, y_2), ... (x_n, y_n) die Koordinaten der Schwerpunkte der Teilflächen $F_1, F_2, \ldots F_n$. Gehen wir etwa aus von der Summenformel (35, 3 a) für die Koordinate x_s, so können wir die Summation über die Produkte $x\Delta F$ in beliebiger Reihenfolge vornehmen. Führen wir zuerst die Summenbildung für alle $x\Delta F$ der Fläche F_1 aus, sodann für die Fläche F_2 usw., schließlich für die Fläche F_n, so können wir schreiben

$$x_s = \frac{1}{F}\sum_F x\Delta F = \frac{1}{F}\left(\sum_{F_1} x\Delta F + \sum_{F_2} x\Delta F + \ldots + \sum_{F_n} x\Delta F\right).$$

Nach Gl. (35, 3 a) ist nun $\sum_{F_1} x\Delta F = x_1 F_1$, $\sum_{F_2} x\Delta F = x_2 F_2$ usw., so daß wir, wenn wir noch bedenken, daß $F = F_1 + F_2 + \ldots F_n$ ist, erhalten

$$x_s = \frac{1}{F}\sum_{i=1}^{n} x_i F_i = \frac{x_1F_1 + x_2F_2 + \ldots + x_nF_n}{F_1 + F_2 + \ldots + F_n}. \qquad (37, 1\text{ a})$$

Ganz analog gilt

$$y_s = \frac{1}{F}\sum_{i=1}^{n} y_i F_i = \frac{y_1F_1 + y_2F_2 + \ldots + y_nF_n}{F_1 + F_2 + \ldots + F_n}. \qquad (37, 1\text{ b})$$

Im Zähler der beiden Formeln erscheint das statische Moment der Fläche F als Summe der statischen Momente der Flächen F_1, F_2, ... F_n. Es gilt also der *Hilfssatz 1: Das statische Moment einer Summe von Flächen in bezug auf eine Achse ist gleich der Summe der statischen Momente der einzelnen Flächen um diese Achse.*

Die Gl. (37, 1) werden zuweilen als „*Teilschwerpunktssatz*" bezeichnet. Sie zeigen, daß die Summenformeln (35, 3) nicht weniger exakt sind als die Integralformeln (35, 4), sofern wir in den ersteren unter x und y die Koordinaten der Schwerpunkte der Flächenteilchen ΔF verstehen. Zur Auswertung der Integralformeln erweist es sich als zweckmäßig, die Fläche F nicht in unendlich kleine Rechtecke $dF = dx \cdot dy$ zu zerlegen (man erhielte dann ein Integral über zwei Veränderliche x und y, ein sogenanntes Doppelintegral), sondern in unendlich schmale Streifen, im allgemeinen parallel zu einer der Koordinatenachsen. Bezeichnen wir die Fläche eines solchen Streifens mit dF und mit x und y die Koordinaten seines Schwerpunkts, so ist nach Hilfssatz 1 das statische Moment der Fläche F etwa um die y-Achse gleich der Summe der Produkte xdF. Da es sich um unendlich viele Summanden handelt, ist diese Summe gleich dem Integral aller xdF. Dividieren wir dieses Integral noch durch die Gesamtfläche F, so erhalten wir für die Schwerpunktskoordinaten x_s und y_s der Fläche F wieder genau die Gl. (35, 4), nur daß jetzt dF die Fläche eines schmalen Streifens ist (etwa von der Form $a dx$ oder $b dy$, wo a und b endlich sind) und x und y die Koordinaten seines Schwerpunkts bedeuten. Damit sind die Integrale (35, 4) auf einfache Integrale, das sind Integrale nach einer Veränderlichen, zurückgeführt (siehe die folgenden Beispiele in Nr. 38).

Aus den Gl. (37, 1) können wir erkennen, daß, falls alle Teilschwerpunkte auf einer Geraden liegen, diese eine Schwerlinie sein muß. Denn machen wir diese Gerade etwa zur x-Achse, so sind sämtliche $y_i = 0$ und daher auch $y_s = 0$.

Beispiel. Als Anwendungsbeispiel wollen wir den Schwerpunkt des in Abb. 52 dargestellten Querschnittes des ungleichschenkeligen Winkelstahls ∟ 100 · 50 · 10 berechnen. In dieser genormten Bezeichnungsweise bedeuten die ersten beiden Zahlen die Längen der beiden Schenkel, die dritte die Schenkelstärke des Profils, alles in mm ausgedrückt. Wollen wir die Koordinaten des Schwerpunkts in cm erhalten, so wie sie auch in den Profiltafeln angegeben sind, dann müssen wir die sämtlichen Abmessungen in cm angeben, was in der Abbildung geschehen ist. Ferner wollen wir der Einfachheit halber die in Wirklichkeit vorhandenen Abrundungen gewisser Kanten des Winkelstahls vernachlässigen. Dies hat, wie der Vergleich mit den Tabellenwerten zeigt, nur geringe Änderungen der Schwerpunktskoordinaten zur Folge[1].

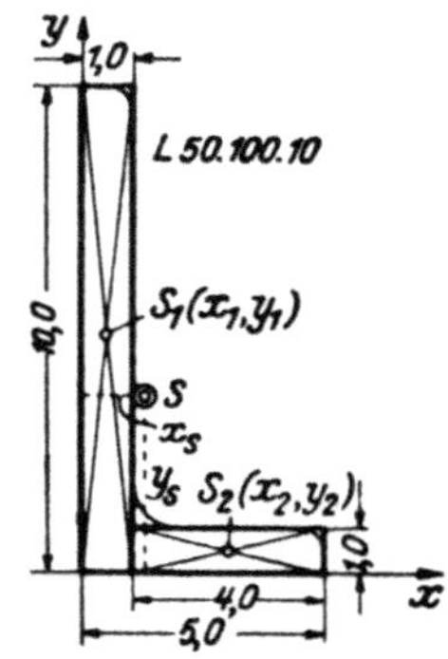

Abb. 52

Wir wählen die Außenkanten des Querschnitts als Koordinatenachsen und zerlegen ihn sodann in zwei Rechtecke mit den Flächen $F_1 = 10\ \text{cm}^2$, $F_2 = 4\ \text{cm}^2$, deren Schwerpunkte die Koordinaten haben:

$$S_1\colon\quad x_1 = 0{,}5\ \text{cm},\quad y_1 = 5{,}0\ \text{cm}.$$
$$S_2\colon\quad x_2 = 3{,}0\ \text{cm},\quad y_2 = 0{,}5\ \text{cm}.$$

Mit Hilfe der Gl. (37, 1) erhalten wir für die Koordinaten des Schwerpunkts S

$$x_s = \frac{10 \cdot 0{,}5 + 4 \cdot 3}{10 + 4} = 1{,}21\ \text{cm},$$

$$y_s = \frac{10 \cdot 5 + 4 \cdot 0{,}5}{10 + 4} = 3{,}71\ \text{cm}.$$

Zuweilen kommt es vor, daß man den Schwerpunkt einer Fläche zu bestimmen hat, die eine oder mehrere Ausnehmungen besitzt. Hier kann man eine Vereinfachung dadurch erzielen, daß man die Flächen der Löcher negativ einführt. Wir bezeichnen mit F_0 die volle Fläche ohne Löcher, mit $F_1, F_2, \ldots F_n$ die Flächen der Löcher. Dann können wir uns die Koordinate x_s des Schwerpunkts der durchlöcherten Fläche dadurch berechnet denken, daß wir die Summe im Zähler der Gl. (35, 3 a) zunächst über die Fläche F_0 erstrecken und hernach jene Summanden, die wir zuviel genommen haben, wieder abziehen. Im Nenner muß der Inhalt der durchlöcherten Fläche (der Nettofläche)

$$F = F_0 - F_1 - F_2 - \ldots - F_n$$

[1] Solche Winkelstähle, wie auch die übrigen Profile, mit denen wir noch zu tun haben werden, werden nicht in jeder beliebigen, sondern nur in einer Reihe genormter Größen hergestellt. Die statischen Daten dieser „Normalprofile" sind in Tabellen zusammengestellt, die sich in den Normblättern sowie in jedem technischen Hilfsbuch finden.

stehen. So erhalten wir

$$x_s = \frac{1}{F}\left(\sum_{F_0} x\,\Delta F - \sum_{F_1} x\,\Delta F - \sum_{F_2} x\,\Delta F - \dots - \sum_{F_n} x\,\Delta F\right). \quad (37,2)$$

Sind die Koordinaten der Schwerpunkte der Flächen $F_0, F_1, \dots F_n$ bekannt und gleich $(x_0, y_0), (x_1, y_1), \dots (x_n, y_n)$, so können wir schreiben

$$x_s = \frac{1}{F}\,(x_0 F_0 - x_1 F_1 - x_2 F_2 - \dots - x_n F_n), \quad (37,3\,\mathrm{a})$$

und analog

$$y_s = \frac{1}{F}\,(y_0 F_0 - y_1 F_1 - y_2 F_2 - \dots - y_n F_n). \quad (37,3\,\mathrm{b})$$

Sind die Koordinaten der Schwerpunkte obiger Flächen nicht bekannt, so haben wir in Gl. (37, 2) den Grenzübergang auszuführen, wodurch an Stelle der Summen Integrale treten.

Für die Berechnung des statischen Moments einer derartigen Fläche gilt demnach der *Hilfssatz 2: Das statische Moment einer Fläche mit Ausnehmungen ist gleich dem statischen Moment der vollen Fläche, vermindert um die statischen Momente der Ausnehmungen.*

Beispiel. Es sei der Schwerpunkt des in Abb. 53 gezeichneten Quadrats, das mit einer rechteckigen Ausnehmung versehen ist, zu bestimmen. Wir legen den Koordinatenursprung in den Mittelpunkt des Quadrats. Dann liegt der gesuchte Schwerpunkt aus Symmetriegründen auf der y-Achse und wir haben nur seine y-Koordinate zu bestimmen.

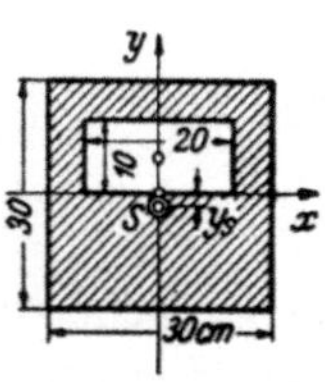

Abb. 53

Für die volle Fläche gilt: $F_0 = 30 \cdot 30 = 900\ \mathrm{cm}^2$, $y_0 = 0$. Für die Ausnehmung gilt: $F_1 = 10 \cdot 20 = 200\ \mathrm{cm}^2$, $y_1 = 5$ cm. Damit erhalten wir aus der Gl. (37, 3 b) mit $F = 900 - 200 = 700\ \mathrm{cm}^2$

$$y_s = \frac{-5 \cdot 200}{700} = -1{,}43\ \mathrm{cm}.$$

Wir sehen, daß man sich durch entsprechende Wahl des Koordinatenursprungs die Berechnung des statischen Moments $y_0 F_0$ ersparen kann.

38. Schwerpunkte technisch wichtiger Flächen.

a) *Dreiecksfläche.* Für eine Dreiecksfläche ist jede Verbindungslinie einer Ecke mit dem Halbierungspunkt der gegenüberliegenden Seite eine Schwerlinie. Denn zerlegt man das Dreieck parallel zu einer Seite in schmale Streifen, so fallen deren Schwerpunkte mit ihren Halbierungspunkten zusammen (Abb. 54). Sämtliche Teilschwerpunkte liegen auf einer Geraden, daher muß nach Nr. 37 auch der Schwerpunkt des Dreiecks auf dieser Geraden liegen. Wir finden ihn als Schnittpunkt der drei Schwerlinien, und er liegt bekanntlich im Drittel der Höhe über der jeweils als Grundlinie betrachteten Seite des Dreiecks. Wir wollen dies durch Anwendung der Integralformeln (35, 4) beweisen.

Legen wir ein Koordinatensystem x, y so, daß die x-Achse mit der als Grundlinie g des Dreiecks betrachteten Seite zusammenfällt (Abb. 55),

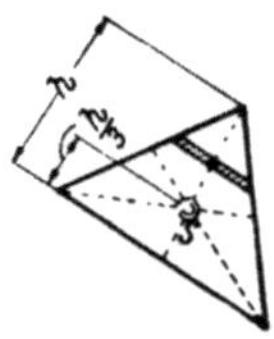

Abb. 54

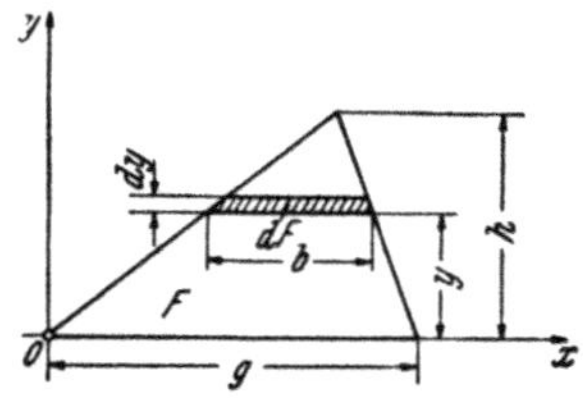

Abb. 55

so gilt für den Abstand des Schwerpunkts von der Grundlinie nach Gl. (35, 4)

$$y_s = \frac{1}{F} \int_F y\, dF.$$

Als Flächenelemente dF wählen wir schmale Streifen parallel zur x-Achse (siehe Nr. 37). Der Streifen im Abstand y von der Grundlinie soll die Breite b und die Höhe dy haben. Da er unendlich schmal ist, können wir seinen Inhalt wie den eines Rechtecks berechnen:

$$dF = b\, dy.$$

Ist h die Höhe des Dreiecks, so folgt b aus ähnlichen Dreiecken zu

$$b = \frac{g\,(h-y)}{h}.$$

Die Fläche des Dreiecks ist $F = gh/2$. Dies alles in die Formel für y_s eingesetzt, liefert, wenn wir beachten, daß die ganze Fläche bestrichen wird, wenn y von 0 bis h läuft,

$$y_s = \frac{2}{gh} \frac{g}{h} \int_0^h y\,(h-y)\, dy = \frac{h}{3},$$

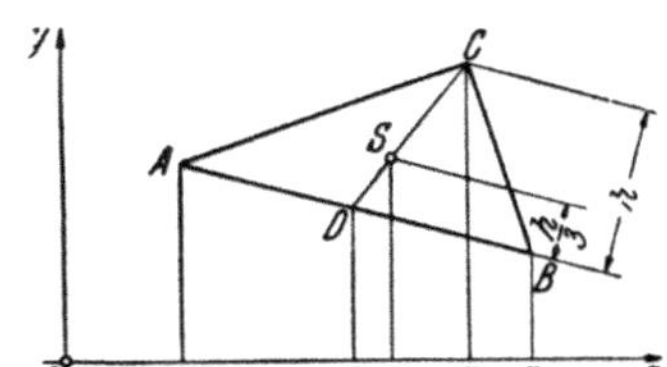

Abb. 56

was zu beweisen war.

Daraus lassen sich die Formeln für die Koordinaten des Dreiecksschwerpunkts bei beliebiger Lage des Dreiecks leicht ableiten (Abb. 56). Haben die drei Eckpunkte des Dreiecks die Koordinaten (x_1, y_1), (x_2, y_2), (x_3, y_3), so hat der Halbierungspunkt D der Seite AB die x-Koordinate $x_4 = (x_1 + x_2)/2$. Die Projektion der Strecke DC auf die x-Achse hat die Länge $x_3 - x_4$ und die Projektion von DS die Länge $(x_3 - x_4)/3$. Somit ist die x-Koordinate des Schwerpunkts gleich

$$x_3 = x_4 + \frac{1}{3}(x_3 - x_4) = \frac{2}{3}x_4 + \frac{1}{3}x_3,$$

was mit dem obigen Wert von x_4

$$x_s = \frac{1}{3}(x_1 + x_2 + x_3) \qquad (38, 1\text{ a})$$

liefert. Auf die gleiche Art erhalten wir

$$y_s = \frac{1}{3}(y_1 + y_2 + y_3). \qquad (38, 1\text{ b})$$

b) *Trapezfläche.* Indem wir uns das Trapez, wie früher das Dreieck, in schmale Streifen parallel zur Grundlinie zerlegt denken, erkennen wir, daß der Schwerpunkt S jedenfalls auf der Verbindungslinie der Halbierungspunkte der beiden Parallelseiten liegen muß. Um y_s, den Abstand des Schwerpunkts von der Grundlinie des Trapezes, zu berechnen, zerlegen wir dieses durch eine Diagonale in zwei Dreiecke mit den Flächen F_1 und F_2, deren Schwerpunkte S_1 und S_2 wir bereits einzeichnen können. Mit den Bezeichnungen der Abb. 57 erhalten wir nach Gl. (37,1b)

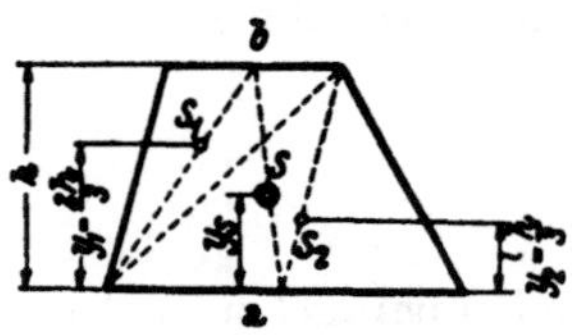

Abb. 57

$$y_s = \frac{y_1 F_1 + y_2 F_2}{F_1 + F_2} = \frac{\frac{2h}{3}\cdot\frac{bh}{2} + \frac{h}{3}\cdot\frac{ah}{2}}{\frac{a+b}{2}h},$$

$$y_s = \frac{h}{3}\cdot\frac{a+2b}{a+b}. \qquad (38, 2)$$

Der Schwerpunkt der Trapezfläche kann auch sehr einfach zeichnerisch ermittelt werden (Abb. 58). Wir zeichnen zunächst die Verbindungslinie der Halbierungspunkte A und B der beiden Parallelseiten. Dann verlängern wir die beiden Parallelseiten und fügen an a etwa links die Strecke b, an b nach rechts die Strecke a an (man kann es auch umgekehrt machen). Die Verbindungslinie der beiden so erhaltenen Punkte C und D schneidet AB im Schwerpunkt S. Um das zu beweisen, müssen wir zeigen, daß die Höhe h_2 des Schwerpunkts über der Grundlinie des Trapezes gleich dem y_s der Gl. (38, 2) ist. Die Dreiecke ACS und BDS sind ähnlich (alle Winkel gleich), daher gilt die Proportion

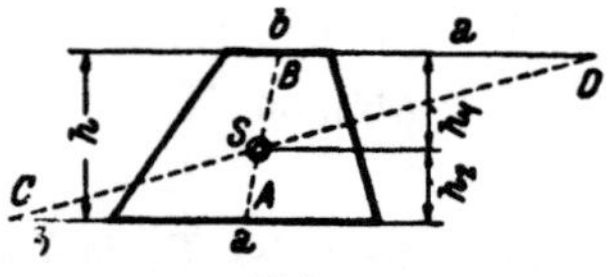

Abb. 58

$$\frac{h_1}{h_2} = \frac{a + \frac{b}{2}}{b + \frac{a}{2}}.$$

Setzen wir für $h_1 = h - h_2$ ein und rechnen h_2 aus, so erhalten wir

$$h_2 = \frac{h}{3} \cdot \frac{a + 2b}{a + b} = y_s,$$

was zu beweisen war. Für $b = 0$ ergibt sich der Schwerpunkt des Dreiecks. Er kann also auch mit Hilfe der angegebenen Konstruktion gefunden werden.

c) *Halbparabelsegment.* Es soll der Schwerpunkt des in Abb. 59 dargestellten Halbparabelsegments mit der Scheitelhöhe a und der halben Sehne b bestimmt werden.

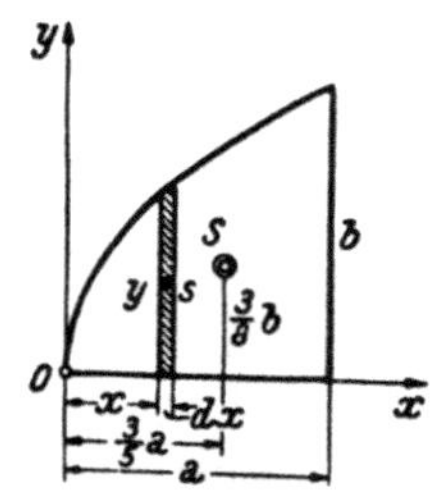

Abb. 59

Führen wir das Koordinatensystem x, y ein, so lautet die Gleichung der Parabel allgemein: $y^2 = 2px$. Soll für $x = a$ $y = b$ sein, so liefert dies für $2p = b^2/a$. Somit lautet die Gleichung der Begrenzungskurve des Segments

$$y^2 = \frac{b^2}{a} x. \tag{38, 3}$$

Für die x-Koordinate des Schwerpunkts gilt nach Gl. (35, 4)

$$x_s = \frac{1}{F} \int_F x dF.$$

Der Flächeninhalt des Segments wird ohne Schwierigkeit durch Integration erhalten:

$$F = \int_0^a y dx = \frac{b}{\sqrt{a}} \int_0^a \sqrt{x} dx = \frac{2}{3} \frac{b}{\sqrt{a}} a^{3/2},$$

$$F = \frac{2}{3} ab. \tag{38, 4}$$

F ist gleich 2/3 der Fläche des dem Segment umschriebenen Rechtecks. Nun ist noch das statische Moment

$$S_y = \int_F x dF$$

zu berechnen.

Als Flächenelemente dF wählen wir Streifen parallel zur y-Achse, von der Breite dx und der Höhe y. Für y ist der Wert aus der Parabelgleichung 38, 3 einzusetzen. Daher ist, als schmales Rechteck aufgefaßt,

$$dF = y\,dx = \frac{b}{\sqrt{a}} \sqrt{x}\,dx.$$

Der Abstand des Schwerpunkts s des Streifens von der y-Achse ist x. Führen wir dies in das Integral ein und beachten, daß die ganze Fläche F bestrichen wird, wenn x von 0 bis a läuft, so erhalten wir

$$S_y = \frac{b}{\sqrt{a}} \int_0^a x\sqrt{x}\,dx = \frac{b}{\sqrt{a}} \int_0^a x^{3/2}\,dx = \frac{2}{5} a^2 b.$$

Damit ergibt sich

$$x_s = \frac{S_y}{F} = \frac{3}{5} a. \qquad (38, 5\text{ a})$$

Für die y-Koordinate des Schwerpunkts gilt

$$y_s = \frac{S_x}{F}.$$

S_x berechnen wir nun in gleicher Weise als Summe (Integral) der statischen Momente sämtlicher Streifen dF bezüglich der x-Achse. Der Abstand des Schwerpunkts des in Abb. 59 schraffierten Streifens von der x-Achse ist $y/2$, und es gilt also

$$S_x = \int_F \frac{y}{2}\,dF = \frac{1}{2} \int_0^a y^2\,dx = \frac{b^2}{2a} \int_0^a x\,dx = \frac{a\,b^2}{4}.$$

Damit erhalten wir

$$y_s = \frac{S_x}{F} = \frac{3}{8} b. \qquad (38, 5\text{ b})$$

d) Wir wollen die Koordinaten des Schwerpunkts der in Abb. 60 dargestellten schraffierten *Zwickelfläche* berechnen, die übrigbleibt, wenn von dem Rechteck mit den Seiten a, b das eingeschriebene Halbparabelsegment weggenommen wird.

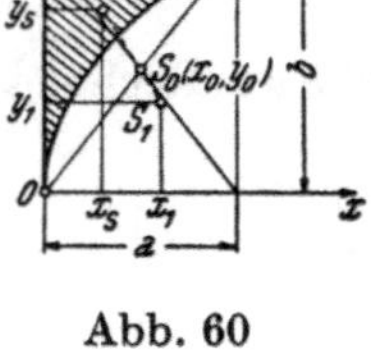

Abb. 60

Da wir die Koordinaten des Schwerpunkts des Halbparabelsegments bereits ermittelt haben [Gl. (38, 5)], verfahren wir am besten nach Hilfssatz 2 der Nr. 37, betreffend die Berechnung des Schwerpunkts einer Fläche mit Ausnehmungen [Gl. (37, 3)]. Wir bezeichnen den Schwerpunkt der Zwickelfläche F mit S und seine Koordinaten mit x_s, y_s. Die volle Fläche ist das Rechteck $F_0 = ab$, dessen Schwerpunkt S_0 die Koordinaten $x_0 = a/2$, $y_0 = b/2$ hat. Die Ausnehmung ist das Parabelsegment mit der Fläche $F_1 = 2ab/3$ und dem Schwerpunkt S_1 mit $x_1 = 3a/5$, $y_1 = 3b/8$. Zunächst ergibt sich für die Fläche des Zwickels

$$F = F_0 - F_1 = \frac{1}{3}\,ab \tag{38, 6}$$

und sodann nach den Gl. (37, 3)

$$x_s = \frac{x_0F_0 - x_1F_1}{F} = \frac{\frac{1}{2}a\cdot ab - \frac{3}{5}a\cdot\frac{2}{3}ab}{\frac{1}{3}ab} = \frac{3}{10}\,a,$$

$$y_s = \frac{y_0F_0 - y_1F_1}{F} = \frac{\frac{1}{2}b\cdot ab - \frac{3}{8}b\cdot\frac{2}{3}ab}{\frac{1}{3}ab} = \frac{3}{4}\,b. \tag{38, 7}$$

e) Oft benötigt man nicht den Schwerpunkt der ganzen Zwickelfläche, sondern bloß die *Abszisse des Schwerpunkts eines Teils einer Zwickelfläche*, so wie er in Abb. 61 dargestellt ist. Die Parabel habe die Gleichung

$$y = kx^2,$$

wo k eine beliebige Konstante ist.

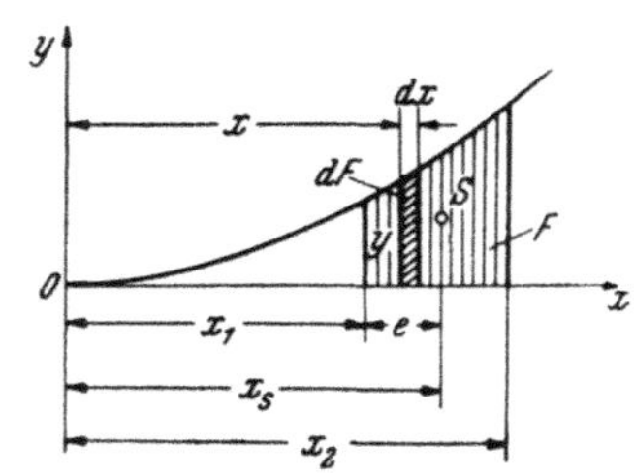

Abb. 61

Sie liegt im Koordinatensystem x, y so, wie es in der Abbildung dargestellt ist. Die Fläche, deren Schwerpunktskoordinate bestimmt werden soll, liege zwischen der x-Achse, der Parabel und den Ordinaten in den Punkten x_1 und x_2. Wir verfahren nach Gl. (35, 4):

$$x_s = \frac{1}{F}\int_F x\,dF.$$

Als Flächenelemente führen wir schmale Streifen parallel zur y-Achse ein, $dF = y\,dx$. Der Abstand eines solchen Streifens von der y-Achse ist x. Dann erhalten wir

$$\int_F x\,dF = \int_{x_1}^{x_2} xy\,dx = k\int_{x_1}^{x_2} x^3\,dx = \frac{k}{4}\,(x_2^4 - x_1^4).$$

Die Größe der Fläche ergibt sich aus

$$F = \int_{x_1}^{x_2} y\,dx = k\int_{x_1}^{x_2} x^2\,dx = \frac{k}{3}\,(x_2^3 - x_1^3).$$

Damit erhalten wir

$$x_s = \frac{3}{4}\cdot\frac{x_2^4 - x_1^4}{x_2^3 - x_1^3}. \tag{38, 8}$$

Für den Abstand e des Schwerpunkts vom linken Rand der schraffierten Fläche ergibt sich

$$e = x_s - x_1. \tag{38, 9}$$

Wir hätten auch hier nach Hilfssatz 2 der Nr. 37 verfahren können, indem wir die schraffierte Fläche als Differenz zweier Zwickelflächen auffassen. Der Leser berechne x_s auf diese Art, unter sinngemäßer Anwendung der unter d) hergeleiteten Formeln.

f) *Kreissektor.* Wie wir in den vorigen Beispielen sahen, setzen wir, um die Integrale der Gl. (35, 4) zu berechnen, für dF stets einen Flächenstreifen ein; x bzw. y bedeuten dann die Koordinaten des Schwerpunkts dieses Flächenstreifens. Es handelt sich nur darum, diese Streifen möglichst geschickt anzunehmen. Wollen wir etwa den Schwerpunkt eines Kreissektors mit dem Radius r und dem Zentriwinkel 2α bestimmen (Abb. 62), dann legen wir das Koordinatensystem so, daß sein Ursprung

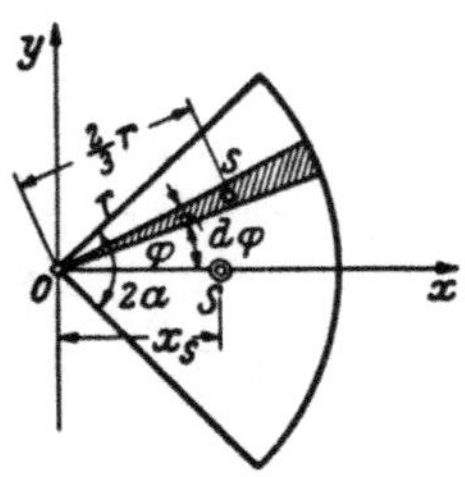

Abb. 62

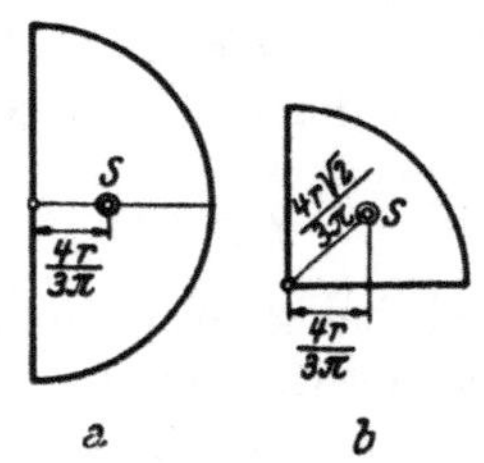

Abb. 63

mit dem Kreismittelpunkt zusammenfällt und die x-Achse Symmetrieachse des Sektors wird. Dann wird $y_s = 0$, sein und wir haben nur die x-Koordinaten von S zu berechnen:

$$x_s = \frac{1}{F}\int_F x\,dF.$$

Als Flächenelemente dF wählen wir hier unendlich schmale Kreissektoren mit dem Zentriwinkel $d\varphi$, die wir als Dreiecke mit der Grundlinie $r\,d\varphi$ und der Höhe r auffassen können. Es ist dann $dF = r^2 d\varphi/2$. Der Schwerpunkt s von dF liegt in der Entfernung $2\,r/3$ von O. Für den unter dem Winkel φ gegen die x-Achse geneigten Sektor (in Abb. 62 schraffiert) ist dann $x = 2\,r\cos\varphi/3$. Der ganze Kreissektor wird bestrichen, wenn φ von $-\alpha$ bis $+\alpha$ läuft. Es gilt also

$$\int_F x\,dF = \int_{-\alpha}^{+\alpha} \frac{2}{3}\, r\cos\varphi \cdot \frac{1}{2}\, r^2 d\varphi = \frac{r^3}{3}\int_{-\alpha}^{+\alpha} \cos\varphi\, d\varphi = \frac{2r^3}{3}\sin\alpha.$$

Mit

$$F = \frac{\pi r^2 \alpha^\circ}{180},$$

wo α° bedeutet, daß α in Graden gemessen ist, ergibt sich

$$x_s = \frac{120 r \sin\alpha}{\pi \alpha^\circ}. \tag{38, 10}$$

g) *Halbkreis, Viertelkreis.* Für den Halbkreis (Abb. 63 *a*) ist in die vorige Gleichung für $\alpha^\circ = 90$ einzusetzen, worauf wir erhalten

$$x_s = \frac{4r}{3\pi}. \tag{38, 11}$$

Für die Koordinaten des Schwerpunkts des Viertelkreises ergeben sich die in Abb. 63 *b* eingetragenen Maße.

39. Schwerpunkt eines aus Walzprofilen zusammengesetzten Querschnittes.

Als technische Anwendung wollen wir den Schwerpunkt des Querschnittes eines Trägers bestimmen, der aus einem Normalprofil I 200 und einem irgendwie daran befestigten Normalprofil [180 hergestellt ist (Abb. 64)[1]. Wir bezeichnen mit S_1 und F_1 Schwerpunkt und Querschnittsfläche des [-Stahls, mit S_2 und F_2 das gleiche für den I-Träger. Den Koordinatenursprung legen wir am besten in einen der Teilschwerpunkte, etwa nach S_2. Da zur y-Achse Symmetrie herrscht, ist bloß y_s zu berechnen, wozu wir die Gl. (37, 1 b) verwenden. Aus der Profiltafel für den [-Stahl (DIN 1026) entnehmen wir, daß seine Querschnittsfläche $F_1 = 28{,}0\ \text{cm}^2$ und der Abstand seines Schwerpunkts von der Außenkante seines Steges $e = 1{,}92$ cm beträgt. Infolgedessen ist $y_1 = 11{,}92$ cm. Für den I-Träger finden wir aus der Tafel (DIN 1025 Bl. 1) $F_2 = 33{,}4\ \text{cm}^2$. Da $y_2 = 0$ ist, ergibt sich

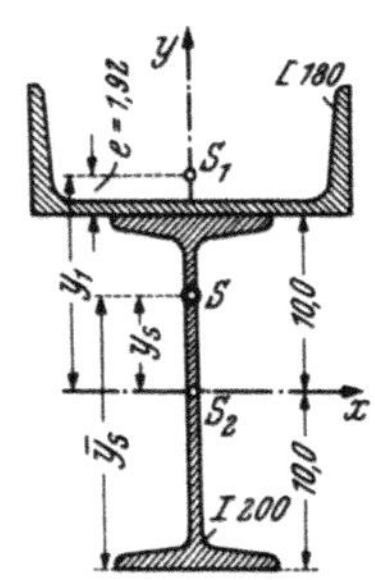

Abb. 64

$$y_s = \frac{y_1 F_1}{F_1 + F_2} = \frac{11{,}92 \cdot 28{,}0}{28{,}0 + 33{,}4} = 5{,}44\ \text{cm}.$$

Von der Profilunterkante hat der Schwerpunkt S den Abstand

$$\bar{y}_s = 10 + y_s = 15{,}44\ \text{cm}.$$

40. Zeichnerische Ermittlung des Schwerpunkts. Wir können den Schwerpunkt eines ebenen Flächenstückes auch zeichnerisch gewinnen, indem wir die Wirkungslinie der Resultierenden $\mathfrak{R}$ aller Schwerkräfte in zwei zueinander senkrechte Richtungen zeichnerisch ermitteln (was wir in Nr. 35 rechnerisch getan haben). Nach Gl. (35, 1) sind die Kräfte ΔP den Flächenstücken ΔF proportional. Wir hätten also die Fläche F in lauter kleine Teile zu zerlegen und im Schwerpunkt jedes Flächenteilchens eine Kraft anzubringen, die seiner Größe proportional ist. Meist werden sich jedoch die in der Praxis vorkommenden Flächen in größere

[1] I 200, [180 sind Walzprofile von 200 bzw. 180 mm Höhe. Näheres darüber siehe in Nr. 37 und in Nr. 41.

Teile zerlegen lassen, deren Schwerpunkte bekannt sind. Dann haben wir bloß in den Teilschwerpunkten Kräfte anzubringen, die den Teilflächen proportional sind (denn diese Kräfte sind ja die Teilresultierenden aller Schwerkräfte auf den betreffenden Flächenteilen). Für diese Kräfte bestimmen wir mittels des Seilpolygons in zwei zueinander senkrechten Richtungen zwei Wirkungslinien der Resultierenden $\mathfrak{R}$, deren Schnittpunkt den gesuchten Schwerpunkt liefert[1].

Ganz unregelmäßig gestaltete Flächen zerlegt man am besten in Streifen, die man näherungsweise als Rechtecke oder Trapeze auffassen kann, in deren Schwerpunkten die entsprechenden Kräfte angebracht werden.

Beispiel. Um den Schwerpunkt der in Abb. 65 dargestellten Fläche (sie sei etwa der Querschnitt eines Fundamentkörpers) zu bestimmen, zerlegen wir diese in ein Rechteck F_1, ein Quadrat F_2 und ein Trapez F_3. Die Größen

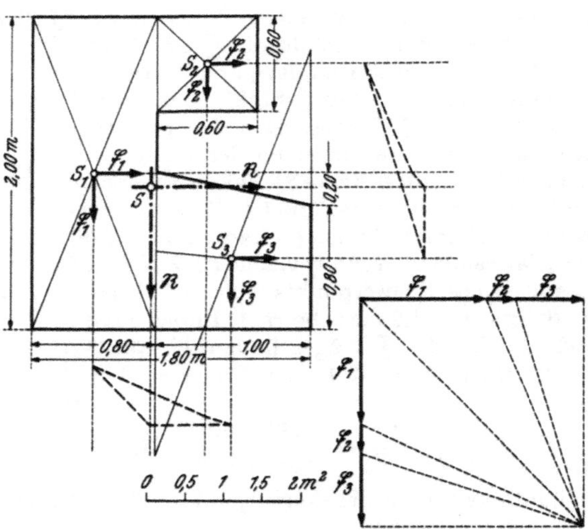

Abb. 65

dieser Flächen sind in m²: $F_1 = 1{,}60$, $F_2 = 0{,}36$ und $F_3 = 0{,}90$. Wir bringen nun diesen drei Flächen proportionale Kräfte $\mathfrak{F}_1, \mathfrak{F}_2, \mathfrak{F}_3$ in den Teilschwerpunkten S_1, S_2, S_3 in zwei zueinander senkrechten Richtungen an und ermitteln mittels zweier Seilecke für jedes Kraftsystem die Wirkungslinie seiner Resultierenden $\mathfrak{R}$, welche zum Schnitt gebracht den Schwerpunkt S liefern. (Der Schwerpunkt S_2 wurde nach der in Nr. 38, Abb. 58 angegebenen Methode zeichnerisch bestimmt.)

[1] Es ist nicht unbedingt nötig, daß die beiden Richtungen der Schwerkräfte zueinander senkrecht angenommen werden. Liegen z. B. in einer der beiden Richtungen die Teilschwerpunkte nahe ein und derselben Geraden, so wird man der größeren Genauigkeit halber die Schwerkräfte besser unter 45° gegen diese Richtung wirken lassen.

III. Die einfachsten statisch bestimmten Träger

41. Allgemeines. Vorbehaltlich späterer feinerer Unterscheidungen können wir sagen, daß man unter einem *Träger* ein stab- oder balkenartiges Konstruktionselement versteht, das einen freien Raum überspannt oder frei in den Raum vorragt (auskragt) und das zur Aufnahme von Lasten bestimmt ist. Wir werden uns in diesem Kapitel nur mit den einfachsten Trägern befassen, nämlich mit dem *Träger auf zwei Stützen,* der auch *frei aufliegender Träger* genannt wird, und mit dem an einem Ende eingespannten und am anderen frei auskragenden Träger, der als *Krag-* oder *Freiträger* bezeichnet wird. Die Querschnittsformen der Träger sind den verwendeten Werkstoffen Stahl, Holz und Stahlbeton angepaßt. Die Bilder *1* bis *4* der Abb. 66 zeigen einige wenige der gebräuchlichen

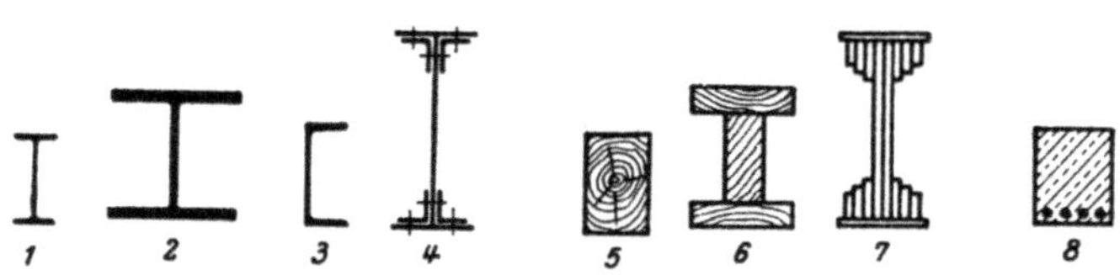

Abb. 66

Querschnitte: Bild *1* den eines schmalen I-Trägers, Bild *2* den eines breit- und parallelflanschigen Trägers der IPB-Reihe und Bild *3* den eines [-Stahls. Alle diese Profile werden durch Walzen hergestellt. Ihre Abmessungen sind genormt und ihre statischen Werte sind in Tabellen zusammengestellt[1]. Für größere Konstruktionen bedient man sich der genieteten Blechträger (Bild *4*), die aus Blechen und Winkelstählen zusammengebaut werden. Die Bilder *5* bis *7* zeigen Querschnitte von Trägern aus Holz; Bild *5* den meistverwendeten gewöhnlichen Rechtecksbalken, die Bilder *6* und *7* aus Bohlen und Brettern zusammengesetzte Nachahmungen der stählernen I-Querschnitte zur Aufnahme großer Lasten. Bild *8* zeigt den Querschnitt eines Stahlbetonbalkens.

Die Verbindungslinie der Schwerpunkte der Querschnitte nennt man die *Träger-* oder auch die *Stabachse.* Die letztere Bezeichnung rührt

[1] In den Normblättern sowie in allen technischen Taschenbüchern.

daher, daß die gewöhnliche, der Bemessung der Träger zugrunde liegende Theorie voraussetzt, daß die Träger sehr lang sind gegenüber ihren Querabmessungen, also wie dünne Stäbe aussehen. Die Stabachse kann gerade oder gebogen sein. Wir wollen zunächst nur Träger mit gerader Stabachse behandeln.

Hinsichtlich der Belastung wollen wir bloß voraussetzen, daß alle Kräfte in derselben Ebene, der *Lastebene,* liegen sollen und daß diese Ebene die Stabachse enthält.

Der Träger muß, um im Gleichgewicht zu bleiben, ausreichend unterstützt werden. Man nennt diese Stützungen, die wir uns immer in der Lastebene gelegen denken, die *Auflager* oder die *Auflagerung* des Trägers. Der belastete Träger übt auf die Auflager Kräfte aus, er drückt im allgemeinen auf die Auflager und erfährt von diesen nach dem Gegenwirkungssatz (Nr. 2) entsprechende Gegenkräfte. Man nennt diese Reaktionskräfte, in dem Richtungssinn, wie sie auf den Träger wirken, *Auflagerdrücke, Auflagerreaktionen* oder *Stützreaktionen.* Im Gegensatz zu diesen zunächst unbekannten *Reaktionskräften* nennt man die gegebene Belastung oft auch die *eingeprägten Kräfte.* Die sämtlichen von außen auf den Träger einwirkenden Kräfte, also Lasten und Auflagerreaktionen, faßt man unter der Bezeichnung *äußere Kräfte* zusammen.

42. Arten der Auflagerung. Bevor wir die verschiedenen Arten der Auflagerung von Trägern behandeln, müssen wir ganz kurz auf den Begriff der *Reibung* bzw. der *Reibungslosigkeit* eingehen. Berühren zwei Körper einander längs Teilen ihrer Oberflächen, so spricht man von einer *reibungslosen* Berührung, wenn jede mögliche Verschiebung der beiden Körper längs ihrer Berührungsflächen vollkommen widerstandslos erfolgen kann. Ist diese Verschiebung jedoch nur unter Überwindung eines Widerstandes möglich, dann sagt man, es herrsche zwischen den beiden einander berührenden Flächen (oder kurz: an der Berührungsfläche) *Reibung.* Im ersten Fall können an den Berührungsflächen nur Kräfte übertragen werden, die auf den Flächen senkrecht stehen. Im zweiten Fall können diese Kräfte auch Komponenten haben, die tangential zu den Berührungsflächen gerichtet sind. Diese tangentialen Kräfte nennt man *Reibungskräfte.*

Die völlige Reibungslosigkeit stellt einen Idealfall dar, der in der Praxis niemals verwirklicht werden kann, dem man jedoch z. B. durch Schmierung näher zu kommen trachtet. Eine andere Art der Reibungsverminderung geschieht durch Zwischenschaltung von Kugeln oder Walzen zwischen die einander berührenden Körper (Kugellager). Dadurch tritt an Stelle der *Gleitreibung,* die beim Gleiten der Körper aufeinander entsteht, die wesentlich geringere *Rollreibung,* die beim Abrollen der Körper aufeinander auftritt.

Nun zu den Auflagern der Träger. Bei nicht zu schweren Belastungen, etwa bei gewöhnlichen Deckenträgern und dergleichen, legt man die Träger mit ihren Enden einfach auf die Unterlage, auf das Mauerwerk, (nachdem man dieses allenfalls verstärkt oder eine Unterlagsplatte vorgesehen hat), ohne einen eigenen Lagerkörper dazwischenzuschalten. Bei

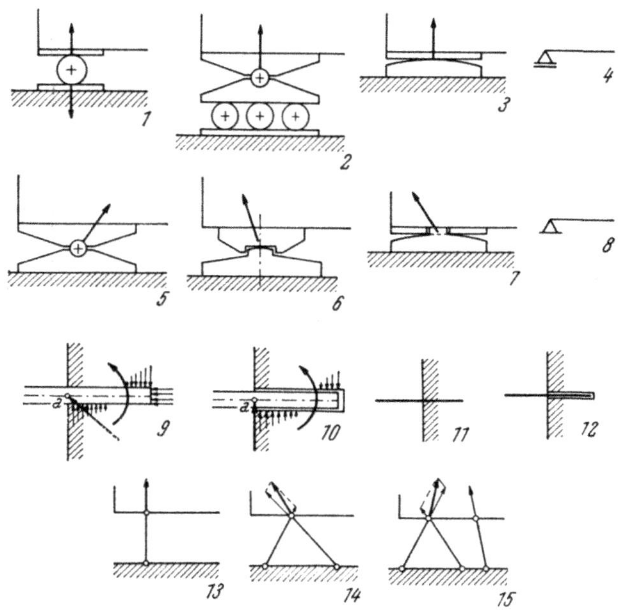

Abb. 67

schwer belasteten Trägern hingegen, etwa größeren Dachkonstruktionen, Brückenträgern usw., muß man der Auflagerung besonderes Augenmerk und Sorgfalt zuwenden. Man unterscheidet hier im wesentlichen drei Typen von Auflagern: das *bewegliche Lager*, das *feste* oder *Gelenklager* und die *Einspannung*.

In Abb. 67, Bild *1* bis *3*, sind einige *bewegliche Auflager* schematisch dargestellt. Bild *1* zeigt eine einzige Rolle (Walze), Bild *2* ein Rollenlager mit Ausgleichsschemel (dieser soll verhindern, daß sich der Träger bei Durchbiegung von den Rollen abhebt; das Lager wird daher auch Rollenkipplager genannt), Bild *3* ein Gleitlager, welches bei nicht zu schweren Belastungen das Rollenlager vertritt. Alle diese Lager gestatten dem Träger eine Verschiebung parallel zur Rollen- bzw. Gleitbahn. Da wir die Reibung in diesen Lagern stets vernachlässigen, ist die Kraft, die von ihnen übertragen werden kann, stets senkrecht zur möglichen Bewegungsrichtung (der Gleitbahn) gerichtet. In Bild *1* sind noch beide Kräfte eingetragen, sowohl diejenige, welche der Träger erfährt, als auch die gleich große und entgegengesetzt gerichtete Kraft, die vom Träger durch Vermittlung der Walze auf die Unterlage ausgeübt wird. Da uns im folgenden nur diejenigen Kräfte interessieren, die auf den Träger ausgeübt werden, sind nur sie in den weiteren Bildern eingezeichnet. Die Auflagerreaktion ist uns bei gegebener Belastung des Trägers zunächst unbekannt; bei einem beweglichen Lager jedoch nur der Größe nach, während die Richtung des Auflagerdrucks hier bereits bekannt ist[1]. (1 Unbekannte.)

Die Bilder *5* bis *7* zeigen *feste Lager*, so genannt, weil sich hier der Träger nicht verschieben, sondern nur um eine Achse drehen kann. Diese erscheint in der Projektion als ein Punkt, den wir *Auflagerpunkt* nennen wollen. Bild *5* zeigt ein Zapfen-Kipplager. Ist die Reibung zwischen dem zylindrischen Gelenkzapfen und der Pfanne vernachlässigbar, dann stehen die Kräfte, welche von der Pfanne auf den Zapfen übertragen werden, auf der Oberfläche des Zapfens senkrecht und gehen daher in der Projektion sämtlich durch den Auflagerpunkt. Sie bilden somit ein zentrales Kraftsystem, dessen Resultierende, der Auflagerdruck, ebenfalls durch den Auflagerpunkt geht. Mehr können wir jedoch über den Auflagerdruck in diesem Fall von vornherein nicht sagen. Am festen Lager sind uns also Größe und Richtung bzw. waagrechte und lotrechte Komponente des Auflagerdrucks unbekannt. (2 Unbekannte.)

Ist hingegen die Reibung im Lager nicht vernachlässigbar (falls etwa das Gelenk eingerostet ist), so werden die von der Pfanne auf den Zapfen ausgeübten Kräfte im allgemeinen nicht durch den Auflagerpunkt gehen. Ihre Resultierende wird der Größe, Richtung und Lage nach unbekannt sein (3 Unbekannte). Zeichnen wir diese Resultierende trotzdem durch den Auflagerpunkt (indem wir diesen als Reduktionspunkt wählen, siehe Nr. 21), so wird zu ihr noch ein Moment hinzutreten. Ein reibendes Gelenk kann also, neben einer durch den Gelenkpunkt gehenden Kraft, noch ein Moment übertragen. Ein reibungsfreies, ideales Gelenk hingegen kann nur eine Kraft im Gelenkpunkt übertragen, außer dieser jedoch kein Moment. Dies gilt für alle Arten von Gelenken, nicht bloß für Gelenklager.

An Stelle des Zapfen-Kipplagers (Kipplager, weil der Träger um den Gelenkpunkt kippen kann), in dem Gleitreibung auftritt, gibt man oft dem *Linien-Kipplager* den Vorzug (Bild *6*). Hier ist die Lagergrundplatte konvex-zylindrisch ausgebildet und auf ihr rollt die ebene Kippplatte

[1] Wir wollen uns vorläufig mit dieser etwas ungenauen Ausdrucksweise begnügen. Streng genommen ist es die Vertikalkomponente des Auflagerdrucks, die uns am beweglichen Lager allein unbekannt ist, und deren Vorzeichen über den Richtungssinn des Auflagerdrucks auf dessen vertikaler Wirkungslinie Auskunft gibt. Da Auflagerdrücke zumeist nach oben gerichtet sind, mag die obige Formulierung hingehen. (Siehe darüber auch in Nr. 44.)

ab. Die waagrechte Verschiebung des Trägers ist durch entsprechende Vorsprünge in der Kippplatte hintangehalten. Ähnlich wirkt auch das in Bild *7* dargestellte Lager, wo zwei in die Kippplatte eingreifende Nasen der Grundplatte eine Längsverschiebung verhindern.

Eine dritte Art der Auflagerung des Trägers besteht darin, daß man den Träger etwa in eine Wand einmauert (Bild *9*) oder an einer Wand derart befestigt, daß er sich weder verschieben noch drehen kann. In diesem Fall spricht man von einer *Einspannung*. Die Kräfte, welche die Mauer auf das eingespannte Trägerende ausübt, werden etwa so verteilt sein, wie in Bild *9* dargestellt. Wir denken uns alle diese Kräfte wieder in eine Resultierende zusammengefaßt, und wie beim reibenden Gelenk ist uns zunächst deren Größe, Richtung und Lage unbekannt. Zeichnen wir diese Resultierende, die wir wieder *Auflagerdruck* oder vielleicht besser *resultierende Auflagerkraft* nennen, von vornherein durch den *Einspannpunkt* a, jenen Punkt, wo die Stabachse in die Wand eintritt (mit anderen Worten, wir betrachten a als Reduktionspunkt), so wird noch ein resultierendes Moment hinzutreten, das wir als das *Einspannmoment* bezeichnen. An einer Einspannstelle treten somit 3 zunächst unbekannte Stützreaktionen auf: 2 Komponenten des Auflagerdrucks und das Einspannmoment. (3 Unbekannte.)

Eine Abart der Einspannung ist die *Klemmung* (Bild *10*). Hier ist das Trägerende zwar nicht drehbar, jedoch längsverschieblich, wie in einer Hülse steckend, in der Mauer gelagert. Vernachlässigen wir wieder die Reibung, so können in diesem Fall keine Kräfte in der Richtung der Trägerachse übertragen werden, sondern nur eine resultierende Auflagerkraft senkrecht zur Trägerachse und ein Einspannmoment. Hier sind also nur 2 unbekannte Stützreaktionen zu bestimmen.

Die Bilder *4*, *8*, *11*, *12* zeigen die Symbole, deren wir uns zur Kennzeichnung eines beweglichen, eines festen Lagers, einer Einspannung und einer Klemmung im folgenden bedienen wollen.

Die Auflagerung eines Trägers muß jedoch nicht immer in der vorhin beschriebenen Weise erfolgen. Bild *13* zeigt z. B. die Stützung eines Trägers mittels eines beiderseits gelenkig angeschlossenen Stabes, einer sogenannten *Pendelstütze*, die, wie ein bewegliches Lager, dem Träger eine gewisse Verschiebungsmöglichkeit senkrecht zur Achse der Stütze gibt. Da auf die Stütze nur zwei Kräfte wirken, eine vom Träger herrührend und eine von der Unterlage, so müssen diese beiden Kräfte nach Nr. 15 die Richtung der Verbindungslinie ihrer Angriffspunkte haben, also die Richtung der Stützenachse, sonst könnte die Stütze nicht im Gleichgewicht sein. Somit ist uns hier, genau wie bei einem beweglichen Lager, die Richtung des Auflagerdrucks von vornherein bekannt und nur noch seine Größe zu bestimmen. — Die in Bild *14* dargestellte Stützung durch zwei Stäbe wirkt dagegen wie ein festes Lager, da weder eine lotrechte noch eine waagrechte Verschiebungsmöglichkeit besteht und jeder Stab eine in die Richtung seiner Achse fallende unbekannte Komponente des Auflagerdrucks liefert. Dem Drehpunkt des Gelenks entspricht hier der Schnittpunkt der beiden Stabachsen oder allenfalls ihrer Verlängerungen. Die beiden Stäbe dürfen nur nicht parallel sein, sonst wäre der Träger längsverschieblich. — Eine Stützung durch drei Stäbe, deren Achsen weder durch einen Punkt gehen noch zueinander parallel sein dürfen, wirkt wie eine Einspannung (Bild *15*). Die Drehungsmöglichkeit, die um den Schnittpunkt zweier Stäbe besteht, wird durch den dritten Stab aufgehoben. Hier sind 3 unbekannte Stabkräfte zu bestimmen[1].

Bewegliche Auflager von der Art der in den Bildern *1* bis *3* dargestellten können nur nach aufwärts gerichtete Auflagerdrücke auf den Träger ausüben. Besteht jedoch die Möglichkeit einer Belastung, bei der sich der Träger vom Auflager abzuheben trachtet, so verhindert man dies durch eine *Verankerung* des Trägers. Diese erfolgt in Form einer oder mehrerer Zugstangen mit Hammerköpfen, die genügend tief in das Fundament hinunter reichen müssen, so daß ein Herausreißen nicht möglich ist. Der Anker wird senkrecht zur Gleitbahn des Lagers angeordnet und wirkt im Fall des Abhebens wie eine Pendelstütze. Die Richtung des Auflagerdrucks ist also auch in diesem Fall von vornherein bekannt und steht wieder senkrecht auf der Gleitbahn des Lagers. Auch bei den festen Lagern gemäß den Bildern *5* bis *7* denken wir uns eine solche Verankerung vorgesehen, falls ein Abheben in Frage kommen sollte. Hier kann also die lotrechte Komponente des Auflagerdrucks unter Umständen auch nach abwärts gerichtet sein. Nach Möglichkeit vermeidet man jedoch derartige „negative Auflagerdrücke".

A. Der Träger auf zwei Stützen

43. Vorbemerkung bezüglich der Bezeichnung. Wir haben bisher Vektoren mit Frakturbuchstaben bezeichnet und haben durch diese Bezeichnung den Inbegriff von Größe und Richtung des Vektors zum Ausdruck gebracht. Die Größe, oder den absoluten Betrag des Vektors, bezeichneten wir mit dem entsprechenden Lateinbuchstaben und verstanden darunter eine stets positive Zahl. Wir unterschieden also z. B. zwischem dem Kraftvektor $\mathfrak{P}$ und seinem Absolutbetrag P. Vektoren lassen sich durch Pfeile veranschaulichen, welche die Richtung des Vektors angeben, während ihre Länge in irgendeinem Maßstab dem Betrag des Vektors entspricht. Mit diesen Pfeilen läßt sich sehr anschaulich

[1] Näheres hierüber siehe etwa bei E. MELAN, Einführung in die Baustatik, S. 9 (Springer, Wien 1950).

operieren. Wir haben gesehen, daß mehrere Kräfte, $\mathfrak{P}_1, \ldots \mathfrak{P}_n$, die im selben Punkt eines Körpers angreifen, zu einer einzigen Kraft zusammengesetzt werden können, die wir nach Größe und Richtung erhalten, wenn wir die Vektoren $\mathfrak{P}_1, \ldots \mathfrak{P}_n$ zu einem Polygon zusammenfügen. Der Vektor, der geradewegs vom Anfangs- zum Endpunkt des Polygons führt, ist die Summenkraft oder Resultierende $\mathfrak{R}$ des Kraftsystems. Wir nannten dieses Aneinanderfügen der Vektoren ihre geometrische Addition, nannten $\mathfrak{R}$ die geometrische Summe der n Vektoren und brachten diesen Vorgang symbolisch durch die Schreibweise $\mathfrak{R} = \mathfrak{P}_1 + \mathfrak{P}_2 + \ldots + \mathfrak{P}_n$ zum Ausdruck.

Umgekehrt kann man auch Vektoren nach bestimmten Richtungen in Komponenten zerlegen, was wir ebenfalls an den Kräften ausführten. Wir konnten diese Komponenten als Vektoren betrachten (deren geometrische Summe der ursprüngliche Vektor war) oder auch bloß durch ihre Zahlwerte, etwa P_x, P_y, P_z, kennzeichnen. Denn da ja die Wirkungslinie jeder Komponente bereits feststeht, genügt zur vollständigen Kennzeichnung ein Zahlwert, der durch sein Vorzeichen den Richtungssinn der Komponente angibt. Bei der geometrischen Addition der Vektoren addierten sich deren Komponenten algebraisch, und einer Vektorgleichung, wie etwa der obigen, entsprachen im Raum drei (in der Ebene zwei) skalare Gleichungen, nämlich $R_x = P_{1x} + P_{2x} + \ldots + P_{nx}$, usw.

Mittels der symbolischen Darstellung von Vektoroperationen unter Verwendung der Frakturbuchstaben können also solche Operationen, wie hier die Addition, aber auch noch andere Operationen, sehr ökonomisch ausgedrückt werden, und es hat uns diese Darstellung im I. Kapitel sehr gute Dienste geleistet.

Es gibt nun auch noch andere Möglichkeiten, Vektoren darzustellen, unter anderen jene, die wir bereits in Nr. 1 erwähnt haben: Man kennzeichnet durch einen Pfeil bloß die Richtung des Vektors und schreibt den absoluten Betrag zu dem Pfeil dazu, und zwar entweder in Form einer benannten Zahl, etwa 5 Mp, oder allgemein P_i, wenn es sich um eine von mehreren Kräften ($i = 1, \ldots n$) handelt. Und solange die Pfeile nicht zeichnerisch addiert werden, braucht ihre Länge in keinem Verhältnis zu dem Betrag des Vektors stehen, und wir können, wenn mehrere Kräfte bloß der Lage nach darzustellen sind, die Pfeile auch alle gleich lang machen. Es ist dies eine Bezeichnung, wie sie in der praktischen Statik meistens verwendet wird und zu der wir jetzt übergehen wollen. Wenn wir also im folgenden von einer Kraft P sprechen, so meinen wir damit eine Kraft vom Betrag P und einer ganz bestimmten Richtung, welche entweder aus einer Zeichnung oder aus sonst einer Angabe ersichtlich ist.

Diese Bezeichnung hat den Vorteil, daß die Größe der Kraft unmittelbar abzulesen ist. Und insbesondere, wenn die Kraftrichtung von vornherein gegeben ist, etwa durch die ausdrückliche Voraussetzung einer lotrechten Belastung eines Tragwerks, wäre es kaum zweckmäßig, die Kräfte durch Frakturbuchstaben zu bezeichnen. Bei beliebig gerichteten Kräften nehmen wir mit der nunmehr verwendeten Bezeichnung natürlich den Nachteil in Kauf, daß wir die Vektoraddition nicht mehr so einfach ausdrücken können wie früher. Denn an Stelle von $\mathfrak{R} = \mathfrak{P}_1 + \mathfrak{P}_2$ jetzt einfach $R = P_1 + P_2$ zu schreiben, wäre im allgemeinen falsch, da, außer bei gleichgerichteten Kräften, der Absolutbetrag der Resultierenden zweier Kräfte nicht gleich der Summe der Beträge der beiden Kräfte ist. Wir können die Addition der beiden Kräfte jetzt nur durch die Addition ihrer Komponenten ausdrücken, also durch $R_x = P_{1x} + P_{2x}$ usw. Wir wollen jedoch diesen Nachteil, der uns im folgenden übrigens wenig stören wird, der technischen Praxis zuliebe in Kauf nehmen und von jetzt an Kräfte einfach mit P_1, P_2 ... A, B usw. bezeichnen. Es wird stets klar sein, ob wir vom Kraftvektor oder bloß vom Betrag der Kraft sprechen.

44. Bestimmung der Auflagerdrücke. Wir wollen uns im folgenden mit dem Träger auf zwei Stützen beschäftigen, wie er vom einfachen Deckenträger bis zum großen Brückenträger immer wieder Verwendung findet. Versehen wir einen Träger mit einem festen und einem beweglichen Auflager (Abb. 68, Bild *1*), so ist er, wenn die Belastung so wirkt, daß ein Abheben des beweglichen Lagers nicht in Frage kommt, entschieden ausreichend unterstützt. Die Lagerung eines Trägers auf zwei beweglichen Auflagern hingegen wäre nicht ausreichend, da in diesem Fall der Träger bei schräger Belastung seitlich weggleiten könnte. Dies wird im ersteren Fall durch das feste Lager verhindert, während das bewegliche dem Träger die Möglichkeit gibt, sich Temperaturänderungen oder Änderungen seiner Spannweite infolge Durchbiegung anzupassen. Falls Abheben des Trägers am beweglichen Lager in Frage kommt, wollen wir uns dort stets eine Verankerung vorgesehen denken (Nr. 42). Im folgenden bezeichnen wir einen solchen mit einem festen und einem beweglichen Auflager ausgestatteten Träger als einen *Träger auf zwei Stützen.* (Für diesen Träger findet man sehr oft auch die Bezeichnung *frei aufliegender Träger.*) Den Abstand der beiden Auflager nennt man die *Stütz-* oder die *Spannweite* des Trägers.

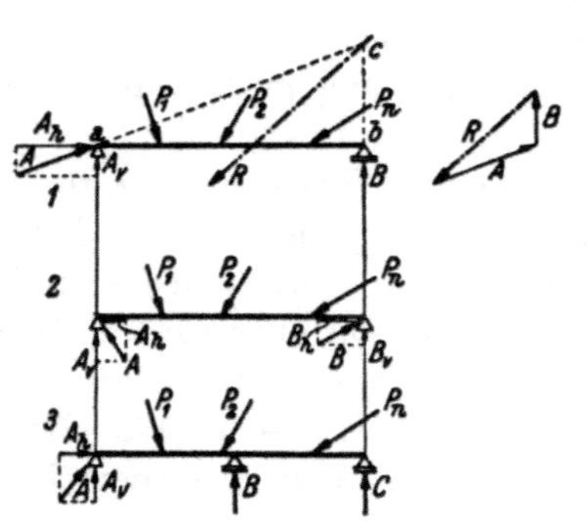

Abb. 68

Bezeichnen wir die Auflagerdrücke, die an einem solchen Träger infolge einer gegebenen Belastung am festen bzw. am beweglichen Auflager auftreten, mit A und B, so hat A zwei uns unbekannte Komponenten, eine horizontale und eine vertikale, die wir mit A_h und A_v bezeichnen wollen. Von B hingegen wissen wir, daß es auf der Gleitbahn des beweglichen Lagers senkrecht steht, daß also $B_h = 0$ und daher nur B_v unbekannt ist. Wir haben also insgesamt drei Unbekannte zu bestimmen: A_h, A_v, B_v: Dazu verhelfen uns die Gleichgewichtsbedingungen. Die Auflagerdrücke müssen ja den auf dem Träger stehenden Lasten das Gleichgewicht halten; Auflagerdrücke und Lasten müssen somit ein Kraftsystem bilden, das im Gleichgewicht ist. Für dieses Kraftsystem der äußeren Kräfte müssen daher die drei Gleichgewichtsbedingungen Gl. (22, 10) erfüllt sein. Nun werden wir nicht jedesmal ein Koordinatensystem x, y einzeichnen, sondern denken es uns stets so gelegt, daß die eine Achse horizontal, die andere vertikal gerichtet ist. Dementsprechend bezeichnen wir die Komponenten der Kräfte von nun ab als Horizontal- und Vertikalkomponenten (Indizes h und v) und bezeichnen Horizontal- bzw. Vertikalkomponenten dann als positiv, wenn sie nach rechts bzw. nach aufwärts gerichtet sind. Wir schreiben die Gleichgewichtsbedingungen nunmehr in der Form

$$\sum H_i = 0, \qquad \sum V_i = 0, \qquad \sum M_i = 0, \tag{44, 1}$$

was im vorliegenden Fall in Worten besagt, daß für sämtliche am Träger angreifenden äußeren Kräfte die Summe der Horizontalkomponenten, die Summe der Vertikalkomponenten und die Summe der Momente gleich Null sein muß. Die letzte Gleichung ist für einen beliebig gewählten Bezugspunkt anzuschreiben. In diesen drei Gleichungen kommen neben den bekannten Komponenten der gegebenen Lasten auch die drei unbekannten Auflagerkomponenten A_h, A_v, B_v vor. Zu ihrer Bestimmung reichen also die drei Gleichgewichtsbedingungen gerade aus. Da für den Träger auf zwei Stützen sämtliche unbekannten Stützreaktionen mit Hilfe der drei statischen Gleichgewichtsbedingungen bestimmbar sind, sagen wir, daß der Träger, was die Auflagerung anbelangt, *statisch bestimmt* ist[1].

Wir wollen im folgenden unsere Bezeichnung insofern vereinfachen, als wir statt B_v einfach B schreiben, wenn B nur diese eine Komponente besitzt. Dies ist, genaugenommen, nur dann richtig, wenn B nach aufwärts gerichtet ist, was allerdings in der Mehrzahl der praktisch vorkommenden Fälle zutrifft; denn dann ist B_v positiv und tatsächlich

[1] Man könnte den Träger auch „äußerlich statisch bestimmt" nennen, da es sich um die Bestimmung äußerer Kräfte handelt. Diese Bezeichnung ist jedoch, im Gegensatz zu der folgenden: „äußerlich statisch unbestimmt", wenig gebräuchlich.

gleich dem stets als positiv angenommenen absoluten Betrag des Auflagerdrucks. Sollte sich jedoch einmal die von uns in Hinkunft einfach mit B bezeichnete Größe aus unserer Rechnung als negativ ergeben, so wollen wir uns daran erinnern, daß „B" eigentlich B_v ist und daß ein negatives B_v bedeutet, daß der Auflagerdruck nach abwärts gerichtet ist, daß also das Auflager auf den Träger einen Zug nach unten ausüben muß und somit eine Verankerung nötig ist, wenn kein Abheben des Trägers erfolgen soll (siehe Nr. 42).

In gleicher Weise wollen wir verfahren, wenn, wie bei der lotrechten Belastung des Trägers (siehe Nr. 46) $A_h = 0$ ist, wenn also $|A_v| = A$ ist. Auch in diesem Fall wollen wir statt A_v einfach A schreiben[1].

Setzen wir unsere Betrachtungen über Tragwerke nunmehr fort, so ist zu sagen, daß ein Tragwerk nicht immer bloß aus einem einzigen Stab oder aus nur einer einzigen Scheibe bestehen muß; es kann auch aus mehreren Stäben oder Scheiben zusammengesetzt sein, die miteinander irgendwie verbunden sind. Je nach der Art dieses Zusammenbaues können sich für ein solches Tragwerk drei oder auch mehr Gleichgewichtsbedingungen aufstellen lassen (siehe Nr. 23). Auch die Auflagerung eines Tragwerks muß nicht immer derart sein, daß nur drei unbekannte Stützreaktionen auftreten. Man bezeichnet nun ganz allgemein ein Tragwerk, was die Auflagerung anlangt, als *statisch bestimmt* (oder *statisch bestimmt gelagert*), wenn die Gleichgewichtsbedingungen ausreichen, um sämtliche unbekannten Auflagerreaktionen zu ermitteln. Reichen sie hingegen nicht aus, sind also weniger Gleichgewichtsbedingungen als Unbekannte vorhanden, dann nennt man das Tragwerk *statisch unbestimmt*. Man spricht speziell auch von einem *äußerlich statisch unbestimmten Tragwerk*, wenn die Ursache der statischen Unbestimmtheit in äußeren Bedingungen, nämlich in der Auflagerung des Tragwerks liegt[2].

Tragwerke, bei denen die Gleichgewichtsbedingungen zur Ermittlung der unbekannten Stützreaktionen nicht ausreichen, zeigen die Bilder *2* und *3* der Abb. 68. Im ersten Fall ist der Träger mit zwei festen Auflagern ausgestattet, und es treten daher insgesamt vier unbekannte Auflagerkomponenten auf: A_h, A_v, B_h, B_v. Der zweite Fall stellt einen *Durchlaufträger* über drei Stützen dar, von denen eine ein festes, die beiden anderen bewegliche Lager sind. Auch hier wären vier Unbekannte zu be-

[1] Wir geben zu, daß dies eine Inkonsequenz ist, doch es gilt hier wie überall, daß eine exakte Bezeichnung zuweilen schwerfällig ist, während eine zwar einfachere, aber nicht ganz exakte unter Umständen zu Mißverständnissen und Fehlern führen kann. Es kommt jedoch immer darauf an, den richtigen Mittelweg zu finden, also weder übertrieben genau, noch allzu großzügig zu sein.

[2] Der Fall, daß mehr statische Gleichungen als Unbekannte vorhanden sind, tritt nur bei beweglichen Systemen (siehe z. B. Kurbelviereck, Nr. 23) ein, die als Tragwerke nicht in Frage kommen.

stimmen: A_h, A_v, B, C. In beiden Fällen stehen nur die drei Gleichgewichtsbedingungen für einen starren Körper zur Verfügung, welche zur Bestimmung der vier Unbekannten nicht ausreichen. Diese beiden Träger sind also, was die Auflagerung anlangt, *statisch unbestimmt* oder auch *äußerlich statisch unbestimmt*. Sie stellen jeder ein *einfach statisch* unbestimmtes System dar, da die Zahl der Unbekannten die Zahl der aufstellbaren Gleichgewichtsbedingungen um eins übertrifft. Ein Träger auf vier Stützen (ein festes, zwei bewegliche Lager) stellt demnach ein zweifach statisch unbestimmtes System dar. Fünf unbekannten Auflagerkomponenten stehen wieder nur die drei Gleichgewichtsbedingungen für eine starre Scheibe gegenüber. Ein Durchlaufträger über n Stützen (1 festes, $n-1$ bewegliche Lager) ist ($n-2$)-fach statisch unbestimmt. Allgemein ist der *Grad der statischen Unbestimmtheit* eines Systems gegeben durch die Differenz aus der Zahl der zu berechnenden statischen Größen und der zur Verfügung stehenden Gleichgewichtsbedingungen.

Selbstverständlich haben auch für statisch unbestimmt gelagerte Träger die Auflagerdrücke bei einer bestimmten Belastung und bei gegebener Form des Tragwerks ganz bestimmte Werte. Um sie berechnen zu können, beschafft man sich die fehlenden Gleichungen durch Eingehen auf die *Formänderungen* des Tragwerks (siehe Festigkeitslehre). Im vorliegenden Buch sollen nur statisch bestimmte Tragwerke behandelt werden.

Ein beachtenswerter Unterschied zwischen statisch bestimmten und statisch unbestimmten Systemen liegt ferner darin, daß letztere auch im unbelasteten Zustand innere Kräfte (siehe Nr. 48) haben können, während ein unbelastetes statisch bestimmtes System stets spannungsfrei ist. Ist z. B. bei dem zwischen zwei Gelenken gelagerten Träger die Trägerlänge etwas größer als der Abstand der beiden Gelenke, so muß er mit Gewalt zwischen die beiden Auflager hineingepreßt werden. Ähnliche Zwängsspannungen treten auf, wenn der Träger, obwohl mit richtiger Länge eingebaut, nachher einer Temperaturänderung ausgesetzt ist.

Praktisch werden Träger mit gerader Stabachse und zwei festen Lagern niemals ausgeführt; denn schon bei geringen Belastungen treten in ihnen sehr große innere Kräfte auf, die überdies nur schwierig zu berechnen sind. Dagegen werden Träger auf drei und mehr Stützen (Durchlaufträger) viel verwendet.

Auch zeichnerisch gelingt die Ermittlung der Auflagerdrücke eines statisch bestimmten Trägers ohne Schwierigkeit (Abb. 68, Bild *1*). A und B sind so zu bestimmen, daß sie den Lasten P_1, P_2, ... P_n oder, was dasselbe ist, deren Resultierenden R das Gleichgewicht halten. Nach Nr. 15 können drei Kräfte nur dann im Gleichgewicht sein, wenn sich ihre Wirkungslinien in einem Punkt schneiden. Dieser Punkt c ist durch den Schnitt der bekannten Wirkungslinie von R mit der ebenfalls bekannten Wirkungslinie von B gegeben. A muß daher die Richtung der Verbindungslinie der Punkte a, c haben. Größe und Richtungssinn von A und B folgen dann aus der Bedingung, daß A, B und R ein geschlossenes

Krafteck mit stetigem Umlaufssinn bilden müssen. — Auf die gleiche Art kann die zeichnerische Bestimmung der Auflagerdrücke bei Trägern mit krummer Stabachse oder bei beliebiger Neigung der Gleitbahn des beweglichen Auflagers erfolgen (Abb. 69).

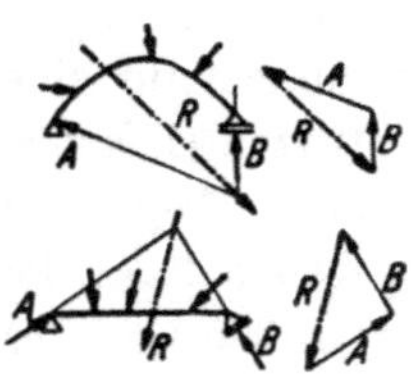

Abb. 69

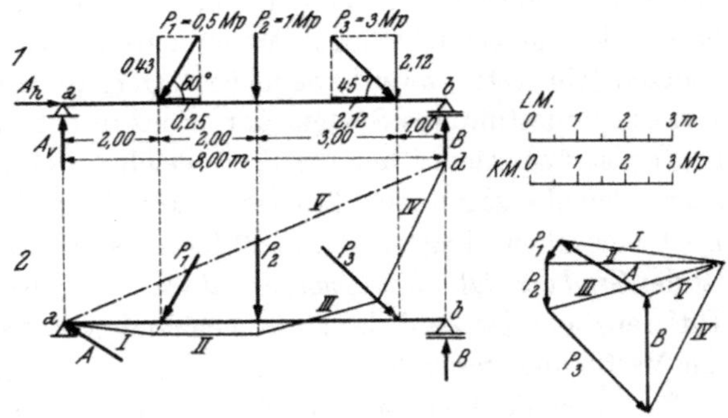

Abb. 70

45. Beispiel zur Bestimmung der Auflagerdrücke.

Für den in Abb. 70, Bild *1* dargestellten Träger sollen die infolge der gegebenen Belastung auftretenden Auflagerdrücke bestimmt werden. Die Höhe des Trägers sei klein gegenüber seiner Länge, so daß die Momente der Horizontalkomponenten der Lasten um die Auflagerpunkte vernachlässigt werden können. Der Träger wird also als dünner Stab betrachtet.

a) *Rechnerische Lösung.* Wir nehmen zunächst an, die unbekannten Auflagerkomponenten A_h, A_v, B hätten die in Bild *1* eingezeichneten Richtungen. Ist diese Annahme richtig, so ergibt sich die betreffende Komponente aus der Rechnung als positiv. Hat eine Komponente in Wirklichkeit die entgegengesetzte Richtung, so wird sie sich als negativ ergeben. Wir zerlegen nun sämtliche Lasten in ihre Komponenten. Wenn wir, wie bereits erwähnt, die Horizontalkomponenten nach rechts, die Vertikalkomponenten nach aufwärts positiv zählen, ergibt sich für die Komponenten der Lasten (Einheit Mp):

$$P_{1h} = -0{,}5\cos 60 = -0{,}25\,,\quad P_{2h} = 0{,}00\,,\quad P_{3h} = +3\cos 45 = +2{,}12\,,$$
$$P_{1v} = -0{,}5\sin 60 = -0{,}43\,,\quad P_{2v} = -1{,}00\,,\quad P_{3v} = -3\sin 45 = -2{,}12\,.$$

Wir setzen nun diese Werte, zusammen mit den unbekannten Auflagerkomponenten, in die drei Gleichgewichtsbedingungen (44, 1) ein. Die Gleichgewichtsbedingung $\Sigma H_i = 0$ liefert eine Gleichung für A_h:

$$A_h - 0{,}25 + 2{,}12 = 0\,.$$

Daraus folgt

$$A_h = -1{,}87\ \text{Mp}\,.$$

A_h weist also nicht, wie angenommen, nach rechts, sondern nach links.

Durch zweckmäßige Wahl des Bezugspunktes der Gleichgewichtsbedingung $\Sigma M_i = 0$ erhalten wir eine Gleichung, in der A_v als einzige Unbekannte vorkommt. Wählen wir als Bezugspunkt den Punkt b, so ergibt sich

$$-A_v \cdot 8 + 0{,}43 \cdot 6 + 1{,}00 \cdot 4 + 2{,}12 \cdot 1 = 0.$$

(Die sämtlichen Horizontalkomponenten der Lasten, ferner A_h und B haben um den Punkt b das Moment Null, da ihre Wirkungslinien, wenn der Träger als dünner Stab aufgefaßt wird, durch b hindurchgehen.) Daraus ergibt sich

$$A_v = +1{,}09 \text{ Mp}.$$

A_v weist, wie angenommen, nach oben. Aus A_h und A_v können wir A selbst berechnen:

$$A = \sqrt{A_h^2 + A_v^2} = \sqrt{1{,}87^2 + 1{,}09^2} = 2{,}17 \text{ Mp}.$$

Die Gleichgewichtsbedingung $\Sigma V_i = 0$ liefert endlich eine Gleichung für B:

$$A_v - 0{,}43 - 1{,}00 - 2{,}12 + B = 0.$$

Das ergibt, wenn wir für A_v seinen Wert einsetzen,

$$B = +2{,}46 \text{ Mp}.$$

Zur Kontrolle können wir B auch aus der Momentengleichung berechnen, wenn wir als Bezugspunkt den Punkt a wählen:

$$-0{,}43 \cdot 2 - 1{,}00 \cdot 4 - 2{,}12 \cdot 7 + B \cdot 8 = 0,$$

was zu demselben Ergebnis führt wie oben.

b) *Zeichnerische Lösung* (Abb. 70, Bild *2*): Die zeichnerische Ermittlung der Auflagerdrücke erfolgt zweckmäßig nur dann mit Hilfe der Resultierenden der Lasten (siehe Nr. 44, Abb. 68), wenn sich deren Wirkungslinie leicht angeben läßt. Dies ist z. B. bei Symmetrie der Lastgruppe der Fall. Jedoch kommt es häufig vor, daß der Schnittpunkt von R mit der Wirkungslinie von B außerhalb des Zeichenblattes liegt, ja bei parallelen Lasten überhaupt ins Unendliche rückt. Nun können wir aber die Einzeichnung von R überhaupt umgehen, wenn wir folgendes bedenken: Da die Auflagerdrücke A und B zusammen mit den Lasten ein Kraftsystem bilden, das im Gleichgewicht ist, muß dessen Kraft- und Seileck geschlossen sein (siehe Nr. 14). Wir zeichnen also zunächst ein Krafteck für die Kräfte P_1, P_2, P_3 und schließen an P_3 die bekannte Richtung von B an. Dann wählen wir einen beliebigen Pol, zeichnen die Polstrahlen I bis IV und beginnen das Seileck mit dem Seilstrahl I, den wir durch den Punkt a zeichnen, der uns als einziger Punkt der Wirkungslinie von A bekannt ist. Der Seilstrahl IV schneidet dann im Punkt d die Wirkungslinie von B. Da das Seileck geschlossen sein muß, verbinden wir die Punkte a und d (Seilstrahl V). Der parallele Polstrahl liefert uns die Größe von B, wodurch die Schließung des Kraftecks durch die Kraft A ermöglicht wird.

46. Auflagerdrücke bei lotrechter Belastung.

a) *Rechnerische Bestimmung.* Bei Trägern, die, wie es in der Praxis meist der Fall ist, nur mit lotrechten Kräften belastet sind, vereinfacht sich die Bestimmung der Auflagerdrücke wesentlich (Abb. 71). Wir bezeichnen wieder die auf dem Träger stehenden Lasten mit P_1, P_2, ... P_n und nennen den Abstand der Last P_i vom linken Auflager x_i, vom rechten Auflager x_i'. Die Stützweite des Trägers, das ist der Abstand der beiden Auflager, sei l.

Aus der Gleichgewichtsbedingung $\Sigma H_i = 0$ folgt

$$A_h = 0. \tag{46, 1}$$

Das bedeutet, daß, wie zu erwarten, hier beide Auflagerdrücke lotrecht gerichtet sind. Entsprechend unserem Übereinkommen in Nr. 44 schreiben wir statt A_v einfach A. Die beiden unbekannten Auflagerdrücke sind somit A und B.

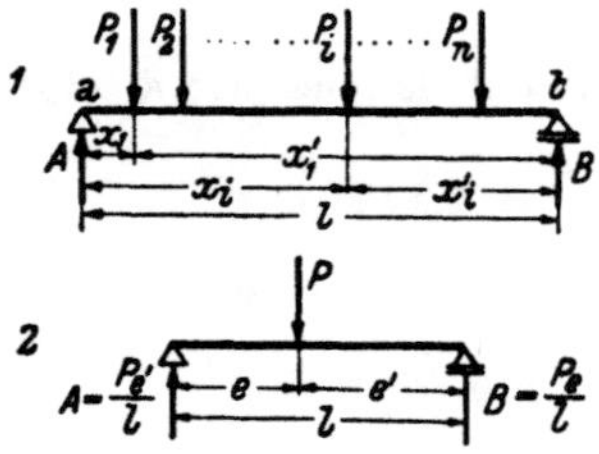

Abb. 71

Um A zu bestimmen, verwenden wir die Gleichgewichtsbedingung $\Sigma M_i = 0$ um den Auflagerpunkt b:

$$-A l + P_1 x_1' + P_2 x_2' + \ldots + P_n x_n' = 0.$$

Daraus folgt

$$A = \frac{1}{l} \sum_{i=1}^{n} P_i x_i'. \tag{46, 2 a}$$

Um B zu bestimmen, wenden wir die Momentengleichung nochmals an, jetzt aber um den Auflagerpunkt a:

$$Bl - P_1 x_1 - P_2 x_2 - \ldots - P_n x_n = 0,$$

woraus folgt

$$B = \frac{1}{l} \sum_{i=1}^{n} P_i x_i. \tag{46, 2 b}$$

Zur Kontrolle können wir noch die Gleichgewichtsbedingung $\Sigma V_i = 0$ heranziehen, welche besagt, daß die Summe der beiden Auflagerdrücke gleich der Summe sämtlicher Lasten sein muß:

$$A + B = \sum_{i=1}^{n} P_i. \tag{46, 3}$$

Ist der Träger von der Stützweite l bloß mit einer einzigen Kraft P belastet, die vom linken Auflager den Abstand e, vom rechten den Abstand e' hat (Abb. 71, Bild *2*), so ergibt sich aus den Gl. (46, 2) für die Auflagerdrücke

$$A = \frac{P e'}{l}, \qquad B = \frac{P e}{l}. \tag{46, 4}$$

Es gilt also:

$$A : B = e' : e.$$

Die Auflagerdrücke verhalten sich umgekehrt wie ihre Abstände vom Lastangriffspunkt [Hebelgesetz, vgl. Gl. (25, 2)].

Die Gl. (46, 4) erweisen sich besonders dann als vorteilhaft, wenn wir die Lage der Resultierenden der Lasten, etwa aus Symmetriegründen, sofort angeben können. Denn, wie wir schon erwähnt haben, können wir zur Bestimmung der Auflagerdrücke die Lasten ohne weiteres durch ihre Resultierende ersetzen. Die Größe der Resultierenden ist $R = \sum_{i=1}^{n} P_i$.

b) *Zeichnerische Lösung.* Zur zeichnerischen Bestimmung der Auflagerdrücke verfahren wir hier im wesentlichen genauso wie in Nr. 45 b. Wir zeichnen zunächst (siehe Abb. 72) für die Lasten $P_1, \ldots P_4$ (allgemein P_n) ein Krafteck, wählen einen beliebigen Pol, ziehen die Polstrahlen und die zu ihnen parallelen Seilstrahlen. Da uns jetzt die Wirkungslinien beider Auflagerdrücke bekannt sind, zeichnen wir das Seileck $I \ldots V$ zweckmäßig nicht durch den Punkt a, sondern etwas unterhalb des Trägers. Da Gleichgewicht herrschen soll, muß das Seileck geschlossen sein. Wir ziehen also die „Schlußlinie" $a' \ldots b'$, den Seilstrahl VI. Der parallele Polstrahl VI gibt an, wie die Summe aller Lasten in die beiden Auflager drücke zerlegt wird. Nach der in Nr. 13 aufgestellten Regel liegt zwischen den Polstrahlen VI und I A, da sich die Seilstrahlen VI und I auf der Wirkungslinie von A schneiden. Zwischen den Polstrahlen V und VI liegt dann B. Damit ist auch das Krafteck geschlossen.

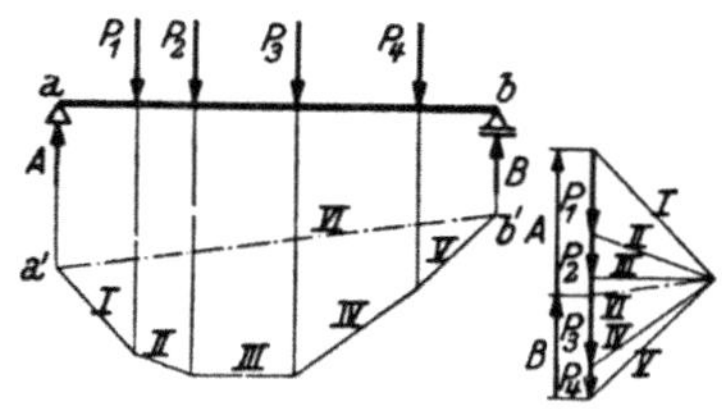

Abb. 72

Auch bei der zeichnerischen Lösung ergibt sich eine Vereinfachung, falls die Resultierende der Lasten sofort eingezeichnet werden kann. Doch wird man wegen der Bedeutung, die dem Seileck für die einzelnen Lasten zukommt (siehe Nr. 55), von diesem Vorteil kaum Gebrauch machen.

47. Beispiele zur Bestimmung der Auflagerdrücke bei lotrechter Belastung.

1. Beispiel. Für den in Abb. 73 dargestellten, mit lotrechter Belastung versehenen Träger sollen die Auflagerdrücke rechnerisch und zeichnerisch ermittelt werden.

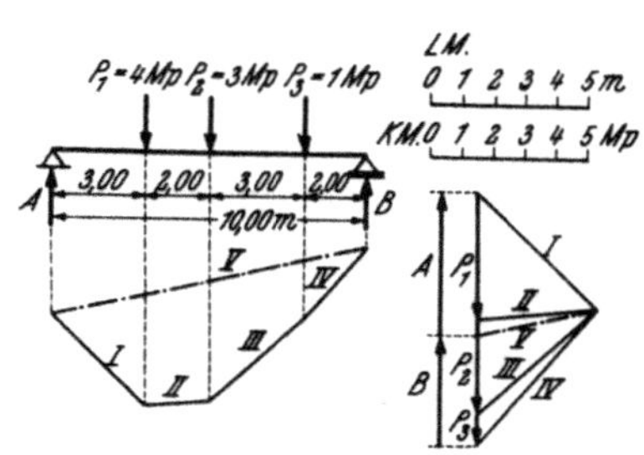

Abb. 73

a) *Rechnerisch.* Nach den Gl. (46, 2) gilt

$$A = \frac{1}{10}(4 \cdot 7 + 3 \cdot 5 + 1 \cdot 2) = 4{,}5 \text{ Mp},$$

$$B = \frac{1}{10}(4 \cdot 3 + 3 \cdot 5 + 1 \cdot 8) = 3{,}5 \text{ Mp}.$$

Probe:

$$A + B = 8 = 4 + 3 + 1 = \sum_{i=1}^{3} P_i.$$

b) *Zeichnerisch.* Zuerst wird das Krafteck gezeichnet mit den Polstrahlen $I \ldots IV$. Das zugehörige Seileck wird durch den Seilstrahl V geschlossen. Der parallele Polstrahl liefert A und B.

2. Beispiel. Es seien für den in Abb. 74 dargestellten Träger die Auflagerdrücke zu ermitteln. Da die Lastgruppe symmetrisch ist, können wir sie leicht durch ihre Resultierende $R = 12$ Mp ersetzen, die im Abstand 2 m vom linken Auflager liegt. Damit ergibt sich nach Gl. (46, 4)

$$A = \frac{R e'}{l} = \frac{3}{4}\, 12 = 9\,\text{Mp}, \qquad B = \frac{R e}{l} = \frac{1}{4}\, 12 = 3\,\text{Mp}.$$

Auch zeichnerisch erscheint die Ermittlung von A und B mittels R gegenüber ihrer Ermittlung aus den gegebenen Lasten sehr vereinfacht.

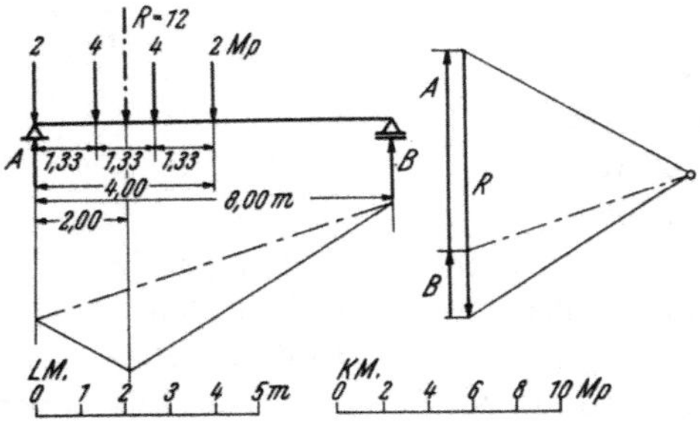

Abb. 74

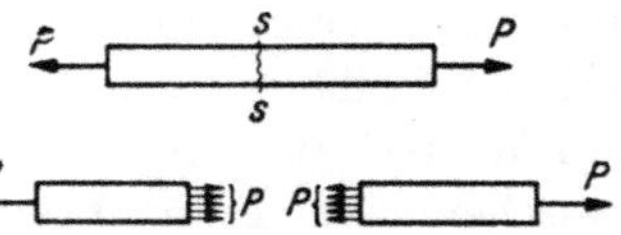

Abb. 75

48. Die inneren Kräfte. Betrachten wir einen Stab, in dessen Achsenrichtung zwei gleich große und entgegengesetzt gerichtete Kräfte vom Betrag P ziehen (Abb. 75). Da der ganze Stab im Gleichgewicht ist, muß dies auch für jeden seiner Teile zutreffen. Führen wir also in Gedanken einen Schnitt $s \ldots s$, der den Stab in zwei Teile zerlegt, so muß jeder der beiden Teile für sich im Gleichgewicht sein. Das ist nur möglich, wenn wir uns an der Schnittstelle Kräfte wirkend denken, die den an dem betreffenden Teil angreifenden *äußeren* Kräften das Gleichgewicht halten. Diese Kräfte werden von den Molekülen zu beiden Seiten der gedachten Schnittfläche aufeinander ausgeübt und heißen *innere Kräfte.* Sie werden durch einen wirklich geführten Schnitt zerstört, die beiden Stabhälften sind dann, voneinander getrennt betrachtet, nicht mehr im Gleichgewicht.

Die am linken Teil wirkenden inneren Kräfte werden von den Molekülen des rechten Teiles auf ihn ausgeübt, und umgekehrt. Nach dem Gegenwirkungssatz (Nr. 2) müssen daher Punkt für Punkt der Querschnittsfläche die inneren Kräfte am rechten wie am linken Teil einander gleich, jedoch entgegengesetzt gerichtet sein. Wie sie sonst nach Größe und Richtung über die Schnittfläche verteilt sind, darüber werden wir hier nur ungefähre Angaben machen. Eingehend werden wir uns mit dieser Frage erst in der Festigkeitslehre beschäftigen. Zunächst folgt aus der eben festgestellten Gleichheit und entgegengesetzten Richtung der inneren Kräfte an den beiden Schnittflächen, daß die Resultierende aller inneren Kräfte, die am linken Teil angreifen, gleich groß und entgegengesetzt sein muß der Resultierenden aller inneren Kräfte am rechten Teil. Aus der Bedingung, daß jeder Teil im Gleichgewicht sein muß, ersehen wir, daß jede dieser Resultierenden die Größe P haben und in die Stabachse fallen muß.

Dieselbe Überlegung, die wir eben an dem auf Zug beanspruchten Stab angestellt haben, wollen wir jetzt an dem in Abb. 76, Bild *1* dargestellten belasteten Träger ausführen. Wir nehmen an, die Auflagerdrücke seien bereits bestimmt. Dann denken wir uns in der Entfernung x vom linken Auflager den Schnitt $s \ldots s$ senkrecht zur Stabachse geführt. Es muß wieder jeder der beiden abgeschnitten gedachten Teile im Gleichgewicht sein. Dies zwingt uns wieder, in der Schnittfläche das Wirken innerer Kräfte anzunehmen, deren Resultierende den am abgeschnittenen Teil angreifenden äußeren Kräften (das sind Lasten und Auflagerdrücke) das Gleichgewicht halten muß.

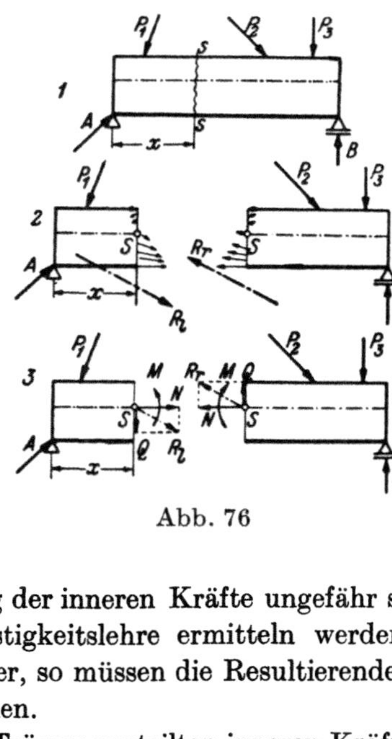

Abb. 76

Bezeichnen wir die Resultierende der am linken Teil angreifenden inneren Kräfte mit R_l, entsprechend die für den rechten Teil mit R_r, so müssen, da ja für die einzelnen inneren Kräfte wieder der Gegenwirkungssatz gilt, diese beiden Resultierenden gleich groß und entgegengesetzt gerichtet sein. In Abb. 76, Bild *2* wurde an den Schnittflächen der beiden auseinandergerückten Trägerhälften die Verteilung der inneren Kräfte ungefähr so eingezeichnet, wie wir sie in der Festigkeitslehre ermitteln werden. Schieben wir die beiden Teile aneinander, so müssen die Resultierenden R_l und R_r in genau dieselbe Gerade fallen.

Die über die Querschnittsfläche des Trägers verteilten inneren Kräfte bilden ein räumliches Kraftsystem. Die Resultierenden R_l und R_r müssen jedoch in der Lastebene (Nr. 41) liegen, da sie sonst nicht den aus A und P_1 bzw. P_2, P_3, B bestehenden ebenen Kraftsystemen das Gleichgewicht halten könnten.

Wir verschieben nun R_l parallel in den Schwerpunkt S des Trägerquerschnitts. Dadurch tritt zunächst ein Moment M auf (Nr. 20). Weiters zerlegen wir das verschobene R_l in eine Komponente N in der Trägerachse und eine Komponente Q senkrecht dazu. Führen wir dasselbe mit

R_r aus, so erhalten wir ebenfalls drei Größen M, N, Q, die mit dem vorigen dem Betrag nach übereinstimmen, aber entgegengesetzte Richtung haben wie diese (Abb. 76, Bild *3*). M, N, Q werden *Schnittgrößen* genannt[1].

Diese drei Größen M, N, Q, auf die wir das System der inneren Kräfte reduziert haben, werden uns später Aufschluß geben über die Beanspruchung des Materials in dem betrachteten Querschnitt und sind daher von größter Bedeutung für die Bemessung eines Tragwerks. Man nennt M das *Biegemoment*, N die *Normalkraft*, Q die *Querkraft* an der Stelle x des Trägers. Im allgemeinen werden sich ja M, N, Q von Querschnitt zu Querschnitt ändern, also Funktionen von x sein.

Wir setzen fest, daß M, N, Q positiv sein sollen, wenn sie so gerichtet sind, wie es in Bild *3* eingezeichnet ist. Man beachte, daß ein positives Biegemoment demnach am linken Teil im Gegenzeigersinn, am rechten hingegen im Uhrzeigersinn dreht, eine positive Normalkraft am linken Teil nach rechts, am rechten nach links weist, eine positive Querkraft am linken Teil nach unten, am rechten nach oben gerichtet ist.

Nach dem Vorangegangenen können wir M, N, Q auch folgendermaßen definieren: N ist gleich der algebraischen Summe der Horizontalkomponenten der inneren Kräfte auf dem ganzen Querschnitt (oder allgemein: gleich der Summe der Komponenten in der Richtung der Trägerachse), Q ist gleich der algebraischen Summe der Vertikalkomponenten der inneren Kräfte (allgemein: gleich der Summe der Komponenten in der Richtung der Schnittlinie von Lastebene und Querschnittsfläche), M ist gleich der algebraischen Summe der Momente der inneren Kräfte um eine horizontale Achse durch den Schwerpunkt des Querschnitts (allgemein: um eine zur Lastebene senkrechte Achse durch S).

Wir können aber auch folgenden Standpunkt einnehmen. Betrachten wir etwa den rechten Teil des in Abb. 76 dargestellten Trägers, so halten M, N, Q den äußeren Kräften P_2, P_3, B das Gleichgewicht. Vor der Abtrennung des linken Teiles hielten A und P_1 diesen drei Kräften das Gleichgewicht. Das am rechten Teil angreifende Kraftsystem M, N, Q *ersetzt* somit alle jenen äußeren Kräfte, die durch den Schnitt abgetrennt wurden, und *ist im Gleichgewicht* mit denjenigen äußeren Kräften, die an dem betrachteten Trägerteil noch verblieben sind.

Um die Wirkung der drei Schnittgrößen M, N, Q zu erkennen, betrachten wir sie einzeln. Wirkt in einem Querschnitt eine Normalkraft allein, so spricht man von *reinem Zug* bzw. *reinem Druck*. Zug herrscht, wenn alle inneren Kräfte von der Querschnittsfläche weg gerichtet sind. Dann ist N positiv. Bei Druck sind alle inneren Kräfte gegen die Querschnittsfläche hin gerichtet und N ist negativ. Benachbarte Querschnittsflächen

[1] Zuweilen werden M, N, Q auch *Schnittkräfte* genannt, obwohl eine davon ein Moment (Kräftepaar) ist. Auch die Bezeichnung *innere Kräfte* ist üblich, obwohl M, N, Q die Resultierenden der inneren Kräfte sind.

werden bei reinem Zug voneinander entfernt, bei Druck einander genähert. Ein Beispiel für reinen Zug ist der in Abb. 75 dargestellte gezogene Stab. — Ist in einem Querschnitt $N = Q = 0$ und nur $M \neq 0$, so spricht man von *reiner Biegung*. In diesem Fall reduziert sich die Gesamtheit der inneren Kräfte auf ein Kräftepaar mit dem Moment M. Die inneren Kräfte müssen also verschiedene Richtung haben. Wenn M positiv ist, dann werden im oberen Teil des Querschnitts Druckkräfte, im unteren Zugkräfte wirken. Die oberen Fasern des Trägers werden dann verkürzt, die unteren verlängert, was zur Folge hat, daß sich der Stab nach unten krümmt (biegt). Dabei werden die Winkel, die benachbarte Querschnittsebenen miteinander einschließen, verändert. Bei negativem M liegen die Verhältnisse gerade umgekehrt. Ein positives M bewirkt also eine Biegung des Trägers mit der konvexen Seite nach unten, ein negatives eine Biegung mit der konvexen Seite nach oben. — Die Querkraft Q entsteht durch innere Kräfte, die *in* der Querschnittsebene liegen, sogenannte *Schubkräfte*. Sie trachten benachbarte Querschnitte unter Beibehaltung ihres Abstandes gegeneinander zu verschieben. Die Folge davon ist, daß die Stabachse in Gebieten positiver Querkraft nach rechts hin bergab, bei negativer Querkraft bergauf verläuft. Da eine solche Beanspruchung beim Schneiden mit einer Schere auftritt, wird Q auch *Scherkraft* genannt.

Betrachten wir die linke Hälfte des in Abb. 76, Bild *3* dargestellten durchschnittenen Trägers, so müssen also A, P_1, R_l oder, was dasselbe ist, A, P_1, M, N, Q im Gleichgewicht sein. Für dieses Kraftsystem müssen also die drei Gleichgewichtsbedingungen erfüllt sein: $\Sigma H_i = 0$, $\Sigma V_i = 0$, $\Sigma M_i = 0$, die Summen zu erstrecken über sämtliche am linken abgeschnittenen Teil angreifenden Kräfte und Momente. Aus diesen drei Gleichungen können wir die drei Unbekannten M, N, Q berechnen.

Gehen wir vom rechten Teil aus, so müssen P_2, P_3, B, M, N, Q im Gleichgewicht sein. Wenden wir die drei Gleichgewichtsbedingungen auf die am rechten Teil angreifenden Kräfte und Momente an, so müssen sich aus diesen drei Gleichungen dieselben Werte für M, N, Q ergeben wie oben. Zweckmäßig wird man zur Bestimmung von M, N, Q natürlich von jenem Teil ausgehen, an dem weniger Kräfte angreifen.

Wir sehen, daß wir am Träger auf zwei Stützen, nachdem wir die Auflagerdrücke aus den statischen Gleichgewichtsbedingungen ermittelt haben, auch imstande sind, in jedem beliebigen Querschnitt die Schnittgrößen M, N, Q, in die wir die inneren Kräfte zusammengefaßt haben, allein mittels der Gleichgewichtsbedingungen zu berechnen. Der Träger auf zwei Stützen ist daher nicht bloß, was die Auflagerung anlangt, statisch bestimmt (äußerlich statisch bestimmt, siehe Nr. 44), sondern auch, was die Ermittlung der Schnittgrößen betrifft (innerlich statisch bestimmt). Wir sprechen kurz von einem *statisch bestimmten System* oder sagen einfach, der Träger auf zwei Stützen ist *statisch bestimmt*. Im Gegensatz hierzu nennen wir ein Tragwerk, bei dem die Gleichgewichtsbedingungen wohl zur Bestimmung der Auflagerreaktionen, nicht aber zur Ermittlung der Schnittgrößen an jeder beliebigen Stelle ausreichen, ein *innerlich statisch unbestimmtes System* (siehe Nr. 63).

Die Unterscheidung „innerlich" und „äußerlich" statisch unbestimmt ist keine absolute. Ein äußerlich statisch unbestimmtes System kann stets auch als innerlich statisch unbestimmt aufgefaßt werden (siehe Nr. 74). Es wird daher häufig überhaupt nicht zwischen innerlich und äußerlich statisch unbestimmt unterschieden, sondern einfach ein System dann als *statisch unbestimmt* bezeichnet, wenn die Gleichgewichtsbedingungen zur Ermittlung der Stützreaktionen sowie der Schnittgrößen in jedem beliebigen Querschnitt nicht ausreichen. Andernfalls wird das System als *statisch bestimmt* bezeichnet.

49. Beispiel zur Berechnung von M, N, Q.

Wir wollen für den in Nr. 45 behandelten Träger an der Stelle $x = 3$ m Biegemoment, Normalkraft und Querkraft bestimmen.

In Abb. 77 ist der Träger nochmals aufgezeichnet, wobei für die Auflagerdrücke die seinerzeit berechneten Werte eingetragen wurden. Nun denken wir uns den Träger an der Stelle $x = 3$ m durchschnitten und bringen an den beiden Schnittflächen M, N, Q an, und zwar in den als positiv vereinbarten Richtungen. Sollte in Wirklichkeit eine der Größen die umgekehrte Richtung haben, so äußert sich dies dadurch, daß sie sich aus der Rechnung als negativ ergibt. Nun wird jeder Teil als starrer Körper behandelt, an dem ein Kraftsystem, bestehend aus Lasten, Auflagerdrücken sowie M, N, Q angreift, das sich im Gleichgewicht befinden muß. Wir wollen nun M, N, Q einmal vom linken, dann vom rechten Teil ausgehend berechnen und zeigen, daß sich beide Male dieselben Werte ergeben. Dazu zerlegen wir wieder sämtliche Lasten in ihre Horizontal- und Vertikalkomponenten, die wir schon in Nr. 45 berechnet haben. Dann stellen wir für den jeweils betrachteten Trägerteil die drei Gleichgewichtsbedingungen auf und trachten danach, daß in jeder Gleichung nur eine Unbekannte vorkommt. (Einheiten: Mp und m.)

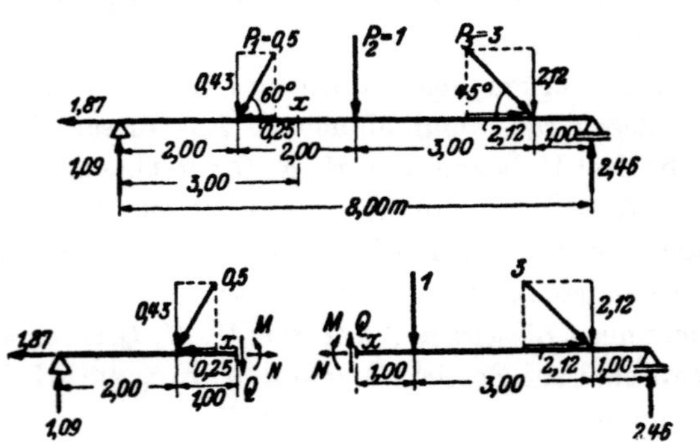

Abb. 77

a) *Berechnung von M*: Wir benützen die Gleichgewichtsbedingung $\Sigma M_i = 0$ für den Bezugspunkt x und erstrecken die Summe zunächst über sämtliche Kräfte und Momente, die am linken abgeschnittenen Teil angreifen[1]:

$$-1{,}09 \cdot 3 + 0{,}43 \cdot 1 + M = 0.$$

Daraus folgt

$$M = +2{,}84 \text{ Mpm}.$$

Erstrecken wir die Momentensumme über sämtliche Kräfte und Momente am rechten Teil, so erhalten wir (Bezugspunkt ist wieder der Punkt x)

$$-M - 1{,}00 \cdot 1 - 2{,}12 \cdot 4 + 2{,}46 \cdot 5 = 0\text{[2]},$$
$$M = +2{,}82 \text{ Mpm}$$

(kleine Abweichungen in der letzten Stelle rühren von den Abrundungen her).

b) *Berechnung von N*: Wir verwenden die Gleichgewichtsbedingung $\Sigma H_i = 0$. Sie liefert, auf den linken Teil angewandt:

$$-1{,}87 - 0{,}25 + N = 0,$$
$$N = +2{,}12 \text{ Mp}.$$

Dieselbe Gleichgewichtsbedingung, für den rechten Teil angeschrieben, ergibt

$$-N + 2{,}12 = 0,$$
$$N = +2{,}12 \text{ Mp}.$$

c) *Berechnung von Q*: Wir verwenden die Gleichgewichtsbedingung $\Sigma V_i = 0$. Ausgehend vom linken Trägerteil, erhalten wir

$$1{,}09 - 0{,}43 - Q = 0,$$
$$Q = +0{,}66 \text{ Mp}.$$

Vom rechten Teil ausgehend, ergibt sich

$$Q - 1{,}00 - 2{,}12 + 2{,}46 = 0,$$
$$Q = +0{,}66 \text{ Mp}.$$

M, N, Q ergeben sich sämtlich als positiv. Sie haben also die in Abb. 77 eingezeichneten Richtungen. Der Balken wird an der Stelle $x = 3$ m nach unten konvex durchgebogen und gezogen. Der Einfluß der Querkraft auf die Formänderung wird nur bei sehr kurzen und hohen Trägern mit dem des Biegemoments vergleichbar und wird daher gewöhnlich vernachlässigt.

---

[1] Streng genommen wäre die Momentengleichung für den Schwerpunkt der Querschnittsfläche an der Schnittstelle aufzustellen. Es würden dann auch die Momente der Horizontalkomponenten der Lasten und des Auflagerdruckes A in die Gleichung eingehen. Da wir jedoch in Nr. 45 den Träger als stabförmig voraussetzten, sind diese Momente vernachlässigbar.

[2] Das positive Biegemoment M muß in dieser Gleichung mit einem Minuszeichen versehen werden, da es im Uhrzeigersinn dreht und wir vereinbart haben, solche Momente negativ in unsere Rechnung einzuführen (Nr. 16). Bei Aufstellung irgendeiner Momentengleichung ist stets darauf zu achten, daß Momente, die im gleichen Sinn drehen, das gleiche Vorzeichen bekommen. Ähnliches gilt, sinngemäß angewandt, für N und Q. Es sei ferner noch hervorgehoben, daß M, das man sich ja als Kräftepaar vorstellen kann, vom Bezugspunkt unabhängig ist (Nr. 17). Als Kräftepaar liefert M keinen Beitrag zu den Gleichungen $\Sigma H_i = 0$, $\Sigma V_i = 0$, was der Anfänger beachten möge (siehe auch Nr. 22).

50. Querkraft- und Momentenverlauf bei Belastung mit lotrechten Einzelkräften. Wie schon erwähnt, begegnet uns in der Praxis am häufigsten der Fall lotrechter Belastung, dem wir daher besondere Aufmerksamkeit zuwenden wollen. Wir wollen für diesen Fall ein Schaubild der Größen M, N, Q als Funktionen von x zu gewinnen trachten, aus dem wir ihre Werte in jedem beliebigen Trägerquerschnitt entnehmen können. Die Auflagerdrücke denken wir uns bereits bestimmt (Nr. 46). Um M, N, Q an einer beliebigen Stelle x des in Abb. 78 dargestellten Trägers zu berechnen, denken wir uns diesen wieder in zwei Teile zerschnitten, bringen an der Schnittstelle M, N, Q in den als positiv vereinbarten Richtungen an und stellen für jeden Teil die Gleichgewichtsbedingungen auf.

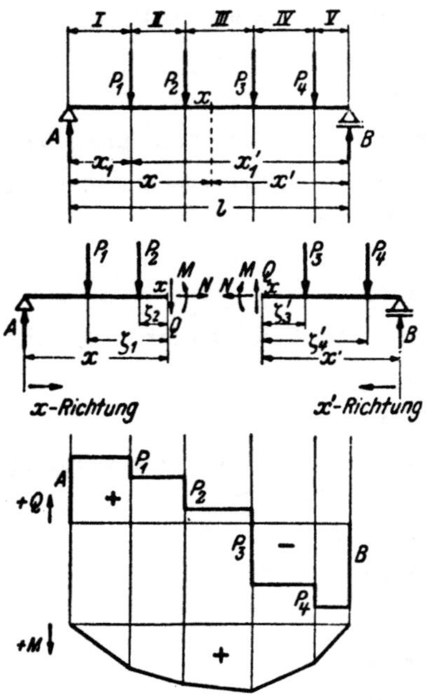

Abb. 78

Die Gleichgewichtsbedingung $\Sigma H_i = 0$ liefert

$$N = 0. \qquad (50, 1)$$

Da x vollkommen beliebig war, folgt daraus, daß in einem waagrecht liegenden geraden Träger mit waagrechter Gleitbahn des beweglichen Lagers bei lotrechter Belastung nirgends Normalkräfte auftreten.

Die Gleichgewichtsbedingung $\Sigma V_i = 0$ liefert, angewandt auf den linken Teil:

$$A - P_1 - P_2 - Q = 0,$$

$$Q = A - P_1 - P_2,$$

oder allgemein, für beliebig viele Lasten:

$$Q = A - \sum P_l, \qquad (50, 2\text{ a})$$

wobei der Index l bedeuten soll, daß die Summe über alle Lasten links von der Schnittstelle zu erstrecken ist. — Gehen wir vom rechten Teil aus, so erhalten wir

$$Q = -B + \sum P_r, \qquad (50, 2\text{ b})$$

wobei der Index r die Summation über alle Lasten rechts vom Schnitt andeuten soll. Beide Gleichungen müssen wieder zu demselben Ergebnis führen, und man wird wieder von jenem Trägerteil ausgehen, auf dem weniger Lasten stehen.

Mit Hilfe dieser Gleichungen können wir nun den Verlauf der Querkraft als Funktion von x graphisch darstellen. Dazu unterteilen wir den Träger in einzelne Felder, die in Abb. 78 mit römischen Ziffern bezeichnet wurden. Liegt die Schnittstelle x im Feld I, so ist nach Gl. (50, 2 a) $Q = A$, und zwar für jeden beliebigen Punkt x im Feld I. Q ist also im Feld I konstant und wird durch die Ordinaten einer horizontalen Geraden in der Höhe A über einer waagrechten Bezugslinie dargestellt. Im Feld II ist nach Gl. (50, 2 a) $Q = A - P_1$ wieder unabhängig von x, also abermals konstant und um P_1 kleiner als im Feld I. Im Feld III finden wir $Q = A - P_1 - P_2$, und so geht es weiter, bis im Feld V aus Gl. (50, 2 b) $Q = -B$ folgt. Wir sehen, daß für den Fall der Belastung des Trägers mit Einzellasten die Querkraftlinie einen treppenförmigen Verlauf zeigt, der vom Positiven ins Negative führt (Abb. 78). *Längs unbelasteter Trägerstrecken ist Q konstant, unter jeder Einzellast erfolgt ein Sprung um den Betrag dieser Last.* Die Querkraftlinie ist also in jedem Lastangriffspunkt *unstetig*.

Anders bei den Momenten. Zur Berechnung des Biegemoments in einem beliebigen Punkt x des Trägers bezeichnen wir die Abstände der Lasten am linken Teil von der Schnittstelle mit ζ_l. Dann liefert die Gleichgewichtsbedingung $\Sigma M_l = 0$ für den Bezugspunkt x, angewandt auf den linken Teil,

$$-Ax + P_1\zeta_1 + P_2\zeta_2 + M = 0,$$
$$M = Ax - P_1\zeta_1 - P_2\zeta_2,$$

oder allgemein

$$M = Ax - \sum P_l\zeta_l \tag{50, 3 a}$$

(zu summieren über alle Lasten links vom Schnitt).

Bezeichnen wir mit x' den Abstand der Schnittstelle vom rechten Auflager und mit ζ_l' die Abstände der Lasten am rechten Trägerteil von der Schnittstelle, so folgt aus dem Gleichgewicht des rechten Teils

$$M = Bx' - \sum P_r\zeta_r' \tag{50, 3 b}$$

(zu summieren über alle Lasten rechts vom Schnitt). Aus beiden Gleichungen muß sich derselbe Wert für M ergeben.

Diskutieren wir nun den Verlauf des Biegemoments als Funktion von x, so erhalten wir zunächst im Feld I aus der Gl. (50, 3 a) $M = Ax$. Das ist eine geneigte Gerade. Am Auflager ($x = 0$) ergibt sich $M = 0$; am Ende des ersten Feldes ($x = x_1$) ist $M = Ax_1$. Es ist fast allgemein üblich, die positiven Momente nach abwärts, die negativen nach aufwärts aufzutragen, so daß sich im Feld I der in Abb. 78 eingezeichnete Momentenverlauf ergibt. Im Feld *II* finden wir nach Gl. (50, 3 a) $M = Ax - P_1\zeta_1$. Da $\zeta_1 = x - x_1$ ist, wo x_1 den festen Abstand der ersten Last vom linken Auflager bedeutet, ergibt sich $M = Ax - P_1(x - x_1) = (A - P_1)x + P_1 x_1$, also abermals eine Gerade, jedoch mit geringerer Neigung als die vorige. Die Gerade im Feld *II* schließt ohne Unstetigkeit, sondern nur mit einer Ecke an die im Feld *I* an; denn setzen wir in der letzten Gleichung $x = x_1$, so ergibt sich $M = Ax_1$, also derselbe Wert wie am Ende des Feldes *I*. So fortfahrend, erhalten wir als Momentenlinie einen *Polygonzug*, der am rechten Trägerende wieder den Wert $M = 0$ liefert [siehe Gl. (50, 3 b), $x' = 0$]. *Längs unbelasteter Trägerstrecken ist also die Momentenlinie eine Gerade, unter jeder Einzellast hat sie eine Ecke.* Die Biegemomente sind bei einem derartigen Träger durchwegs positiv, falls die Lasten, wie wir vorläufig stets annehmen, nach abwärts wirken.

51. Beispiele zur Ermittlung des Querkraft- und Momentenverlaufs bei Belastung mit lotrechten Einzelkräften.

1. Beispiel. Wir wollen für den in Nr. 47, Abb. 73 behandelten Träger mit drei lotrechten Einzellasten den Querkraft- und Momentenverlauf ermitteln. Die Auflagerdrücke wurden a. a. O. bereits bestimmt zu $A = 4{,}5\,\text{Mp}$, $B = 3{,}5\,\text{Mp}$. Sie wurden in Abb. 79 eingetragen.

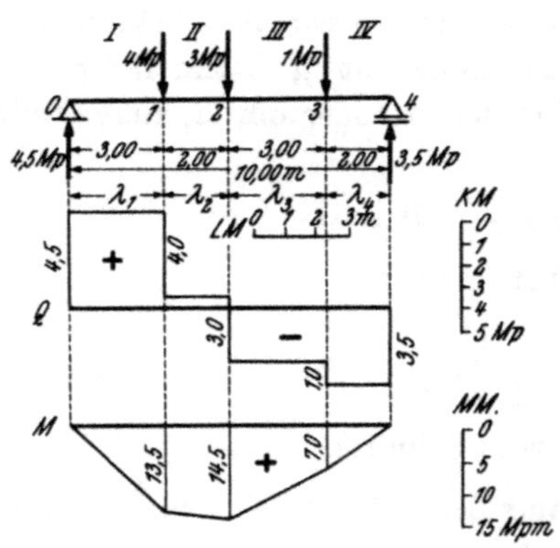

Abb. 79

a) *Querkraftlinie.* Nach Gl. (50, 2 a) gilt (Einheit Mp)

im Feld I: $Q = +4{,}5$
im Feld II: $Q = 4{,}5 - 4 = +0{,}5$
im Feld III: $Q = 0{,}5 - 3 = -2{,}5$
im Feld IV: $Q = -2{,}5 - 1 =$
$-3{,}5 = -B$ [nach Gl. (50, 2 b)].

Nach Wahl eines geeigneten Kraftmaßstabes kann die Querkraftlinie in die Abbildung eingezeichnet werden.

b) *Momentenlinie.* Die Momentenlinie wird am einfachsten dadurch gewonnen, daß man die Ordinaten ihrer Eckpunkte berechnet und zwischen diesen geradlinig verbindet. In den mit arabischen Ziffern am Träger bezeichneten Punkten gilt nach Gl. (50, 3 a) bzw. (50, 3 b) in Mpm

$$M_0 = 0$$
$$M_1 = 4{,}5 \cdot 3 = +13{,}5$$
$$M_2 = 4{,}5 \cdot 5 - 4 \cdot 2 = +14{,}5$$
$$M_3 = 3{,}5 \cdot 2 = +7{,}0$$
$$M_4 = 0.$$

Nach Wahl eines entsprechenden Momentenmaßstabes kann mit Hilfe dieser Werte die Momentenlinie in die Abbildung eingezeichnet werden.

Der Leser versuche die Gleichungen der einzelnen Geradenstücke der Momentenlinie nach Gl. (50, 3 a) aufzustellen und prüfe, ob diese Geraden durch die eben berechneten Eckpunkte der Momentenlinie hindurchgehen.

2. Beispiel. Für einen mit einer einzigen Last P versehenen Träger (Abb. 80) ist die Momentenlinie ein Dreieck. Das größte Moment tritt unter der Last auf. Hat diese vom linken Auflager den Abstand e, vom rechten e', so ist nach Gl. (46, 4) der Auflagerdruck $A = Pe'/l$, wo l die Spannweite des Trägers bedeutet. Damit ergibt sich das Größtmoment zu

$$M_{\max} = Ae = \frac{Pee'}{l}. \tag{51, 1}$$

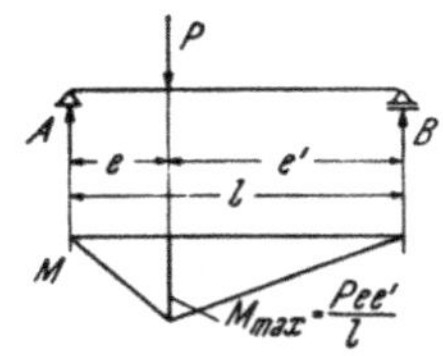

Abb. 80

Steht die Last in der Trägermitte, so ist $e = e' = l/2$ und es gilt

$$M_{\max} = \frac{Pl}{4}. \tag{51, 2}$$

52. Streckenlasten. Neben Einzelkräften kommen als Belastung, wie wir schon in Nr. 1 erwähnt haben, auch längs der Trägerachse verteilte Lasten, die man als *Streckenlasten* bezeichnet, in Frage. Hierher gehören z. B. das Eigengewicht des Trägers, ferner Schneelast, Winddruck, Gewicht von Sandschüttungen u. dgl. m. Wir wollen lediglich Streckenlasten betrachten, die senkrecht zur Trägerachse, d. h. also in lotrechter Richtung wirken. Die Größe einer Streckenlast wird durch die Anzahl kp bzw. Mp ausgedrückt, die auf der Längeneinheit des Trägers ruht, ihre Dimension ist daher kp/m bzw. Mp/m. Man bezeichnet eine Streckenlast gewöhnlich mit p, wenn sie eine Nutzlast ist, mit g, wenn sie das Eigengewicht bedeutet, und nennt $p + g$ meist q. Wir wollen einstweilen die Bezeichnung p verwenden. Führen wir eine Koordinate ξ ein, die, am linken Trägerende beginnend nach rechts hin läuft, so kann p eine beliebige Funktion von ξ sein: $p = p(\xi)$. Diese Funktion ist gewöhnlich in Form einer Kurve gegeben (Abb. 81). Die Fläche zwischen dieser Kurve und der Trägerachse heißt Belastungsfläche (F). Ist p konstant, so spricht man von einer Gleichlast.

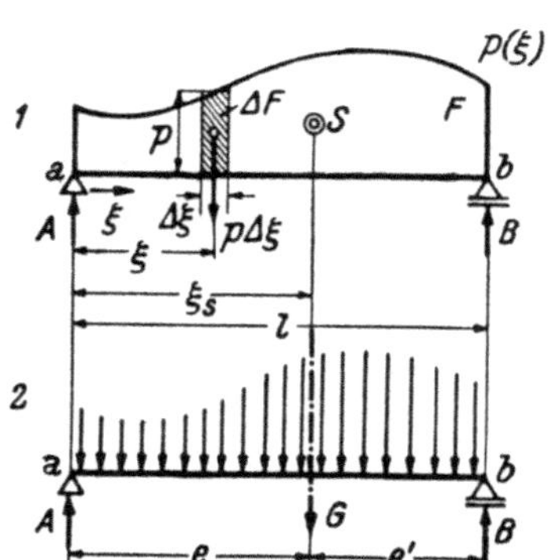

Abb. 81

a) *Auflagerdrücke.* Um die Auflagerdrücke eines mit Streckenlast belasteten Trägers zu bestimmen, ermitteln wir zunächst die Resultierende G (das Gesamtgewicht) der Belastung und bestimmen dann A und B nach den Gl. (46, 4).

Greifen wir an einer beliebigen Stelle ξ ein kleines Trägerstück $\Delta\xi$ heraus, so klein, daß sich auf ihm p nicht merklich ändert, so wirkt darauf die Last $p\Delta\xi$, wo p die Belastungshöhe etwa in der Mitte von $\Delta\xi$ bedeutet, $p\Delta\xi$, das wir als eine kleine Einzellast auffassen können, ist gleich ΔF. also gleich der Fläche des in Abb. 81, Bild *1* schraffierten Streifens der Belastungsfläche. Die Wirkung der Streckenlast ist demnach gleich der einer großen Anzahl kleiner Einzellasten $p\Delta\xi$ (Bild *2*). Die Größe der Resultierenden G erhalten wir durch Summation aller $p\Delta\xi$, d. h. also durch Summation sämtlicher ΔF über den ganzen Träger:

$$G = \sum p\Delta\xi = \sum \Delta F = F. \tag{52, 1}$$

Wir sehen, daß das Gesamtgewicht der Streckenlast durch den Inhalt der Belastungsfläche gegeben ist. Streng genommen müßten wir mit $\Delta\xi$ zur Grenze Null übergehen (d. h. also die Belastungsfläche in unendlich viele, unendlich schmale Streifen unterteilen), dann würden wir erhalten

$$G = \int_0^l p(\xi)\,d\xi = F, \tag{52, 2}$$

die bekannte Formel zur Berechnung des Inhalts von F mittels eines bestimmten Integrals. G und damit F haben die Dimension (kp/m) · m = kp, also die einer Kraft, wie es ja sein muß.

Die Lage der Resultierenden G, etwa ihren Abstand e vom linken Auflager (Punkt a), erhalten wir aus der Bedingung, daß das Moment von G um a gleich der Summe der Momente aller Kräfte $p\Delta\xi$ um a sein muß (Nr. 21). $p\Delta\xi$ hat den Hebelarm ξ, und es muß gelten

$$Ge = \sum p\Delta\xi \cdot \xi = \sum \xi\Delta F.$$

Bezeichnen wir mit ξ_s den Abstand des Schwerpunkts von F vom linken Auflager, so ist die letzte Summe nach Gl. (35, 3 a) gleich $\xi_s F$. Da nun $G = F$ ist, gilt $\xi_s = e$ und wir erfahren, daß die Resultierende der Streckenlast im Schwerpunkt der Belastungsfläche angreift. Die Abstände e und e' dieses Schwerpunkts von den beiden Auflagern sind in den meisten Fällen unschwer anzugeben, so daß für die Auflagerdrücke nach den Gl. (46, 4) gilt

$$A = \frac{Ge'}{l}, \qquad B = \frac{Ge}{l}. \tag{52, 3}$$

Falls sich der Schwerpunkt der Belastungsfläche nicht sofort angeben läßt, diese aber in einzelne Flächenstücke zerlegt werden kann, deren Schwerpunkte bekannt sind, dann bringt man in den Teilschwerpunkten die entsprechenden Teilgewichte an und berechnet A und B genau wie für einen mit mehreren Einzellasten belasteten Träger nach den Gl. (46, 2).

Allgemein gilt, daß, wie auch immer wir die Belastungsfläche unterteilen und durch Einzellasten ersetzen, wir stets zu denselben Werten der Auflagerdrücke gelangen müssen. Halten nämlich A und B der ursprünglichen Belastung das Gleichgewicht, so müssen sie auch mit jedem Kraftsystem im Gleichgewicht sein, das der ursprünglichen Belastung gleichwertig ist. Denn alle diese Kraftsysteme müssen ja dieselbe Resultierende haben, und halten A und B dieser das Gleichgewicht, dann müssen sie auch mit den Kraftsystemen im Gleichgewicht sein. (Siehe Nr. 53, 2. Beispiel.)

b) *Querkraft und Biegemoment.* Zur Berechnung der Querkraft und des Biegemoments an einer beliebigen Stelle x eines mit Streckenlast belasteten Trägers denken wir uns diesen wieder in zwei Teile zerschnitten, bringen an der Schnittstelle Q und M (N ist ja Null) in den als positiv vereinbarten Richtungen an und stellen etwa für den linken Trägerteil die Gleichgewichtsbedingungen auf (Abb. 82). Das Gewicht der auf der Trägerstrecke a bis x ruhenden Belastung bezeichnen wir mit G_x. Es ist gleich dem Inhalt des Stückes F_x der Belastungsfläche und greift an in dessen Schwerpunkt s_x. Die Größe von F_x wird sich ja in den meisten Fällen leicht angeben lassen.

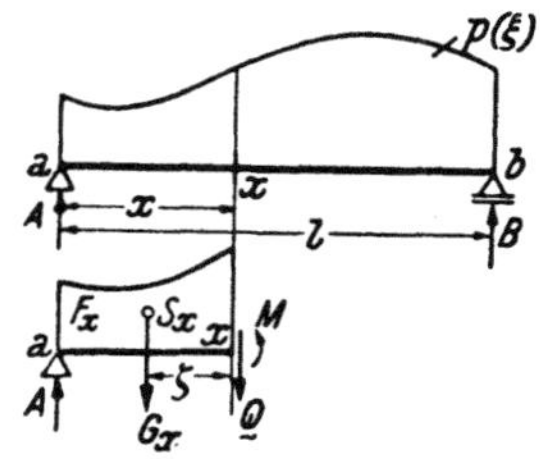

Abb. 82

In Anlehnung an die Gl. (52, 2) können wir F_x auch in der Form darstellen

$$F_x = \int_0^x p(\xi)\,d\xi.$$

Für einen mit Einzellasten belasteten Träger ist die Querkraft nach Gl. (50, 2 a) gegeben durch

$$Q = A - \sum P_l.$$

Die Summe aller Lasten links vom Schnitt ist in unserem Falle gleich G_x, so daß gilt:

$$Q = A - G_x. \tag{52, 4}$$

Für das Biegemoment eines mit Einzellasten belasteten Trägers erhielten wir nach Gl. (50, 3 a)

$$M = Ax - \sum P_l \zeta_l.$$

Das Moment aller Lasten links vom Schnitt in bezug auf die Schnittstelle x ist in unserem Falle gleich $G_x \zeta$, wenn ζ den Abstand des Schwerpunkts s_x von der Schnittstelle bedeutet. Folglich gilt:

$$M = Ax - G_x \zeta. \tag{52, 5}$$

Entsprechende Formeln gelten für den rechten abgeschnittenen Teil. Der Leser stelle sie auf.

53. Beispiele von Trägern mit Streckenlast.

1. Beispiel. Der einfachste und zugleich häufigste Fall einer Streckenlast ist der einer durchgehenden Gleichlast p = const. (Abb. 83). Wir wollen für einen mit durchgehender Gleichlast belasteten Träger von der Spannweite l Querkraft und Biegemoment als Funktionen von x ermitteln.

Das Gesamtgewicht der Belastung ist $G = pl$. Aus Symmetriegründen ist jeder der Auflagerdrücke gleich der Hälfte von G:

$$A = B = \frac{pl}{2}. \tag{53, 1}$$

Um die Gleichung der Querkraftlinie zu erhalten, denken wir uns in beliebiger Entfernung x vom linken Auflager einen Schnitt geführt. Dann ist $G_x = px$ und nach Gl. (52, 4) ist

$$Q = \frac{pl}{2} - px = p\left(\frac{l}{2} - x\right). \tag{53, 2}$$

Wir erhalten die Gleichung einer *geneigten Geraden* (Richtungskoeffizient $-p$). Für das linke Auflager ($x = 0$) ergibt sich $Q = pl/2 = A$, für das rechte ($x = l$) ist $Q = -pl/2 = -B$. Die Verbindungslinie dieser beiden Punkte ist die Querkraftlinie (Abb. 83). Für $x = l/2$, also für die Trägermitte, ergibt sich $Q = 0$.

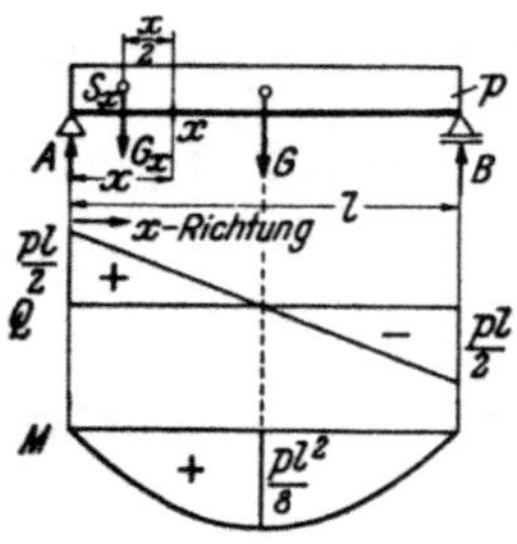

Abb. 83

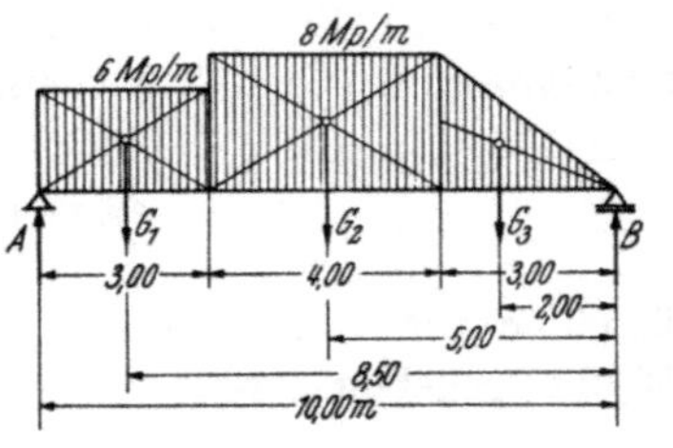

Abb. 84

Die Gleichung der Momentenlinie erhalten wir aus Gl. (52, 5). Für ζ ist $x/2$ einzusetzen:

$$M = \frac{pl}{2}x - px\frac{x}{2},$$

$$M = \frac{px}{2}(l - x). \tag{53, 3}$$

Diese Gleichung vom zweiten Grade in x stellt eine *Parabel* dar. An den beiden Trägerenden, das ist für $x = 0$ und $x = l$ ergibt sich $M = 0$. Dazwischen ist M überall positiv, da $x > 0$ und $l > x$ ist. Zwischen den beiden Auflagern muß also das Moment ein Maximum haben, das aus Symmetriegründen in der Trägermitte liegen [wovon sich der Leser auch durch Differenzieren der Gl. (53, 3) leicht überzeugen kann] und mit dem Parabelscheitel zusammenfallen wird. Setzen wir also in Gl. (53, 3) $x = l/2$, so erhalten wir

$$M_{\max} = \frac{pl^2}{8}. \tag{53, 4}$$

Damit kann die parabolische Momentenlinie unschwer eingezeichnet werden (Abb. 83).

2. Beispiel. Bei dem in Abb. 84 dargestellten Träger fassen wir die Streckenlast in drei Einzellasten zusammen, nämlich $G_1 = 3 \cdot 6 = 18$, $G_2 = 4 \cdot 8 = 32$ und $G_3 = \frac{1}{2}\, 3 \cdot 8 = 12$ Mp, die in den Schwerpunkten der einzelnen Teile der Belastungsfläche angreifen. Damit ergibt sich nach den Gl. (46, 2)

$$A = \frac{1}{l}\sum_{i=1}^{3} G_i x_i' = \frac{1}{10}(18 \cdot 8{,}5 + 32 \cdot 5 + 12 \cdot 2) = 33{,}7 \text{ Mp},$$

$$B = \frac{1}{l}\sum_{i=1}^{3} G_i x_i = \frac{1}{10}(18 \cdot 1{,}5 + 32 \cdot 5 + 12 \cdot 8) = 28{,}3 \text{ Mp}.$$

Probe:

$$A + B = 62{,}0 = G_1 + G_2 + G_3.$$

54. Zusammenhang zwischen M, Q und p. Sowohl im 1. Beispiel der Nr. 51 als auch im 1. Beispiel der Nr. 53 können wir beobachten, daß das größte Biegemoment an jener Stelle des Trägers auftritt, wo die Querkraft ihr Zeichen wechselt. Wir werden nun beweisen, daß dies kein Zufall ist, sondern allgemein gilt. Gleichzeitig werden wir etwas über den Zusammenhang zwischen der Größe der Belastungshöhe und p der Neigung der Querkraftlinie an einer beliebigen Trägerstelle erfahren.

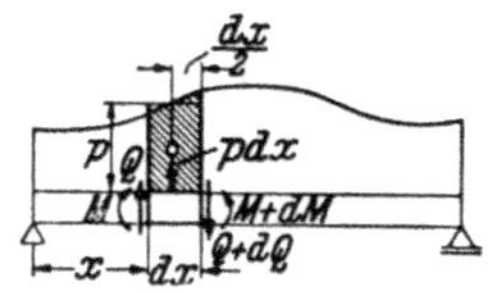

Abb. 85

Denken wir uns den in Abb. 85 dargestellten Träger, der eine beliebig veränderliche Streckenlast tragen soll, zuerst an der Stelle x und dann an der unendlich benachbarten Stelle $x + dx$ durchschnitten, so muß das herausgeschnittene unendlich kleine Trägerstück dx unter der Einwirkung der äußeren und inneren Kräfte im Gleichgewicht sein. Als äußere Kraft wirkt auf das Trägerstück das Gewicht des schraffierten Teiles der Streckenlast. Diesen unendlich schmalen Streifen der Belastungsfläche ersetzen wir durch ein Rechteck von der Breite dx und der Höhe p, etwa der Belastungshöhe in der Mitte von dx. Auf das Trägerstück dx wirkt demnach zunächst die Kraft $p\,dx$, welche durch den Schwerpunkt des schmalen Rechtecks geht. Ferner wirken an der Schnittfläche x M und Q, die wir in den als positiv vereinbarten Richtungen einzeichnen. In der Schnittfläche $x + dx$ werden Biegemoment und Querkraft im allgemeinen etwas andere Werte haben als vorhin, hier wird das Biegemoment $M + dM$ und die Querkraft $Q + dQ$ wirken, wo dM und dQ kleine Zuwächse oder Abnahmen von M und Q bedeuten.

Wenden wir auf das kleine Trägerstück die Gleichgewichtsbedingung $\Sigma V_i = 0$ an, so erhalten wir

$$Q - p\,dx - (Q + dQ) = 0.$$

Daraus folgt die Beziehung

$$\frac{dQ}{dx} = -p. \qquad (54, 1)$$

p war die Belastungshöhe in der Mitte von dx. Da aber dx unendlich klein ist, ist p nur unendlich wenig verschieden, d. h. also gleich der Belastungshöhe an der Stelle x. Die Gl. (54, 1) besagt also: *Die Neigung der Querkraftlinie an einer beliebigen Stelle x des Trägers ist gleich der negativ genommenen Belastungshöhe an dieser Stelle.* Je größer also p ist, desto steiler verläuft die Querkraftlinie nach abwärts. Längs unbelasteter Trägerstrecken ($p = 0$), also z. B. zwischen den Einzellasten des Trägers der Abb. 79, ist $dQ/dx = 0$, die Querkraftlinie verläuft waagrecht.

Wenden wir nun die Gleichgewichtsbedingung $\Sigma M_i = 0$ auf das Trägerstück dx an, wobei wir als Bezugspunkt etwa den Schwerpunkt der rechten Querschnittsfläche wählen, so erhalten wir

$$-M - Q\,dx + p\,dx\frac{dx}{2} + (M + dM) = 0$$

oder

$$\frac{p}{2}(dx)^2 - Q\,dx + dM = 0.$$

Die in dieser Gleichung vorkommenden Summanden sind von sehr ungleicher Größe. dx und dM nennt man unendlich kleine Größen erster Ordnung. Desgleichen ist $Q\,dx$ unendlich klein erster Ordnung, da Q endlich ist, ebenso wie der nicht geschriebene Faktor 1 von dM. $(dx)^2$ und damit $p\,(dx)^2/2$ nennt man unendlich klein von zweiter Ordnung, und es ist leicht einzusehen, daß, wenn wir dx immer kleiner und kleiner werden lassen, die Größen zweiter Kleinheitsordnung verschwindend klein werden gegen jene erster Ordnung, also gestrichen werden können. Denken wir uns etwa $dx = 10^{-1}$ m, dann ist $(dx)^2 = 10^{-2}$ m, also 10mal kleiner als dx. Lassen wir dx auf 10^{-2} m zusammenschrumpfen, so ist $(dx)^2 = 10^{-4}$ m, also 100mal kleiner als dx, und so geht es weiter, bis schließlich $(dx)^2$ gegen dx unendlich klein wird, d. h. exakt verschwindet.

Wir streichen also das erste Glied der obigen Gleichung und erhalten

$$\frac{dM}{dx} = Q. \qquad (54, 2)$$

Die Tangente des Neigungswinkels der Momentenlinie an einer beliebigen Stelle x ist also gleich der Größe der Querkraft an dieser Stelle. Daraus folgt als wichtigstes Ergebnis, daß dort, wo $Q = 0$ ist, $dM/dx = 0$ ist und folglich ein Extrem von M erwartet werden kann. Es könnte zwar auch ein Wendepunkt der Momentenlinie mit waagrechter Tangente vorliegen, was dann der Fall wäre, wenn Q vor und hinter der Nullstelle dasselbe

Zeichen hätte. Dies ist jedoch nur bei sehr gekünstelten Belastungsannahmen möglich, die in der Praxis kaum vorkommen. Im Falle eines Extremwerts von M hingegen muß Q beim Durchgang durch die Nullstelle sein Zeichen wechseln. Denn liegt etwa ein Maximum von M vor, so muß die M-Linie vorher ansteigen, also $dM/dx = Q > 0$ sein, nachher jedoch fallen, also $dM/dx = Q < 0$ sein; und umgekehrt bei einem Minimum. Wir können daher die Stellen, wo M Extremwerte hat, besser als jene Stellen kennzeichnen, wo Q sein Zeichen wechselt. Diese Kennzeichnung hat weiters den Vorteil, daß sie auch dann zutrifft, wenn, wie im Fall des Trägers mit Einzellasten, im allgemeinen gar keine Nullstelle von Q existiert, sondern Q sprunghaft durch Null hindurchgeht, wobei es das Zeichen wechselt. An dieser Stelle hat dann die M-Linie eine Ecke, und es existiert daher hier auch nicht der Differentialquotient dM/dx. [Der Mathematiker sagt, die Funktion $M(x)$ ist an dieser Stelle nicht differenzierbar.] Indessen stellt hier diese Ecke einen Extremwert von M dar. Denn ist etwa vor der Sprungstelle der Querkraft $Q > 0$, so steigt die M-Linie zu der erwähnten Ecke hin an. Ist hinter der Sprungstelle der Querkraft $Q < 0$, so nimmt M hier ab. Die Ecke in der M-Linie muß daher einen Größtwert von M darstellen. Wir können daher zusammenfassend sagen: *Wo die Querkraft ihr Zeichen wechselt, liegt ein Extrem des Biegemoments vor.* Bei stetigem Verlauf der Querkraft ist die Stelle des Zeichenwechsels von Q stets auch die Nullstelle von Q.

In der Festigkeitslehre werden wir erfahren, daß für die Beanspruchung eines Trägers in der Regel die Biegemomente ausschlaggebend sind. Die größte Beanspruchung tritt demnach in jenen Querschnitten auf, wo die Biegemomente *dem Betrag nach* am größten sind. Man nennt diese Stellen *gefährliche* oder *gefährdete Querschnitte.* Nun müssen an jenen Stellen, wo die absoluten Beträge des Biegemoments Größtwerte aufweisen, auch die Biegemomente selbst Extremwerte haben. (Diese können positive oder negative Größtwerte von M sein.) Da bei einem Extremwert von M Q stets das Zeichen wechselt, können wir sagen, *daß in einem gefährdeten Querschnitt stets die Querkraft ihr Zeichen wechselt.*

Das Umgekehrte ist nicht immer richtig; wo Q das Zeichen wechselt, muß nicht unbedingt ein gefährdeter Querschnitt liegen. Denken wir etwa an den Fall, daß zwischen zwei positiven Größtwerten von M ein ebenfalls positives Minimum liegt. Da auch dieses ein Extrem des Biegemoments darstellt, wechselt an dieser Stelle Q das Zeichen. M selbst sowie auch sein Absolutwert hat aber hier keinen Größtwert, sondern, verglichen mit der Umgebung, einen Kleinstwert. Diese Stelle ist also kein gefährdeter Querschnitt. (In Nr. 56, 7. Beispiel tritt dieser Fall ein.) Trotzdem sucht man, wenn man die gefährdeten Querschnitte feststellen will, zunächst jene Stellen auf, wo Q das Zeichen wechselt, und prüft erst nachträglich, ob nicht etwa ein Fall wie der eben beschriebene vorliegt. Diese Fälle sind aber ziemlich selten.

In dem für die Praxis wichtigsten Fall eines Trägers auf zwei Stützen ohne Kragarme mit von oben nach unten wirkenden Lasten, wie wir ihn bisher behandelt haben, sind die Biegemomente im ganzen Träger positiv und an seinen Enden gleich Null. Da die Querkraft in einem solchen Träger vom linken zum rechten Ende hin, abgesehen von streckenweiser Unveränderlichkeit, dauernd abnimmt, wobei sie von positiven zu negativen Werten übergeht, liegt nur ein einziges Extrem des Biegemoments vor, welches ein Maximum ist. Die Stelle des Zeichenwechsels von Q ist also hier der gefährdete Querschnitt, und zwar der einzige im ganzen Träger. Eine Ausnahme bildet höchstens der wieder sehr seltene Fall, daß die Querkraft bei ihrem Übergang von positiven zu negativen Werten eine Strecke lang konstant gleich Null ist. Dann verläuft nach Gl. (54, 2) die Momentenlinie längs dieser Strecke waagrecht, während sie vorher ansteigt und nachher wieder abfällt. Das Maximum von M ist also hier gewissermaßen verbreitert, und alle Punkte dieser Strecke sind gefährdete Querschnitte.

Aufgabe. Der Leser prüfe die Beziehungen (54, 1) und (54, 2) an den Gl. (53, 2) und (53, 3).

Anwendung. *Rekursionsverfahren zur Bestimmung der Biegemomente.* Bei Trägern, die mit lotrechten Einzelkräften belastet sind, läßt sich mit Hilfe der Gl. (54, 2) eine sehr bequeme *Rekursionsformel* zur Berechnung der Biegemomente herleiten.

Betrachten wir etwa den in Abb. 79 dargestellten Träger und bezeichnen wir die Längen der Felder zwischen den Einzellasten mit $\lambda_1 \ldots \lambda_4$. In jedem Feld ist der Differentialquotient dM/dx konstant und gleich der Querkraft in dem betreffenden Feld. Da die Momentenlinie feldweise gradlinig verläuft, ist dM/dx gleich der Differenz der Momente an den Enden des Feldes, geteilt durch die Feldlänge. dM/dx ist also z. B. im ersten Feld gleich $(M_1 - M_0)/\lambda_1$, im zweiten $(M_2 - M_1)/\lambda_2$, allgemein im i-ten Feld gleich $(M_i - M_{i-1})/\lambda_i$. Der erste Ausdruck ist nun gleich der Querkraft im ersten Feld, der zweite gleich der Querkraft im zweiten Feld, der i-te gleich der Querkraft im i-ten Feld, die wir mit $Q^{(i)}$ bezeichnen wollen:

$$\frac{M_i - M_{i-1}}{\lambda_i} = Q^{(i)}.$$

Daraus folgt

$$M_i = M_{i-1} + Q^{(i)} \lambda_i. \tag{54, 3}$$

Diese Formel gestattet bei bekanntem Querkraftverlauf jedes folgende Moment aus dem vorhergehenden zu berechnen. Die Querkraft in den einzelnen Feldern kann ebenfalls rekursorisch berechnet werden. Es ist ja die Querkraft im i-ten Feld gleich der Querkraft im vorhergehenden Feld, vermindert um die Last an der Feldgrenze (siehe Nr. 51):

$$Q^{(i)} = Q^{(i-1)} - P_{i-1}. \tag{54, 4}$$

Will man auch an einer Stelle, wo keine Last angreift, das Moment bestimmen, dann denke man sich dort die Last $P = 0$ wirkend.

Als Beispiel führen wir die Berechnung der Querkräfte und Biegemomente für den Träger der Abb. 79 in Form einer Tabelle durch (Tabelle 5). Wir berechnen zunächst in der üblichen Weise die Auflagerdrücke (Nr. 46 und 47),

d. h. zumindest den Auflagerdruck A, während B als Kontrolle dient[1]. Die Querkraft beginnt im ersten Feld mit dem Wert $Q^{(1)}) = A$, von dem ausgehend die Lasten P_i der Reihe nach zu subtrahieren sind. Geben wir zu dem letzten der so erhaltenen Werte $Q^{(i)}$ B dazu, so muß Null herauskommen, was als Kontrolle dient. In der Tabelle wurden daher die nach aufwärts

Tabelle 5

Punkt i	Kraft Mp	$Q^{(i)}$ Mp	λ_i m	$Q^{(i)}\lambda_i$ Mpm	M_i Mpm
0	$A = +4{,}5$				0,0
		+4,5	3,0	+13,5	
1	−4,0				+13,5
		+0,5	2,0	+ 1,0	
2	−3,0				+14,5
		−2,5	3,0	− 7,5	
3	−1,0				+ 7,0
		−3,5	2,0	− 7,0	
4	$B = +3{,}5$				0,0

wirkenden Kräfte A und B mit positiven, die nach abwärts wirkenden P_i mit negativen Vorzeichen versehen. Sodann berechnen wir die Produkte $Q^{(i)}\lambda_i$, wobei sich wieder eine Kontrolle ergibt. Addieren wir nämlich die sämtlichen Gl. (54, 3), so erhalten wir $\Sigma\, Q^{(i)}\lambda_i = M_4 - M_0$; da diese beiden Momente gleich Null sind, muß $\Sigma\, Q^{(i)}\lambda_i$ verschwinden. Bei der Berechnung der Momente beginnen wir mit dem bekannten Wert $M_0 = 0$ am linken Trägerende. Für das rechte Ende muß sich dann wieder der Wert Null ergeben.

Das angegebene Verfahren ist besonders vorteilhaft bei Trägern, die mit sehr vielen Einzelkräften belastet sind.

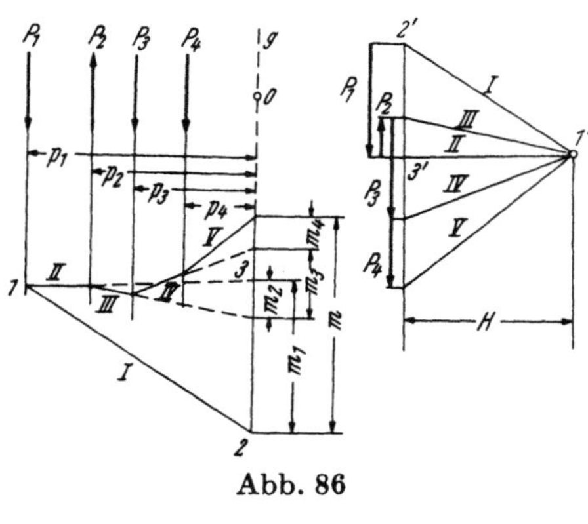

Abb. 86

55. Zeichnerische Ermittlung der Biegemomente bei lotrechter Belastung. Bei Trägern mit lotrechter Belastung läßt sich die Momentenlinie auch sehr einfach auf zeichnerischem Weg gewinnen. Wir gehen zunächst aus von einem System paralleler Kräfte von beliebigem Richtungssinn, dessen resultierendes Moment um einen Punkt O zu bestimmen sei (Abb. 86). Die Beträge der Kräfte seien mit $P_1, \ldots P_4$, ihre senkrechten Abstände von O mit $p_1, \ldots p_4$ bezeichnet. Das gesuchte Moment ist gegeben durch

[1] Wie man sich die vorherige Berechnung der Auflagerdrücke ersparen kann, zeigt das 4. Beispiel der Nr. 61.

$$M = P_1p_1 - P_2p_2 + P_3p_3 + P_4p_4.$$

Wir zeichnen nun ein Krafteck (wobei die Kräfte der Deutlichkeit halber wieder etwas nebeneinander gezeichnet und auf eine Gerade projiziert wurden), wählen einen Pol in einem beliebigen Abstand H von den Kräften (H wird *Polweite* genannt), zeichnen die Polstrahlen und das Seileck im Lageplan. Wir ziehen nun im Lageplan durch den Punkt O eine Gerade g parallel zu den Kräften und bringen mit ihr zunächst die Seilstrahlen I und II zum Schnitt. Die auf g abgeschnittene Strecke sei m_1. Das so entstehende Dreieck 1, 2, 3 im Lageplan ist dem Dreieck 1′, 2′, 3′ im Kräfteplan ähnlich (alle Winkel sind gleich) und es gilt daher

$$p_1 : m_1 = H : P_1 \tag{55, 1}$$

oder

$$P_1p_1 = m_1H.$$

Auf die gleiche Art finden wir, daß gilt

$$P_2p_2 = m_2H, \qquad P_3p_3 = m_3H, \qquad P_4p_4 = m_4H.$$

Dies in die Gleichung für M eingesetzt, liefert

$$M = (m_1 - m_2 + m_3 + m_4)H = mH. \tag{55, 2}$$

Dabei ist $m = m_1 - m_2 + m_3 + m_4$ jene Strecke, die zwischen dem ersten und letzten Seilstrahl auf der Geraden g abgeschnitten wird. Messen wir diese Strecke in der Zeichnung ab und multiplizieren sie mit der Polweite des Kraftecks, so erhalten wir das gesuchte Moment. Es fragt sich nur noch, in welchem Maßstab wir m und H zu messen haben. In Gl. (55, 1) sind p_1 und m_1 Strecken, die wir beide im selben Maß ausdrücken werden, das durch die Einheiten gegeben ist, in denen p_1 gemessen ist, also etwa in Metern. Ihr Verhältnis ist dimensionslos. Daher muß auch die rechte Seite der Gleichung dimensionslos sein, d. h. wir müssen H im selben Maß messen wie die Kräfte, also etwa in Megapond. Dann erhalten wir aus Gl. (55, 2) M in Mpm. Ist der Lageplan derart entworfen, daß einem Zentimeter der Zeichnung λ Meter in Wirklichkeit entsprechen, dann nennen wir λ den *Längenmaßstab* der Zeichnung und schreiben[1]

$$\text{LM: 1 cm gez.} \triangleq \lambda \text{ m wirkl.} \tag{55, 3 a}$$

Wir erhalten dann die Strecke m in Metern, indem wir sie in der Zeichnung in cm abmessen und diesen Wert mit λ vervielfachen. Genauso erhalten wir H in Megapond, indem wir die Polweite in der Zeichnung in cm abmessen und mit dem *Kraftmaßstab* $\varkappa$ vervielfachen. Dieser ist gegeben durch

[1] Dieses λ ist nicht zu verwechseln mit den Längen λ_i der Nr. 54, die alle einen Index tragen. — Für die Abkürzungen „gez." und „wirkl." lies „gezeichnet" und „wirklich".

$$\text{KM: 1 cm gez.} \mathrel{\hat{=}} \varkappa \text{ Mp wirkl.} \tag{55, 3 b}$$

Damit folgt dann aus Gl. (55, 2)

$$M\,(\text{Mpm}) = m\,(\text{m}) \cdot H\,(\text{Mp}) = m\,(\text{cm}) \cdot \lambda \cdot H\,(\text{cm}) \cdot \varkappa\,. \tag{55, 4}$$

Wir werden zweckmäßig jene Anzahl Mpm, die einer Strecke $m = 1$ cm entspricht, als den *Momentenmaßstab* μ bezeichnen:

$$\text{MM: 1 cm gez.} \mathrel{\hat{=}} \mu \text{ Mpm wirkl.} \tag{55, 3 c}$$

Dann ist nach Gl. (55, 4)

$$\mu = \lambda \cdot \varkappa \cdot H\,(\text{cm}), \tag{55, 5 a}$$

oder wir können auch schreiben (was manchmal vorteilhafter ist)

$$\mu = \lambda \cdot H\,(\text{Mp}). \tag{55, 5 b}$$

Der Momentenmaßstab ist also gleich Längenmaßstab mal Kraftmaßstab mal Polweite in Zentimetern bzw. gleich Längenmaßstab mal Polweite in Megapond.

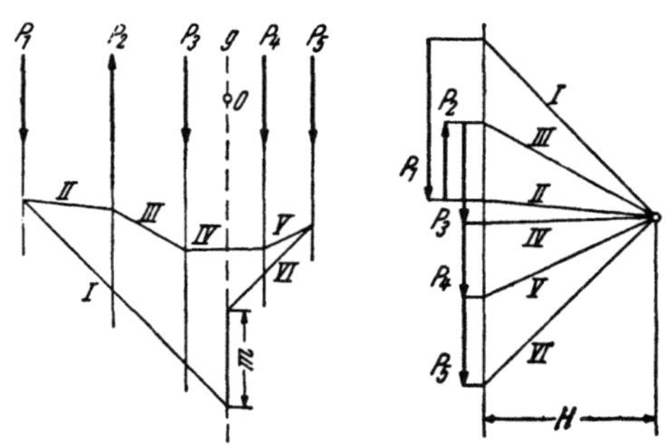

Abb. 87

Dieses zeichnerische Verfahren zur Bestimmung des Moments eines Kraftsystems um einen Punkt O ist auch dann anwendbar, wenn die Kräfte zu beiden Seiten von O liegen, wie es Abb. 87 zeigt. Stets ist m jene Strecke, die auf der Geraden g durch O zwischen dem ersten und dem letzten Seilstrahl der Kräftegruppe abgeschnitten wird. Über das Vorzeichen von M schafft meist eine einfache Überlegung Klarheit. Im Fall der Abb. 87 hat P_1 um O ein großes positives Moment, das durch P_3 noch vergrößert, durch P_2 etwas vermindert wird. Das übrigbleibende positive Moment, das zwischen den Seilstrahlen I und IV abzulesen wäre, wird durch die negativen Momente der Kräfte P_4 und P_5, deren Summe zwischen den Seilstrahlen IV und VI erscheint, nicht ganz aufgezehrt, so daß sich ein positives resultierendes Moment ergibt.

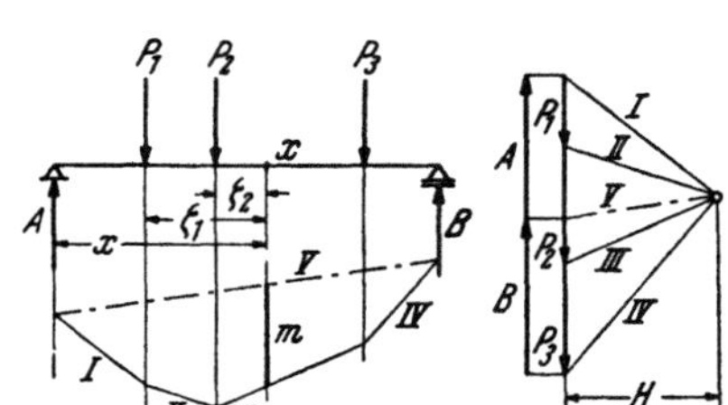

Abb. 88

Wir können nun das eben beschriebene Verfahren sofort zur Bestimmung des Biegemoments M in einem beliebigen Querschnitt eines mit *lotrechten Lasten belasteten Trägers* und damit zur Gewinnung des ganzen Momentenverlaufs anwenden. Soll etwa das Biegemoment an der Stelle x des in Abb. 88 dargestellten Trägers bestimmt werden, so können wir hierzu gleich jenes Seileck benützen, das wir zur zeichnerischen Ermittlung der Auflagerdrücke entworfen haben (siehe Nr. 46). Nach Gl. (50, 3 a) ist M gleich der algebraischen Summe der Momente aller Kräfte etwa links von der Schnittstelle um diese selbst. In unserem Fall also gleich der algebraischen Summe der Momente der Kräfte A, P_1, P_2 um den Punkt x:

$$M = Ax - P_1\zeta_1 - P_2\zeta_2.$$

Ziehen wir also eine Lotrechte durch den Punkt x, so stellt die zwischen den Seilstrahlen V und III auf ihr abgeschnittene Strecke m ein Maß für das Biegemoment an der Stelle x dar[1]. (Das gleiche ergibt sich, wenn wir vom rechten Trägerteil ausgehen, also von der Summe der Momente von P_3 und B um den Punkt x.) Dies können wir für jeden beliebigen Trägerquerschnitt ausführen und kommen damit zu dem Ergebnis, *daß die auf einer Lotrechten durch einen beliebigen Trägerpunkt gemessene Ordinate m des geschlossenen Seilecks der äußeren Kräfte (Lasten und Auflagerdrücke) ein Maß für das Biegemoment in diesem Punkt darstellt (d. h. dem Biegemoment proportional ist)*. Dieses Seileck ist daher nichts anderes als die Momentenlinie, mit der Schlußlinie als Bezugsgeraden. Die Schlußlinie wird sich im allgemeinen nicht horizontal ergeben. Es ist zu beachten, daß die Strecken m stets auf Lotrechten und nicht etwa auf Senkrechten zur Schlußlinie zu messen sind. Zwischen einer in cm in der Zeichnung abgemessenen Strecke m und dem an dieser Stelle auftretenden Biegemoment M in Mpm besteht die Beziehung

$$M\,(\text{Mpm}) = m\,(\text{cm}) \cdot \lambda \cdot \varkappa \cdot H\,(\text{cm}) = \text{m}\,(\text{cm}) \cdot \lambda \cdot H\,(\text{Mp}) = m\,(\text{cm}) \cdot \mu. \qquad (55, 6)$$

Über die Vorzeichen der Biegemomente wird praktisch kaum Unklarheit bestehen. Bei einem Träger auf zwei Stützen ohne auskragenden Enden sind sie, wenn die Lasten von oben nach unten wirken, überall positiv.

Im Falle einer verteilten Belastung ist die Momentenlinie eine stetig gekrümmte Kurve (siehe z. B. Nr. 53). Wir brauchen uns ja nur die Streckenlast durch unendlich viele, unendlich kleine Einzellasten ersetzt zu denken, dann erhalten wir ein Seilpolygon mit unendlich vielen Ecken, also einen stetig gekrümmten Linienzug. Wir können jedoch in der Unterteilung der Streckenlast und ihrer Ersetzung durch Einzellasten ziemlich großzügig verfahren, denn wir werden in der nächsten Nummer zeigen, daß das Seileck als Tangentenschar die Momentenlinie einhüllt. Es genügen daher schon verhältnismäßig wenige Seilstrahlen, um die Momentenlinie mit ausreichender Genauigkeit zeichnen zu können.

---

[1] Seilstrahl V der Abb. 88 entspricht dem Seilstrahl I der Abb. 86, Seilstrahl III der Abb. 88 dem letzten Seilstrahl V der Abb. 86.

56. Beispiele zur zeichnerischen und rechnerischen Behandlung von Trägern mit lotrechter Belastung.

1. Beispiel. Für den in Abb. 89 dargestellten, mit Einzellasten und einer Streckenlast belasteten Träger von 10 m Spannweite soll zeichnerisch und rechnerisch der Querkraft- und Momentenverlauf ermittelt werden.

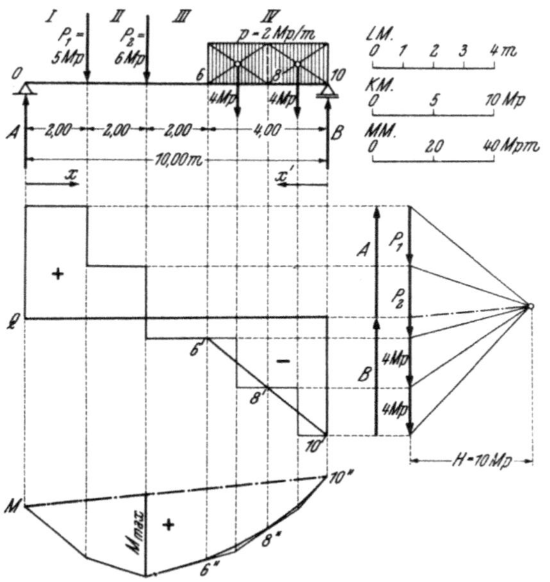

Abb. 89

a) *Zeichnerische Behandlung.* In Abb. 89 wurde als Längenmaßstab 1 cm ≙ 2,5 m und als Kraftmaßstab 1 cm ≙ 6,25 Mp gewählt. H wurde zu 10 Mp (1,6 cm) angenommen. Daher ist der Momentenmaßstab $\mu = \lambda \cdot H$ (Mp) $= 2{,}5 \cdot 10 = 25$ Mpm. Das heißt auf unseren m-Geraden gilt: 1 cm ≙ 25 Mpm[1].

Wir zeichnen zuerst das Seileck zur Ermittlung der Auflagerdrücke und erhalten damit gleichzeitig die Momentenlinie. Die Streckenlast von insgesamt 8 Mp ersetzen wir zunächst durch zwei Einzellasten von 4 Mp, die in den Schwerpunkten der beiden Hälften der Belastungsfläche angreifen. Das Seileck wird durch die strichpunktierte Schlußlinie geschlossen, die Parallele dazu liefern im Kräfteplan die beiden Auflagerdrücke. Wir messen sie in Zentimetern ab, multiplizieren sie mit dem Kraftmaßstab und erhalten

$$A = 1{,}49 \cdot 6{,}25 = 9{,}31 \text{ Mp}, \qquad B = 1{,}55 \cdot 6{,}25 = 9{,}69 \text{ Mp}.$$

Mit Hilfe der Auflagerdrücke kann nun die Querkraftlinie gezeichnet werden. Wir beginnen mit A und zeichnen die Stufenlinie, indem wir der

[1] Streng genommen sollten wir schreiben $\mu = 25$ Mpm/cm, damit sich nach Multiplikation mit m(cm) Mpm ergeben. — Der etwas komplizierte Kraftmaßstab kam durch eine unvorhergesehene Verkleinerung der Abbildung zustande. Praktisch wird man einfachere Maßstäbe wählen, doch führt unsere Methode natürlich bei jedem beliebigen Maßstab zum Ziel.

Reihe nach die Einzelkräfte abziehen, bis wir mit B wieder zur Bezugslinie zurückkommen.

Im Bereich der Trägerstrecke von $x = 0$ bis $x = 6$ m sind Querkraft- und Momentenlinie bereits in Ordnung. Nicht so unter der Gleichlast, wo ja, wie wir in Nr. 53 sahen, die Querkraftlinie eine geneigte Gerade, die Momentenlinie eine Parabel sein muß. Wir wollen nun zeigen, daß die Punkte 6′, 8′, 10′ der genäherten Q-Linie und die Punkte 6″, 8″, 10″ der genäherten M-Linie mit Punkten der genauen Q- bzw. M-Linie zusammenfallen und daß die Seilstrahlen die genaue M-Linie in den Punkten 6″, 8″, 10″ tangieren.

Wir führen den Beweis etwa für den Punkt $x = 8$ m. Denken wir uns den Träger im Punkt 8 durchschnitten und betrachten den rechten abgeschnittenen Teil, so ist nach Gl. (50, 2 b) die Querkraft gleich $-B$ vermehrt um die Summe aller Lasten rechts vom Schnitt. Die letztere ist aber gleich der Resultierenden 4 Mp des rechts vom Schnitt liegenden Teiles der Streckenlast. Folglich ist die Ordinate der richtigen Q-Linie gleich der der genäherten, nämlich $-B + 4$. Das gleiche gilt für die Momentenlinie, denn das Moment im Punkt 8 ist nach Gl. (50, 3 b) gleich dem Moment von B um den Punkt 8, vermindert um die Summe der Momente aller Lasten rechts vom Schnitt um den Punkt 8. Die letztere ist aber gleich dem Moment der Resultierenden 4 Mp um den Punkt 8. Im Punkt 8 ist also $M = B \cdot 2 - 4 \cdot 1$, das ist aber genau der Wert, den an dieser Stelle auch die genäherte M-Linie liefert. Da im Punkt 8 die Ordinaten der genäherten und der genauen Q-Linie übereinstimmen, müssen nach Gl. (54, 2) auch die Neigungen der genäherten und der genauen M-Linie übereinstimmen. Die genäherte M-Linie muß also die genaue im Punkt 8″ tangieren.

Zusammenfassend können wir also sagen, daß bei Unterteilung einer Streckenlast und ihrer Ersetzung durch Einzellasten die genäherten Querkraft- und Momentenlinien in den Punkten unter den Trennungslinien der Belastungsfläche genaue Ordinaten liefern und daß in diesen Punkten die genaue Momentenlinie von der genäherten tangiert wird.

Wir verbinden also die Punkte 6′, 8′, 10′ durch eine Gerade und runden das Seileck zwischen den Punkten 6″, 8″, 10″ durch eine Parabel aus.

Wir sehen, daß die Querkraft im Punkt $x = 4$ m das Zeichen wechselt. Hier muß also nach Nr. 54 ein Extremwert des Biegemoments auftreten. Wir messen ihn im Seileck ab und multiplizieren ihn mit dem Momentenmaßstab:

$$M_{\max} = 1{,}08 \cdot \mu = 1{,}08 \cdot 25 = 27 \text{ Mpm}.$$

b) *Rechnerische Behandlung.* Alle Längen sind in m, alle Kräfte in Mp ausgedrückt.

α) Auflagerdrücke. Wir denken uns die Streckenlast durch ihre Resultierende 8 Mp im Punkt $x = 8$ m ersetzt. Dann ergibt sich nach den Gl. (46, 2)

$$A = \frac{1}{l}\sum P_i x_i' = \frac{1}{10}(5 \cdot 8 + 6 \cdot 6 + 8 \cdot 2) = 9{,}2 \text{ Mp},$$

$$B = \frac{1}{l}\sum P_i x_i = \frac{1}{10}(5 \cdot 2 + 6 \cdot 4 + 8 \cdot 8) = 9{,}8 \text{ Mp}.$$

Wir machen die Probe [Gl. (46, 3)]:

$$A + B = 9{,}2 + 9{,}8 = 19{,}0\,\text{Mp},$$
$$\sum P_i = 5 + 6 + 8 = 19{,}0\,\text{Mp}.$$

β) Querkraftverlauf. Wir teilen den Träger in vier Felder (siehe Abb. 89). Dann gilt nach Gl. (50, 2 a) (Einheit Mp):

im Feld I: $Q = A = +9{,}2$ $(0 < x < 2)$,
im Feld II: $Q = A - P_1 = 9{,}2 - 5 = +4{,}2$ $(2 < x < 4)$,
im Feld III: $Q = A - P_1 - P_2 = 4{,}2 - 6 = -1{,}8$ $(4 < x \leqq 6)$,
im Feld IV: $Q = A - P_1 - P_2 - G_x =$
$= -1{,}8 - 2(x-6) = 10{,}2 - 2x$ $(6 \leqq x < 10)$.

Bemerkungen: 1. $G_x = p(x-6) = 2(x-6)$ ist das Gewicht der links von der Schnittstelle x liegenden Streckenlast. 2. Wir haben bei Angabe der Bereiche auf der x-Achse, in denen die einzelnen Gleichungen gelten, einmal das Zeichen $<$, dann $\leqq$ geschrieben. Das erste diente dazu, die Punkte, wo Q unstetig ist, auszuschließen; wo Q stetig ist, wurde das zweite Zeichen verwendet.

γ) Momentenverlauf. Nach Gl. (50, 3 a) bzw. (50, 3 b) gilt (Einheit Mpm):

im Feld I: $M = Ax = 9{,}2x$ $(0 \leqq x \leqq 2)$,
im Feld II: $M = Ax - P_1\zeta_1 = 9{,}2x - 5(x-2) = 4{,}2x + 10$ $(2 \leqq x \leqq 4)$,
im Feld III: $M = Ax - P_1\zeta_1 - P_2\zeta_2 =$
$= 9{,}2x - 5(x-2) - 6(x-4) = -1{,}8x + 34$ $(4 \leqq x \leqq 6)$,
im Feld IV: $M = Bx' - G_x' x'/2 = 9{,}8x' - x'^2 =$
$= -x^2 + 10{,}2x - 2$ $(6 \leqq x \leqq 10)$.

Bemerkung: $G_x' = px' = 2x'$ ist das Gewicht der Streckenlast rechts von der Schnittstelle. Es greift an in der Entfernung $\frac{1}{2}x'$ von der Schnittstelle. Statt x' wurde dann $10 - x$ eingeführt.

Aus dem rechnungsmäßig in β) festgelegten Verlauf der Querkraft können wir auch, ohne auf die Zeichnung zu blicken, erkennen, daß die Querkraft beim Übergang vom Feld II zum Feld III, das ist also im Punkt $x = 4$ m, das Zeichen wechselt. Hier liegt also das Extrem des Biegemoments bzw. der gefährdete Querschnitt. Das zugehörige Maximalmoment können wir entweder aus der Momentengleichung für das Feld II oder aus der für das Feld III berechnen, indem wir $x = 4$ einsetzen. In beiden Fällen erhalten wir:

$$M_{max} = 26{,}8\,\text{Mpm}.$$

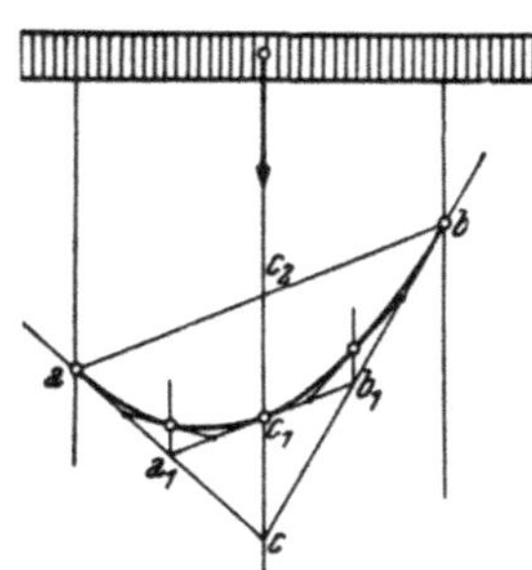

Abb. 90

c) *Eine Parabelkonstruktion.* Wenn wir bei der zeichnerischen Ermittlung der Momentenlinie für eine Gleichlast die Belastungsfläche unterteilen und durch Einzellasten ersetzen, so liefert, wie wir eben sahen, das Seilpolygon unter den Trennungslinien der Belastungsfläche die genauen Ordinaten und die Tangenten an die parabelförmige Momentenlinie. Wir können dann auf die folgende Art weitere Punkte und Tangenten der Parabel gewinnen (Abb. 90). Seien ac und bc zwei solche Tangenten, welche die Parabel in den Punkten a und b berühren, so halbieren wir die Strecken ac und bc. Die Verbindungslinie dieser beiden Halbierungspunkte a_1 und b_1 ist dann wieder eine Parabeltangente; der Berührungspunkt ist ihr Schnittpunkt c_1 mit der Lotrechten durch c. Die Gerade $a_1 b_1$ ist ferner parallel zu ab, und c_1 liegt in der Mitte zwischen c und c_2. — Wir können nun diese Konstruktion beliebig oft wiederholen. Wir halbieren etwa $a a_1$ und $a_1 c_1$, verbinden die Halbierungspunkte und erhalten auf der Lotrechten durch a_1 einen weiteren Parabelpunkt mit Tangente usw.

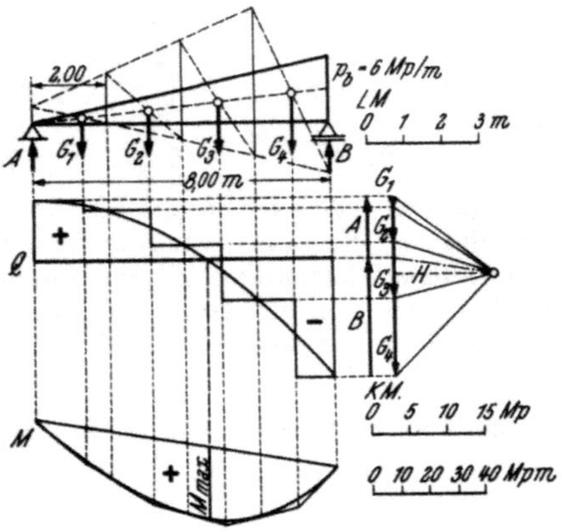

Abb. 91

2. Beispiel. *Träger mit Dreiecksbelastung.* Spannweite 8 m, Belastungshöhe über dem rechten Auflager $p_b = 6$ Mp/m (Abb. 91). Es soll der Verlauf der Querkräfte und Momente ermittelt werden.

a) *Zeichnerische Behandlung.* Wir unterteilen die Belastungsfläche in vier Felder von je 2 m Länge und ersetzen zunächst die Streckenlast durch vier Einzellasten $G_1 \ldots G_4$, die in den Schwerpunkten der Teilflächen angreifen. Diese Teilschwerpunkte wurden nach der in Nr. 38, Abb. 58 angegebenen Konstruktion ermittelt. Für die Teilgewichte ergibt sich

$$G_1 = \frac{1}{2} \cdot 2 \cdot 1{,}5 \qquad\qquad = 1{,}5\ \text{Mp}$$

$$G_2 = \frac{1}{2} \cdot 2 \cdot (1{,}5 + 3{,}0) = 4{,}5\ \text{Mp}$$

$$G_3 = \frac{1}{2} \cdot 2 \cdot (3{,}0 + 4{,}5) = 7{,}5\ \text{Mp}$$

$$G_4 = \frac{1}{2} \cdot 2 \cdot (4{,}5 + 6{,}0) = 10{,}5\ \text{Mp}$$

Probe:
$$\sum_{i=1}^{4} G_i = G = \frac{1}{2}\, 8 \cdot 6 \qquad = 24{,}0\ \text{Mp (Gesamtlast).}$$

Wir zeichnen für die G_i das Kraftеck und bestimmen mit Hilfe eines Seilecks die Auflagerdrücke A und B. Dann zeichnen wir die genäherte Querkraftlinie für die Belastung mit den Einzellasten und verbinden die genauen Punkte durch eine Kurve. Diese muß beim linken Auflager eine waagrechte Tangente haben, da dort $dQ/dx = -p = 0$ ist. Sodann wird die genäherte Momentenlinie nach den im vorigen Beispiel angegebenen Regeln ausgerundet. Die Nullstelle der Q-Linie zeigt den Ort des größten Biegemoments an, das aus der M-Linie entnommen werden kann.

b) *Rechnerische Behandlung* (Abb. 92). Zur Bestimmung der Auflagerdrücke denken wir uns die Streckenlast durch eine Einzellast G, das Gesamtgewicht, ersetzt, das im Schwerpunkt der Belastungsfläche anzubringen ist. $G = \frac{1}{2} 8 \cdot 6 = 24$ Mp. Mit Hilfe der Schwerpunktsabstände $e = \frac{2}{3} l$ und $e' = \frac{1}{3} l$ erhalten wir nach den Gl. (52, 3)

$$A = \frac{Ge'}{l} = \frac{1}{3} 24 = 8 \text{ Mp}, \qquad B = \frac{Ge}{l} = \frac{2}{3} 24 = 16 \text{ Mp}.$$

Für die Querkraft gilt nach Gl. (52, 4)

$$Q = A - G_x.$$

Bezeichnen wir die Belastungshöhe im Punkt x mit p, so gilt wegen der Ähnlichkeit des schraffierten mit dem großen Dreieck $p : x = 6 : 8$ oder $p = \frac{6x}{8} = \frac{3}{4} x$. Damit ist die Fläche des schraffierten Dreiecks:

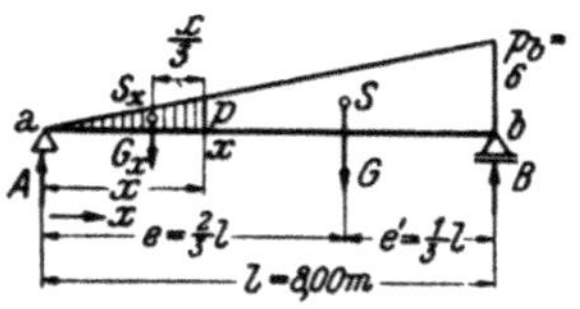

Abb. 92

$G_x = \frac{1}{2} xp = \frac{3}{8} x^2$. So erhalten wir für die Querkraftlinie

$$Q = 8 - \frac{3}{8} x^2,$$

die Gleichung einer Parabel.

Die Momentenlinie finden wir nach Gl. (52, 5) mit dem obigen Wert für G_x und mit $\zeta = x/3$:

$$M = Ax - G_x \zeta = 8x - \frac{3}{8} x^2 \cdot \frac{x}{3} = 8x - \frac{1}{8} x^3.$$

Es ergibt sich eine kubische Parabel. Der gefährliche Querschnitt wird durch Nullsetzen der Gleichung für Q erhalten:

$$8 - \frac{3}{8} x^2 = 0,$$

$$x = \sqrt{\frac{64}{3}} = 4{,}62 \text{ m}.$$

Dieser Wert, in die Momentengleichung eingesetzt, liefert das Größtmoment:

$$M_{\max} = 8 \cdot 4{,}62 - \frac{1}{8} 4{,}62^3 = 24{,}6 \text{ Mpm}.$$

Behandeln wir das Beispiel allgemein, ohne für l und p_b bestimmte Werte anzunehmen, so ergibt sich mit $G = \frac{1}{2} p_b l$ zunächst für die Auflagerdrücke

$$A = \frac{1}{3} G = \frac{1}{6} p_b l, \qquad B = \frac{2}{3} G = \frac{1}{3} p_b l.$$

Für den Wert p an einer beliebigen Stelle x gilt $p = p_b \frac{x}{l}$ und damit $G_x = \frac{1}{2} p_b \frac{x^2}{l}$. Damit folgt

$$Q = \frac{1}{6} p_b l \left(1 - 3\frac{x^2}{l^2}\right),$$

$$M = \frac{1}{6} p_b l x \left(1 - \frac{x^2}{l^2}\right).$$

Die Stelle, wo $Q = O$ ist, hat die Abszisse $x = l/\sqrt{3} = 0{,}577\, l$, was, in die Gleichung für M eingesetzt, liefert

$$M_{\max} = \frac{\sqrt{3}}{27} p_b l^2 = 0{,}0642 p_b l^2.$$

3. Beispiel. *Nutzlast und Eigengewicht.* Für den in Abb. 93 dargestellten Träger, der mit durchgehender Gleichlast und gleichzeitig mit Einzellasten belastet ist, soll zeichnerisch der Querkraft- und Momentenverlauf ermittelt werden.

Die vorliegende Belastung tritt in der Praxis stets dann auf, wenn neben der Einwirkung von Nutzlasten auch das Eigengewicht des Trägers berücksichtigt wird. Man verfährt hier am besten so, daß man die beiden Belastungsfälle, nämlich Einzellast und Gleichlast, zuerst getrennt behandelt und die Ergebnisse überlagert. Da nämlich die Gleichungen für die Auflagerdrücke, Querkräfte und Biegemomente in den Kräften linear sind, ist z. B. der Auflagerdruck, den die Summe zweier Belastungen hervorruft, gleich der Summe der Auflagerdrücke, die die einzelnen Belastungen hervorrufen[1]. Das gleiche gilt für die Querkräfte und Biegemomente. Dieses *Überlagerungsprinzip* gestattet zuweilen auch ziemlich verwickelte Belastungsfälle auf eine Summe von einfachen Belastungsfällen zurückzuführen, deren Q- und M-Verteilung man bereits kennt oder leicht ermitteln kann. Wir werden davon noch des öfteren Gebrauch machen.

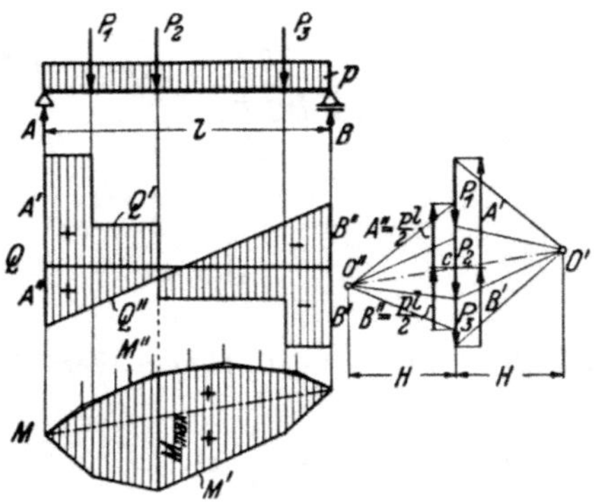

Abb. 93

Wir ermitteln zunächst die Auflagerdrücke A' und B' infolge der Einzellasten, indem wir ein Seilpolygon zeichnen, das gleichzeitig den Verlauf der Biegemomente M' für die Einzellasten angibt. Mit Hilfe der Auflagerdrücke können wir auch die Q'-Linie für die Einzellasten einzeichnen. An sie fügen wir nun die Q''-Linie für die Gleichlast so an, daß sich gleich bezeichnete Ordinaten addieren, ungleich bezeichnete subtrahieren. Wir berechnen dazu die Auflagerdrücke infolge der Gleichlast: $A'' = B'' = \frac{1}{2}\,p\,l$, tragen sie von der Bezugslinie der Querkräfte verkehrt wie bisher auf und verbinden die so erhaltenen Punkte durch eine Gerade. Dann gilt für die Querkraft infolge der Gesamtbelastung: $Q = Q' + Q''$. Die resultierenden Ordinaten wurden schraffiert. Wir sehen, daß sich, wie es sein muß, als resultierende Auflagerdrücke $A = A' + A''$ und $B = B' + B''$ ergeben.

Nun trachten wir auch die M''-Linie, nämlich die Biegemomente infolge der Gleichlast, der Momentenverteilung M' für die Einzellasten so zu überlagern, daß sich gleich bezeichnete Ordinaten addieren. Dazu müssen die Seilpolygone für M' und M'' dieselbe Schlußlinie haben und, damit sich auch derselbe Momentenmaßstab ergibt, dieselbe Polweite H. Wir wählen daher den Pol O'' des Kraftecks für die Gleichlast auf der Verlängerung des Polstrahls $O' \ldots c$ im Abstand H von den Kräften. Von c aus tragen wir nach oben und unten $\frac{1}{2}\,p\,l$ auf und erhalten so den ersten und letzten Polstrahl und damit die beiden Endtangenten der M''-Parabel. Die Unterteilung der

[1] Bei nicht lotrechter Belastung werden für zwei verschiedene Belastungen die Auflagerdrücke am festen Lager im allgemeinen verschiedene Richtungen haben. In diesem Fall addieren sich bei Überlagerung nur die Komponenten der Auflagerdrücke algebraisch, die Auflagerdrücke selbst jedoch geometrisch.

Streckenlast liefert weitere Tangenten. Die Ordinaten des resultierenden Biegemoments $M = M' + M''$ sind schraffiert. Das Maximum von M ist unter der Stelle des Zeichenwechsels von Q zu suchen.

4. Beispiel. *Mittelbare Belastung.* In der Praxis kommt es häufig vor, daß die Belastung nicht unmittelbar auf dem Träger, dem *Hauptträger*, steht, sondern auf darüber liegenden *Hilfsträgern, sekundären Längsträgern*, die unter Zwischenlage von *Querträgern* auf dem Hauptträger aufliegen. (Mehrere parallel liegende Hauptträger bilden dann zusammen mit den darüber liegenden Querträgern eine Art Rost.) Man sagt dann, die Belastung wirke *mittelbar* auf den Hauptträger. Wir stellen uns die Aufgabe, den Verlauf der Momente im Hauptträger infolge mittelbarer Belastung zu finden (Abb. 94).

Die Sekundärträger faßt man immer als Träger auf zwei Stützen auf, die auf den Querträgern frei aufliegen (auch wenn sie es in Wirklichkeit nicht sein sollten, sondern durchlaufen). Dann ist der Hauptträger mit lauter Einzellasten belastet, von denen jede gleich ist der Summe der Auflagerdrücke der beiden angrenzenden Hilfsträgerstücke (siehe Abb. 94). Die gesuchte Momentenlinie ist also jedenfalls ein Polygonzug, den wir zeichnen können, wenn wir die Ordinaten seiner Eckpunkte kennen. Nun ist leicht gezeigt, daß in den Punkten unter den Querträgern die Biegemomente infolge der mittelbaren Belastung übereinstimmen mit den Momenten, die wir erhalten, wenn wir die Belastung unmittelbar auf den Hauptträger wirken lassen.

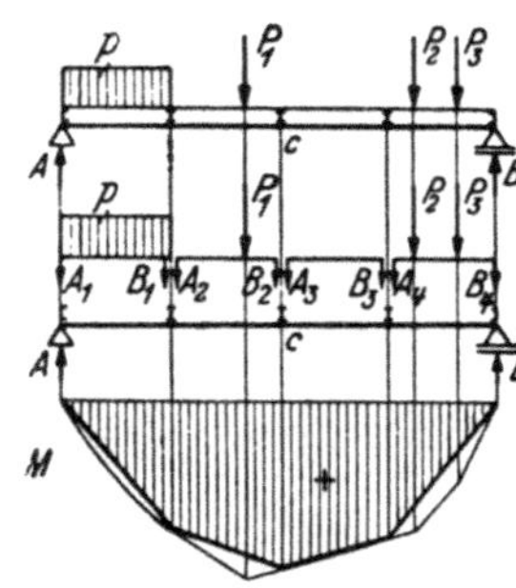

Abb. 94

Zunächst ist klar, daß die Auflagerdrücke des Hauptträgers A und B davon unabhängig sind, ob mittelbare oder unmittelbare Belastung vorliegt. Bestimmen wir nun etwa im Punkt c des Hauptträgers das Biegemoment, so ist es nach Gl. (50, 3 a) gleich dem Moment von A um den Punkt c vermindert um die Summe der Momente aller Kräfte links vom Schnitt um c. Diese Summe besteht im Falle unmittelbarer Belastung aus dem Moment der Streckenlast p plus dem Moment von P_1, im Falle mittelbarer Belastung aus der Summe der Momente der Auflagerdrücke A_1, B_1, A_2, B_2. Nun ist das Kraftsystem, bestehend aus der Streckenlast p und der Kraft P_1, dem Kraftsystem, bestehend aus A_1, B_1, A_2, B_2, gleichwertig (Nr. 12); denn kehren wir die Richtungen der Auflagerdrücke $A_1 \ldots B_2$ um, so halten sie den Lasten das Gleichgewicht. Beide Kraftsysteme müssen demnach dieselbe Resultierende und daher um den Punkt c das gleiche Moment haben (Nr. 21), womit bewiesen ist, daß für diesen Punkt das Biegemoment für unmittelbare Belastung gleich dem für mittelbare Belastung ist. In gleicher Weise vollzieht sich der Beweis für jeden beliebigen anderen Punkt unter einem Querträger. Wir erhalten also den Verlauf der Biegemomente in einem Träger mit mittelbarer Belastung, indem wir nach einem der bisher angegebenen Verfahren die Momentenlinie für den unmittelbar belasteten Träger zeichnen und die Punkte unter den Querträgern durch gerade Linien verbinden (Abb. 94).

5. Beispiel. *Träger mit streckenweiser Gleichlast.* Gegeben sei ein Träger von der Länge l, der auf einem Teil seiner Länge mit einer Gleichlast p belastet sei. Diese soll vom Punkt $x = x_1$ bis zum Punkt $x = x_2$ reichen (Abb. 95). Gesucht ist die Lage des gefährdeten Querschnitts und die Größe des maximalen Biegemoments. Der Träger soll zunächst allgemein und dann für spezielle Zahlwerte behandelt werden.

Die Verteilung der Biegemomente wird unter dem belasteten Trägerteil durch eine Parabel dargestellt und längs der unbelasteten Trägerstrecken durch Gerade, die tangential an die Parabel anschließen und auf Null herun-

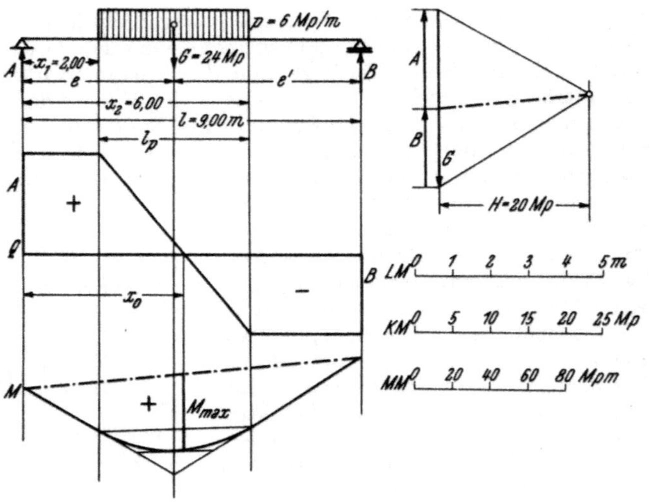

Abb. 95

tergehen. Das größte Moment muß daher irgendwo unter der Streckenlast liegen, was ja auch aus dem Verlauf der Querkraftlinie hervorgeht. Wir stellen daher für diesen Trägerteil die Gleichung der Querkraftlinie auf und finden durch Nullsetzen dieses Ausdrucks den gefährdeten Querschnitt.

Zur Berechnung der Auflagerdrücke ersetzen wir die Streckenlast durch ihre Resultierende $G = p(x_2 - x_1)$, für deren Abstände von den Auflagern gilt:

$$e = \frac{1}{2}(x_1 + x_2), \qquad e' = l - e = l - \frac{1}{2}(x_1 + x_2).$$

Nach Gl. (46, 4) erhalten wir damit

$$A = \frac{Ge'}{l} = G\left(1 - \frac{x_1 + x_2}{2l}\right) = p\left(x_2 - x_1 - \frac{x_2^2 - x_1^2}{2l}\right),$$

$$B = \frac{Ge}{l} = G\frac{x_1 + x_2}{2l} = \frac{p}{2l}(x_2^2 - x_1^2).$$

Für die Querkraft in einem Punkt x im Bereich $x_1 \leqq x \leqq x_2$ gilt

$$Q = A - p(x - x_1).$$

Dies nullgesetzt, liefert jene Stelle x_0, wo sich der gefährdete Querschnitt befindet:

$$x_0 = \frac{A}{p} + x_1 = x_2 - \frac{x_2^2 - x_1^2}{2l} = x_2 - \frac{l_p(x_1 + x_2)}{2l}, \qquad (56, 1)$$

wo $l_p = x_2 - x_1$ die Länge der Streckenlast bezeichnet. In diesem Punkt herrscht das größte Biegemoment. Es ergibt sich zu

$$M_{max} = A x_0 - \frac{1}{2} p (x_0 - x_1)^2 .$$

Mittels Gl. (56, 1) können wir den Ausdruck für A kürzer schreiben:

$$A = p (x_0 - x_1) .$$

Dies in die Gleichung für M_{max} eingesetzt, liefert

$$M_{max} = \frac{p}{2} (x_0^2 - x_1^2), \qquad (56, 2)$$

wo x_0 nach Gl. (56, 1) zu berechnen ist.

In Abb. 95 ist $l = 9$, $x_1 = 2$, $x_2 = 6$ m, $p = 6$ Mp/m. Dafür ergibt sich aus obigen Gleichungen

$$M_{max} = 41{,}475 \text{ Mpm}, \qquad x_0 = 4{,}222 \text{ m},$$

was mit den zeichnerisch ermittelten Werten gut übereinstimmt.

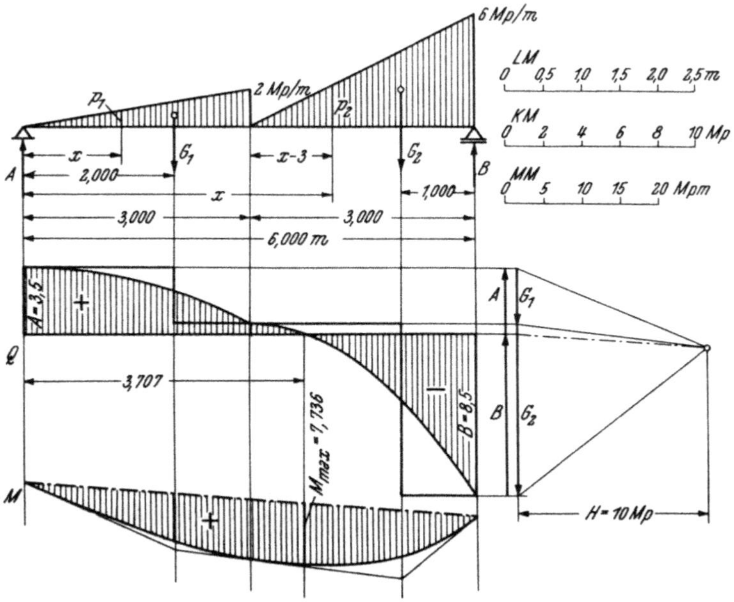

Abb. 96

6. Beispiel. *Träger mit Dreieckslasten.* Es soll der in Abb. 96 dargestellte Träger mit zwei Dreieckslasten rechnerisch und zeichnerisch behandelt, und insbesondere Lage und Größe des maximalen Biegemoments angegeben werden.

Wir berechnen zunächst die Auflagerdrücke und fassen hierzu jede der beiden Dreieckslasten in eine Einzelkraft zusammen: $G_1 = \frac{1}{2}\, 3 \cdot 2 = 3$ Mp, $G_2 = \frac{1}{2}\, 3 \cdot 6 = 9$ Mp. Damit ergibt sich

$$A = \frac{1}{6}(3 \cdot 4 + 9 \cdot 1) = 3{,}5\,\mathrm{Mp}, \qquad B = \frac{1}{6}(3 \cdot 2 + 9 \cdot 5) = 8{,}5\,\mathrm{Mp}.$$

Nun teilen wir den Träger in zwei Abschnitte. Im ersten, $0 \leqq x \leqq 3$, gilt für die Querkraft

$$Q = A - \frac{1}{2} p_1 x,$$

wo p_1 aus ähnlichen Dreiecken folgt: $p_1 : x = 2 : 3$, also $p_1 = \frac{2}{3}x$. Damit ist

$$Q = 3{,}5 - \frac{1}{3} x^2.$$

Für das Biegemoment gilt in diesem Abschnitt

$$M = Ax - \frac{1}{2} p_1 x \frac{x}{3} = 3{,}5x - \frac{1}{9} x^3.$$

Für den Abschnitt $3 \leqq x \leqq 6$ erhalten wir

$$Q = A - G_1 - \frac{1}{2} p_2 (x - 3),$$

wobei für p_2 gilt: $p_2 = 2(x - 3)$. Damit folgt

$$Q = 0{,}5 - (x - 3)^2.$$

Für das Biegemoment gilt in diesem Abschnitt

$$M = Ax - G_1 (x - 2) - \frac{1}{2} p_2 (x - 3) \cdot \frac{1}{3} (x - 3),$$

also

$$M = 6 + 0{,}5x - \frac{1}{3} (x - 3)^3.$$

Um jene Stelle x_0 zu finden, wo das Größtmoment auftritt, haben wir $Q = 0$ zu setzen; aber welcher der beiden Ausdrücke für Q ist hierzu zu verwenden? Setzen wir den ersten gleich Null, so ergibt sich $x_0 = 3{,}240$. In diesem Punkt hat jedoch die betreffende Gleichung für Q keine Gültigkeit mehr. (Man könnte dies auch daran erkennen, daß für den größtmöglichen Wert von x im ersten Abschnitt, nämlich für $x = 3$, noch immer $Q > 0$ ist.) Wir setzen daher den Ausdruck für die Querkraft im zweiten Abschnitt gleich Null und erhalten $x_0 = 3{,}707$. Dies ist der richtige Wert, denn er liegt im Gültigkeitsbereich der betreffenden Gleichung. Ihn haben wir in die Momentengleichung des betreffenden Feldes, also diejenige für $3 \leqq x \leqq 6$, einzusetzen und erhalten

$$M_{\max} = +7{,}736\,\mathrm{Mpm}.$$

Bei der zeichnerischen Behandlung erinnern wir uns daran, daß die Querkraftlinie dort, wo $p = 0$ ist, eine waagrechte Tangente hat [Gl. (54, 1)]; dies ist in unserem Beispiel in den Punkten $x = 0$ und $x = 3$ der Fall. Dort haben die beiden Parabeln, aus denen die Q-Linie besteht, ihre Scheitel. Um die Q- und die M-Linie genauer zeichnen zu können, wird man die Belastungsfläche noch weiter unterteilen, was jedoch, um die Übersicht nicht zu erschweren, in der Abbildung nicht durchgeführt wurde.

7. Beispiel. *Träger mit Lasten von oben und unten.* Als nächstes Beispiel wollen wir einen Träger behandeln, der mit lotrechten Kräften belastet ist, die teils von oben, teils von unten auf ihn einwirken (Abb. 97).

Die Auflagerdrücke für diesen Träger lassen sich ohne weiteres nach den Gl. (46, 2) berechnen, wenn man die nach oben gerichteten Lasten als negativ einsetzt, sofern man nicht direkt von der Gleichung $\Sigma M_i = 0$ ausgeht, angewandt um den rechten bzw. linken Auflagerpunkt. Wir erhalten:

$$A = \frac{1}{l} \sum_{i=1}^{7} P_i x_i' = \frac{1}{10} (3 \cdot 8 + 4 \cdot 7{,}5 - 6 \cdot 6{,}5 + 2 \cdot 4{,}5 - 8 \cdot 3{,}5 + 5 \cdot 3 + 6 \cdot 1) = 1{,}7 \text{ Mp},$$

$$B = \frac{1}{l} \sum_{i=1}^{7} P_i x_i = \frac{1}{10} (3 \cdot 2 + 4 \cdot 2{,}5 - 6 \cdot 3{,}5 + 2 \cdot 5{,}5 - 8 \cdot 6{,}5 + 5 \cdot 7 + 6 \cdot 9) = 4{,}3 \text{ Mp}.$$

Probe:

$$A + B = 1{,}7 + 4{,}3 = 6{,}0, \qquad \sum_{i=1}^{7} P_i = 3 + 4 - 6 + 2 - 8 + 5 + 6 = 6{,}0.$$

Nun können die Querkräfte in den einzelnen Feldern und die Momente in den einzelnen Kraftangriffspunkten berechnet und die Q- und die M-Linie gezeichnet werden. Die erstere ist eine Stufenlinie, die letztere ein Polygonzug mit den Ecken unter den Kraftangriffspunkten. Mit Vorteil bedient man sich bei dieser Rechnung des in Nr. 54 angegebenen Verfahrens.

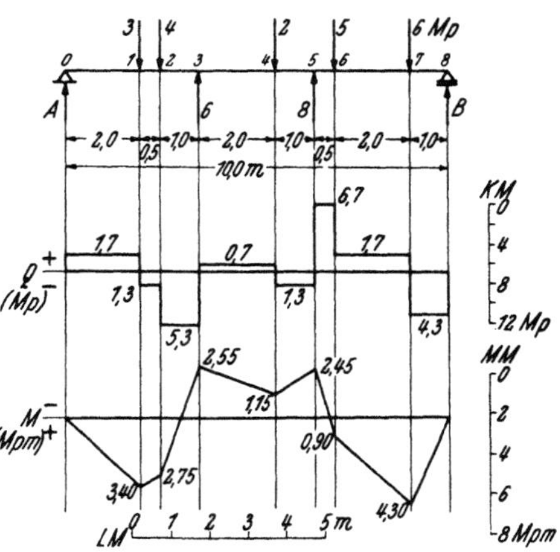

Abb. 97

Sind $i - 1$ und i zwei benachbarte Punkte am Träger im Abstand λ_i und sind die Biegemomente in diesen Punkten gleich M_{i-1} und M_i und ist die Querkraft zwischen ihnen gleich $Q^{(i)}$ und im vorhergehenden Feld gleich $Q^{(i-1)}$, so lauteten die Rekursionsformeln (54, 4) und (54, 3)

$$Q^{(i)} = Q^{(i-1)} - P_{i-1},$$
$$M_i = M_{i-1} + Q^{(i)} \lambda_i.$$

Die Rekursion beginnt mit den bekannten Werten $Q^{(1)} = A$ und $M_0 = 0$ und ist in Tabelle 6 durchgeführt. In der Formel für $Q^{(i)}$ sind die Kräfte P_{i-1} nach abwärts wirkend gedacht. Sie wurden in der Tabelle gleich mit einem Minuszeichen versehen. Dagegen erhielten nach aufwärts wirkende Kräfte ein positives Vorzeichen, da ihre Beträge zu $Q^{(i-1)}$ zu addieren sind.

Der Vergleich der M- und der Q-Linie zeigt, daß der Zeichenwechsel von Q nicht immer ein Maximum des absoluten Betrages von M bezeichnen muß, sondern bloß einen *Extremwert* des Biegemoments bzw. seines absoluten Betrages. Im Punkt 4 z. B. liegt ein Minimum des Absolutbetrages von M zwischen den beiden Maxima der Absolutbeträge in den Punkten 3 und 5 bzw. wenn wir das Zeichen des hier negativen Biegemoments berücksichtigen, liegt im Punkt 4 ein Maximum von M zwischen den beiden Minima in den Punkten 3 und 5.

Die Ermittlung der Momentenlinie bzw. der Auflagerdrücke mittels eines Seilpolygons ist hier, obwohl durchführbar, nicht sehr empfehlenswert, da Krafteck und Polstrahlen ziemlich unübersichtlich werden.

Tabelle 6

Punkt i	Kraft Mp	$Q^{(i)}$ Mp	λ_i m	$Q^{(i)}\lambda_i$ Mpm	M_i Mpm
0	$A = +1,7$				0,00
		$+1,7$	2,0	$+3,40$	
1	$-3,0$				$+3,40$
		$-1,3$	0,5	$-0,65$	
2	$-4,0$				$+2,75$
		$-5,3$	1,0	$-5,30$	
3	$+6,0$				$-2,55$
		$+0,7$	2,0	$+1,40$	
4	$-2,0$				$-1,15$
		$-1,3$	1,0	$-1,30$	
5	$+8,0$				$-2,45$
		$+6,7$	0,5	$+3,35$	
6	$-5,0$				$+0,90$
		$+1,7$	2,0	$+3,40$	
7	$-6,0$				$+4,30$
		$-4,3$	1,0	$-4,30$	
8	$B = +4,3$				0,00

57. Träger mit nicht lotrechten Lasten. Bei Trägern mit zur Stabachse geneigten Lasten, wie wir einen solchen in Nr. 45 und Nr. 49 behandelt haben, zerlegen wir sämtliche Kräfte in ihre lotrechten und waagrechten Komponenten. Die letzteren sind bei stabförmigen Trägern auf A_v, B, Q, M ohne Einfluß, so daß wir bei der Bestimmung dieser Größen so verfahren können, als wäre der Träger nur mit den lotrechten Komponenten der Lasten allein belastet. Es gilt somit hinsichtlich der rechnerischen und zeichnerischen Ermittlung von A_v, B, Q, M alles, was wir für Träger mit lotrechter Belastung entwickelt haben, sinngemäß angewandt auf die lotrechten Komponenten der schiefen Lasten. Die waagrechten Lastkomponenten bestimmen lediglich die Größe von A_h und die Verteilung der Normalkräfte.

Beispiele. 1. Beispiel. Für den in Abb. 77 (Nr. 49) dargestellten Träger mit schiefen Lasten soll die Verteilung der Querkräfte, Biegemomente und Normalkräfte ermittelt werden.

Die Auflagerdrücke wurden bereits in Nr. 45 ermittelt; ihre Werte sind in Abb. 98 eingetragen. Die Lasten wurden in horizontale und vertikale Komponenten zerlegt, deren Beträge ebenfalls aus Abb. 98 ersichtlich sind. Wir bezeichnen die Angriffspunkte der äußeren Kräfte am Träger mit 0, 1, ... und die Felder zwischen diesen Punkten mit *I*, *II*, ... Quer- und Normalkräfte sind in den einzelnen Feldern konstant, während an den Feldgrenzen sprunghafte Änderungen eintreten können. Die Biegemomente verlaufen längs unbelasteter Trägerstrecken linear, die Momentenlinie ist ein Polygonzug mit den Ecken unter den Kraftangriffspunkten. Berechnen wir die Momente in diesen Punkten, so können wir den Momentenverlauf einzeichnen. Wir erhalten:

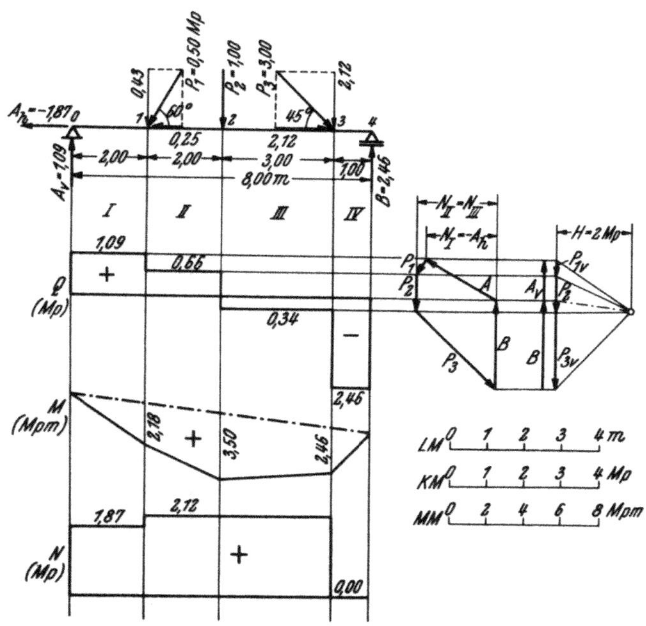

Abb. 98

a) Quer- und Normalkräfte in Mp (N als Zugkraft positiv):

Feld I: $Q = +A_v = +1{,}09$	$N = -A_h = -(-1{,}87) = +1{,}87$
Feld II: $Q = 1{,}09 - 0{,}43 = +0{,}66$	$N = 1{,}87 + 0{,}25 = +2{,}12$
Feld III: $Q = 0{,}66 - 1{,}00 = -0{,}34$	$N = +2{,}12$
Feld IV: $Q = -0{,}34 - 2{,}12 = -2{,}46 = -B$	$N = 2{,}12 - 2{,}12 = 0{,}00$

b) Momente in Mpm:

Punkt 0 $M = 0{,}00$
Punkt 1 $M = 1{,}09 \cdot 2 = +2{,}18$
Punkt 2 $M = 1{,}09 \cdot 4 - 0{,}43 \cdot 2 = +3{,}50$
Punkt 3 $M = 2{,}46 \cdot 1 = +2{,}46$
Punkt 4 $M = 0{,}00$

Die zeichnerische Ermittlung der Querkräfte und der Biegemomente ist ohne weiteres möglich, und zwar aus den Vertikalkomponenten der Lasten und der Auflagerdrücke. Der Momentenverlauf ergibt sich als ein Seilpolygon dieser Komponenten (Abb. 98). Für den Momentenmaßstab gelten nach wie vor die Gl. (55, 5) bzw. (55, 6). Die Normalkräfte können ebenfalls aus dem Krafteck gewonnen werden.

2. Beispiel. Im folgenden wollen wir eine Reihe von Trägern behandeln, die jeder mit einer Einzellast P belastet seien. Die Abstände des Lastangriffspunktes von den beiden Auflagern seien, auf einer Waagrechten gemessen, stets gleich e bzw. e'; der waagrechte Abstand der beiden Auflager voneinander sei für alle Träger der gleiche und gleich l. Wir wollen untersuchen, welchen Einfluß die Anbringung eines geneigten Trägers an Stelle eines waagrechten bzw. die Anbringung einer geneigten Last an Stelle einer lotrechten bzw. die Anbringung eines geneigten beweglichen Lagers an Stelle eines waagrechten auf die Auflagerdrücke und die Schnittgrößen hat (Abb. 99).

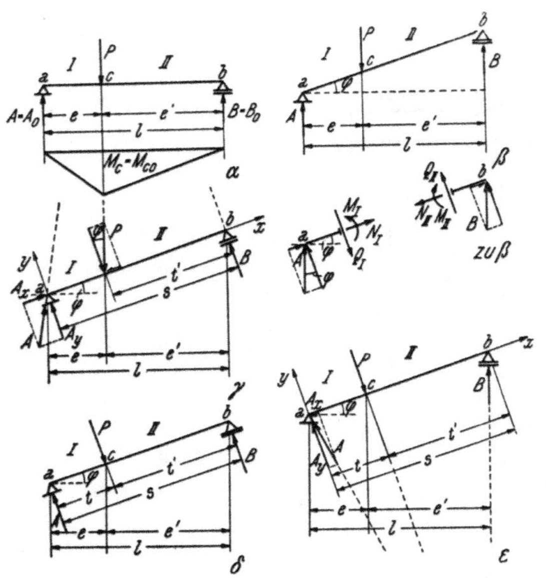

Abb. 99

α) Der Träger liege waagrecht und sei mit P lotrecht belastet (Abb. 99 α).

Die Auflagerdrücke ergeben sich nach Gl. (46, 4) zu

$$A = \frac{P e'}{l} = A_0, \qquad B = \frac{P e}{l} = B_0.$$

Zum Vergleich mit späteren Ergebnissen fügen wir den für diesen Träger geltenden Werten den Index 0 an.

Die Momentenfläche ist ein Dreieck mit dem Maximum im Lastangriffspunkt c, das nach Gl. (51, 1) gleich

$$M_c = \frac{P e e'}{l} = M_{c0}$$

ist. Die Querkraft hat in den einzelnen Feldern die Werte

$$Q_I = +A = +A_0,$$
$$Q_{II} = -B = -B_0.$$

Die Normalkraft ist

$$N = N_0 = 0$$

im ganzen Träger.

β) Nun soll das rechte Auflager höher liegen als das linke, seine Gleitbahn sei jedoch nach wie vor waagrecht. Der waagrechte Abstand der beiden Auflager voneinander sei der gleiche wie vorhin. Der Träger, der jetzt länger ist als früher, sei unter dem Winkel φ gegen die Waagrechte geneigt. Die Last P sei wieder lotrecht gerichtet (Abb. 99 β).

Der Auflagerdruck B ist wieder lotrecht gerichtet. Aus der Gleichgewichtsbedingung $\Sigma H_i = 0$ ergibt sich $A_h = 0$, also $A_v = A$. Dieser Auflagerdruck ist also ebenfalls lotrecht gerichtet. Aus der Gleichgewichtsbedingung $\Sigma M_i = 0$ um den Punkt b bzw. um den Punkt a ergibt sich

$$A = \frac{P e'}{l} = A_0, \qquad B = \frac{P e}{l} = B_0,$$

also genau das gleiche wie im Fall α). Auch das Größtmoment M_c und die Momentenverteilung bleiben die gleichen:

$$M_c = \frac{P e e'}{l} = M_{c0}.$$

(Dies letztere wäre nicht der Fall, wenn der geneigte Träger die gleiche Länge hätte wie der Träger im Fall α), also aus diesem bloß durch eine Drehung um den Punkt a hervorgegangen wäre.) Quer- und Normalkräfte haben jedoch andere Werte als früher. Wie ein Schnitt im Feld I bzw. II zeigt, gilt jetzt

$$Q_I = +A\cos\varphi = +A_0\cos\varphi, \qquad Q_{II} = -B\cos\varphi = -B_0\cos\varphi,$$
$$N_I = -A\sin\varphi = -A_0\sin\varphi, \qquad N_{II} = +B\sin\varphi = +B_0\sin\varphi.$$

γ) Das rechte Auflager sei jetzt mit seiner Gleitbahn parallel zu der unter dem Winkel φ geneigten Trägerachse, sonst sei alles wie im Fall β) (Abb. 99 γ).

Der Auflagerdruck B ist jetzt nicht mehr lotrecht gerichtet. Er ergibt sich aus $\Sigma M_i = 0$ um den Punkt a, wenn wir die Trägerlänge mit s bezeichnen, zu

$$B = \frac{P e}{s} = \frac{P e}{l}\cos\varphi = B_0\cos\varphi.$$

Bezeichnen wir die beiden Komponenten von A parallel und senkrecht zur Trägerachse mit A_x und A_y, so liefert die Gleichung $\Sigma M_i = 0$ um den Punkt b

$$A_y = \frac{P e'}{s} = \frac{P e'}{l}\cos\varphi = A_0\cos\varphi.$$

A_x folgt aus der Gleichgewichtsbedingung $\Sigma P_{ix} = 0$ zu

$$A_x = P\sin\varphi.$$

A_x ist also, wie eingezeichnet, nach rechts gerichtet. Der Gesamtauflagerdruck A ist gegeben durch

$$A = \sqrt{A_x^2 + A_y^2}.$$

A ist nicht mehr lotrecht gerichtet, sondern schneidet sich mit P und B in einem Punkt im Endlichen.

Das Größtmoment der dreieckigen Momentenverteilung herrscht wieder im Punkt c:

$$M_c = B t' = B\frac{e'}{\cos\varphi} = B_0 e' = \frac{P e e'}{l} = M_{c0},$$

es ist also genauso groß wie im Fall α) und β). Für die Querkräfte ergeben sich

$$Q_I = +A_y = +A_0\cos\varphi, \qquad Q_{II} = -B = -B_0\cos\varphi,$$

also die gleichen Werte wie im Fall β). Die Normalkraft stimmt jedoch nicht mit der des Beispiels β) überein:

$$N_I = -A_x = -P\sin\varphi, \qquad N_{II} = N_0 = 0.$$

δ) Der Träger sei nun genauso wie im Fall γ) gelagert, nur sei jetzt die Last P senkrecht zur Trägerachse gerichtet (Abb. 99 δ). Dies ist nichts anderes als der Fall α), nur haben wir jetzt l durch $s = l/\cos\varphi$, e durch $t = e/\cos\varphi$ und e' durch $t' = e'/\cos\varphi$ zu ersetzen. Dabei bleiben die Auflagerdrücke der Größe nach ungeändert, denn es ist

$$A = \frac{Pt'}{s} = \frac{Pe'}{l} = A_0, \qquad B = \frac{Pt}{s} = \frac{Pe}{l} = B_0,$$

und A, B sind parallel P.

Für das Maximalmoment ergibt sich aber jetzt ein größerer Wert, nämlich

$$M_c = \frac{Ptt'}{s} = \frac{Pee'}{l}\frac{1}{\cos\varphi} = M_{c0}\frac{1}{\cos\varphi},$$

denn der Träger ist ja jetzt länger als im Fall α). Querkraft und Normalkraft sind die gleichen wie im Fall α), nämlich

$$Q_I = +A = +A_0, \qquad Q_{II} = -B = -B_0,$$
$$N_I = N_{II} = N_0 = 0.$$

ε) Alles sei so wie im Fall δ), nur sei das rechte Auflager waagrecht (Abb. 99 ε).

Zunächst liefert die Gleichung $\Sigma M_i = 0$ um den Punkt b bzw. um den Punkt a

$$A_y = \frac{Pt'}{s} = \frac{Pe'}{l} = A_0, \qquad B = \frac{Pt}{l} = \frac{Pe}{l}\frac{1}{\cos\varphi} = B_0\frac{1}{\cos\varphi}.$$

Ferner liefert die Gleichung $\Sigma P_{ix} = 0$

$$A_x = -B\sin\varphi = -B_0\operatorname{tg}\varphi.$$

A_x ist, wie in der Abbildung gezeichnet, nach links gerichtet. A geht durch den Schnittpunkt von P mit B.

Für das Moment im Punkt c erhalten wir

$$M_c = Be' = B_0 e'\frac{1}{\cos\varphi} = \frac{Pee'}{l}\frac{1}{\cos\varphi} = M_{c0}\frac{1}{\cos\varphi}.$$

M_c hat also den gleichen Wert wie im Fall δ). Für die Quer- und die Normalkraft erhalten wir

$$Q_I = +A_y = +A_0, \qquad Q_{II} = -B\cos\varphi = -B_0,$$
$$N_I = -A_x = +B_0\operatorname{tg}\varphi = N_{II}.$$

58. Träger, die mit Momenten bzw. Kräftepaaren belastet sind.

Von den Fällen, in denen die Lasten nicht unmittelbar auf den Träger wirken, sondern an daran befestigten Armen angreifen, wollen wir zunächst nur den einen betrachten, wo der Träger an einem Ende mit einem Kräftepaar vom Moment 1 Mpm belastet ist. Man kann sich dies etwa dadurch verwirklicht denken, daß über dem Auflager ein Hebelarm von 1 m Länge angebracht ist, an dem zwei entgegengesetzt gerichtete Kräfte von je 1 Mp drehen (Abb. 100). Es sollen die Auflagerdrücke sowie der Verlauf von Querkraft und Biegemoment bestimmt werden.

Zunächst zeigt uns die Gleichgewichtsbedingung $\Sigma H_i = 0$, angewandt auf das ganze System, daß am festen Lager keine waagrechte Auflagerkomponente auftritt, so daß nur die lotrechten Auflagerdrücke A und B zu bestimmen bleiben. Wir nehmen zunächst an, A und B seien beide nach oben gerichtet, und wenden die Gleichgewichtsbedingung $\Sigma M_i = 0$ auf das ganze System einmal um den Punkt b, dann um den Punkt a an. Hat der Träger die Länge l, so ergibt sich

$$-Al + 1 = 0,$$

$$A = +\frac{1}{l}.$$

$$Bl + 1 = 0,$$

$$B = -\frac{1}{l}.$$

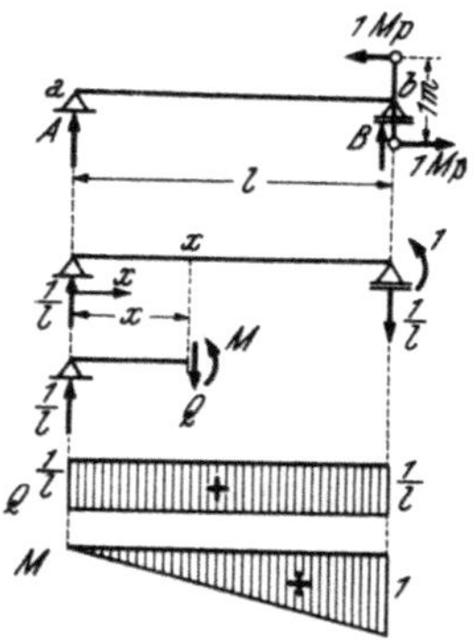

Abb. 100

A wirkt also, wie angenommen, nach oben; das rechte Auflager muß jedoch auf den Träger einen Zug nach unten ausüben, soll sich dieser nicht abheben. Hier ist also eine Verankerung nötig (siehe Nr. 42).

Wir denken uns nun den Träger an der Stelle x durchschnitten und bestimmen Q und M $(N = 0)$. Die Gleichgewichtsbedingung $\Sigma V_i = 0$ ergibt, angewandt auf den linken Teil,

$$\frac{1}{l} - Q = 0,$$

$$Q = \frac{1}{l}.$$

Die Querkraft ist unabhängig von x, also über den ganzen Träger konstant, mit Unstetigkeiten an den Trägerenden.

Die Gleichgewichtsbedingung $\Sigma M_i = 0$ ergibt für den Bezugspunkt x, angewandt auf den linken Teil,

$$\frac{1}{l} x - M = 0,$$

$$M = \frac{x}{l}.$$

Die Momentenlinie ist eine geneigte Gerade, beginnend mit $M = 0$ im Punkt a und endend mit $M = 1$ im Punkt b. Dort fällt M unstetig um den Betrag 1 zur Bezugslinie ab, eben um den Betrag des Momentes des eingeprägten Kräftepaares.

Ein weiteres Beispiel dieser Art findet sich in Nr. 95.

B. Der Krag- oder Freiträger

59. Allgemeines. Bei Balkonen, vorspringenden Dächern über Toren, Perrondächern und dergleichen werden Träger verwendet, die an einem Ende in eine Wand eingespannt sind[1], während das andere frei auskragt

[1] Die Einspannung eines solchen Trägers muß sehr fest sein, um große Kräfte aushalten zu können. Bloßes Einmauern genügt daher im allgemeinen nicht, das Trägerende muß vielmehr sorgfältig durch Vergießen oder Einbetonieren gelagert werden.

(Abb. 101). Solche Träger werden als *Krag-* oder *Freiträger* bezeichnet[1]. Wie wir schon in Nr. 42 festgestellt haben, treten an einer Einspannstelle drei unbekannte Auflagerreaktionen auf. Zwei davon sind die Komponenten der Resultierenden aller Kräfte, welche die Wand auf den Träger ausübt (Abb. 101 *a*). Wir bezeichnen diese resultierende Auflagerkraft wieder kurz als *Auflagerdruck A* und zeichnen sie durch den Einspann-

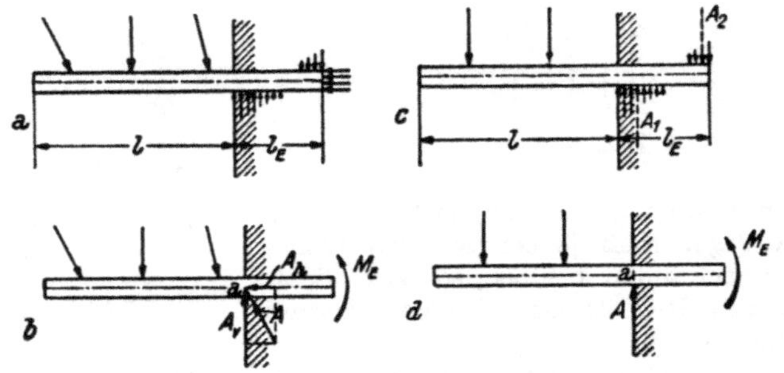

Abb. 101

punkt *a*. Ihre Komponenten seien A_h und A_v. Dazu kommt noch das resultierende Moment aller Auflagerkräfte, das Einspannmoment M_E (Abb. 101 *b*). Wir wollen M_E, wie es vielfach üblich ist, zunächst so einzeichnen, daß es wie ein positives Biegemoment dreht. In Wirklichkeit hat es jedoch, falls die Belastung von oben nach unten wirkt, den umgekehrten Drehsinn und wird sich daher als negativ ergeben. Damit erhält es das gleiche Vorzeichen wie die Biegemomente, die, wie wir sehen werden, bei Belastung von oben durchwegs negativ sind.

Zur Bestimmung dieser drei unbekannten Auflagerreaktionen A_h, A_v, M_E reichen nun die drei Gleichgewichtsbedingungen $\Sigma H_i = 0$, $\Sigma V_i = 0$, $\Sigma M_i = 0$ (die Summe erstreckt über alle äußeren Kräfte, das sind Lasten und Auflagerdrücke) gerade aus. Da sich, wie wir noch sehen werden, auch die Schnittgrößen M, N, Q allein mittels der Gleichgewichtsbedingungen in jedem beliebigen Querschnitt bestimmen lassen, *stellt der Freiträger ein statisch bestimmtes System dar.*

[1] Die Bezeichnung der einzelnen Trägertypen ist nicht ganz einheitlich. Für den hier behandelten Träger setzt sich immer mehr die Bezeichnung *Freiträger* durch, während man unter einem *Kragträger* (insbesondere beim Gerberträger, siehe V) oft auch einen Träger auf zwei Stützen versteht, der über die Auflager hinausragt (siehe C). Indessen darf der *Freiträger* nicht mit dem *frei aufliegenden Träger* verwechselt werden, wie der Träger auf zwei Stützen im Gegensatz zum eingespannten Träger oft genannt wird. In der 1. bis 5. Auflage dieses Buches wurde der nunmehr als Freiträger bezeichnete Träger *einseitig eingespannter Träger* genannt. Dies wurde abgeändert, da man unter dieser Bezeichnung meist einen Träger versteht, der an einem Ende eingespannt ist, während das andere auf einem beweglichen Auflager ruht.

Wir wollen im folgenden stets lotrechte Belastung voraussetzen. Für Freiträger mit schiefen Lasten gilt genau dasselbe, was wir in Nr. 57 für den Träger auf zwei Stützen ausgeführt haben. Die lotrechten Komponenten der Lasten bestimmen A_v, M, Q, die waagrechten A_h und N. Im Fall lotrechter Belastung besagt die Gleichgewichtsbedingung $\Sigma H_i = 0$, daß $A_h = 0$ und daher $|A_v| = A$ ist. Und ebenso wie wir es für diesen Fall in Nr. 44 vereinbart haben, wollen wir auch hier statt A_v einfach A schreiben, wobei dieses A unter Umständen auch negativ werden kann, was dann einen nach abwärts wirkenden Auflagerdruck bedeutet. Zu dem Auflagerdruck A kommt dann noch das Einspannmoment M_E hinzu (Abb. 101 *d*). Die Normalkräfte sind bei lotrechter Belastung im ganzen Träger gleich Null.

Es wäre vielleicht besser, A hier nicht als Auflagerdruck, sondern als *resultierende Auflagerkraft* zu bezeichnen, denn das Mauerwerk unter- und oberhalb des eingespannten Trägerteils hat meist weitaus größere Kräfte zu übernehmen als A. Die Verteilung der Kräfte, die vom Mauerwerk auf den Träger übertragen werden, wird etwa so aussehen, wie es in Abb. 101 *c* angedeutet ist. Die Resultierenden A_1 und A_2 dieser beiden Dreieckslasten können bei kurzer Einspannlänge l_E sehr groß werden, so daß sie unter Umständen das Mauerwerk gar nicht mehr aufzunehmen bzw. auszuüben vermag. Vor allem muß das Gewicht des oberhalb liegenden Mauerwerkskörpers groß genug sein, um A_2 auszuüben. A ist als Differenz aus A_1 und A_2 meist wesentlich kleiner als diese[1].

60. Bestimmung von Auflagerdruck, Einspannmoment, Querkraft und Biegemoment.

a) *Träger mit Einzellasten.* Abb. 102 stellt einen Freiträger dar, der mit den lotrechten, nach unten gerichteten Einzellasten P_1, P_2, P_3 (allgemein $P_1, P_2, \ldots P_n$) belastet ist. Wir bezeichnen die Abstände der Lasten von der Einspannstelle a mit x_1', x_2', x_3'. Der Auflagerdruck A ergibt sich aus der Gleichgewichtsbedingung $\Sigma V_i = 0$, angewandt auf den ganzen Träger

$$A - P_1 - P_2 - P_3 = 0,$$

$$A = P_1 + P_2 + P_3;$$

oder allgemein

$$A = \sum_{i=1}^{n} P_i . \qquad (60, 1)$$

Das Einspannmoment M_E ergibt sich aus der Gleichgewichtsbedingung $\Sigma M_i = 0$ um die Einspannstelle a:

$$M_E + P_1 x_1' + P_2 x_2' + P_3 x_3' = 0,$$

$$M_E = -P_1 x_1' - P_2 x_2' - P_3 x_3';$$

[1] Ein Beispiel zur Berechnung des Kräftespiels im eingespannten Trägerteil findet sich in der Festigkeitslehre, 4. Aufl. S. 185.

oder allgemein

$$M_E = -\sum_{i=1}^{n} P_i x_i'. \qquad (60, 2)$$

Wie wir schon in Nr. 59 erwähnt haben, ist M_E negativ.

Wie beim Träger auf zwei Stützen treten auch beim Freiträger bei lotrechter Belastung nirgends Normalkräfte auf.

Die Querkraft Q im Abstand x vom freien Trägerende gewinnen wir dadurch, daß wir uns den Träger an der Stelle x durchschnitten denken, an der Schnittstelle Q und M anbringen und auf den linken abgeschnittenen Teil die Gleichgewichtsbedingung $\Sigma V_i = 0$ anwenden:

$$-Q - P_1 - P_2 = 0,$$

$$Q = -P_1 - P_2;$$

oder allgemein

$$Q = -\sum P_l, \qquad (60, 3)$$

wobei der Index l andeuten soll, daß über sämtliche Kräfte links vom Schnitt zu summieren ist. Die Querkraftlinie für den freien Trägerteil ist wieder eine Stufenlinie mit den Sprungstellen unter jeder Einzellast (Abb. 102). Q ist im freien Trägerteil durchwegs negativ, wenn der Träger, so wie wir es hier angenommen haben, nach links auskragt. Im umgekehrten Fall ergibt sich Q durchwegs als positiv. Für den eingespannten Teil des Trägers wurde der ungefähre Verlauf der Q-Linie gestrichelt eingezeichnet. Hier herrschen ziemlich große positive Querkräfte. Wir können darauf jetzt nicht näher eingehen, da wir die Verteilung der von der Mauer ausgeübten Kräfte noch nicht berechnen können, wollen dies aber für den in Nr. 61 behandelten Träger in der Festigkeitslehre nachtragen.

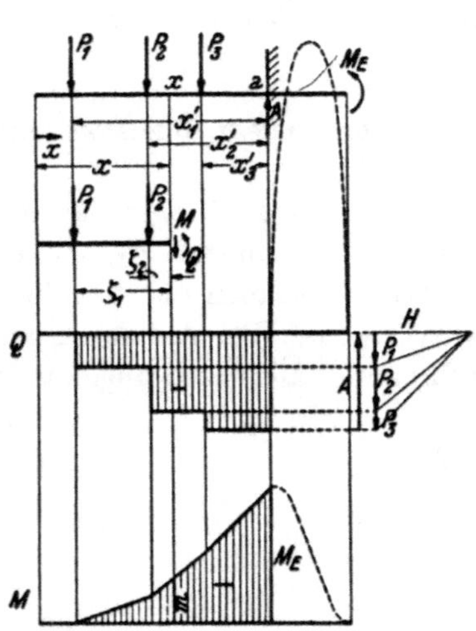

Abb. 102

Das Biegemoment an der Stelle x im freien Trägerteil folgt aus der Gleichgewichtsbedingung $\Sigma M_i = 0$ um den Punkt x, angewandt auf den linken abgeschnittenen Teil. Bezeichnen wir mit ζ_i die Abstände der Kräfte von der Schnittstelle, so gilt

$$M + P_1\zeta_1 + P_2\zeta_2 = 0,$$

$$M = -P_1\zeta_1 - P_2\zeta_2;$$

oder allgemein

$$M = -\sum P_l \zeta_l, \tag{60, 4}$$

wobei die Summe über alle Kräfte links vom Schnitt zu erstrecken ist. Das Biegemoment ist also im ganzen freien Trägerteil negativ, und zwar im Gegensatz zur Querkraft auch dann, wenn der Träger links eingespannt ist und nach rechts auskragt. Dies folgt ja auch daraus, daß sich der Träger infolge der Belastung stets so krümmt, daß er nach oben konvex ist.

Wir beachten, daß wir weder zur Ermittlung von Q noch von M vorher A oder M_E zu bestimmen brauchen.

Die Momentenlinie kann entweder rechnerisch durch Darstellung von M als Funktion von x mittels Gl. (60, 4) oder auch zeichnerisch mit Hilfe eines Seilecks erhalten werden. Nach Gl. (60, 4) ist M gleich der negativen Summe der Momente aller Lasten links vom Schnitt. M wird also graphisch dargestellt durch die Strecke m, welche zwischen dem ersten und dem letzten Seilstrahl eines Seilpolygons der P_l auf einer Lotrechten durch die Schnittstelle abgeschnitten wird (Nr. 55). Das Seilpolygon sämtlicher Lasten stellt also die Momentenlinie dar. Die Bezugslinie, von der aus die Strecken m bis zum Seilpolygon zu messen sind, ist der erste Seilstrahl. Bezüglich des Momentenmaßstabs gilt das gleiche wie in Nr. 55: $\mu = \lambda \cdot H$ (Mp). Durch geeignete Wahl des Pols des Kraftecks erreicht man, daß sich die Bezugslinie der Momentenlinie horizontal ergibt. Von ihr aus werden die Strecken m lotrecht nach aufwärts gemessen, entsprechend den eingezeichneten Schraffen (Abb. 102).

Für den eingespannten Trägerteil ergibt sich ungefähr die gestrichelt eingezeichnete Momentenverteilung. Das absolut größte Biegemoment tritt demnach ganz nahe der Stelle a auf, wo der Träger in die Wand eintritt. Dieses Moment ist negativ und wird, da es das größte negative Moment ist, als $M_{\min}$ bezeichnet. (Das darf jedoch nicht etwa dahin mißverstanden werden, daß an dieser Stelle die geringste Biegungsbeanspruchung herrscht!) Der Einfachheit halber nimmt man für $M_{\min}$ stets den Wert des Biegemoments an der Einspannstelle a. Da nun für den Punkt a $\zeta_l = x_l'$ ist, geht Gl. (60, 4) in Gl. (60, 2) über, es ist also $M_a = M_E$ und

$$M_{\min} \approx M_E. \tag{60, 5}$$

Der Extremwert des Biegemoments ist also ungefähr gleich dem Einspannmoment. M_E kann auch aus dem zeichnerisch gewonnenen Momentendiagramm entnommen werden.

b) *Streckenlast* (Abb. 103). Für Streckenlasten sind die obigen Formeln sinngemäß abzuändern. Die Summe aller Lasten auf dem Träger ist jetzt gleich G, dem Gesamtgewicht der Streckenlast, welches im Schwerpunkt

S der Belastungsfläche angreift. Die Summe der Momente aller Lasten um die Einspannstelle a ist gleich Ge'. Damit erhalten wir aus den Gl. (60, 1) und (60, 2)

$$A = G \qquad (60, 1\,\text{a}) \qquad\qquad M_E = -Ge' \qquad (60, 2\,\text{a})$$

Bezeichnet G_x das Gewicht der links von der Stelle x befindlichen Streckenlast, deren Schwerpunkt s_x von der Schnittstelle den Abstand ζ haben soll, so gilt für Querkraft und Biegemoment an der Stelle x nach den Gl. (60, 3) und (60, 4)

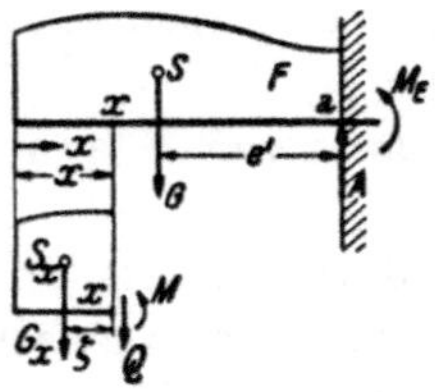

Abb. 103

$$Q = -G_x \qquad (60, 3\,\text{a}) \qquad M = -G_x\zeta \qquad (60, 4\,\text{a}).$$

Die zeichnerische Ermittlung der Q- und der M-Linie erfolgt wie beim Träger auf zwei Stützen zunächst näherungsweise, indem man die Streckenlast durch eine Reihe von Einzellasten ersetzt. So dann werden die erhaltenen Linienzüge entsprechend berichtigt. (Siehe Nr. 56, 1. Beispiel.)

61. Beispiele von Freiträgern.

1. Beispiel. *Träger mit Einzel- und Streckenlast.* Für den in Abb. 104 dargestellten Freiträger wollen wir Auflagerdruck, Einspannmoment, Querkraft- und Momentenverlauf ermitteln.

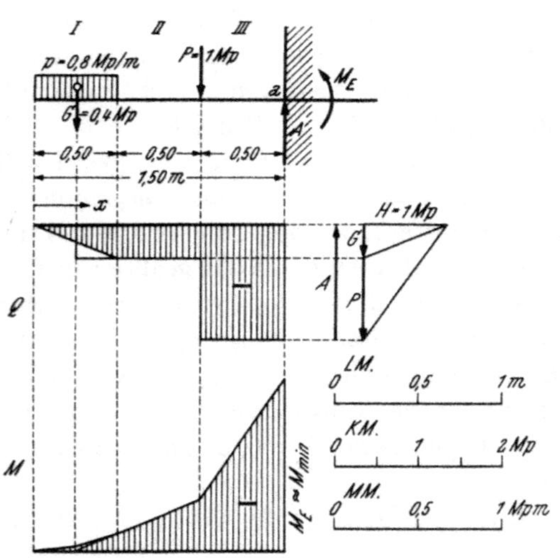

Abb. 104

a) *Rechnerische Behandlung.*

α) Auflagerdruck und Einspannmoment. Indem wir die Streckenlast durch ihre Resultierende $G = 0,4$ Mp ersetzen, erhalten wir nach Gl. (60, 1) den Auflagerdruck

$$A = G + P = 0,4 + 1 = 1,4 \text{ Mp}$$

und nach Gl. (60, 2) das Einspannmoment

$$M_E = -0,4 \cdot 1,25 - 1 \cdot 0,50 = -1,00 \text{ Mpm}.$$

Zur Aufstellung der Gleichungen der Q- und der M-Linie teilen wir den Träger in einzelne Felder. Als Einheiten legen wir Mp und m zugrunde.

β) Querkraftlinie. Im Feld I gilt nach Gl. (60, 3 a) mit $G_x = 0,8x$

$$Q = -0,8x \quad (0 \leqq x \leqq 0,50).$$

Im Feld *II* gilt nach Gl. (60, 3)

$$Q = -G = -0{,}4 \quad (0{,}50 \leqq x < 1{,}0),$$

und im Feld *III*

$$Q = -G - P = -0{,}4 - 1{,}0 = -1{,}4 \quad (1{,}0 < x \leqq 1{,}50).$$

γ) Momentenlinie. Im Feld *I* gilt nach Gl. (60, 4 a) mit $G_x = 0{,}8x$ und $\zeta = x/2$

$$M = -0{,}8x\frac{x}{2} = -0{,}4x^2 \quad (0 \leqq x \leqq 0{,}50).$$

Im Feld *II* gilt nach Gl. (60, 4)

$$M = -G(x - 0{,}25) = -0{,}4x + 0{,}1 \quad (0{,}50 \leqq x \leqq 1{,}00),$$

und im Feld *III*

$$M = -G(x - 0{,}25) - P(x - 1{,}00) = -1{,}4x + 1{,}1 \quad (1{,}00 \leqq x \leqq 1{,}50).$$

Nach Gl. (60, 5) ist

$$M_{\min} \approx M_E = -1{,}00 \text{ Mpm}.$$

b) *Zeichnerische Behandlung.* Die zeichnerische Lösung der Aufgabe ist in Abb. 106 durchgeführt, in der folgende Maßstäbe gewählt wurden: LM: 1 cm ≙ 0,5 m, KM: 1 cm ≙ 1 Mp. Die Polweite $H = 1$ Mp (1 cm). Damit ergibt sich der Momentenmaßstab: MM: 1 cm ≙ $\lambda \cdot H =$ $= 0{,}5 \cdot 1 = 0{,}5$ Mpm. Die Streckenlast wurde zunächst durch eine Einzellast ersetzt und hierauf die Momentenlinie parabolisch ausgerundet und die Querkraftlinie abgeschrägt. A und $M_E \approx M_{\min}$ können aus der Zeichnung entnommen werden.

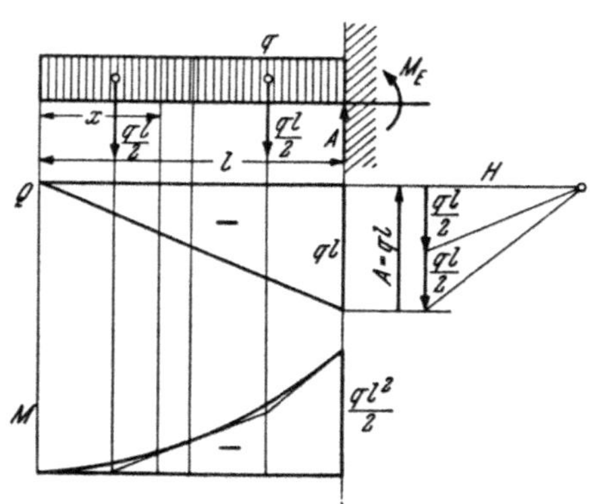

Abb. 105

2. Beispiel. *Freiträger mit Gleichlast.* Wir wollen für den in Abb. 105 dargestellten Freiträger mit der freien Länge l, welcher mit durchgehender Gleichlast q belastet ist, Querkraft- und Momentenverlauf rechnerisch und zeichnerisch ermitteln.

Denken wir uns an einer beliebigen Stelle im Abstand x vom freien Ende den Träger durchschnitten, so erhalten wir [Gl. (60, 3 a) bzw. Gl. (60, 4 a)]:

$$Q = -qx, \qquad M = -qx\frac{x}{2} = -\frac{1}{2}qx^2. \tag{61, 1 a}$$

Für $x = 0$ ist $Q = 0$, für $x = l$ ergibt sich $Q = -ql = -A$, wo $A = ql$ der Auflagerdruck ist. Die Q-Linie ist also eine von Null ins Negative führende geneigte Gerade. Die M-Linie ist eine Parabel. Sie hat ihren Scheitel dort, wo $q = 0$ ist, also im Punkt $x = 0$. In diesem Punkt ist $M = 0$. Für $x = l$ ergibt sich $M = -\frac{1}{2}ql^2$, welcher Wert gleich dem Einspannmoment M_E ist. Wir haben also

$$M_{\min} \approx M_E = -\frac{1}{2}ql^2. \tag{61, 1 b}$$

Die Momentenlinie ergibt sich zeichnerisch aus dem Tangentenpolygon, das wir als Seilpolygon für die unterteilte Belastungsfläche erhalten.

3. Beispiel. *Freiträger mit parabelförmiger Belastung.* Ein Freiträger von der Länge l sei mit einer parabelförmig begrenzten Streckenlast gemäß Abb. 106 belastet; die Belastungsfläche sieht also genau so aus wie die Momentenfläche des vorigen Beispiels. Die größte Ordinate dieser Belastung wollen wir einstweilen p_0 nennen. Zum Unterschied gegen früher sei der Träger aber jetzt am linken Ende eingespannt. Die Koordinate x laufe wieder von links nach rechts.

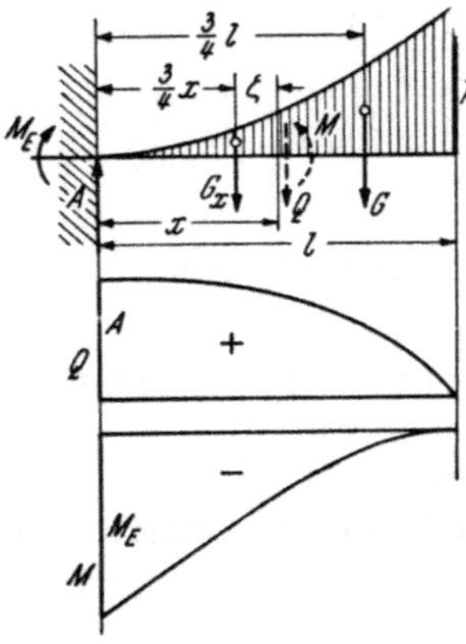

Abb. 106

Die jetzt veränderliche Belastungshöhe p ergibt sich aus der Gleichung der Parabel, welche, genau wie die Gleichung der M-Linie (61, 1 a), von der Form sein muß

$$p = ax^2$$

(Parabel mit dem Scheitel im Punkt $x = 0$, deren Achse die y-Achse ist).

Der Koeffizient a folgt aus der Bedingung, daß für $x = l$ $p = p_0$ sein muß; somit ist $a = p_0/l^2$, und daher

$$p = p_0 \frac{x^2}{l^2}.$$

Nach Gl. (38, 6) ist der Inhalt der Belastungsfläche, das ist das Gesamtgewicht der Belastung

$$F = G = \frac{1}{3} p_0 l;$$

der Schwerpunkt S der Belastungsfläche liegt nach Gl. (38, 7) im Abstand $\frac{3}{4}l$ von der Einspannstelle. Damit ergibt sich nach Gl. (60, 1 a) bzw. (60, 2 a) für den Auflagerdruck bzw. für das Einspannmoment

$$A = \frac{1}{3} p_0 l, \qquad M_E = -G \frac{3}{4} l = -\frac{1}{4} p_0 l^2. \tag{61, 2}$$

Um die Q- und die M-Linie zu erhalten, denken wir uns den Träger an einer beliebigen Stelle x durchschnitten und wenden auf den linken abgeschnittenen Teil die Gleichgewichtsbedingungen an. Q und M sind so, wie sie im positiven Sinn auf den linken Trägerteil wirken würden, in die Abbildung strichliert eingetragen. Die Gleichgewichtsbedingung $\Sigma V_i = 0$ liefert mit $G_x = \frac{1}{3} p x$

$$-Q + A - G_x = -Q + \frac{1}{3} p_0 l - \frac{1}{3} p x = 0,$$

woraus nach Einsetzen des Wertes für p folgt

$$Q = \frac{1}{3} p_0 l \left(1 - \frac{x^3}{l^3}\right).$$

Wir erhalten eine kubische Parabel mit einer waagrechten Tangente in jenem Punkt, wo $p = 0$ ist [siehe Gl. (54, 1)], das ist also im Punkt $x = 0$. Die Kurve sinkt vom Wert $Q = A$ in diesem Punkt auf den Wert $Q = 0$ am freien Trägerende ab. Die Querkraft ist in diesem nach rechts auskragenden Träger positiv (Nr. 60).

Für das Biegemoment ergibt die Gleichgewichtsbedingung $\Sigma M_i = 0$, angewandt auf den linken Trägerteil, bezogen auf den Punkt x

$$M - M_E - A x + G_x \zeta = 0.$$

[M_E wurde zunächst mit dem aus der Zeichnung ersichtlichen Drehsinn eingetragen. Es dreht in Wirklichkeit im umgekehrten Sinn, was durch das Minuszeichen in Gl. (61, 2) zum Ausdruck kommt, das bei dem folgenden Einsetzen zu berücksichtigen ist.] Aus dieser Gleichung folgt durch Einsetzen der Werte für M_E, A, G_x und $\zeta = \frac{1}{4} x$

$$M = -\frac{p_0 l^2}{12}\left(3 - 4\frac{x}{l} + \frac{x^4}{l^4}\right), \tag{61, 3}$$

also eine Parabel vierter Ordnung.

Die Q- und die M-Linie wurden in die Abb. 106 eingezeichnet, nachdem aus den betreffenden Gleichungen einige Ordinaten berechnet wurden. Die beiden Kurven können auch zeichnerisch gewonnen werden durch Zerlegung der Belastungsfläche und Anbringung entsprechender Einzellasten in den Schwerpunkten der Teilflächen.

Bemerkung. Die vielleicht auf den ersten Blick gekünstelt erscheinende Annahme einer solchen parabolischen Belastung kann folgende praktische Bedeutung haben. Setzen wir in Gl. (61, 3) für p_0 den Wert des Biegemoments im Einspannpunkt des Trägers des Beispiels 2 ein, das gleich $M_E = -\frac{1}{2} q l^2$ ist, so erscheint der Träger des Beispiels 3 mit der Momentenfläche des Trägers des Beispiels 2 belastet. Dividieren wir Gl. (61, 3) noch durch die Biegesteifigkeit EJ des Trägers des Beispiels 2 (siehe Festigkeitslehre, Kap. V), so ergibt sich ein Ausdruck, den wir mit η bezeichnen wollen:

$$\eta = \frac{q l^4}{24\, EJ}\left(3 - 4\frac{x}{l} + \frac{x^4}{l^4}\right).$$

Es ist dies die Gleichung der *Biegelinie* des Trägers des Beispiels 2, das ist die Gleichung jener Kurve, nach der sich seine Achse unter der Gleichlast q krümmt [siehe Festigkeitslehre, 4. Aufl., Gl. (62, 25)]. Die Momentenlinie des Beispiels 3 gibt daher eine im Verhältnis Länge zu Durchbiegung verzerrte, aber in den Verhältnissen der einzelnen Ordinaten zueinander richtige Darstellung der Biegelinie des Trägers des Beispiels 2. Es ist dies die Ermittlung der Biegelinie nach dem Mohrschen Satz (Festigkeitslehre, 4. Aufl., S. 227).

4. Beispiel. *Rekursorische Berechnung der Biegemomente.* Das in Nr. 54 entwickelte Rekursionsverfahren zur Bestimmung der Biegemomente infolge einer Belastung des Trägers mit Einzelkräften kann auch auf den Freiträger angewandt werden. Bezeichnen wieder $i-1$ und i zwei aufeinanderfolgende Angriffspunkte der Lasten P_{i-1} und P_i, ist ihr Abstand λ_i, die Querkraft zwischen ihnen $Q^{(i)}$ und im Feld vorher $Q^{(i-1)}$ und sind die Momente in diesen beiden Punkten M_{i-1} bzw. M_i, so gilt

$$Q^{(i)} = Q^{(i-1)} - P_{i-1},$$
$$M_i = M_{i-1} + Q^{(i)} \lambda_i.$$

Die Rekursion ist am freien Trägerende zu beginnen. Steht in diesem Punkt 0 die Last P_0, so ist $Q^{(1)} = -P_0$ und $M_0 = 0$. Für den Einspannpunkt a ergeben sich dann aus den obigen Formeln Auflagerdruck und Einspannmoment, nämlich $Q^{(a)} = -A$ und $M_a = M_E$.

Als Beispiel zeigen wir, wie man für den in Nr. 54 (Abb. 79) behandelten Träger auf zwei Stützen die Biegemomente ermitteln kann, ohne vorher die Auflagerdrücke gesondert zu bestimmen. Diese ergeben sich vielmehr aus dem Verfahren selbst.

Wir betrachten zunächst an Stelle des gegebenen Trägers auf zwei Stützen, der in Abb. 107, Bild *1* nochmals dargestellt ist, einen Träger von gleicher Länge und mit gleicher Belastung, der jedoch am rechten Ende eingespannt ist, während das linke frei auskragt (Bild *2*). Wir bezeichnen Querkräfte, Biegemomente, Einspannmoment und Auflagerdruck im Einspannpunkt b dieses Trägers mit Q', M', M_E', B' und berechnen nach den Rekursionsformeln zunächst die Momente dieses Trägers in den Punkten 0 . . . 4 $(=b)$ (siehe Tabelle 7). Es ergibt sich $B' = -Q'^{(4)} = +8{,}0$, $M_E' = M_4' = -45{,}0$.

Tabelle 7

Punkt i	x_i m	Kraft Mp	$Q'^{(i)}$ Mp	λ_i m	$Q'^{(i)}\lambda_i$ Mpm	M_i' Mpm	$M_i'' = A x_i$ Mpm	M_i Mpm
0	0,0	0,0				0,0	0,0	0,0
			0,0	3,0	0,0			
1	3,0	−4,0				0,0	+13,5	+13,5
			−4,0	2,0	− 8,0			
2	5,0	−3,0				− 8,0	+22,5	+14,5
			−7,0	3,0	−21,0			
3	8,0	−1,0				−29,0	+36,0	+ 7,0
			−8,0	2,0	−16,0			
4	10,0	$B' = +8{,}0$				−45,0	+45,0	0,0

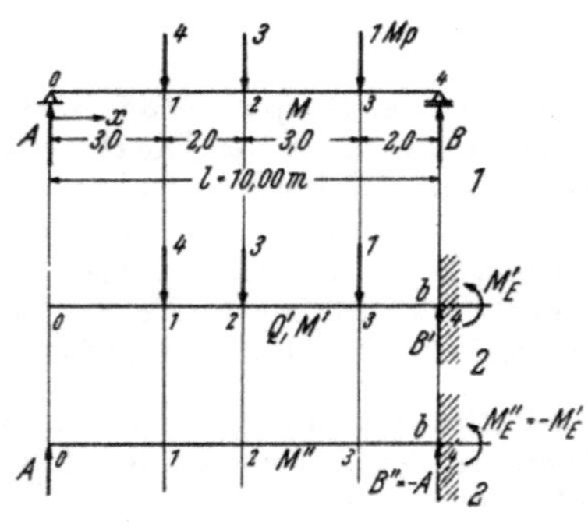

Abb. 107

Nun hat der gegebene Träger (Bild *1*) im Punkt 4 das Moment $M_4 = 0$ und im Punkt 0 den Auflagerdruck A. Den Auflagerdruck dieses Trägers im Punkt 4 wollen wir mit B bezeichnen, seine Biegemomente mit M. Wir müssen also, um vom Träger 2 zum Träger 1 zu gelangen, im Punkt 0 des Freiträgers 2 eine Kraft A von solcher Größe anbringen, daß das Moment M_E' verschwindet. Mit anderen Worten, wir werden dem Freiträger 2 einen Freiträger überlagern, der lediglich mit einer Kraft A im Punkt 0 belastet ist, die wir so groß wählen, daß das Einspannmoment dieses in Bild *3* dargestellten Trägers $M_E'' = -M_E'$ wird (siehe Überlagerungsprinzip, Nr. 56, 3. Beispiel). Wir bezeichnen die Biegemomente im Träger 3 mit M'', seinen Auflagerdruck im Punkt 4 mit B''. Die Kraft A ergibt sich aus

$$M_E'' = A l = -M_E'$$

zu

$$A = \frac{45{,}0}{10{,}0} = 4{,}5 \text{ Mp}.$$

Die Momente M'' in den Punkten $0 \ldots 4$ folgen aus

$$M_i'' = +A x_i = +4{,}5\, x_i,$$

wo x vom freien Trägerende nach rechts hin zu messen ist. Sie sind in Tabelle 7 eingetragen. Da sich der Träger 1 durch Überlagerung der Träger 2 und 3 ergibt, gilt für die gesuchten Biegemomente

$$M = M' + M'',$$

was die in der Tabelle verzeichneten Werte liefert. Mittels des Auflagerdrucks $B'' = -A = -4{,}5$ erhalten wir für den Träger 1

$$B = B' + B'' = 3{,}5\,\mathrm{Mp}.$$

(Vgl. die in Nr. 54 erhaltenen Werte.)

C. Der Träger auf zwei Stützen mit Kragarmen

62. Rechnerische und zeichnerische Behandlung eines Trägers mit Kragarmen. Als dritte Trägertype wollen wir einen Träger besprechen, der auf zwei Stützen (ein festes, ein bewegliches Lager) gelagert ist, jedoch über diese Stützen hinausragt, also einen *Träger mit auskragenden Enden* (Abb. 108). Oft wird dieser Träger auch kurz als *Kragträger* bezeichnet und darf dann nicht mit dem vorhin behandelten Krag- oder Freiträger verwechselt werden. Wir betrachten wieder nur den Fall lotrechter Belastung.

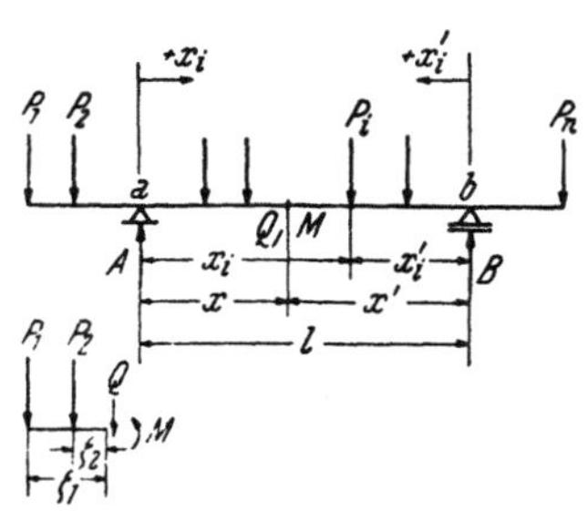

Abb. 108

Die Ermittlung der *Auflagerdrücke* geschieht wieder durch Anwendung der Gleichgewichtsbedingung $\sum M_i = 0$ um die Auflagerpunkte b bzw. a (die Summe erstreckt über alle äußeren Kräfte). Bezeichnen wir, wie in Nr. 46, den Abstand der Last P_i vom Auflager a mit x_i, vom Auflager b mit x_i', so gelangen wir wieder zu den Gl. (46, 2), wenn wir nur beachten, daß die x_i vom Punkt a nach rechts hin positiv, nach links negativ zu zählen sind, die x_i' vom Punkt b nach links hin positiv und nach rechts negativ. Ist l die Spannweite des Trägers, das ist der Abstand der beiden Stützen, so haben wir also bei n Lasten P_i

$$A = \frac{1}{l} \sum_{i=1}^{n} P_i x_i, \qquad B = \frac{1}{l} \sum_{i=1}^{n} P_i x_i'. \tag{62, 1}$$

Zur Vermeidung von Irrtümern ist es jedoch im allgemeinen besser, die Momentengleichung direkt anzuwenden (siehe das folgende Beispiel). Die Gleichgewichtsbedingung $\sum V_i = 0$ liefert wieder eine Kontrolle: die Summe der Auflagerdrücke muß gleich der Summe aller Lasten sein.

Die *Querkräfte* in den Kragarmen sind genauso zu berechnen wie bei einem Freiträger. Nach Nr. 60 erhalten wir für den linken Kragarm

$$Q = -\sum P_l, \tag{62, 2 a}$$

das heißt, die Querkraft ist gleich der *negativen* Summe aller Lasten links vom Schnitt. Am rechten Kragarm haben wir zu beachten, daß hier die Querkraft *positiv* ist und gleich der Summe aller Lasten rechts vom Schnitt:

$$Q = +\sum P_r. \tag{62, 2 b}$$

Im Mittelfeld, zwischen den zwei Stützen, gelten dieselben Formeln wie für den Träger auf zwei Stützen ohne Kragarme [Gl. (50, 2 a, 2 b)]. Je nachdem, ob wir den linken oder den rechten abgeschnittenen Teil betrachten, haben wir

$$Q = A - \sum P_l \text{ bzw. } Q = -B + \sum P_r. \tag{62, 2 c}$$

Die *Biegemomente* in den Kragarmen werden ebenfalls nach den Formeln der Nr. 60 berechnet. Das Biegemoment im linken Kragarm ist gleich der negativen Summe der Momente aller Lasten links vom Schnitt, bezogen auf die Schnittstelle

$$M = -\sum P_l \zeta_l. \tag{62, 3 a}$$

Im rechten Kragarm ist das Biegemoment ebenfalls negativ und gleich der Summe der Momente aller Lasten rechts von der Schnittstelle um diese:

$$M = -\sum P_r \zeta_r'. \tag{62, 3 b}$$

ζ_l und ζ_r' sind die Abstände der betreffenden Lasten von der Schnittstelle. Im Mittelfeld gelten wieder die Formeln, die wir für den Träger ohne Kragarme erhalten haben [Gl. (50, 3 a, 3 b)]. Sind x bzw. x' die Abstände der Auflager a bzw. b von der Schnittstelle, so gilt, je nachdem, ob wir den rechten oder den linken Teil betrachten,

$$M = Ax - \sum P_l \zeta_l \text{ bzw. } M = Bx' - \sum P_r \zeta_r'. \tag{62, 3 c}$$

Für Streckenlasten gelten die entsprechenden Formeln der Nr. 60 bzw. Nr. 52.

Die *zeichnerische Behandlung* eines Trägers mit Kragarmen erfolgt in gleicher Weise wie die der beiden bisher behandelten Trägertypen. Die Auflagerdrücke ergeben sich durch Schließung des Seilpolygons der Lasten. Die Ordinaten des geschlossenen Seilpolygons stellen die Biegemomente dar. Denn das Biegemoment an einer beliebigen Schnittstelle ist ja wieder gleich der Summe der Momente aller Kräfte links bzw. rechts von der Schnittstelle, genommen um diese selbst.

Beispiel. Es sollen für den in Abb. 109 dargestellten Träger auf zwei Stützen mit Kragarmen Auflagerdrücke, Querkräfte und Biegemomente rechnerisch und zeichnerisch ermittelt werden.

a) *Rechnerische Behandlung.* Es liegen die Einheiten Mp und m zugrunde.

α) Auflagerdrücke. Die Streckenlast wird durch eine entsprechende Einzellast (12 Mp) ersetzt. Dann ergibt die Gleichgewichtsbedingung $\Sigma M_i = 0$ für die Bezugspunkte b bzw. a

$$-A \cdot 10 + 5 \cdot 12 + 15 \cdot 6 - 12 \cdot 1{,}5 = 0,$$

$$A = 13{,}2\,\mathrm{Mp};$$

$$B \cdot 10 - 12 \cdot 11{,}5 - 15 \cdot 4 + 5 \cdot 2 = 0,$$

$$B = 18{,}8\,\mathrm{Mp}.$$

β) Querkräfte. Wir führen zunächst folgende Koordinaten ein: Die Koordinate ξ läuft vom Ende des linken Kragarms nach rechts, die Koordinate ξ' vom Ende des rechten Kragarms nach links, die Koordinate x vom Auflager a nach rechts, die Koordinate x' vom Auflager b nach links. (Man kann alles auch durch eine einzige Koordinate, etwa x, ausdrücken, denn es ist $\xi = x + 2$, $\xi' = 13 - x$, $x' = 10 - x$.) Nach den obigen Formeln gilt dann für den linken Kragarm

$$Q = -5 \quad (0 < \xi < 2)$$

und für den rechten

$$Q = +p\,\xi' = +4\,\xi' \quad (0 \leqq \xi' < 3).$$

Für das Mittelfeld erhalten wir im Abschnitt $a \ldots c$

$$Q = A - 5 = +8{,}2 \quad (0 < x < 4)$$

und im Abschnitt $c \ldots b$

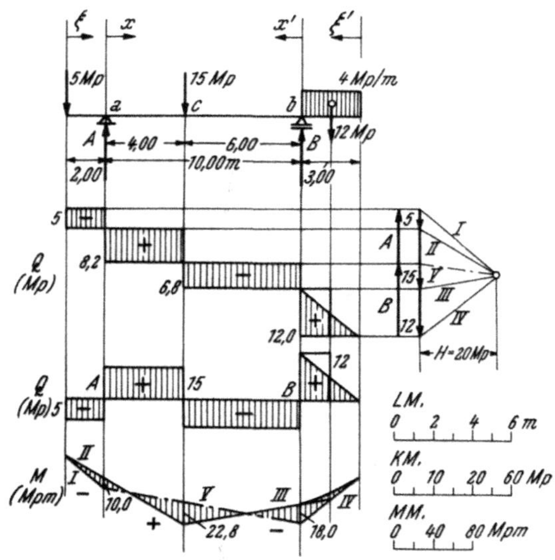

Abb. 109

$$Q = +8{,}2 - 15 = -6{,}8 \quad (4 < x < 10).$$

(Bezüglich des <- und des $\leqq$-Zeichens siehe Nr. 56, 1. Beispiel.)

Wir sehen, daß die Querkraft dreimal ihr Zeichen wechselt, nämlich in den Punkten a, c, b. Dort werden Extremwerte des Biegemoments auftreten.

γ) Biegemomente. Zunächst erhalten wir für den linken Kragarm

$$M = -5\,\xi \quad (0 \leqq \xi \leqq 2)$$

und für den rechten

$$M = -p\,\xi' \cdot \frac{1}{2}\,\xi' = -2\,\xi'^2 \quad (0 \leqq \xi' \leqq 3).$$

Im Abschnitt $a \ldots c$ des Mittelfeldes gilt

$$M = Ax - 5(x + 2) = 8{,}2x - 10 \quad (0 \leqq x \leqq 4)$$

und im Abschnitt $c \ldots b$

$$M = Bx' - 12(x' + 1{,}5) = 6{,}8x' - 18 \quad (0 \leqq x' \leqq 6).$$

Das erste Extrem des Biegemoments ergibt sich entweder aus der ersten Gleichung, indem wir dort $\xi = 2$ setzen, oder aus der dritten mit $x = 0$. Wir erhalten (in Mpm)

$$M_a = -10{,}0 = M_{\min}.$$

Das zweite Extrem folgt entweder aus der dritten Gleichung mit $x = 4$ oder aus der vierten mit $x' = 6$:

$$M_c = +22{,}8 = M_{\max}.$$

Schließlich folgt das dritte Extrem entweder aus der zweiten Gleichung mit $\xi' = 3$ oder aus der vierten mit $x' = 0$:

$$M_b = -18{,}0 = M_{\min}.$$

Die Momente über den Stützen, hier M_a und M_b, heißen *Stützmomente*, die Momente im Feld zwischen den Stützen werden als *Feldmomente* bezeichnet.

b) *Zeichnerische Behandlung* (Abb. 109). Die zeichnerische Ermittlung der Auflagerdrücke geschieht grundsätzlich genauso wie beim Träger auf zwei Stützen ohne Kragarme. Nach Zeichnung der Seilstrahlen *I* bis *IV* werden der erste und letzte Seilstrahl mit den Lotrechten durch die Auflager zum Schnitt gebracht und die beiden Schnittpunkte durch die Schlußlinie (strichpunktiert) verbunden, deren Parallele im Kräfteplan *A* und *B* liefert. Die Streckenlast wurde durch ihre Resultierende ersetzt.

Den Querkraftverlauf können wir dadurch erhalten, daß wir, wie es in Abb. 109 zunächst geschehen ist, die einzelnen Kräfte des Krafteck waagrecht hinüberprojizieren. Etwas weniger Platz benötigt es, wenn man die Kräfte unter Berücksichtigung ihrer Richtung der Reihe nach aufträgt, so wie es in der darunter gezeichneten Darstellung gemacht wurde. Man muß sich nur merken, daß die Querkraft im linken Kragarm negativ ist. Bei jedem Überschlagen der Querkraftlinie der ersten Darstellung bzw. bei jedem Durchgang durch Null in der zweiten Darstellung ändert Q das Vorzeichen. Unter der Streckenlast, die zunächst durch eine Einzellast ersetzt wurde, ist die Q-Linie noch abzuschrägen.

Die Biegemomente werden dargestellt durch die in lotrechter Richtung zu messenden Ordinaten m des geschlossenen Seilecks der Lasten und Auflagerdrücke, das unter der Streckenlast noch parabolisch auszurunden ist (in Abb. 109 schraffiert). Bezüglich des Maßstabes gilt das in Nr. 55 Ausgeführte. Bei jeder Überschneidung des Seilpolygons tritt ein Zeichenwechsel des Moments ein. Die Stützmomente sowie die Momente in den Kragarmen sind bei abwärts wirkender Belastung stets negativ. Dazwischen werden für gewöhnlich positive Momente auftreten. Es kann aber auch vorkommen, daß die Momente im ganzen Träger negativ sind, dann nämlich, wenn die Kragarme sehr lang oder sehr schwer belastet sind, so daß sich der ganze Träger nach oben konvex ausbiegt. Dann durchschneidet die Schlußlinie das Seilpolygon nicht.

IV. Ebene Fachwerke

63. Allgemeines. Unter einem *Fachwerk* versteht man ein aus Stäben zusammengesetztes Tragwerk, etwa von der Art des in Abb. 110 dargestellten Dachbinders, wobei die Stäbe an ihren Enden gelenkig verbunden gedacht werden. Wie der Träger dient das Fachwerk zur Überspannung von Räumen und zur Aufnahme von Lasten, und man spricht daher oft auch von *Fachwerkträgern* oder *Fachwerkbalken*. (Der Name ,,Fachwerk" rührt wohl von den zwischen den Stäben entstehenden ,,Fächern" her.) Zum Unterschied vom Fachwerk bezeichnet man die in Abschnitt III behandelten Träger als *vollwandige Systeme*. Allgemein wird ein Tragwerk dann als vollwandig bezeichnet, wenn in seinen Querschnitten Biegemomente, Quer- und Normalkräfte auftreten können. In den Fachwerkstäben treten hingegen, wie wir sehen werden, nur Normalkräfte auf, die als die *Stabkräfte* bezeichnet werden.

Die Gesamtheit jener Stäbe des Fachwerks, welche seine äußere Berandung bilden (allenfalls mit Ausnahme der Vertikalen am rechten und am linken Ende), nennt man die *Gurte* und unterscheidet zwischen *Ober-* und *Untergurt*. Zwischen den Gurten liegen die *Füllstäbe*, das sind die *Vertikalen*, auch *Steher*, *Ständer* oder, bei Holzfachwerken, *Pfosten* genannt, und die *Diagonalen*, welche auch *Streben* oder *Schrägen* genannt werden. Die Stellen, wo zwei oder mehrere Stäbe zusammenstoßen, sind die *Knoten* des Fachwerks. Liegen alle Stäbe in derselben Ebene, so spricht man von einem *ebenen Fachwerk*, sonst von einem *Raumfachwerk* (Raumfachwerke sind z. B. die tragenden Konstruktionen von Turmdächern, Kuppeln u. dgl.). Wir behandeln hier nur das ebene Fachwerk. Bei diesem unterscheidet man, je nach der Form der Gurte, verschiedene Typen. Ein Fachwerk mit parallelen Ober- und Untergurten (siehe etwa Abb. 113) nennt man *Parallelträger*. Abb. 110 zeigt den *Dreiecksbinder* oder *Dreieckträger*.

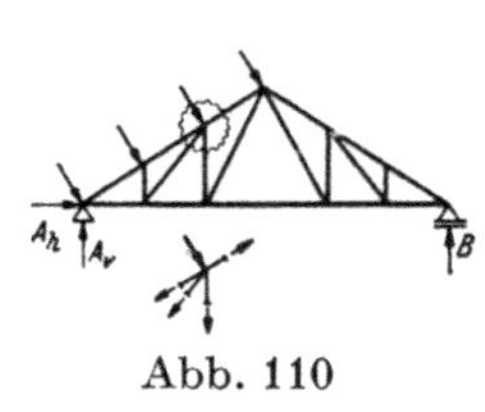

Abb. 110

Liegen die Knoten eines Gurts auf einer Parabel, so spricht man von einem *Parabelträger*. (Es liegen z. B. die Knoten des Obergurts auf einer Parabel, während der Untergurt gerade ist. Trotzdem sind aber die einzelnen Obergurtstäbe gerade Stäbe.)

Wir stellen uns die Aufgabe, die durch eine gegebene Belastung, die immer in der Ebene des Fachwerks liegen soll, in sämtlichen Fachwerkstäben hervorgerufenen Kräfte zu bestimmen. Die Kenntnis der Stabkräfte ist zur Bemessung der Stäbe notwendig.

Wir werden nur das sogenannte *ideale Fachwerk* behandeln. Dieses hat folgende Eigenschaften: 1. In den Knoten sind die Stäbe mit reibungsfreien Gelenken angeschlossen. 2. Die Stabachsen sind gerade (unter Stabachse wollen wir wieder die Verbindungslinie sämtlicher Querschnittsschwerpunkte des Stabes verstehen). 3. Die Stabanschlüsse sind genau zentrisch, d. h. die Achsen der Stäbe jedes Knotens treffen in einem Punkt, dem Drehpunkt des Gelenks, zusammen. 4. Die Belastung besteht nur aus Einzelkräften, die in den Knoten angreifen.

Unter diesen Voraussetzungen treten in den Stäben nur *Normalkräfte*, also nur *Zug-* oder *Druckkräfte* auf, jedoch keine Querkräfte oder Biegemomente. Denn infolge der 1. und 4. der obigen Annahmen wirken auf jeden Stab nur zwei (eventuell aus mehreren Kräften resultierende) Einzelkräfte, die an seinen Endpunkten angreifen. Da der Stab im Gleichgewicht ist, müssen diese beiden Kräfte nach Nr. 15 in der Verbindungslinie ihrer Angriffspunkte liegen, das ist aber nach den Voraussetzungen 2 und 3 die Stabachse. Denken wir uns den Stab durchschnitten, so ergibt sich an der Schnittstelle aus den Gleichgewichtsbedingungen nur eine von Null verschiedene Normalkraft, während Biegemoment und Querkraft gleich Null sind. Die Größe dieser Normalkraft ist unabhängig von der Lage der Schnittstelle und wird *Stabkraft* genannt. Wird der Stab *gezogen*, dann bezeichnen wir die Stabkraft als *positiv*, wird der Stab *gedrückt* als *negativ*.

Das *wirkliche Fachwerk* unterscheidet sich vom idealen in manchen Punkten recht beträchtlich. Zunächst ist von reibungsfreien Gelenken keine Rede. Im Gegenteil, jeder Gurt wird, soweit er gerade verläuft und nicht zu lang ist, als ein einziger durchlaufender Stab ausgeführt. An ihn werden bei Stahlfachwerken die Füllstäbe mittels Knotenblechen biegungssteif angenietet. Infolgedessen treten in den Stäben eines realen Fachwerks auch Biegemomente auf, die sich den für das ideale Fachwerk bestimmten Stabkräften überlagern. Da aber die Ermittlung dieser Biegemomente bzw. der durch sie hervorgerufenen *Nebenspannungen* schwierig ist und da die Nebenspannungen im allgemeinen klein sind, werden sie im Hochbau nicht berücksichtigt. Weiters ist beim wirklichen Fachwerk die Bedingung 4 nicht erfüllt, denn das Eigengewicht jedes Stabes wirkt als eine über die ganze Stablänge verteilte Belastung. Auch die dadurch hervorgerufenen Querkräfte und Biegemomente bleiben unberücksichtigt, und dem Eigengewicht des Tragwerks wird nur insofern Rechnung getragen, als man es durch eine Reihe gleichwertiger Einzellasten ersetzt, die man in den Knoten des *Lastgurts* (das ist jener Gurt, an dem die übrigen Lasten angreifen) anbringt. Dagegen kann das Gewicht der Deckung und der Schalung eines Daches sowie Schnee- und Winddruck durch geeignete Anordnung der Pfetten ohne weiteres nur auf die Knoten des Fachwerks übertragen werden. — Die Voraussetzung 2, betreffend die zentrischen Stabanschlüsse, ist z. B. bei genieteten Stahlfachwerken insofern nur ungenau erfüllt, als sich wohl die Stabachsen im allgemeinen in einem Punkt treffen, nicht aber die Nietrißlinien, entlang welcher die Nieten angeordnet sind. Die Fachwerkstäbe bestehen bei Stahlfachwerken gewöhnlich aus Winkelstählen, die meist paarweise angeordnet sind: ⅂Γ, so daß zwischen ihnen die Knotenbleche Platz finden, und es ist aus Platzmangel nicht möglich, die Nieten entlang der Stabachse anzuordnen. — Die Voraussetzung 3, daß die Stabachsen gerade sind, ist in der Regel auch beim wirklichen Fachwerk ziemlich genau erfüllt.

Ein brauchbares Fachwerk muß *stabil* sein. Es darf nicht beweglich sein, wie etwa das in Abb. 111, Bild *1* dargestellte offene Viereck (siehe Nr. 23), das erst durch Einbau einer Diagonale starr wird (Bild *2*). Ein Fachwerk darf auch nicht „*wackeln*", wie z. B. das in Bild *3* gezeichnete. Dieses kann zwar nicht gänzlich umgeworfen werden wie das offene Viereck, doch können die drei lotrechten Stäbe ohne wesentliche Längenänderungen (im Grenzfall sogar ohne Längenänderungen) kleine Drehungen ausführen, so daß das obere Dreieck in der Richtung der parallelen Tangenten der eingezeichneten Kreisbogen ein wenig hin und her bewegt werden kann. Wir behandeln daher im folgenden ausschließlich Fachwerke, deren Knoten gegeneinander unverschieblich sind, die also als starre Scheiben betrachtet werden können[1].

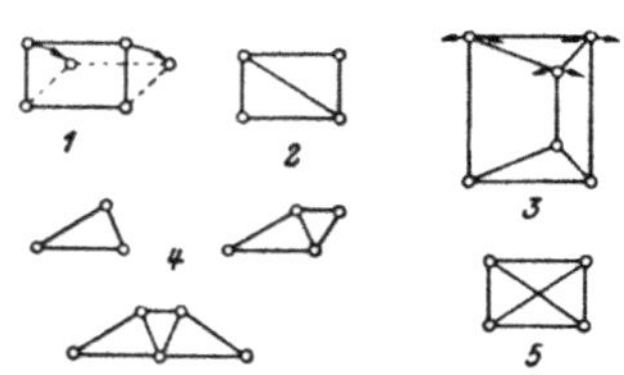

Abb. 111

Das einfachste stabile Fachwerk besteht aus einem Dreieck. Von ihm gelangen wir zu weiteren stabilen Fachwerken, indem wir weitere Dreiecke so anschließen, daß jedes folgende mit den vorhergehenden nur eine Seite und zwei Eckpunkte gemeinsam hat (Bild *4*). So entsteht das *einfache Dreiecksfachwerk*, mit dem wir uns zunächst ausschließlich beschäftigen wollen. Es ist nicht schwer, einen Zusammenhang zwischen der Knotenzahl k und der Stabzahl s eines solchen Fachwerks herzuleiten: Für die ersten drei Knoten brauchen wir drei Stäbe. Für den Anschluß jedes

[1] Wenn wir von Unverschieblichkeit eines Fachwerks sprechen, sehen wir stets ab von den Verschiebungen, die das Fachwerk durch seine Verformung infolge der Belastung erleidet, denken uns also das Fachwerk aus lauter *starren* Stäben bestehend, die in den Knoten durch reibungsfreie Gelenke miteinander verbunden sind.

weiteren Knotens sind zwei Stäbe nötig. Es muß daher die um die ersten drei Stäbe verminderte Stabzahl s doppelt so groß sein wie die um die ersten drei Knoten verminderte Knotenzahl k:

$$s - 3 = 2\,(k - 3).$$

Daraus erhalten wir die gesuchte Beziehung zwischen Stab- und Knotenzahl:

$$s = 2\,k - 3. \tag{63, 1}$$

Nun erhebt sich die Frage, ob wir mit Hilfe unserer bisherigen Kenntnisse, d. h. also mit Hilfe der statischen Gleichgewichtsbedingungen imstande sind, sämtliche Stabkräfte eines aus s Stäben bestehenden Dreiecksfachwerks zu bestimmen. Ist dies der Fall, dann werden wir, in Entsprechung zum Träger, das Fachwerk als *statisch bestimmt* bezeichnen, sonst aber als *statisch unbestimmt*.

Was zunächst die Auflager betrifft, so ist ja ein stabiles Fachwerk, wie wir schon bemerkt haben, gleichbedeutend einem Träger, und wir werden es daher ebenso wie einen Träger mit einem festen und einem beweglichen Lager versehen (siehe Abb. 110). Wir haben also wieder drei unbekannte Auflagerkomponenten zu bestimmen: A_h, A_v, B. Dazu kommen noch die s unbekannten Stabkräfte, also sind im ganzen $s + 3$ Unbekannte zu ermitteln. Da wir annehmen, daß sich das ganze Fachwerk im Gleichgewicht befinde, muß dies auch für jeden seiner k Knoten zutreffen. Denken wir uns jeden Knoten durch einen Rundschnitt (Abb. 110) herausgeschnitten, so bilden etwa vorhandene Lasten und Auflagerdrücke sowie die in den vom Schnitt getroffenen Stäben wirkenden Kräfte ein zentrales Kraftsystem, das im Gleichgewicht sein muß. Für das Gleichgewicht eines zentralen Kraftsystems haben wir in Nr. 8 zwei Bedingungen aufgestellt [Gl. (8, 9)], die wir jetzt in der Form schreiben $\sum H_i = 0$, $\sum V_i = 0$ (Summe der Horizontalkomponenten aller an dem Knoten angreifenden Kräfte muß gleich Null sein und dasselbe gilt für die Summe der Vertikalkomponenten aller Kräfte). Für jeden Knoten lassen sich zwei solche Gleichgewichtsbedingungen, insgesamt also $2\,k$ solche Gleichungen aufstellen. Diese reichen zur Bestimmung der $s + 3$ Unbekannten gerade aus, wenn zwischen Stab- und Knotenzahl die Beziehung (63, 1) besteht, denn dann ist $2\,k = s + 3$. *Das mit einem festen und einem beweglichen Lager versehene einfache Dreiecksfachwerk ist also statisch bestimmt.*

Ist für ein (unverschiebliches) Fachwerk $s > 2\,k - 3$, hat es also mehr Stäbe als ein Dreiecksfachwerk derselben Knotenzahl, so reichen die statischen Gleichgewichtsbedingungen nicht aus, um sämtliche Stabkräfte zu berechnen. Man nennt ein solches Fachwerk *innerlich statisch unbestimmt*, da die statische Unbestimmtheit von seinem inneren Aufbau herrührt. Als *äußerlich statisch unbestimmt* dagegen bezeichnet man ein Fachwerk, das wohl keine überzähligen Stäbe, dafür aber überzählige Auflager hat, also etwa ein festes und zwei bewegliche Lager. Hier ist wohl die Beziehung (63, 1) erfüllt, es wären aber $s + 4$ Unbekannte (s Stabkräfte und 4 Auflagerkomponenten) zu bestimmen, wofür nur $2k = s + 3$ Gleichungen zur Verfügung stünden.

Ein Beispiel für ein innerlich statisch unbestimmtes Fachwerk ist ein Viereck mit zwei Diagonalen (Abb. 111, Bild *5*). Hier ist $s = 6$, $k = 4$ (die beiden Diagonalen sind in der Mitte nicht miteinander verbunden!), also $s > 2k - 3 = 5$. Entfernen wir aus diesem Fachwerk eine Diagonale, so bleibt das Tragwerk stabil, im Gegensatz zum statisch bestimmten Fachwerk, das nach Wegnahme eines Stabes beweglich wird. Während aber beim statisch bestimmten Fachwerk die Stablängen vollkommen beliebig gewählt werden können, muß beim innerlich statisch unbestimmten Fachwerk der überzählige Stab, also bei uns die zuletzt eingebaute Diagonale, eine ganz bestimmte, durch die Abmessungen der übrigen Stäbe bereits vorgegebene Länge haben. Andernfalls müssen wir den Stab hineinzwängen, wodurch das Fachwerk bereits im unbelasteten Zustand Spannungen erhält, was bei einem statisch bestimmten Fachwerk nie der Fall sein kann. Aber auch durch ungleichmäßige Erwärmung können in einem statisch unbestimmten Fachwerk, das ursprünglich spannungsfrei war, Spannungen auftreten, hervorgerufen durch die ungleichmäßigen Längenänderungen der einzelnen Stäbe. Beim statisch bestimmten Fachwerk ist dies nicht möglich.

Allgemein können wir sagen, daß statisch unbestimmte Tragwerke stets irgendwelche Elemente (Stützungen, Bindungen) enthalten, die nicht nötig sind, um das System unverschieblich zu machen. So hat z. B. das innerlich statisch unbestimmte Fachwerk mehr Stäbe, als zu seiner Stabilität nötig sind, und der Träger über drei oder mehr Stützen mehr Auflager, als er brauchen würde, um nicht herunterzufallen. Diese überzähligen Elemente können weggelassen werden, ohne daß das System beweglich wird. Läßt man dagegen bei einem statisch bestimmten Tragwerk irgendeine Bindung oder Stützung weg, entfernt man etwa einen Stab oder ein Auflager oder bringt man an Stelle einer Einspannung ein Gelenk an usw., so wird das Tragwerk beweglich. Diese Systeme sind also derart aufgebaut, daß sie gerade die Mindestzahl von Konstruktionselementen besitzen, um unverschieblich zu sein.

So stellt die Stabzahl $s = 2k - 3$ die Mindestzahl von Stäben dar, die ein Fachwerk (es muß nicht unbedingt ein einfaches Dreiecksfachwerk sein) von k Knoten haben muß, damit es stabil ist. Diese Bedingung ist jedoch zur Stabilität bloß notwendig, aber nicht hinreichend. Nimmt man z. B. bei dem in Abb. 113 dargestellten Fachwerk aus einem Viereck eine Diagonale heraus und gibt sie in ein anderes hinein, so daß dieses dann zwei gekreuzte Diagonalen besitzt, während das erstere Viereck nunmehr offen ist, so ist das Fachwerk beweglich geworden, obwohl $s = 2k - 3$ ist. Aus demselben Grund *kann* auch ein Fachwerk beweglich sein, für das $s > 2k - 3$ ist. Dagegen ist ein Fachwerk, für das $s < 2k - 3$ ist, auf jeden Fall beweglich; diese Bedingung ist also nach dem Vorhergegangenen für die Beweglichkeit hinreichend, aber nicht notwendig[1].

[1] Näheres hierüber siehe bei E. Melan, Einführung in die Baustatik (Springer, Wien 1950), in dem Abschnitt über den Aufbau der Tragwerke.

64. Die rechnerische Ermittlung der Stabkräfte. Bevor man an die Ermittlung der Stabkräfte gehen kann, ist in der Regel die Bestimmung der Auflagerdrücke nötig. Diese geschieht genau wie beim Träger auf zwei Stützen entweder rechnerisch mit Hilfe der drei Gleichgewichtsbedingungen des starren Körpers oder nach einer der dort angegebenen zeichnerischen Methoden (siehe die folgenden Beispiele). Wir wollen daher im folgenden die Auflagerdrücke stets als bekannt voraussetzen. Zur Ermittlung der Stabkräfte gibt es nun mehrere Verfahren.

a) *Das Verfahren von Ritter.* Wir stellen uns die Aufgabe, die Kraft in der Diagonale D des in Abb. 112 dargestellten Dachbinders, welche durch die angegebene Belastung hervorgerufen wird, zu bestimmen. Dazu denken wir uns durch das Fachwerk einen Schnitt $s \ldots s$ geführt, der außer D nur noch zwei Stäbe, deren Kräfte uns unbekannt sind, trifft. Diese sind bei uns der Obergurtstab O und der Untergurtstab U. Da wir voraussetzen, daß sich das ganze Fachwerk im Gleichgewicht befinde, muß dies auch für jeden seiner Teile zutreffen. Betrachten wir etwa den linken abgeschnittenen Teil, so greifen an ihm neben den äußeren Kräften A, P_1, P_2 noch die Kräfte in den drei durchschnittenen Stäben an, die wir der Kürze halber mit denselben Buchstaben bezeichnen wie die Stäbe: D, O, U. Wir bringen diese Kräfte, wie wir das im folgenden stets bei der Berechnung unbekannter Stabkräfte tun werden, zunächst als Zugkräfte an den Schnittstellen an. Sollte eine oder die andere Kraft in Wirklichkeit eine Druckkraft sein, so ergibt sie sich aus der Rechnung als negativ (also gleich mit dem für Druckkräfte festgesetzten Vorzeichen). Für sämtliche an dem betrachteten Teil angreifenden Kräfte müssen nun die drei Gleichgewichtsbedingungen erfüllt sein. Greifen wir aus ihnen die Momentengleichung $\sum M_t = 0$ heraus und wählen wir als Bezugspunkt den Schnittpunkt r der Richtungen der beiden mit D mitgeschnittenen Stäbe O und U, so erhalten wir eine Gleichung, in der als einzige Unbekannte die gesuchte Stabkraft D vorkommt. Diese Gleichung lautet mit den aus der Abbildung ersichtlichen Bezeichnungen

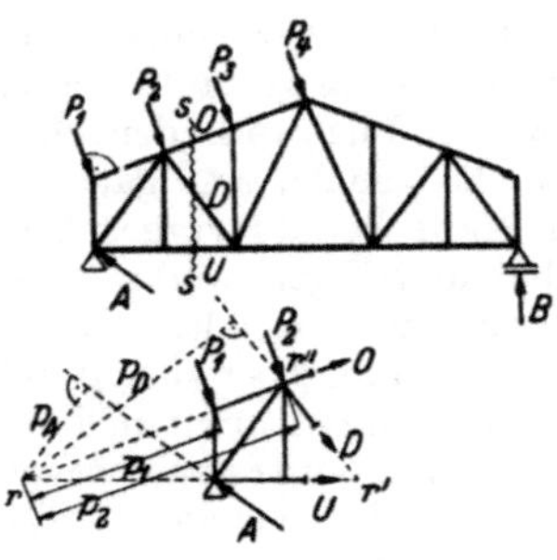

Abb. 112

$$A p_A - P_1 p_1 - P_2 p_2 - D p_D = 0,$$

woraus folgt

$$D = \frac{1}{p_D} (A p_A - P_1 p_1 - P_2 p_2).$$

Die Abstände p_A, p_D, p_1, p_2 können entweder berechnet oder aus einer genauen Zeichnung abgemessen werden.

Dieses Verfahren wird als *Rittersche Schnittmethode*[1] bezeichnet, den Punkt r nennen wir *Ritterpunkt.*

Wollen wir auch die Stabkräfte O und U berechnen, so können wir nach derselben Methode verfahren, nur sind jetzt die entsprechenden Ritterpunkte die Punkte r' bzw. r''.

b) *Versagen der Ritterschen Methode.* Das Rittersche Verfahren versagt, wenn die mit dem zu berechnenden Stab mitgeschnittenen Stäbe parallel sind; denn dann liegt der Ritterpunkt im Unendlichen. Um in diesem Falle zu einer Gleichung zu gelangen, welche die gewünschte Stabkraft als einzige Unbekannte enthält, setzt man die Summe der Komponenten aller am abgeschnittenen Fachwerksteil angreifenden Kräfte (das sind äußere Kräfte und Stabkräfte) senkrecht zur Richtung der beiden parallelen Stäbe gleich Null. Denn da der abgeschnittene Teil im Gleichgewicht ist, muß die Summe der Komponenten aller an ihm angreifenden Kräfte in jeder beliebigen Richtung gleich Null sein.

c) *Rundschnittverfahren.* Mit Vorteil bedient man sich zur Berechnung von Stabkräften auch des schon in Nr. 63 erwähnten *Rundschnittverfahrens.* Man denkt sich einen Knoten herausgeschnitten und wendet auf sämtliche an ihm angreifenden äußeren Kräfte und Stabkräfte die Gleichgewichtsbedingungen des zentralen Kraftsystems an.

65. Beispiel zur rechnerischen Ermittlung von Stabkräften.

Wir wollen einige Stabkräfte des in Abb. 113, Bild *1* dargestellten parallelgurtigen Fachwerks berechnen. Das Fachwerk ist mit zwei schiefen Lasten $P_1 = 4$ Mp und $P_2 = 2$ Mp belastet. Wir zerlegen sie in ihre Horizontal- und Vertikalkomponenten, deren *Beträge*, in Mp gemessen, sind:

$$\begin{aligned} P_{1h} &= 4\cos 60 = 4 \cdot 0{,}500 = 2{,}000, \\ P_{1v} &= 4\sin 60 = 4 \cdot 0{,}866 = 3{,}464, \\ P_{2h} &= 2\cos 60 = 2 \cdot 0{,}500 = 1{,}000, \\ P_{2v} &= 2\sin 60 = 2 \cdot 0{,}866 = 1{,}732. \end{aligned}$$

Dann bestimmen wir die Auflagerdrücke. A_h erhalten wir aus der Gleichgewichtsbedingung $\Sigma H_i = 0$:

$$\begin{aligned} A_h + P_{1h} + P_{2h} = A_h + 2 + 1 &= 0, \\ A_h &= -3{,}000 \text{ Mp}. \end{aligned}$$

A_h wirkt also verkehrt wie eingezeichnet. A_v bestimmen wir aus der Gleichgewichtsbedingung $\Sigma M_i = 0$ um den Punkt b:

$$-A_v \cdot 12 + P_{1v} \cdot 9 + P_{2v} \cdot 6 - P_{1h} \cdot 3 - P_{2h} \cdot 3 = 0.$$

(Man übersehe nicht, daß im Gegensatz zum geraden Stab hier auch die Horizontalkomponenten der Lasten auf A_v und B von Einfluß sind!) Daraus folgt

[1] Von A. Ritter in dem Buch „Elementare Theorie und Berechnung eiserner Dach- und Brückenkonstruktionen" (Hannover 1863) zum ersten Mal angegeben.

$$A_v = \frac{1}{12}\,[3{,}464 \cdot 9 + 1{,}732 \cdot 6 - (2+1) \cdot 3] = 2{,}712\ \text{Mp}.$$

B erhalten wir aus der Gleichgewichtsbedingung $\Sigma V_i = 0$:

$$A_v - P_{1v} - P_{2v} + B = 0,$$
$$B = 3{,}464 + 1{,}732 - 2{,}712 = 2{,}484\ \text{Mp}.$$

In Abb. 113, Bild *2* ist das Fachwerk nochmals aufgezeichnet und mit den eben berechneten Werten der Auflagerdrücke versehen. Nun zur Ermittlung einiger Stabkräfte:

$\boldsymbol{U_2}$: Wir führen den Dreistäbeschnitt $s \ldots s$; Ritterpunkt ist der Punkt d. Wir gehen aus vom linken abgeschnittenen Teil des Fachwerks und zeichnen alle Kräfte in den durchgeschnittenen Stäben als Zugkräfte ein. Dann lautet die Momentengleichung:

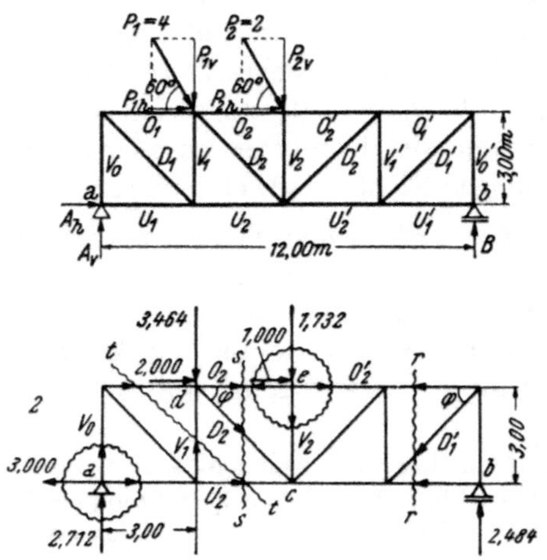

Abb. 113

$$U_2 \cdot 3 - 3{,}000 \cdot 3 - 2{,}721 \cdot 3 = 0,$$
$$U_2 = +5{,}712\ \text{Mp}.$$

(U_2 ist Zug, die angenommene Richtung war richtig.)

$\boldsymbol{O_2}$: Wir verwenden denselben Schnitt $s \ldots s$ wie früher, jedoch ist jetzt der Ritterpunkt der Punkt c. Die Momentengleichung für den linken Teil lautet:

$$-O_2 \cdot 3 + 3{,}464 \cdot 3 - 2{,}000 \cdot 3 - 2{,}712 \cdot 6 = 0,$$
$$O_2 = -3{,}960\ \text{Mp}.$$

(O_2 ist Druck, die angenommene Richtung war falsch.)

$\boldsymbol{D_2}$: Wir verwenden wieder den Schnitt $s \ldots s$. Hier versagt die Rittersche Methode, da die beiden mitgeschnittenen Stäbe parallel sind. Wir wenden daher auf den linken abgeschnittenen Teil die Gleichgewichtsbedingung $\Sigma V_i = 0$ an:

$$-D_2 \sin\varphi - 3{,}464 + 2{,}712 = 0.$$

$\varphi = 45°$, daher ist $\sin\varphi = \frac{1}{2}\sqrt{2}$ und wir finden

$$D_2 = \sqrt{2}\,(2{,}712 - 3{,}464) = -1{,}063\ \text{Mp}. \qquad \text{(Druck.)}$$

Wir hätten zur Berechnung dieser drei Stabkräfte ebensogut vom rechten abgeschnittenen Teil ausgehen können. Nur dürfen wir nicht vergessen, in diesem Falle nach dem Gegenwirkungssatz die Pfeile der Kräfte in den durchschnittenen Stäben umzukehren. (Man merke sich ein für allemal, daß die Pfeile zu Beginn der Rechnung immer vom betrachteten Fachwerksteil weggerichtet sein müssen.) Der Leser prüfe, ob sich für die Stabkräfte dieselben Werte ergeben.

$\boldsymbol{V_1}$: Wir führen den Dreistäbeschnitt $t \ldots t$. Die beiden mit V_1 mitgeschnittenen Stäbe sind parallel. Wir wenden daher auf den linken abgeschnittenen Teil die Gleichgewichtsbedingung $\Sigma V_i = 0$ an:

$$V_1 + 2{,}712 = 0,$$
$$V_1 = -2{,}712\,\text{Mp}. \qquad \text{(Druck.)}$$

D_1': Die bei dem Dreistäbeschnitt $r \ldots r$ mit D_1' mitgeschnittenen Stäbe sind parallel. Wir verwenden daher die Gleichgewichtsbedingung $\Sigma V_i = 0$, betrachten aber jetzt den rechten abgeschnittenen Teil:

$$-D_1' \sin\varphi + 2{,}484 = 0, \qquad \sin\varphi = \frac{1}{2}\sqrt{2},$$
$$D = \sqrt{2} \cdot 2{,}484 = +3{,}512\,\text{Mp}. \qquad \text{(Zug.)}$$

V_0: Wir führen einen Rundschnitt um den Knoten a, bringen an dem herausgeschnittenen Knoten sämtliche Stabkräfte als Zugkräfte an und wenden auf ihn die Gleichgewichtsbedingung $\Sigma V_i = 0$ an:

$$V_0 + 2{,}712 = 0,$$
$$V_0 = -2{,}712\,\text{Mp}. \qquad \text{(Druck.)}$$

V_2: Wir führen einen Rundschnitt um den Knoten e, bringen wieder sämtliche Stabkräfte als Zugkräfte an und verwenden die Gleichgewichtsbedingung $\Sigma V_i = 0$:

$$-V_2 - 1{,}732 = 0,$$
$$V_2 = -1{,}732\,\text{Mp}. \qquad \text{(Druck.)}$$

O_2': Da wir O_2 schon berechnet haben, betrachten wir abermals den herausgeschnittenen Knoten e und wenden auf ihn die Gleichgewichtsbedingung $\Sigma H_i = 0$ an. Wieder werden sämtliche Stabkräfte zunächst als Zugkräfte angenommen:

$$-O_2 + 1{,}000 + O_2' = 0.$$

Mit $O_2 = -3{,}960$ erhalten wir

$$O_2' = O_2 - 1{,}000 = -3{,}960 - 1{,}000 = -4{,}960\,\text{Mp}. \qquad \text{(Druck.)}$$

Wäre O_2 nicht bekannt, so würde man nach RITTER verfahren. Der Leser versuche es und gehe vom rechten abgeschnittenen Teil aus. Er berechne ferner die noch fehlenden Stabkräfte.

66. Einfache Fälle. Häufig kann man, ohne zu rechnen, über die Größe etlicher Stabkräfte eines Fachwerks Aussagen machen. Betrachten wir etwa den in Abb. 114, Bild *1* dargestellten Teil eines Fachwerks, so zeigt uns ein Rundschnitt um den unbelasteten Knoten *2*, daß dieser niemals im Gleichgewicht sein könnte, wenn die Kräfte in den Stäben V_0 und O_1 von Null verschieden wären. Es muß also gelten: $V_0 = 0$ und $O_1 = 0$. Man bezeichnet spannungslose Stäbe als *Nullstäbe*. Auch V_1 ist ein Nullstab. Denn führen wir einen Rundschnitt um den Knoten *3*, so liefert die Gleichgewichtsbedingung $\sum V_i = 0 \ldots V_1 = 0$. Die Gleichgewichtsbedingung $\sum H_i = 0$ liefert für diesen Knoten die Beziehung $U_1 = U_2$. In ähnlicher Weise liefert ein Rundschnitt um den

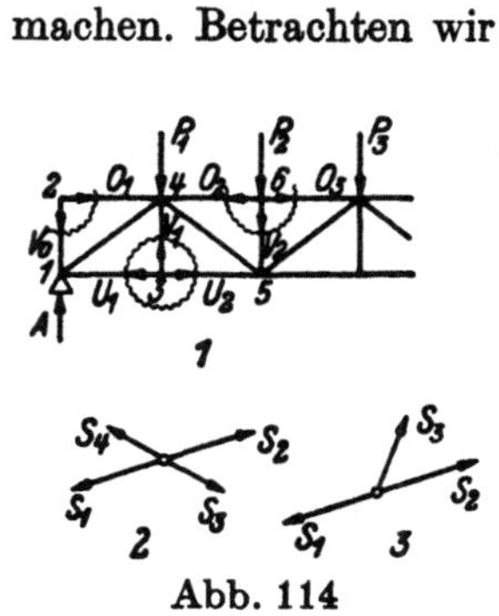

Abb. 114

Knoten *6*, daß $V_2 = -P_2$, also gleich der negativen Knotenlast ist, und daß ferner $O_2 = O_3$ ist.

Für einen vierstäbigen, unbelasteten Knoten, wie ihn Bild *2* zeigt, muß $S_1 = S_2$ und $S_3 = S_4$ sein. Für den dreistäbigen, unbelasteten Knoten des Bildes *3* muß gelten: $S_3 = 0$ und $S_1 = S_2$.

Die Beachtung solcher einfacher Fälle erspart oft unnötige Rechenarbeit.

67. Formeln für die Stabkräfte bei lotrechter Belastung. Für den am häufigsten vorkommenden Fall der lotrechten Belastung eines Fachwerks lassen sich für die Stabkräfte unschwer einfache Gebrauchsformeln herleiten. Wir heben dazu in dem in Abb. 115 angedeuteten Fachwerk nur zwei Netzmaschen heraus. In den schraffierten Teilen kann die Ausfachung beliebig ausgeführt sein. Im folgenden wird sich uns immer wieder der Vergleich mit einem Träger auf zwei Stützen von derselben Spannweite und mit derselben Belastung wie das Fachwerk aufdrängen. Wir nennen diesen Träger den *Ersatzbalken*. Er ist in Abb. 115 unter dem Fachwerk dargestellt. Wir erkennen sofort, daß sich für das Fachwerk wie für den Ersatzbalken dieselben Werte der Auflagerdrücke A und B ergeben. Den in beiden Fällen liefert die Momentengleichung um die Auflagerpunkte b und a (entsprechende Punkte am Fachwerk und am Ersatzbalken sind gleich bezeichnet) mit den aus der Abbildung ersichtlichen Bezeichnungen

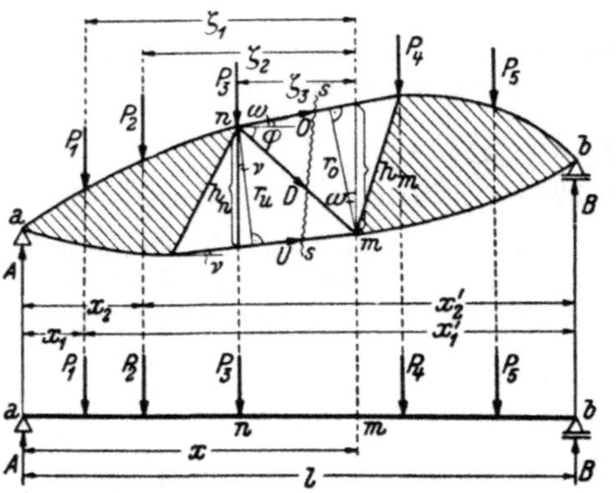

Abb. 115

$$A = \frac{1}{l} \sum P_i x_i', \qquad B = \frac{1}{l} \sum P_i x_i \tag{67, 1}$$

(zu summieren über sämtliche Lasten).

Gehen wir nun an die Berechnung der drei Stabkräfte O, U und D, so denken wir uns das Fachwerk durch den Schnitt $s \ldots s$ in zwei Teile zerlegt und betrachten den im Gleichgewicht befindlichen linken abgeschnittenen Teil, an dem wir in den durchschnittenen Stäben zunächst sämtliche Kräfte als Zugkräfte annehmen. Die Kraft in dem Obergurtstab O finden wir nach Ritter, indem wir für den Punkt m die Momentengleichung aufstellen. Es gilt mit den in die Abbildung eingetragenen Bezeichnungen

$$-Ax + P_1\zeta_1 + P_2\zeta_2 + P_3\zeta_3 - Or_o = 0,$$

$$O = -\frac{1}{r_o}(Ax - P_1\zeta_1 - P_2\zeta_2 - P_3\zeta_3).$$

Der Ausdruck in der Klammer ist nun nichts anderes als das Biegemoment im Punkt m des Ersatzbalkens [siehe Gl. (50, 3 a)], das wir mit M_m bezeichnen wollen. Setzen wir noch für $r_o = h_m \cos\omega$ ein, wo h_m die Höhe des Fachwerks im Punkt m und ω den Neigungswinkel des Stabes O gegen die Waagrechte bedeutet, so können wir schreiben

$$O = -\frac{M_m}{h_m \cos\omega}. \tag{67, 2}$$

Für den Untergurtstab U, dessen Ritterpunkt der Fachwerksknoten n ist, finden wir auf ganz die gleiche Art

$$U = +\frac{M_n}{r_u},$$

wo M_n das Biegemoment im Punkt n des Ersatzbalkens bedeutet. Führen wir $r_u = h_n \cos\nu$ ein, wo h_n die Höhe des Fachwerks im Punkt n und ν der Neigungswinkel des Untergurtstabes U gegen die Waagrechte ist, so erhalten wir

$$U = +\frac{M_n}{h_n \cos\nu}. \tag{67, 3}$$

Als Merkregel für die beiden gleichartig gebauten Formeln (67, 2) und (67, 3) diene, daß das Moment immer für den dem betreffenden Stab gegenüberliegenden Knotenpunkt zu nehmen ist. Vorausgesetzt, daß M positiv ist, wie es z. B. bei einem Fachwerk ohne Kragarme mit nach abwärts wirkender Belastung stets der Fall ist, hat der Obergurt Druck, der Untergurt Zug.

Zur Berechnung der Stabkraft in der Diagonalen D verfahren wir diesmal nicht nach Ritter, sondern wenden auf den linken abgeschnittenen Fachwerksteil die Gleichgewichtsbedingung $\Sigma H_i = 0$ an. Ist φ der Neigungswinkel von D gegen die Waagrechte, so ergibt sich

$$O\cos\omega + U\cos\nu + D\cos\varphi = 0.$$

Setzen wir für O und U ihre Werte aus den Gl. (67, 2) und 67, 3) ein, so erhalten wir

$$D = \frac{1}{\cos\varphi}\left(\frac{M_m}{h_m} - \frac{M_n}{h_n}\right). \tag{67, 4}$$

Als Merkregel diene, daß der Bruch M/h zuerst für den Fußpunkt und sodann für den oberen Endpunkt von D zu nehmen ist.

Auch für die Vertikalen lassen sich solche Formeln aufstellen. Betrachten wir zunächst eine Vertikale vom Typus der in Abb. 116 dargestellten. Wir führen den Schnitt $s \ldots s$ und wenden auf den linken abgeschnittenen Teil die Gleichgewichtsbedingung $\Sigma V_i = 0$ an:

$$A - P_1 - P_2 + O\sin\omega + V + U\sin\nu = 0.$$

Nun ist $A - P_1 - P_2 = Q$ die Querkraft im Ersatzbalken, und zwar in jenem Feld, wo unser Schnitt den Lastgurt des Fachwerks trifft, das ist hier das Feld *III* [Gl. (50, 2 a)]. Wären die Lasten am Untergurt

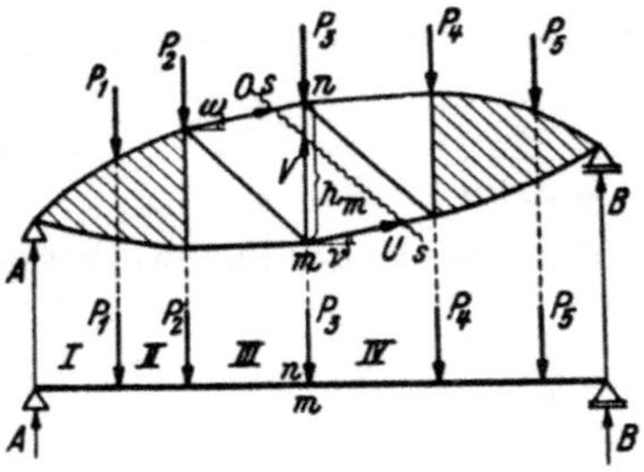

Abb. 116

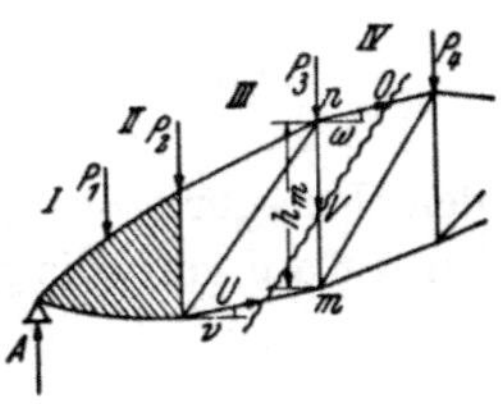

Abb. 117

des Fachwerks angeordnet, dann würde sich die Querkraft im Feld *IV* ergeben, denn dann käme in der obigen Gleichgewichtsbedingung auch noch der Summand $-P_3$ vor[1]. Für O und U erhalten wir nach den Gl. (67, 2) und (67, 3) im vorliegenden Fall

$$O = -\frac{M_m}{h_m \cos\omega}, \qquad U = +\frac{M_n}{h_n \cos\nu} = +\frac{M_m}{h_m \cos\nu};$$

am Ersatzbalken fallen ja die Punkte n und m zusammen und es ist $M_n = M_m$, $h_n = h_m$. Dies in die Gleichgewichtsbedingung eingesetzt, liefert

$$V = -Q + \frac{M_m}{h_m}(\operatorname{tg}\omega - \operatorname{tg}\nu). \qquad (67, 5\text{ a})$$

Dabei sind die Vorzeichen der Winkel ω und ν zu beachten. Würden die Stäbe O und U nach rechts hin fallen, so wären ω und ν negativ einzusetzen. (In den Gleichungen für O und U spielt dies keine Rolle, da der Cosinus bei Zeichenwechsel des Winkels sein Zeichen nicht ändert.)

Bei Anwendung der Formel (67, 5 a) ist jedoch stets darauf zu achten, ob die Ausfachung wirklich so ist, wie in Abb. 116 dargestellt, wo die

[1] Hier haben wir ein schönes Beispiel dafür, wie sich die inneren Kräfte eines Körpers verändern, wenn wir die äußeren Kräfte längs ihrer Wirkungslinie verschieben. Am Gleichgewicht des ganzen Fachwerks ändert sich nichts, wenn wir die Lasten anstatt am Obergurt am Untergurt angreifen lassen, wohl aber ändern sich einige Stabkräfte.

Diagonalen von links nach rechts hin fallen. Falls die Diagonalen von links nach rechts hin ansteigen, so wie in Abb. 117, dann kehrt die rechte Seite von Gl. (67, 5 a) ihr Vorzeichen um. Die Gleichgewichtsbedingung $\sum V_i = 0$, angewandt auf den linken abgeschnittenen Teil des Fachwerks, liefert in diesem Fall

$$A - P_1 - P_2 - P_3 - V + O \sin\omega + U \sin\nu = 0,$$

woraus nach Einsetzen der Werte für O und U gemäß den Gl. (67, 2) und (67, 3) folgt

$$V = +Q - \frac{M_m}{h_m}(\operatorname{tg}\omega - \operatorname{tg}\nu), \tag{67, 5 b}$$

wobei zu beachten ist, daß Q wieder in jenem Feld zu nehmen ist, wo unser Dreistäbeschnitt den Lastgurt trifft. Das ist in Abb. 117 das Feld *IV* (im Gegensatz zu Abb. 116, wo es das Feld *III* war). Es ist also jetzt $Q = A - P_1 - P_2 - P_3$, denn P_3 liegt noch links vom Schnitt. Bezüglich der Vorzeichen von ω und ν gilt das gleiche wie früher; sie sind positiv, wenn die Stäbe O bzw. U nach rechts hin ansteigen, sonst negativ.

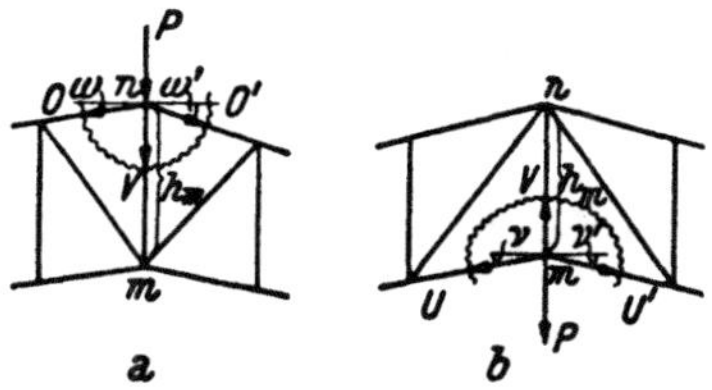

Abb. 118

Für Vertikalen von der Art der in Abb. 118 *a*, *b* dargestellten gelten die Gl. (67, 5) nicht. Hier schneiden wir im Falle *a* den Knoten *n* durch einen Rundschnitt heraus und wenden auf ihn die Gleichgewichtsbedingung $\sum V_i = 0$ an:

$$-P - O \sin\omega - O' \sin\omega' - V = 0.$$

Nach Einsetzung von $O = -M_m/h_m \cos\omega$ und $O' = -M_m/h_m \cos\omega'$ erhalten wir daraus

$$V = -P + \frac{M_m}{h_m}(\operatorname{tg}\omega + \operatorname{tg}\omega'). \tag{67, 6}$$

Im Fall *b* erhalten wir auf die gleiche Art mittels eines Rundschnittes um den Knoten *m*

$$V = P + \frac{M_m}{h_m}(\operatorname{tg}\nu + \operatorname{tg}\nu'). \tag{67, 7}$$

In beiden Formeln sind wieder die Vorzeichen der Winkel zu beachten. Sie sind positiv, wenn die Stäbe so liegen, wie in der Zeichnung dargestellt. Wenn im Fall *a* der Knoten *n* bzw. im Fall *b* der Knoten *m* keine Last trägt, ist $P = 0$ zu setzen.

Damit sind die Formeln für die Kräfte in den am häufigsten vorkommenden Stabtypen aufgestellt.

Bemerkung. Formeln wie die obigen lassen sich auch für *Fachwerke mit schiefen Lasten* herleiten. Nur ist hier die Bezugnahme auf einen geraden Ersatzbalken nicht möglich. An seine Stelle muß vielmehr ein Träger mit krummer bzw. polygonaler Stabachse treten. Als weitere Schwierigkeit kommen Festsetzungen über die Vorzeichen der waagrechten Komponenten der Lasten und der Auflagerdrücke hinzu, die genau beachtet werden müssen. Lediglich die Gl. (67, 2) und (67, 3) für die Ober- und Untergurtstäbe bleiben der Form nach bestehen. Die Formeln für die Diagonalen und die Vertikalen erhalten jedoch Zusatzglieder.

Verwendet man die Gl. (67, 2) und (67, 3) im Falle schiefer Lasten, so werden M_m bzw. M_n am einfachsten als die Momente der äußeren Kräfte links oder rechts von dem betreffenden Dreistäbeschnitt um die Ritterpunkte m bzw. n der Stäbe O bzw. U erklärt. Die Vorzeichen der Stabkräfte ergeben sich ebenfalls unschwer aus dem Ritterschen Verfahren. Die Berechnung der Diagonalen und der Vertikalen wird man am besten nach der Rittermethode durchführen und damit die oben angedeuteten Schwierigkeiten vermeiden (siehe Nr. 73, 4. Beispiel).

68. Beispiel zur Berechnung der Stabkräfte eines Fachwerks mit lotrechter Belastung.

Für den in Abb. 119 dargestellten Dachbinder von 12 m Spannweite sollen sämtliche Stabkräfte berechnet werden, die durch die Wirkung des Eigengewichtes von Dachhaut, Sparren, Pfetten, Dachverband und des Bindergewichtes selbst hervorgerufen werden.

Wir wollen kurz andeuten, wie im vorliegenden Fall in der Praxis die Belastung des Fachwerks ermittelt wird. Das Gewicht der Dachhaut samt Sparren wird aus den Normen entnommen, das Gewicht des Binders, des Dachverbandes und der Pfetten wird zunächst geschätzt. Nach erfolgter Bemessung prüft man, ob die Schätzung richtig war. — Man bestimmt nun zunächst das Gewicht, das von der Summe aller Lasten auf 1 m² Dachgrundrißfläche entfällt. Wir nehmen an, dies sei 80 kp/m². Haben die Binder unseres Daches einen Abstand von 5 m, so hat ein Binder die Gesamtlast von $80 \cdot 5 \cdot 12$ kp zu tragen. Auf den laufenden Meter des Binders kommen dann $80 \cdot 5 = 400$ kp als Streckenlast. Diese Streckenlast, welche in Abb. 119 über dem Binder angedeutet ist, wird nun durch eine Reihe gleichwertiger Einzellasten ersetzt, die in den Knoten des Lastgurts (hier der Obergurt) angreifen. Näherungsweise wird auf jeden der drei mittleren Knoten eine Last von $400 \cdot 3 = 1200$ kp, auf jeden der beiden äußeren Knoten $400 \cdot 1{,}5 = 600$ kp entfallen. Fachwerk und Belastung sind zur Mitte symmetrisch, es müssen daher auch zur Mitte symmetrisch gelegene Stäbe die gleichen Kräfte erhalten. Infolgedessen genügt es, nur für

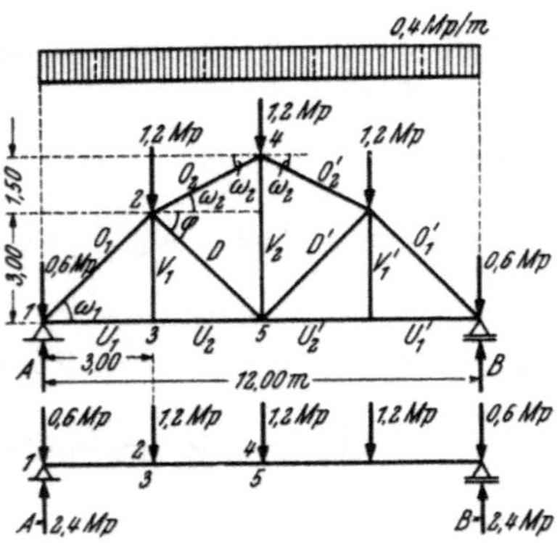

Abb. 119

die linke Hälfte des Fachwerks die Stabkräfte zu ermitteln. Als Einheiten liegen Mp und m zugrunde.

Zunächst sind die Auflagerdrücke zu berechnen. Wir erhalten

$$A = B = \frac{1}{2}\sum_{i=1}^{5} P_i = \frac{1}{2}\,4{,}8 = 2{,}4 \text{ Mp}.$$

Unter dem Fachwerk ist der Ersatzbalken gezeichnet (bei einiger Übung wird man dies nicht mehr für nötig finden). Die Knoten des Fachwerks sind mit arabischen Ziffern bezeichnet, desgleichen die entsprechenden Punkte am Ersatzbalken. Wir bestimmen an diesem sogleich die folgenden Momente (Einheit Mpm)

$$M_2 = M_3 = (2{,}4 - 0{,}6)\cdot 3 = 5{,}4,$$

$$M_4 = M_5 = (2{,}4 - 0{,}6)\cdot 6 - 1{,}2\cdot 3 = 7{,}2.$$

Nun berechnen wir die einzelnen Stabkräfte mit Hilfe der in Nr. 67 abgeleiteten Formeln.

$\boldsymbol{O_1}$: Nach Gl. (67, 2) ist

$$O_1 = -\frac{M_3}{h_3 \cos\omega_1};$$

$h_3 = 3{,}00, \quad \cos\omega_1 = \frac{1}{2}\sqrt{2}$, daher ist

$$O_1 = -\frac{5{,}4\sqrt{2}}{3} = -2{,}545 \text{ Mp} = O_1'.$$

$\boldsymbol{U_1}$: Nach Gl. (67, 3) ist

$$U_1 = +\frac{M_2}{h_2 \cos\nu_1};$$

$h_2 = 3{,}00, \quad \cos\nu_1 = 1$, somit ist

$$U_1 = +\frac{5{,}4}{3} = +1{,}800 \text{ Mp} = U_1'.$$

$\boldsymbol{V_1}$: Nach Nr. 66 ist

$$V_1 = V_1' = 0{,}000.$$

$\boldsymbol{U_2}$: Nach Nr. 66 ist $U_1 = U_2$, daher ist

$$U_2 = U_2' = +1{,}800 \text{ Mp}.$$

$\boldsymbol{O_2}$: Nach Gl. (67, 2) ist

$$O_2 = -\frac{M_5}{h_5 \cos\omega_2};$$

$h_5 = 4{,}50, \quad \cos\omega_2 = 3/\sqrt{3^2 + 1{,}5^2} = 0{,}894$, somit ist

$$O_2 = -\frac{7{,}2}{4{,}50\cdot 0{,}894} = -1{,}790 \text{ Mp} = O_2'.$$

$\boldsymbol{D}$: Nach Gl. (67, 4) ist

$$D = \frac{1}{\cos\varphi}\left(\frac{M_5}{h_5} - \frac{M_2}{h_2}\right);$$

$\cos\varphi = \frac{1}{2}\sqrt{2}, \quad h_5 = 4{,}50, \quad h_2 = 3{,}00$, daher ist

$$D = \sqrt{2}\left(\frac{7{,}2}{4{,}5} - \frac{5{,}4}{3}\right) = -0{,}283 \text{ Mp} = D'.$$

V_2: Nach Gl. (67, 6) ist

$$V_2 = -P + \frac{M_5}{h_5} 2\operatorname{tg}\omega_2;$$

$P = 1{,}2,\ h_5 = 4{,}50,\ \operatorname{tg}\omega_2 = 1{,}5/3 = 0{,}50$, also ist

$$V_2 = -1{,}2 + \frac{7{,}2}{4{,}5} 2 \cdot 0{,}5 = +0{,}400\,\mathrm{Mp}.$$

Es fällt uns auf, daß die Kräfte in den Füllstäben, den Diagonalen und den Vertikalen sehr klein sind. Sie wären überhaupt gleich Null, wenn die Knoten des Obergurts auf einer Parabel lägen (Parabelträger). Dies gilt jedoch nur bei einer auf die Knoten aufgeteilten durchgehenden Gleichlast.

69. Der Parallelträger bei lotrechter Belastung. Parallelgurtige Fachwerke werden zumeist gemäß den Abb. 114, 120 und 121 ausgeführt. Für die Stabkräfte, die in diesen Fachwerken bei lotrechter Belastung auftreten, gelten natürlich alle in Nr. 67 abgeleiteten Formeln. Doch lassen sich die Formeln für die Kräfte in den Diagonalen und Vertikalen jetzt bedeutend vereinfachen. Die Gl. (67, 2) und (67, 3) für die Kräfte in den Ober- und Untergurtstäben vereinfachen sich nur insofern, als jetzt $\cos\omega = \cos\nu = 1$ ist, so daß gilt

$$O = -\frac{M_m}{h}, \qquad (69, 1)$$

$$U = +\frac{M_n}{h}, \qquad (69, 2)$$

wo h die jetzt konstante Höhe des Fachwerks bedeutet.

Betrachten wir nun das in Abb. 120 dargestellte Fachwerk, dessen Diagonalen gegen die Fachwerksmitte zu fallen. Um die Stabkraft in der Diagonale D dieses Fachwerks zu berechnen, führen wir den Schnitt $s \ldots s$ und wenden auf den linken abgeschnittenen Teil die Gleichgewichtsbedingung $\sum V_i = 0$ an. Dies liefert:

$$A - P_0 - P_1 - D\sin\varphi = 0.$$

Nun ist $A - P_0 - P_1$ gleich der Querkraft Q in jenem Feld des Ersatzbalkens, wo der Schnitt $s \ldots s$ den Lastgurt des Fachwerks trifft, das ist also im Feld II [siehe Gl. (50, 2 a)]. Damit ergibt sich

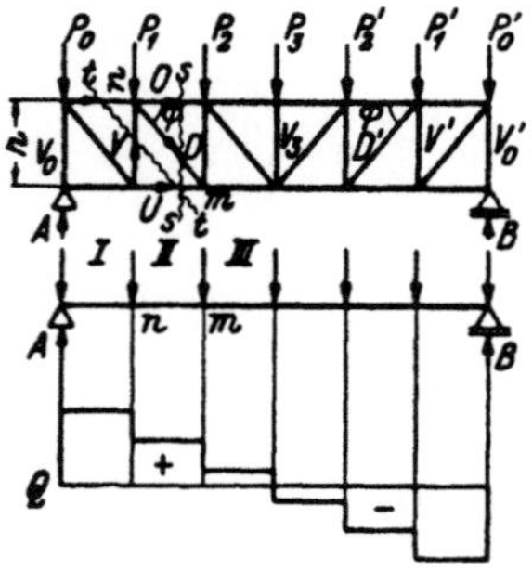

Abb. 120

$$D = +\frac{Q}{\sin\varphi}. \qquad (69, 3)$$

Um die Kraft in der Vertikalen V zu bestimmen, führen wir den Schnitt $t \ldots t$ und wenden wieder auf den linken abgeschnittenen Teil die Gleichgewichtsbedingung $\sum V_i = 0$ an. Wir erhalten

$$A - P_0 + V = 0.$$

$A - P_0$ ist die Querkraft Q im Feld I des Ersatzbalkens, also wieder in jenem Feld, wo unser Schnitt $t \ldots t$ den Lastgurt des Fachwerks trifft. (Wäre der Untergurt belastet, so würde sich die Querkraft im Feld II ergeben.) Es gilt also

$$V = -Q. \tag{69, 4}$$

Die Formel (69, 3) gilt für jede beliebige Diagonale der linken Hälfte des Fachwerks, die Formel (69, 4) für jede Vertikale dieser Hälfte, mit Ausnahme der ersten (V_0) und der mittleren (V_3). Für die Diagonalen und Vertikalen der rechten Hälfte des Fachwerks gilt, wie der Leser leicht nachprüfen kann,

$$D' = -\frac{Q}{\sin\varphi}, \tag{69, 3'}$$

$$V' = +Q. \tag{69, 4'}$$

Die letzte Formel gilt wieder nicht für die mittlere (V_3) und letzte Vertikale (V_0').

In den Formeln für D und D', V und V' ist das Vorzeichen der Querkraft zu berücksichtigen. φ ist immer als positiv einzusetzen. Q ist stets in jenem Feld des Ersatzbalkens zu nehmen, wo der betreffende Dreistäbeschnitt den Lastgurt des Fachwerks trifft.

Die Stabkräfte V_0, V_3, V_0' können nach dem Rundschnittverfahren ermittelt werden. Es ergibt sich z. B. für das am Obergurt belastete Fachwerk der Abb. 120

$$V_0 = -A, \qquad V_3 = -P_3, \qquad V_0' = -B. \tag{69,5}$$

In dem bisher betrachteten Fachwerk waren die Diagonalen gegen die Mitte zu fallend. Steigen sie jedoch gegen die Mitte zu an, wie z. B. in dem in Abb. 121 dargestellten Fachwerk, dann sind in den Formeln für D und D', V und V' die Vorzeichen umzukehren und es gilt:

in der linken Hälfte:
$$D = -\frac{Q}{\sin\varphi}, \tag{69, 3 a}$$

$$V = +Q; \tag{69, 4 a}$$

in der rechten Hälfte:
$$D' = +\frac{Q}{\sin\varphi}, \tag{69, 3' a}$$

$$V' = -Q. \tag{69, 4' a}$$

Die Gl. (69, 4 a) und (69, 4' a) gelten wieder nicht für die erste, letzte und mittlere Vertikale. Q ist wieder mit seinem Vorzeichen einzusetzen und in jenem Feld zu nehmen, wo der betreffende Schnitt den Lastgurt trifft. φ ist stets positiv.

Um aus diesen Formeln stets die richtige herauszugreifen (wenn man es nicht vorzieht, sie jedesmal abzuleiten), denke man sich das Fachwerk mit einer symmetrischen Belastung versehen. Dann wird die Querkraft in der linken Hälfte des Ersatzbalkens positiv, in der rechten negativ sein (Abb. 120). Diagonalen, die gegen die Mitte des Fachwerks fallen, werden daher nach den Gl. (69, 3) und (69, 3′) Zug erhalten; Diagonalen, die gegen die Mitte zu ansteigen, werden nach den Gl. (69, 3 a) und (69, 3′ a) gedrückt werden. Wir merken uns also für die Diagonalen den Ausdruck $Q/\sin\varphi$, für die Vertikalen den Ausdruck Q. Dem Ausdruck $Q/\sin\varphi$ ist bei Diagonalen, die gegen die Mitte zu fallen, jenes Vorzeichen zu geben, daß bei symmetrischer Belastung Zug herauskommt. Dieses Zeichen gilt dann auch für jede andere beliebige Belastung. (Dabei kann es natürlich auch vorkommen, daß eine solche Diagonale Druck erhält; nämlich dann, wenn Q nicht in der Fachwerksmitte das Zeichen wechselt.) Für Diagonalen, die gegen die Mitte zu ansteigen, muß $Q/\sin\varphi$ immer jenes Zeichen bekommen, daß sich bei symmetrischer Belastung Druck ergibt. Der Ausdruck Q für die Vertikalen erhält immer das entgegengesetzte Vorzeichen wie der Ausdruck für die Diagonalen in der betreffenden Fachwerkshälfte.

Die Formel $Q/\sin\varphi$ gilt auch für die Diagonalen des Fachwerks der Abb. 114, und zwar mit derselben Vorzeichenregel wie oben. Für die Vertikalen dieses Fachwerks gelten die obigen Formeln nicht. Die Vertikalen erhalten hier abwechselnd die Kraft Null bzw. die Knotenlast (siehe Nr. 66).

70. Beispiel zur Berechnung der Stabkräfte eines Parallelträgers.

Wir wollen einige Stabkräfte des in Abb. 121 dargestellten Brückenträgers, der mit halbseitiger Gleichlast belastet ist, berechnen. Die Gleichlast wirkt nicht unmittelbar auf den Untergurt, sondern auf die Fahrbahn, welche mittels Querträgern am Untergurt der beiden Brückenträger abgestützt ist. Genau wie beim Träger mit mittelbarer Belastung (Nr. 56) denkt man sich die Gleichlast auf lauter frei aufliegenden Trägern ruhend, deren Spannweite gleich der Knotenentfernung des Lastgurts ist, so daß jeder Querträger mit der Summe der von den beiden benachbarten Feldern herrührenden Auflagerdrücke belastet ist (siehe Abb. 121).

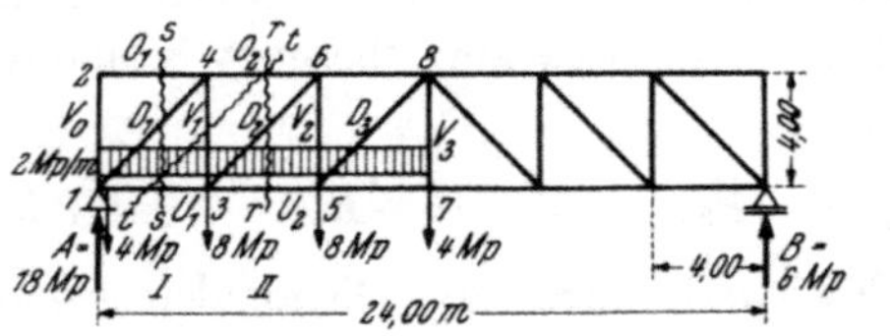

Abb. 121

Zur Bestimmung der Auflagerdrücke des Fachwerks denken wir uns die gesamte Belastung in eine Resultierende $G = 24$ zusammengefaßt, die im Abstand $e = l/4$ (l ... Spannweite) vom linken Auflager angreift. Dann ist nach den Gl. (46, 4)

$$A = \frac{3}{4}\,G = 18\text{ Mp}, \qquad B = \frac{1}{4}\,G = 6\text{ Mp}.$$

Nun zur Berechnung einiger Stabkräfte, die wir in Mp angeben wollen (Längeneinheit m).

$\boldsymbol{V_0}$, $\boldsymbol{O_1}$: Ein Rundschnitt um den Knoten 2 liefert (siehe Nr. 66):

$$V_0 = 0{,}000, \qquad O_1 = 0{,}000.$$

U_1: Nach Gl. (69, 2) ist mit $h = 4$, $M_4 = (18-4)\cdot 4 = 56$

$$U_1 = +\frac{M_4}{h} = \frac{56}{4} = +14{,}000\,\text{Mp}.$$

O_2: Nach Gl. (69, 1) ist wegen $M_3 = M_4 = 56$

$$O_2 = -\frac{M_3}{h} = -\frac{56}{4} = -14{,}000\,\text{Mp}.$$

U_2: Nach Gl. (69, 2) ist mit $M_6 = (18-4)\cdot 8 - 8\cdot 4 = 80$

$$U_2 = +\frac{M_6}{h} = \frac{80}{4} = +20{,}000\,\text{Mp}.$$

D_1: Es gilt Gl. (69, 3 a). Der zugehörige Schnitt $s \ldots s$ trifft den Lastgurt (Untergurt) im Feld *I*. Dort ist $Q = 18 - 4 = 14$; $\varphi = 45°$, $\sin\varphi = \frac{1}{2}\sqrt{2}$, somit:

$$D_1 = -\frac{Q}{\sin\varphi} = -\sqrt{2}\cdot 14 = -19{,}796\,\text{Mp}.$$

V_1: Es gilt Gl. (69, 4 a). Der zugehörige Schnitt $t \ldots t$ trifft den Lastgurt im Feld *I*. Dort ist $Q = 14$ und daher

$$V_1 = +Q = +14{,}000\,\text{Mp}.$$

D_2: Es gilt Gl. (69, 3 a). Der zugehörige Schnitt $r \ldots r$ trifft den Lastgurt im Feld *II*. Dort ist $Q = 18 - 4 - 8 = 6$. Somit ist

$$D_2 = -\frac{Q}{\sin\varphi} = -\sqrt{2}\cdot 6 = -8{,}484\,\text{Mp}.$$

D_3: Es gilt Gl. (69, 3 a) mit $Q = -B + 4 = -2$. Damit erhalten wir

$$D_3 = -\frac{Q}{\sin\varphi} = +\sqrt{2}\cdot 2 = +2{,}828\,\text{Mp}.$$

Diese Diagonale erhält Zug, obwohl sie gegen die Fachwerksmitte ansteigt. Infolge der unsymmetrischen Belastung ist Q bereits vor der Mitte negativ.

V_3: Ein Rundschnitt um den Knoten 7 liefert mittels der Gleichgewichtsbedingung $\Sigma V_i = 0$

$$V_3 = +4{,}000\,\text{Mp}.$$

Der Leser berechne die übrigen Stabkräfte.

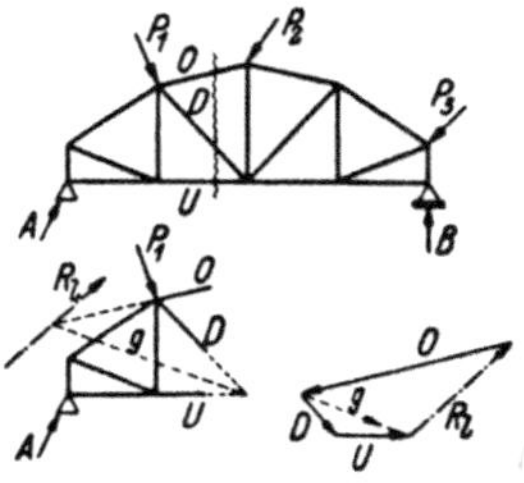

Abb. 122

71. Zeichnerische Ermittlung der Stabkräfte nach Culmann.

Die Auflagerdrücke des Fachwerks, die zeichnerisch genauso ermittelt werden wie die Auflagerdrücke eines Trägers auf zwei Stützen, setzen wir im folgenden als bekannt voraus. Wollen wir in dem in Abb. 122 dargestellten Fachwerk, das mit einer ganz beliebigen Belastung versehen sein möge, etwa die Stabkraft D zeichnerisch ermitteln, so denken wir uns einen Schnitt geführt, der D und außerdem nicht mehr als noch zwei andere Stäbe trifft. Betrachten wir nun etwa den linken abgeschnittenen

Teil und fassen die an ihm angreifenden äußeren Kräfte, also bei uns A und P_1, zu einer Resultierenden R_l zusammen, so müssen die Kräfte in den durchschnittenen Stäben O, D und U der Kraft R_l das Gleichgewicht halten. Die Größen dieser drei Stabkräfte erhalten wir also, indem wir drei Kräfte suchen, deren Wirkungslinien die Achsen der drei durchschnittenen Stäbe sind und die mit R_l im Gleichgewicht sind. Nach Nr. 25, wo wir diese Aufgabe schon behandelt haben, müssen wir folgendermaßen verfahren: Wir bringen im Lageplan etwa die Wirkungslinie von O mit der von R_l zum Schnitt und verbinden den so erhaltenen Punkt mit dem Schnittpunkt der Wirkungslinien von D und U. Dies liefert die Gerade g. Nun setzen wir im Kräfteplan R_l zunächst durch zwei Kräfte der Richtungen g und O ins Gleichgewicht und ersetzen sodann die Komponente in der Geraden g durch zwei Kräfte der Richtungen D und U. Der Umlaufssinn der Pfeile des Kraftecks muß ein stetiger sein. Damit ist die Kraft in der Diagonale D bestimmt und mit ihr sind auch die Kräfte in den beiden mitgeschnittenen Stäben gewonnen. O ist zum abgeschnittenen Teil hin gerichtet und ist daher eine Druckkraft, D und U sind von der Schnittstelle weg gerichtet und sind daher Zugkräfte. Die Konstruktion ist auf drei Arten ausführbar und muß immer dasselbe Ergebnis liefern. — Diese Methode geht auf CULMANN[1] zurück. Sie ist gegenüber dem folgenden Verfahren nur von untergeordneter Bedeutung und wird nur angewendet, wenn sich die Resultierende der äußeren Kräfte am abgeschnittenen Fachwerksteil sofort angeben läßt.

Als *Beispiel* für die CULMANNsche Methode diene die in Abb. 123 dargestellte *Wand eines Mastes*, die durch eine einzige Last P (etwa den Zug eines Kabels) belastet sei. Hier kann man sehr rasch immer drei Stabkräfte auf einmal ermitteln. Sollen etwa die Stabkräfte S_1, S_2, D ermittelt werden, dann denken wir uns durch diese drei Stäbe einen Schnitt geführt, der den oberen Teil des Fachwerks abtrennt. P, S_1, S_2, D müssen im Gleichgewicht sein. Wir bringen S_1 und S_2 zum Schnitt und verbinden diesen Punkt mit dem Schnittpunkt von P mit D (Gerade g). Dann setzen wir im Krafteck P durch zwei Kräfte mit den Wirkungslinien D und g ins Gleichgewicht und zerlegen hierauf die in g liegende Kraft in zwei Komponenten nach den Richtungen von S_1 und S_2. Der Umlaufssinn des Kraftecks muß ein stetiger sein und ist durch die Richtung von P gegeben. S_1 und D weisen vom abgeschnittenen Teil weg, sind also Zugkräfte, S_2 weist auf ihn hin und ist daher eine Druckkraft. — So fortfahrend, kann man

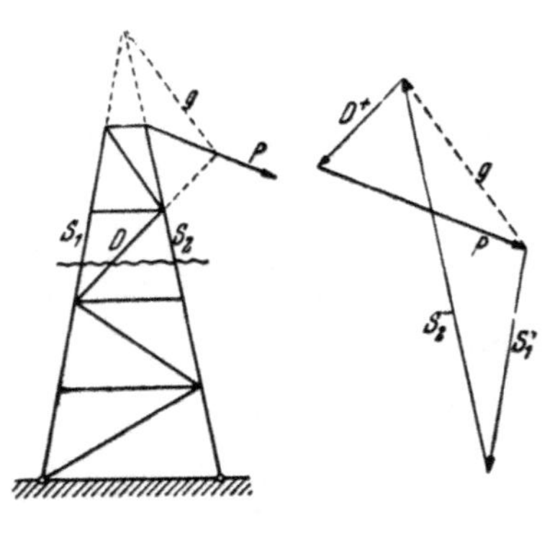

Abb. 123

[1] C. CULMANN: Die graphische Statik. Zürich 1865.

sämtliche Stabkräfte ermitteln. [Das Fachwerk ist statisch bestimmt gelagert. Das linke Lager ist fest, der rechte Fuß wirkt als Pendelstütze (siehe Nr. 42).]

72. Zeichnerische Bestimmung der Stabkräfte mittels des Cremonaplanes (reziproken Kräfteplanes). Sollen sämtliche Stabkräfte eines Fachwerks zeichnerisch ermittelt werden, so entwirft man einen sogenannten

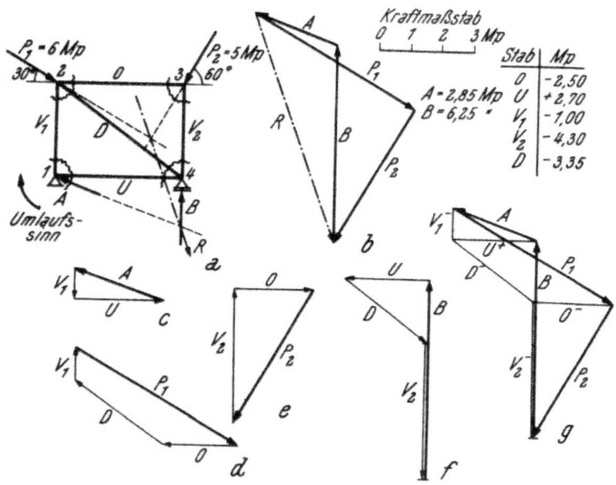

Abb. 124

reziproken Kräfteplan, für den sich allgemein der Name *Cremonaplan*[1] eingebürgert hat. Wir haben schon in Nr. 63 von der Tatsache Gebrauch gemacht, daß bei einem im Gleichgewicht befindlichen Fachwerk jeder herausgeschnitten gedachte Knoten im Gleichgewicht sein muß. Das bedeutet nach Nr. 6 zeichnerisch, daß für jeden Knoten sämtliche an ihm angreifenden äußeren Kräfte und Stabkräfte ein geschlossenes Krafteck bilden müssen. Diese Bedingung kann dazu benützt werden, jeweils zwei unbekannte Stabkräfte zu ermitteln. Wir wollen dies an dem in Abb. 124, Bild *a* dargestellten ganz einfachen Fachwerk, das mit den Kräften P_1 und P_2 belastet ist, erläutern. Zuerst bestimmen wir die Auflagerdrücke, indem wir die Resultierende R von P_1 und P_2 aufsuchen und im Krafteck *b* durch A und B ins Gleichgewicht setzen. Zur Ermittlung der Stabkräfte beginnen wir mit einem Knoten, von dem nicht mehr als zwei Stäbe ausgehen, also etwa mit dem Knoten *1*. Denken wir uns um ihn einen Rundschnitt geführt, so trifft dieser die Stäbe V_1 und U. Als äußere Kraft greift im Knoten *1* noch der Auflagerdruck A an. A sowie die Stabkräfte V_1 und U müssen also ein geschlosse-

[1] Nach dem Italiener L. Cremona (1830—1903), der allerdings nicht der erste war, der dieses Verfahren angewendet hat.

nes Krafteck bilden, in dem die Kräfte so gerichtet sein müssen, daß sie stetig aufeinanderfolgen. Dieses Krafteck ist in Bild *c* gezeichnet und liefert Größe und Richtungssinn der beiden Stabkräfte. Wir sehen, daß die Kraft V_1 zur Schnittstelle hin bzw. auf den betrachteten Knoten hin gerichtet ist. Das bedeutet, daß in der linken Vertikalen eine Druckkraft wirkt. U dagegen ist vom betrachteten Knoten weg gerichtet, der Untergurtstab wird also gezogen. Wir messen die beiden Stabkräfte ab und tragen sie, mit ihren Vorzeichen versehen, in eine Tabelle ein.

Wir gehen nun weiter zu einem Knoten, an dem nicht mehr als zwei unbekannte Stabkräfte angreifen, also etwa zum Knoten *2*. Wir denken uns wieder einen Rundschnitt geführt. Die Kräfte V_1, P_1, O, D müssen ein geschlossenes Krafteck bilden (Bild *d*). Wir beginnen mit dem bereits bekannten V_1 und haben zu beachten, daß es als Druckkraft stets auf den betrachteten Knoten (das ist jetzt der Knoten *2*) hin gerichtet sein muß. V_1 erhält somit jetzt die entgegengesetzte Richtung wie im Krafteck *c* (was ja auch aus dem Gegenwirkungssatz hervorgeht). An V_1 fügen wir P_1 und schließen das Krafteck durch je eine Parallele zu O und D. Der Richtungssinn der Kräfte ist wieder durch die Forderung gegeben, daß die Kräfte im Krafteck stetig aufeinanderfolgen müssen. Da O und D zum betrachteten Knoten hin gerichtet sind, sind sie beide Druckkräfte; ihre Werte wurden in die Tabelle eingetragen.

Wir gehen weiter zum Knoten *3*. Wir sehen, daß O, P_2, V_2 ein geschlossenes Krafteck bilden müssen. Wir beginnen mit dem bereits bekannten O, dessen Richtung gegenüber der im Krafteck *d* umzukehren ist, fügen daran P_2 und zeichnen die Parallele zu V_2. Wir haben jetzt eine Kontrolle, ob die bisherigen Kraftecke alle genau gezeichnet wurden, da sich sonst das Krafteck *e* nicht schließt. Mit V_2, das wieder eine Druckkraft ist, haben wir nun auch die letzte Stabkraft ermittelt. Zeichnen wir noch das Krafteck *f* für den Knoten *4*, an dem die Kräfte U, D, V_2, B angreifen, so muß es sich ebenfalls schließen[1].

Betrachten wir die vier Kraftecke *c* bis *f*, so sehen wir, daß jede Stabkraft zweimal vorkommt, und zwar in zwei entgegengesetzten Richtungen. Wir können nun die vier Kraftecke so aneinanderrücken,

[1] Daß wir im vorletzten Knoten nur eine unbekannte Stabkraft zu bestimmen hatten und den letzten Knoten eigentlich überhaupt nicht mehr benötigten, rührt daher, daß wir zur Bestimmung der Auflagerdrücke bereits das Fachwerk als Ganzes ins Gleichgewicht gesetzt haben. In manchen Fällen ist dies nicht nötig und man kann A und B aus den für die einzelnen Knoten gezeichneten Kraftecken entnehmen. Dies gelingt z. B. in dem eben betrachteten Fachwerk, wenn man mit dem Knoten *3* beginnt und der Reihe nach die Knoten *2*, *4*, *1* ins Gleichgweicht setzt. In den meisten Fällen (wie z. B. in den Fachwerken der Abb. 125 bis 130) ist das jedoch nicht möglich, da an den einzigen zweistäbigen Knoten gerade die unbekannten Auflagerdrücke angreifen.

daß sich die gleichen Stabkräfte decken. Dann gelangen wir zu der Figur *g*, in der jede Stabkraft nur einmal vorkommt. Und gewissermaßen als Gerippe der Figur *g* erscheint in ihr das Krafteck *b* der äußeren Kräfte (stark ausgezogen).

Wir werden also zweckmäßig die einzelnen Kraftecke *c* bis *f* nicht getrennt aufzeichnen, sondern gleich an das Krafteck der äußeren Kräfte *b* anfügen. Wenn wir die unten angeführten Regeln beachten, dann liegt jede Kraft im Bild *g* an der richtigen Stelle und kommt nur einmal vor; jedoch wird jede Stabkraft zweimal in entgegengesetzter Richtung durchlaufen. Weist sie von dem jeweils betrachteten Knoten weg, dann ist sie eine Zugkraft, im umgekehrten Fall eine Druckkraft. Dies ist in Bild *g* durch U^+, V_1^- usw. gekennzeichnet. Die Figur *g* wird *Cremonaplan* genannt. Wir sehen, daß jedem Knoten im Fachwerk eine Netzmasche im Cremonaplan entspricht und jeder Netzmasche im Fachwerk ein Knoten im Cremonaplan. Von dieser umgekehrten Entsprechung rührt die Bezeichnung *reziproker Kräfteplan* her.

Beim Entwerfen eines Cremonaplans sind folgende Regeln zu beachten:

1. Die äußeren Kräfte sollen nur an den Knoten des äußeren Umfangs des Fachwerks angreifen[1].

2. Man zeichnet in der Regel zuerst das Krafteck der äußeren Kräfte, also der Lasten und Auflagerdrücke. In diesem Krafteck müssen die Kräfte in derselben Reihenfolge angeordnet werden, in der sie am Umfang des Fachwerks aufeinanderfolgen, wenn man um dieses im Uhr- oder im Gegenzeigersinn herumgeht[2]. Dadurch ist ein gewisser „*Umlaufssinn*" gegeben (in Abb. 124 war dies der Uhrzeigersinn. Er ist im Bild *a* durch einen Pfeil angedeutet).

3. Man beginnt den Cremonaplan mit einem zweistäbigen Knoten und geht von Knoten zu Knoten so weiter, daß in jedem neuen Knoten

[1] Bei Fachwerken mit belasteten Innenknoten denkt man sich von jedem solchen Knoten in der Richtung der an ihm angreifenden Kraft einen Fachwerksstab bis zum äußeren Umfang des Fachwerks geführt und dort gelenkig angeschlossen. Sodann verschiebt man die Kraft in diesen neu hinzugekommenen Knoten und verfährt weiter wie in den folgenden Punkten angegeben.

[2] Darauf ist besonders dann zu achten, wenn beide Gurte des Fachwerks belastet sind. Bestimmt man für ein solches Fachwerk zeichnerisch *A* und *B*, so ist für das hierzu nötige Krafteck die Bedingung 2 nicht erfüllt und man muß das Krafteck umzeichnen (siehe Nr. 73, 4. Beispiel). Mit Hilfe der bekannten Auflagerdrücke kann aber der Cremonaplan nach den folgenden Regeln, auch ohne an das Krafteck der äußeren Kräfte anzuknüpfen, gezeichnet werden. Am Ende erscheinen dann die äußeren Kräfte in einer Reihenfolge angeordnet, die dem gewählten Umlaufssinn entspricht. Würde man jedoch an das erste Krafteck anknüpfen, so kämen etliche Stabkräfte zweimal vor.

nicht mehr als zwei unbekannte Stabkräfte zu bestimmen sind. Die Reihenfolge der Knoten ist beliebig, wird aber durch diese Forderung meist festgelegt.

4. Die an jedem Knoten angreifenden Kräfte sind im Cremonaplan in derjenigen Reihenfolge zu einem geschlossenen Krafteck zusammenzufügen, in der sie am Fachwerk aufeinanderfolgen, wenn man den Knoten in dem unter 2 festgesetzten Umlaufssinn umkreist. Dabei sind äußere Kräfte stets außerhalb des Fachwerks anzuordnen, also z. B. Lasten am Obergurt stets auf diesem stehend, auch wenn sie in Wirklichkeit daran hängen sollten. Die bereits bekannten Kräfte liegen im Cremonaplan stets an der richtigen Stelle und in der richtigen Reihenfolge. Man beginnt das Krafteck mit jener Kraft, die beim Umkreisen des Knotens auf die beiden unbekannten Kräfte folgt, und schließt es durch die Richtungen der Unbekannten. Deren Richtungssinn ist gegeben durch den Richtungssinn der bereits bekannten Kräfte und durch die Bedingung, daß das Krafteck stetig durchlaufen werden muß.

5. Eine Stabkraft ist Zug, wenn sie von dem jeweils betrachteten Knoten weg, Druck, wenn sie auf ihn hin gerichtet ist.

6. Sind alle Stabkräfte an die Reihe gekommen, so muß sich der Cremonaplan schließen. Stimmt es um kleine Beträge nicht, so sind Ungenauigkeiten der Zeichnung schuld. Sonst ist irgendein Fehler gemacht worden, der dem Anfänger gewöhnlich schon bei der Bestimmung der Auflagerdrücke unterläuft.

7. Ist das Fachwerk und seine Belastung symmetrisch, so ist auch der Cremonaplan symmetrisch und es genügt daher, den halben Plan zu zeichnen. Die Symmetrieachse des Cremonaplans ist gegen die des Fachwerks um 90° verdreht.

Bemerkung. Zeichnerische Verfahren haben gegenüber den rechnerischen stets den Nachteil geringerer Genauigkeit, hingegen den Vorteil, daß weniger leicht grobe Fehler unterlaufen können. Oft ist das zeichnerische Verfahren einfacher und übersichtlicher als das rechnerische. In diesem Fall kann es auch zur Kontrolle der rechnerisch gewonnenen Ergebnisse dienen.

73. Beispiele zur Ermittlung der Stabkräfte mittels des Cremonaplanes sowie zur Berechnung von Stabkräften.

1. Beispiel. *Einfacher Dachbinder.* In Abb. 125 ist der Cremonaplan für einen einfachen Dachbinder, der unter dem Einfluß einer linksseitigen Windbelastung steht, gezeichnet.

Man verwende stets besondere Sorgfalt schon bei der Zeichnung des Fachwerks. Ungenauigkeiten, die hier begangen werden, erfahren im Cremonaplan oft eine beträchtliche Vergrößerung und sind dann die Ursache, daß er sich nicht schließt. Man erleichtert sich die Arbeit, wenn man etwa vorhandene Nullstäbe oder Stäbe, deren Kräfte gleich groß sind, sofort erkennt (siehe Nr. 66). In unserem Beispiel stellen wir zunächst fest, daß $V_1' = 0$ ist. Daraus folgt weiter (Rundschnitt um den Knoten *2'*), daß auch $D_1' = 0$ ist.

So fortfahrend, erkennen wir, daß auch gilt: $V_2' = 0$ und $D_2' = 0$. Da alle diese Stäbe spannungslos sind, muß gelten: $O_1' = O_2' = O_3'$ und $U_1' = U_2' = U_3$.

Die Bestimmung der Auflagerdrücke kann entweder zeichnerisch mit Hilfe der Resultierenden $R = 1{,}5$ Mp geschehen, deren Schnittpunkt mit

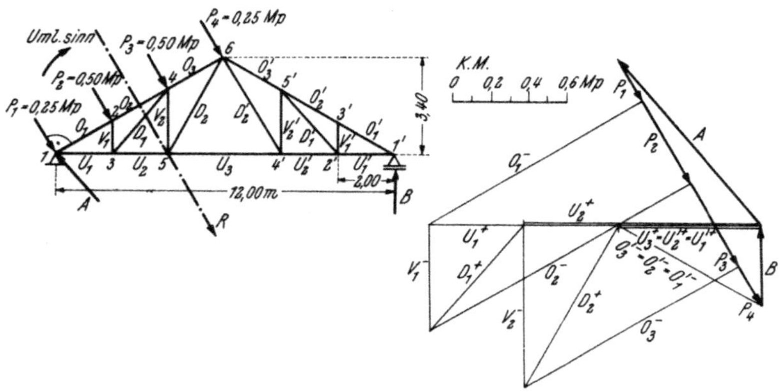

Abb. 125

der Wirkungslinie von B allerdings ziemlich weitab liegt. Es empfiehlt sich daher, B rechnerisch zu bestimmen. R hat vom linken Auflager den Abstand 3,45 m. Die Momentengleichung um den Punkt *1* liefert:

$$B = \frac{1{,}5 \cdot 3{,}45}{12} = 0{,}43 \text{ Mp}.$$

Wir zeichnen nun das Krafteck P_1, P_2, P_3, P_4, B und schließen es durch A. Gehen wir im Lageplan in derselben Reihenfolge von einer Kraft zur nächsten, so umlaufen wir das Fachwerk im Uhrzeigersinn. In diesem Umlaufssinn haben wir also auch die einzelnen Fachwerksknoten zu umkreisen. Wir fügen nun an das Krafteck der äußeren Kräfte die Kraftecke für die einzelnen Knoten und beginnen mit dem Knoten *1*. Hier müssen A, P_1, $\underline{O_1}$, $\underline{U_1}$ (die unbekannten Stabkräfte sind unterstrichen) ein geschlossenes Krafteck bilden. O_1 weist zum Knoten *1* hin, ist also Druck, U_1 weist vom Knoten weg, ist also Zug. Wir gehen weiter zum Knoten *2* und schließen das Krafteck für die Kräfte O_1, P_2, $\underline{O_2}$, $\underline{V_1}$. Dann kommt Knoten *3* mit den Kräften U_1, V_1, $\underline{D_1}$, $\underline{U_2}$. U_2 deckt sich im Kräfteplan zum Teil mit U_1, es wurde etwas neben U_1 gezeichnet. Dasselbe gilt für U_3. Nun kommt Knoten *4* mit D_1, O_2, P_3, $\underline{O_3}$, $\underline{V_2}$. Dann Knoten *5* mit U_2, V_2, $\underline{D_2}$, $\underline{U_3}$, endlich Knoten *6* mit D_2, O_3, P_4, $\underline{O_3'}$ ($\underline{D_2'} = 0$). Nun muß sich der Cremonaplan schließen, denn wir sind bei der letzten unbekannten Stabkraft angelangt. Wir sehen, daß die im Knoten *1'* angreifenden Kräfte U_1', O_1', B im Cremonaplan ein geschlossenes Krafteck bilden. — Die gemessenen Stabkräfte wurden in Tabelle 8 eingetragen.

Bemerkung. Beim Entwerfen eines Cremonaplans kann man auch mit Vorteil die Reziprozität zwischen Kräfte- und Lageplan verwenden. Wir sehen z. B., daß im Lageplan der Abb. 125 die Obergurtstäbe O_1, O_2, O_3 die Angriffspunkte der Kräfte P_1, P_2, P_3, P_4 verbinden. Im Kräfteplan dagegen verbinden die Kräfte P_1, P_2, P_3, P_4 die Punkte, wo die Stabkräfte O_1, O_2, O_3

Tabelle 8

Stab	Mp	Stab	Mp	Stab	Mp	Stab	Mp
O_1	$-1{,}30$	U_1	$+1{,}76$	V_1	$-0{,}57$	D_1	$+0{,}75$
O_2	$-1{,}58$	U_2	$+1{,}26$	V_2	$-0{,}86$	D_2	$+1{,}00$
O_3	$-1{,}30$	U_3	$+0{,}76$	V_2'	$0{,}00$	D_2'	$0{,}00$
O_3'	$-0{,}87$	U_2'	$+0{,}76$	V_1'	$0{,}00$	D_1'	$0{,}00$
O_2'	$-0{,}87$	U_1'	$+0{,}76$				
O_1'	$-0{,}87$						

$A = 1{,}15$ Mp, $B = 0{,}43$ Mp.

entspringen. Ebenso liegen die Obergurtstäbe O_3', O_2', O_1' im Lageplan zwischen den Kräften P_4 und B. Die entsprechenden Stabkräfte entspringen im Kräfteplan sämtlich dem Punkt, wo P_4 und B zusammenstoßen. Die Untergurtstäbe $U_1 \ldots U_1'$ verbinden im Lageplan die Angriffspunkte der Auflagerdrücke A und B, die Stabkräfte $U_1 \ldots U_1'$ entspringen im Kräfteplan dem Punkt, wo A und B zusammentreffen.

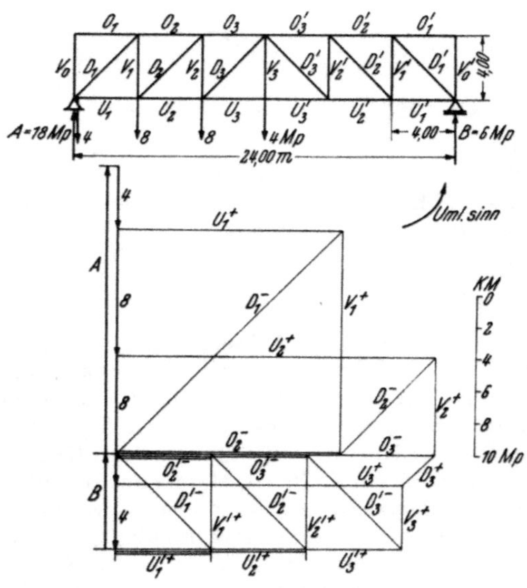

Abb. 126

2. Beispiel. In Abb. 126 wurde die Ermittlung sämtlicher Stabkräfte des in Nr. 70, Abb. 121 behandelten *Parallelträgers* mittels eines *Cremonaplans* durchgeführt. Die Auflagerdrücke werden bei solch einfachen Belastungen stets rechnerisch ermittelt und ergaben sich zu $A = 18$, $B = 6$ Mp. Als Umlaufssinn, in dem die einzelnen Knoten des Fachwerks zu umkreisen sind, ergibt sich diesmal der Gegenzeigersinn. Der Plan wurde mit dem Knoten am linken Auflager begonnen und von hier aus schrittweise nach rechts hin vorgegangen. Es sei nochmals hervorgehoben, daß zur Mitte hin ansteigende Diagonalen nicht immer Druckstäbe sein müssen, wie sich z. B. an D_3 zeigt (siehe Nr. 70). Die ermittelten Werte der Stabkräfte sind in Tabelle 9 zusammengestellt.

3. Beispiel. Der nach rechts hin *auskragende Fachwerksbalken auf zwei Stützen* der Abb. 127 ist mit einer einzigen vertikalen Last $P = 20$ Mp am Ende des Kragarms belastet (wie dies etwa bei einem Laufkran vorkommt). Dann tritt am linken Auflager Abheben ein. Der Auflagerdruck A wurde daher gleich nach abwärts gerichtet eingezeichnet und ergibt sich aus der

Tabelle 9

Stab	Mp	Stab	Mp	Stab	Mp	Stab	Mp
O_1	0,00	U_1	+14,00	V_0	0,00	D_1	−19,80
O_2	−14,00	U_2	+20,00	V_1	+14,00	D_2	− 8,48
O_3	−20,00	U_3	+18,00	V_2	+ 6,00	D_3	+ 2,83
O_3'	−12,00	U_3'	+18,00	V_3	+ 4,00	D_3'	− 8,48
O_2'	− 6,00	U_2'	+12,00	V_2'	+ 6,00	D_2'	− 8,48
O_1'	0,00	U_1'	+ 6,00	V_1'	+ 6,00	D_1'	− 8,48
				V_0'	0,00		

Momentengleichung um den Punkt b. Desgleichen folgt B aus der Momentengleichung um den Punkt a und es muß gelten: $B - A = P$. Wir erhalten

$$A = \frac{4P}{8} = 10\,\text{Mp},$$

$$B = \frac{12P}{8} = 30\,\text{Mp}.$$

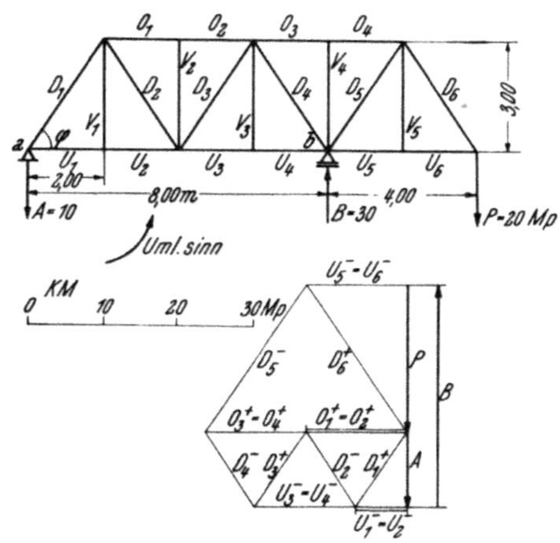

Abb. 127

Unter Zuhilfenahme dieser Werte wurde der Cremonaplan gezeichnet.

Bei Parallelträgern mit einfachen Belastungen führt allerdings die Rechnung meist schneller zum Ziel. Zunächst ergeben sich die Kräfte in den Gurtstäben nach den Gl. (69, 1) und 69, 2):

$$O = -\frac{M}{h}, \qquad U = +\frac{M}{h},$$

aus denen wir erhalten (in Mp):

$$O_1 = O_2 = +\frac{A \cdot 4}{3} = +13{,}333,$$

$$O_3 = O_4 = +\frac{P \cdot 4}{3} = +26{,}667,$$

$$U_1 = U_2 = -\frac{A \cdot 2}{3} = -6{,}667,$$

$$U_3 = U_4 = -\frac{A \cdot 6}{3} = -20{,}000,$$

$$U_5 = U_6 = -\frac{P \cdot 2}{3} = -13{,}333.$$

Hier hat also der Obergurt Zug und der Untergurt Druck. Die Diagonalkräfte erhalten wir, indem wir lotrechte Schnitte führen und auf den jeweils abgeschnittenen Teil die Gleichgewichtsbedingung $\Sigma V_i = 0$ anwenden. Mit

$$\frac{1}{\sin\varphi} = \frac{\sqrt{2^2+3^2}}{3} = 1{,}2019$$

ergibt sich

$$D_1 = D_3 = +\frac{A}{\sin\varphi} = +12{,}019,$$

$$D_2 = D_4 = -\frac{A}{\sin\varphi} = -12{,}019,$$

$$D_5 = -\frac{P}{\sin\varphi} = -24{,}038,$$

$$D_6 = +\frac{P}{\sin\varphi} = +24{,}038.$$

Die Kräfte in sämtlichen Vertikalen V_i sind gleich Null.

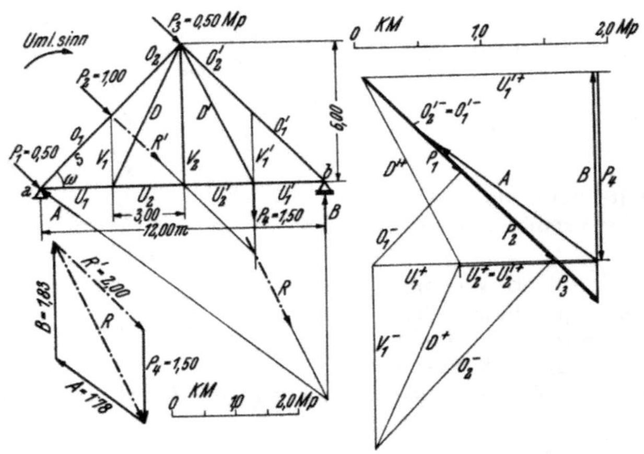

Abb. 128

4. Beispiel. In Abb. 128 ist ein *Fachwerk* dargestellt, das *sowohl am Ober- als auch am Untergurt belastet* ist. Zur zeichnerischen Ermittlung der Auflagerkräfte zeichnen wir zunächst die Resultierende R' der drei parallelen Lasten P_1, P_2, P_3 ein, $R' = P_1 + P_2 + P_3 = 2{,}00$ Mp, und setzen sie in einem Krafteck mit P_4 zur Resultierenden R aller Lasten zusammen. R geht durch den Schnittpunkt von R' mit P_4. Die drei im Gleichgewicht befindlichen Kräfte R, A, B müssen durch einen Punkt gehen (Nr. 15), der sich als Schnittpunkt von R mit der bekannten Richtung von B ergibt. Aus dem Krafteck folgt die Größe von A und B.

Ist der Schnittpunkt von R und B schwer erreichbar, so kann man B leicht aus der Gleichung $\Sigma M_i = 0$ um den Punkt a berechnen. Zunächst ist s, die Länge des Obergurtstabes O_1, gleich

$$s = \sqrt{3^2+3^2} = 4{,}242 \text{ m},$$

und damit ist

$$B = \frac{1}{12}(R's + P_4 \cdot 9) = \frac{1}{12}(2 \cdot 4{,}242 + 1{,}500 \cdot 9) = 1{,}832\,\text{Mp}.$$

Mit Hilfe dieses Wertes kann man A leicht aus dem Krafteck gewinnen oder ebenfalls berechnen. Im letzteren Fall berechnet man die beiden Komponenten von A, A_h und A_v. Die erste folgt aus der Gleichung $\Sigma H_i = 0$ zu

$$A_h = -R' \sin\omega = -2 \cdot \frac{1}{2}\sqrt{2} = -1{,}414\,\text{Mp}$$

($\omega = 45°$) und ist nach links gerichtet. A_v folgt aus $\Sigma V_i = 0$ zu

$$A_v = R' \cos\omega + P_4 - B = 2 \cdot \frac{1}{2}\sqrt{2} + 1{,}500 - 1{,}832 = 1{,}082\,\text{Mp}$$

und ist nach aufwärts gerichtet. Schließlich folgt A aus

$$A = \sqrt{A_h^2 + A_v^2} = \sqrt{1{,}414^2 + 1{,}082^2} = 1{,}781\,\text{Mp}.$$

Um den Cremonaplan zeichnen zu können, muß das Krafteck derart umgeordnet werden, daß in ihm die Kräfte in derselben Reihenfolge aufeinanderfolgen wie am Fachwerk, wenn man dieses etwa im Uhrzeigersinn umwandert (Nr. 72). Um eine größere Genauigkeit zu erzielen, wurde das Krafteck doppelt so groß gezeichnet wie früher. Sodann wurde, vom Punkt a des Fachwerks ausgehend, der Cremonaplan entworfen. Die Stabkräfte sind in Tabelle 10 zusammengestellt.

Tabelle 10

Stab	Mp	Stab	Mp	Stab	Mp
O_1	$-1{,}03$	U_1	$+1{,}79$	V_1	$-1{,}41$
O_2	$-2{,}03$	U_2	$+1{,}08$	V_2	$0{,}00$
O_2'	$-2{,}59$	U_2'	$+1{,}08$	V_1'	$0{,}00$
O_1'	$-2{,}59$	U_1'	$+1{,}83$	D	$+1{,}58$
				D'	$+1{,}68$

Zur Kontrolle sollen noch die Stabkräfte O_2, U_2, D berechnet werden (Abb. 129). Die ersten beiden können wir aus den Gl. (67, 2) und (67, 3) erhalten, wenn wir für M die Momente um die betreffenden Ritterpunkte einsetzen. Diese sind die Punkte 1 bzw. 4, so daß gilt

$$O_2 = -\frac{M_1}{h_1 \cos\omega},$$

$$U_2 = +\frac{M_4}{h_4 \cos\nu}.$$

Es ist $h_1 = 3$, $h_4 = 6$ m, $\omega = 45°$, $\nu = 0$, $\cos 45 = 0{,}707$, $\cos 0 = 1$.

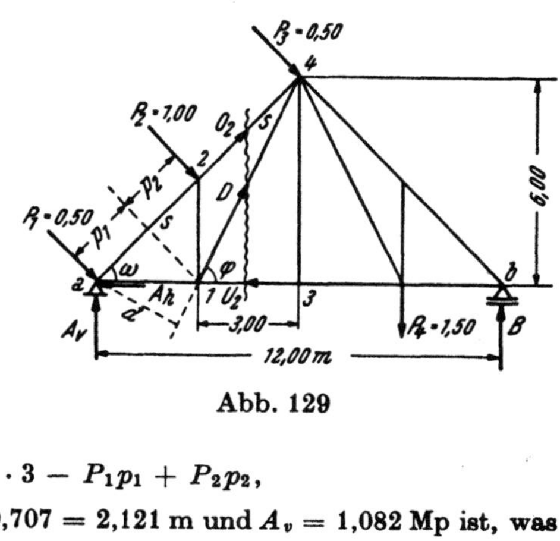

Abb. 129

Ferner ist, ausgehend vom linken abgeschnittenen Teil,

$$M_1 = A_v \cdot 3 - P_1 p_1 + P_2 p_2,$$

worin $p_1 = p_2 = 3 \cdot \sin 45 = 3 \cdot 0{,}707 = 2{,}121$ m und $A_v = 1{,}082$ Mp ist, was

$$M_1 = 4{,}307 \text{ Mpm}$$

liefert. Vom rechten Teil ausgehend, erhalten wir

$$M_4 = B \cdot 6 - P_4 \cdot 3 = 1{,}832 \cdot 6 - 1{,}500 \cdot 3 = 6{,}429 \text{ Mpm}.$$

Damit erhalten wir

$$O_2 = -\frac{4{,}307}{3 \cdot 0{,}707} = -2{,}031 \text{ Mp},$$

$$U_2 = +\frac{6{,}492}{6} = +1{,}082 \text{ Mp}.$$

Der Ritterpunkt der Diagonalen D ist der Punkt a. Die Anwendung der Gleichung $\Sigma M_i = 0$ um diesen Punkt liefert für den linken abgeschnittenen Teil

$$D = +\frac{P_2 s}{d}.$$

s haben wir oben bereits berechnet. Für d gilt

$$d = 3 \sin\varphi = 3 \cdot \frac{6}{\sqrt{3^2 + 6^2}} = 2{,}683 \text{ m}.$$

Damit erhalten wir

$$D = +\frac{1{,}000 \cdot 4{,}242}{2{,}683} = +1{,}581 \text{ Mp}.$$

5. Beispiel. *Zusammengesetzter Polonceau-Dachbinder.* Bei manchen Fachwerken ergibt sich die Schwierigkeit, daß man, nachdem man eine Anzahl Knoten bereits behandelt hat, den Cremonaplan nicht weiterzeichnen kann, da an den restlichen Knoten durchwegs mehr als zwei unbekannte Stabkräfte angreifen. Dies ist z. B. bei dem in Abb. 130 dargestellten *zusammengesetzten Polonceaudach*, das etwa unter dem Einfluß seines Eigengewichts betrachtet werden möge, der Fall[1]. (Alle Kräfte sind in Mp angegeben.)

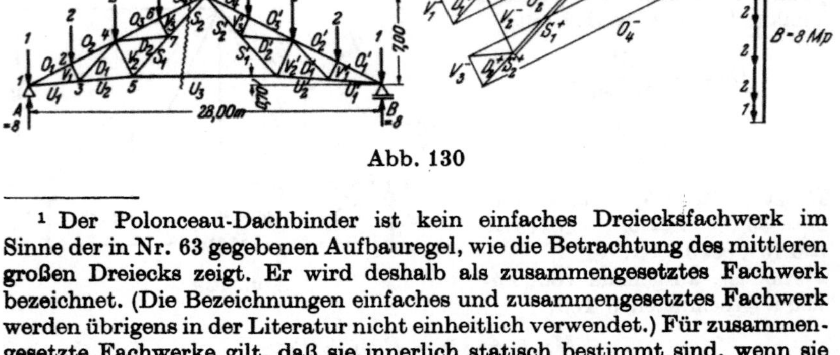

Abb. 130

[1] Der Polonceau-Dachbinder ist kein einfaches Dreiecksfachwerk im Sinne der in Nr. 63 gegebenen Aufbauregel, wie die Betrachtung des mittleren großen Dreiecks zeigt. Er wird deshalb als zusammengesetztes Fachwerk bezeichnet. (Die Bezeichnungen einfaches und zusammengesetztes Fachwerk werden übrigens in der Literatur nicht einheitlich verwendet.) Für zusammengesetzte Fachwerke gilt, daß sie innerlich statisch bestimmt sind, wenn sie stabil sind und wenn zwischen Stab- und Knotenzahl die Beziehung (63, 1)

Als Auflagerdrücke ergeben sich $A = B = 8$ Mp. Mit dem Cremonaplan kommt man zunächst nur bis zum Knoten *3*. Dann muß man entweder einmal die Methode von CULMANN (Nr. 71) anwenden oder, was meist einfacher sein dürfte, man berechnet eine Stabkraft nach dem Ritterschen Verfahren (Nr. 64). Wir wollen U_3 berechnen und verfahren nach Gl. (67, 3). Da $\cos\nu = 1$ ist, gilt:

$$U_3 = +\frac{M_8}{h_8} = \frac{1}{6{,}30}\left[(8-1)\cdot 14 - 3\cdot 2\cdot 7\right] = \frac{56}{6{,}30} = +8{,}89 \text{ Mp}.$$

Unter Verwendung dieser Stabkraft kann nun vom Knoten *5* an der Cremonaplan weitergezeichnet werden. Wir behandeln dann der Reihe nach die Knoten *4*, *6*, *7*. Mit dem Knoten *7* muß sich der Plan schließen. Es genügt die eine Hälfte, da Fachwerk und Belastung symmetrisch sind. Die Stabkräfte finden sich in Tabelle 11.

Tabelle 11

Stab	Mp	Stab	Mp	Stab	Mp
$O_1 = O_1'$	$-18{,}9$	$U_1 = U_1'$	$+16{,}9$	$V_1 = V_1'$	$-1{,}8$
$O_2 = O_2'$	$-18{,}0$	$U_2 = U_2'$	$+14{,}6$	$V_2 = V_2'$	$-3{,}6$
$O_3 = O_3'$	$-17{,}1$	$S_1 = S_1'$	$+\ 6{,}0$	$V_3 = V_3'$	$-1{,}8$
$O_4 = O_4'$	$-16{,}2$	$S_2 = S_2'$	$+\ 8{,}5$	$D_1 = D_1'$	$+2{,}4$
		U_3	$+\ 8{,}9$	$D_2 = D_2'$	$+2{,}4$

6. Beispiel. *Kragdach.* Bei dem in Abb. 131 dargestellten Kragdach spielt der Knoten *6* die Rolle des festen Auflagers, während der Stab U_3 als Pendelstütze (Nr. 42) wirkt. B muß demnach in die Richtung des Stabes U_3 fallen (und ist gleich der Stabkraft U_3), A muß durch den Punkt *6* und durch den

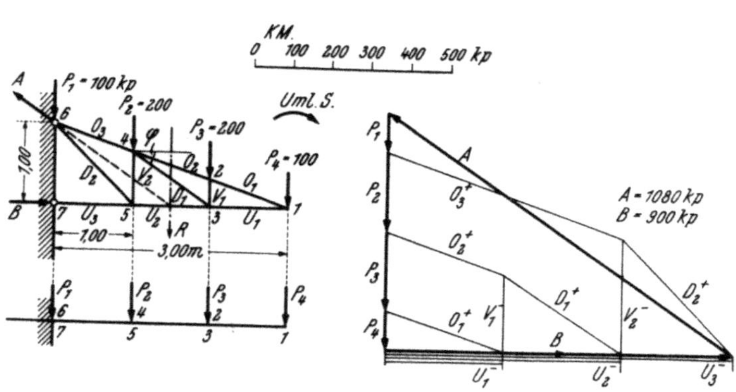

Abb. 131

besteht. Baut man ein Fachwerk derart auf, daß jeder neu hinzukommende Knoten an zwei vorhandene Knoten mit zwei Stäben angeschlossen ist, so entsteht immer ein statisch bestimmtes und stabiles Fachwerk, sofern die beiden Knoten, an die angeschlossen wird, mit dem neu hinzukommenden Knoten nicht auf einer Geraden liegen, da sonst ein Fachwerk entsteht, welches wackelt (siehe Nr. 63). Hingegen müssen die beiden Knoten, an die angeschlossen wird, nicht notwendig einander benachbart sein.

Schnittpunkt von B mit der Resultierenden aller Lasten $R = 600$ Mp hindurchgehen. Damit können die Auflagerdrücke zeichnerisch ermittelt werden. Zur Zeichnung des Cremonaplans ist in diesem Beispiel die vorherige Ermittlung von A und B nicht nötig, liefert aber eine Kontrolle. Wir beginnen den Plan mit dem Knoten *1* und behandeln der Reihe nach die Knoten *2*, *3*, *4*, *5*. Damit sind sämtliche Stabkräfte bestimmt (Tabelle 12) und wir können prüfen, ob die im Knoten *6* zusammenstoßenden Kräfte O_3, D_2, A, P_1 ein geschlossenes Krafteck bilden.

Tabelle 12

Stab	kp	Stab	kp
O_1	+320	V_1	−200
O_2	+320	V_2	−300
O_3	+630	D_1	+360
U_1	−300	D_2	+420
U_2	−600		
U_3	−900		

Die Berechnung von Stabkräften in einem solchen Kragdach mit lotrechter Belastung kann ohne weiteres nach den in Nr. 67 angegebenen Formeln geschehen. Als Ersatzbalken ist jetzt ein Freiträger zu verwenden (Abb. 131). Berechnen wir z. B. die Stabkraft U_2, so gehen wir aus von Gl. (67, 3). Mit $h_4 = 2/3$ und $\cos\nu = 1$ erhalten wir

$$U_2 = +\frac{M_4}{h_4} = \frac{-200 \cdot 1 - 100 \cdot 2}{\frac{2}{3}} = -600\,\text{kp}.$$

Zur Berechnung von D_1 können wir von Gl. (67, 4) ausgehen, wo für

$$\frac{1}{\cos\varphi} = \sqrt{\left(\frac{2}{3}\right)^2 + 1^2} = \frac{\sqrt{13}}{3} = 1{,}202$$

einzusetzen ist:

$$D_1 = \frac{1}{\cos\varphi}\left(\frac{M_3}{h_3} - \frac{M_4}{h_4}\right) = 1{,}202\left(\frac{-100}{\frac{1}{3}} - \frac{-400}{\frac{2}{3}}\right) = +361\,\text{kp}.$$

Aufgabe: Der Leser zeichne für die in den Beispielen der Nr. 65 und 68 behandelten Fachwerke die Cremonapläne.

V. Der Gelenk- oder Gerberträger

74. Allgemeines. Wir haben in Nr. 44 festgestellt, daß ein Träger auf drei Stützen (ein festes, zwei bewegliche Auflager) einfach statisch unbestimmt ist. Denn die drei statischen Gleichgewichtsbedingungen des starren Körpers

$$\sum H_i = 0, \qquad \sum V_i = 0, \qquad \sum M_i = 0 \tag{74, 1}$$

reichen nicht aus, um die vier unbekannten Auflagerkomponenten A_h, A_v, B, C zu bestimmen. Bauen wir in den Träger an irgendeiner Stelle ein Gelenk g ein (Abb. 132, Bild *1*), so ist der Träger noch immer unverschieblich. Ein Gelenk ist ja gleichbedeutend einem festen Auflager. Daher können wir uns den linken Teil des Trägers, den Teil $a \ldots g$, der als *Schleppträger* bezeichnet wird, auf dem rechten Teil $g \ldots c$ im Punkt g aufruhend denken (Bild *3*). Dieser Teil wirkt als Träger auf zwei Stützen mit einem auskragenden Arm und wird daher meist kurz als *Kragträger* bezeichnet[1]. Seine beiden beweglichen Lager sind stets gegen allfälliges Abheben gesichert zu denken. Dadurch, daß der Kragträger mit dem Schleppträger im Punkt g fest verbunden ist, kann er unter schiefer Belastung nicht seitlich wegfahren. Der Schleppträger hingegen kann immer noch Längenänderungen, etwa infolge von Temperaturschwankungen, nachgeben, da er nur mit einem seiner beiden Lager fest mit der Unterlage verbunden ist, während das andere auf dem längsbeweglichen Kragträger steht. Das Tragwerk bleibt also (abgesehen von seiner Verformung) sicherlich in Ruhe, wenn wir irgendeine Belastung aufbringen. Es müssen daher zunächst die obigen drei Gleichgewichtsbedingungen (74, 1) gelten, da wir uns ja das ganze System nach Aufbringen der Belastung erstarrt denken können, d. h. durch einen starren Körper derselben Form ersetzt

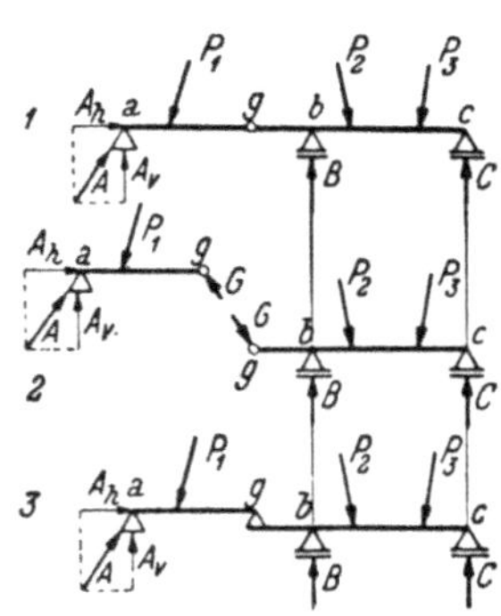

Abb. 132

[1] Diese Bezeichnung ist beim Gerberträger fast allgemein üblich; sie darf aber nicht zu Verwechslungen mit dem Freiträger führen (Abschnitt III, B).

denken können (siehe Nr. 26). Dazu muß noch eine vierte Gleichgewichtsbedingung kommen, da ja das System vier Freiheitsgrade besitzt (Nr. 23). Wir erhalten sie, wenn wir beachten, daß im Punkt g kein Moment, d. h. hier kein Biegemoment, übertragen werden kann (siehe Nr. 42). Es muß also gelten

$$M_g = 0. \tag{74, 2}$$

Dabei ist M_g entweder gleich der Summe der Momente aller äußeren Kräfte (Lasten und Auflagerdrücke) links von g um den Punkt g oder gleich der Summe der Momente aller äußeren Kräfte rechts von g um g. Während sich also die Summen in den Gl. (74, 1) über sämtliche am System angreifenden äußeren Kräfte erstrecken, das sind im vorliegenden Beispiel die Kräfte P_1, P_2, P_3, A_h, A_v, B, C, enthält die Gl. (74, 2) nur entweder die Momente der Kräfte A_h, A_v, P_1 um g oder die Momente der Kräfte P_2, P_3, B, C um g.[1]

Gl. (74, 2) ist ebenfalls eine Gleichgewichtsbedingung. Wäre sie nicht erfüllt, besäßen also die Kräfte links bzw. rechts von g um g ein Drehmoment, so könnte das Gelenk nicht verhindern, daß die beiden Scheiben um den Punkt g in Drehung geraten. Wir haben jedoch oben festgestellt, daß das Tragwerk sicher unverschieblich ist, und daher muß Gl. (74, 2) erfüllt sein.

In den Gl. (74, 1) und (74, 2) stehen uns somit vier Gleichgewichtsbedingungen zur Verfügung, welche von den äußeren Kräften erfüllt werden müssen und aus denen wir die vier unbekannten Stützreaktionen, die infolge irgendeiner gegebenen Belastung auftreten, berechnen können. Sind die Auflagerreaktionen bekannt, so können wir, genau wie früher, an jeder beliebigen Schnittstelle des Tragwerks die drei Schnittgrößen M, N, Q ebenfalls mit Hilfe der Gleichgewichtsbedingungen ermitteln. Wir schneiden durch, bringen an der Schnittstelle M, N, Q in dem als positiv vereinbarten Sinn an und berechnen sie aus den drei Gleichgewichtsbedingungen, die wir entweder auf den linken oder auf den rechten abgeschnittenen Teil anwenden. Sollten in dem betrachteten Trägerteil Gelenke liegen, so ist der ganze Teil immer als erstarrt zu betrachten. Denn wenn der ganze Träger im Gleichgewicht ist, muß dies auch für jeden seiner Teile zutreffen, und diese können, falls sie nicht starr sind, durch starre Körper derselben Form ersetzt werden.

Der betrachtete Träger auf drei Stützen mit einem Gelenk ist also *statisch bestimmt*. Er wird als *Gelenk-* oder *Gerberträger* bezeichnet[2]. Durch

---

[1] Von welcher Seite man bei der Aufstellung der Gleichung $M_g = 0$ ausgeht, ist, wie stets bei der Berechnung eines Biegemoments, gleichgültig. Es muß beide Male dasselbe herauskommen.

[2] L. HENNEBERG erwähnt in „Die graphische Statik der starren Systeme" (Leipzig u. Berlin 1911), daß Gelenkträger bereits 1863 von A. RITTER behandelt wurden. H. GERBER untersuchte dieselben konstruktiv und führte sie in die Praxis ein (1870 und 1882).

den Einbau eines Gelenks ist also aus dem einfach statisch unbestimmten Durchlaufträger über drei Stützen ein statisch bestimmtes Tragwerk entstanden; mit anderen Worten, *der Einbau eines Gelenks hat den Grad der statischen Unbestimmtheit des Systems um eins vermindert.*

Im Gelenk eines Gerberträgers wird also kein Biegemoment, sondern im allgemeinen nur eine Normal- und eine Querkraft übertragen. Die Resultierende dieser beiden Kräfte wird als der *Gelenkdruck* G bezeichnet (mit den Komponenten G_h und G_v). Nach dem Gegenwirkungssatz (Nr. 2) muß der Gelenkdruck, den der Schleppträger auf den Kragträger ausübt, gleich groß und entgegengesetzt gerichtet sein dem Gelenkdruck, den der Kragträger auf den Schleppträger ausübt. Denken wir uns die beiden Träger im Gelenk auseinandergenommen, so ergibt sich das in Abb. 132, Bild *2* dargestellte Kräftespiel: zwei starre Körper, die jeder unter dem Einfluß einer Reihe von Kräften im Gleichgewicht sein müssen. Es müssen also für beide Träger die drei Gleichgewichtsbedingungen erfüllt sein:

$$\sum H_i = 0, \qquad \sum V_i = 0, \qquad \sum M_i = 0. \qquad (74, 1\text{ a})$$

Das eine Mal, für den Schleppträger, sind die Summen über die Kräfte A, P_1, G zu erstrecken, das andere Mal, für den Kragträger, über die Kräfte G, P_2, P_3, B, C. Das sind insgesamt sechs Gleichungen, die zur Berechnung der sechs Unbekannten A_h, A_v, G_h, G_v, B, C ausreichen. Nach Ermittlung dieser Größen kann an jeder beliebigen Stelle des Krag- bzw. Schleppträgers M, N, Q berechnet werden. Wir haben damit auf eine zweite Art gezeigt, daß der Gerberträger statisch bestimmt ist. Die Methode der Zerlegung des Tragwerks liefert zwar mehr Unbekannte und Gleichungen als das zuerst angegebene Verfahren, hat jedoch den Vorteil, daß die Gleichungen einfacher sind als im ersten Fall. Das zweite Verfahren empfiehlt sich besonders bei Gerberträgern über viele Stützen.

Bemerkung. Wir haben den Durchlaufträger über drei Stützen seinerzeit (Nr. 44) als äußerlich statisch unbestimmt aufgefaßt, nämlich als einen Träger, der eine Stütze zuviel hat. Wir können den Träger jedoch auch als innerlich statisch unbestimmt auffassen, nämlich als Träger, der ein Gelenk zuwenig hat. Es ist jedoch zu beachten, daß die Auflagerdrücke des Gerberträgers im allgemeinen nicht mit jenen des Durchlaufträgers bei gleicher Belastung übereinstimmen.

75. Biegemoment und Querkraft bei lotrechter Belastung. Wir wollen im folgenden stets lotrechte Belastung voraussetzen. Schiefe Lasten zerlegt man in vertikale und horizontale Komponenten, und wie bei den im Abschnitt III behandelten Trägern haben die Horizontalkomponenten keinen Einfluß auf M und Q, sondern bestimmen lediglich den Verlauf der Normalkräfte. Bei lotrecht belasteten Trägern sind sämtliche Auflagerdrücke sowie der Gelenkdruck vertikal gerichtet und die Normalkräfte sind im ganzen Träger gleich Null. Die Ermittlung von M und Q in einem beliebigen Querschnitt geschieht, wie bereits erwähnt, auf die gleiche Art wie bei den im Abschnitt III behandelten Trägern: Man denkt sich das Tragwerk durchschnitten, bringt an der Schnittstelle M und Q an und bestimmt sie aus der Bedingung, daß der abgeschnittene Teil im Gleichgewicht sein muß.

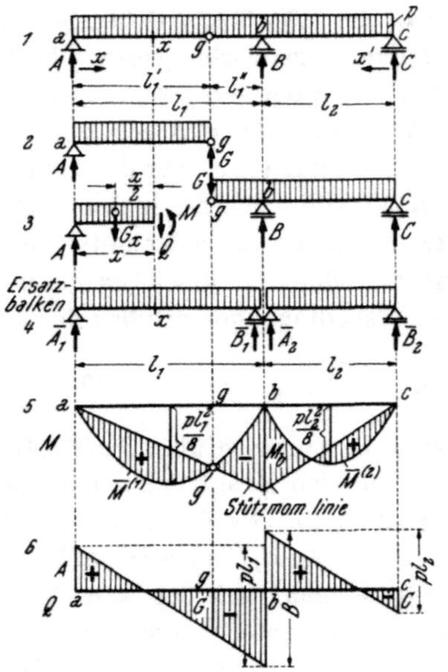

Abb. 133

Wir wollen etwa für den in Abb. 133, Bild *1* dargestellten Gerberträger über zwei Felder von der Länge l_1 und l_2 (im folgenden bedeutet „Feld" immer den Raum zwischen zwei Stützen des Trägers), der mit einer durchgehenden Gleichlast p versehen ist, den Verlauf der Momente und Querkräfte ermitteln.

Für das Moment an der Stelle x im ersten Feld gilt (Bild *3*, $G_x = px$)

$$M = Ax - G_x \frac{x}{2} = Ax - \frac{px^2}{2}$$

$$(0 \leqq x \leqq l_1).$$

Aus dieser Gleichung folgt das *Stützmoment* M_b, wenn wir für $x = l_1$ einsetzen:

$$M_b = A l_1 - \frac{p l_1^2}{2}.$$

Berechnen wir daraus A, so ergibt sich

$$A = \frac{M_b}{l_1} + \frac{p l_1}{2} = \frac{M_b}{l_1} + \bar{A}_1.$$

$\bar{A}_1 = \frac{p l_1}{2}$ können wir deuten als Auflagerdruck eines mit der Gleichlast p belasteten Trägers auf zwei Stützen von der Länge l_1. Wir wollen ihn den *Ersatzbalken* des ersten Feldes nennen (Bild *4*. Der Ersatzbalken hat kein Gelenk!). Setzen wir diesen Ausdruck für A in die Gleichung für M ein, so erhalten wir

$$M = \bar{A}_1 x - \frac{px^2}{2} + \frac{M_b}{l_1} x = \bar{M}^{(1)} + \frac{M_b}{l_1} x. \tag{75, 1}$$

$\bar{M}^{(1)} = \bar{A}_1 x - \frac{p x^2}{2}$ ist das Biegemoment im Ersatzbalken an der Stelle x infolge der Gleichlast p. $\bar{M}^{(1)}$ als Funktion von x dargestellt, ist nach Nr. 53 eine Parabel mit der Scheitelhöhe $\frac{p\,l_1^2}{8}$ (Bild *5*). Dieser parabolischen Momentenverteilung überlagert sich nun nach Gl. (75, 1) noch die Linie $\frac{M_b}{l_1}x$. Das ist eine Gerade, welche vom Wert Null im Punkt a ($x = 0$) zum Wert M_b im Punkt b ($x = l_1$) ansteigt. Wir nennen sie *Stützmomentenlinie*. M_b kennen wir noch nicht, aber wir wissen, daß im Punkt g $M = 0$ sein muß [Gl. (74, 2)]. Es muß also, da $\bar{M}^{(1)}$ durchwegs positiv ist, erstens M_b negativ sein und zweitens die Stützmomentenlinie durch den Punkt g' der $\bar{M}^{(1)}$-Linie hindurchgehen. Damit kann die Stützmomentenlinie gezeichnet werden, wodurch wir auch die Größe von M_b erhalten. Die Biegemomente M des Gerberträgers sind dann gegeben durch die Differenzen der Ordinaten der beiden Kurven, die in Bild *5* schraffiert sind.

Ganz ähnlich liegen die Verhältnisse im zweiten Feld. Der Leser wird leicht bestätigen, daß, wenn wir eine Koordinate x' einführen, die vom rechten Trägerende nach links läuft, hier gilt

$$M = \bar{M}^{(2)} + \frac{M_b}{l_2}x' \quad (0 \leqq x' \leqq l_2).$$

Wir denken uns auch im zweiten Feld einen Ersatzbalken, der die Länge l_2 hat und mit p belastet ist. Die Biegemomente $\bar{M}^{(2)}$, die in diesem Balken auftreten, werden dargestellt durch eine Parabel von der Scheitelhöhe $\frac{p l_2^2}{8}$. Dieser Parabel wird wieder die Stützmomentenlinie $\frac{M_b}{l_2}x'$ überlagert. Sie kann sofort gezeichnet werden, da M_b nunmehr bekannt ist. So erhalten wir die aus Bild *5* ersichtliche Momentenverteilung. — Auf ganz die gleiche Art können wir auch bei jeder anderen Belastung die Biegemomente im Gerberträger gewinnen (siehe das folgende Beispiel)[1].

---

[1] Der größeren Anschaulichkeit halber gingen wir im vorstehenden von dem einfachen Fall eines mit durchgehender Gleichlast belasteten Trägers aus. Wir wollen kurz den Beweis andeuten, daß die an Hand dieses Beispiels entwickelte Methode zur Gewinnung des Momentenverlaufs für jede beliebige Belastung angewendet werden darf. Wir denken uns dazu den Gerberträger der Abb. 133 mit beliebig vielen Einzellasten belastet. Schneiden wir an der Stelle x im ersten Feld durch, so ist das Biegemoment

$$M = A x - \sum P_i \zeta_i.$$

Die Summe ist zu erstrecken über alle Lasten links vom Schnitt, ζ_i bedeuten die Abstände der Lasten von der Schnittstelle. Für den Punkt b ergibt sich:

$$M_b = A l_1 - \sum P_i x_i'.$$

Die Summe ist jetzt über sämtliche Lasten im ersten Feld zu erstrecken,

Zur Festlegung des Querkraftverlaufs ermitteln wir zunächst die Auflagerdrücke des Gerberträgers A, B, C. Dazu denken wir uns diesen im Gelenk auseinandergenommen (Bild *2*). Für den Schleppträger $a \ldots g$ ergibt sich aus Symmetriegründen

$$A = G = \frac{p l_1'}{2}.$$

Für den mit dem Gelenkdruck G und der Streckenlast p belasteten Kragträger $g \ldots c$ können wir nun B und C ohne Schwierigkeit berechnen. (Der Leser führe die Berechnung durch.) Nach Bild *3* ergibt sich dann für die Querkraft im ersten Feld

$$Q = A - G_x = A - px \quad (0 < x < l_1).$$

Im Punkt a ($x = 0$) ist also $Q = A$, im Punkt b ($x = l_1$) ist $Q = A - p l_1$. Diese beiden Punkte sind durch eine Gerade zu verbinden (Bild *6*). Im Punkt b springt die Q-Linie um B nach aufwärts und sinkt im zweiten Feld bis zum Trägerende um den Betrag $p l_2$ ab, wo dann $Q = -C$ ist. Im Punkt g kann der Betrag des Gelenkdrucks abgelesen werden. Auch hier gilt die Regel, daß die Extremwerte der Momente dort auftreten, wo die Querkraft ihr Zeichen wechselt.

76. Beispiel zur Ermittlung der Auflagerdrücke sowie des Momenten- und Querkraftverlaufs.

Für den in Abb. 134, Bild *1* dargestellten, mit lotrechten Einzellasten belasteten Gerberträger sollen die Auflagerdrücke sowie der Verlauf der Momente und Querkräfte ermittelt werden (Einheiten Mp und m).

a) Zur Bestimmung der Auflagerdrücke A, B, C betrachten wir Schlepp- und Kragträger getrennt (Bild *2*). Die Gleichgewichtsbedingung $\Sigma M_i = 0$ um den Punkt g ergibt für den Schleppträger

$$-A \cdot 2 + 2 \cdot 1{,}5 = 0,$$
$$A = 1{,}50 \text{ Mp}.$$

---

x_i' bedeuten die Abstände der Lasten vom Auflager b. Berechnen wir aus dieser Gleichung A, so ergibt sich

$$A = \frac{M_b}{l_1} + \frac{1}{l_1} \sum P_i x_i' = \frac{M_b}{l_1} + \overline{A}_1.$$

$\overline{A}_1$ ist der Auflagerdruck des Ersatzbalkens im ersten Feld [siehe Gl. (46, 2 a)]. Damit erhalten wir

$$M = \overline{A}_1 x - \sum P_i \zeta_i + \frac{M_b}{l_1} x = \overline{M}^{(1)} + \frac{M_b}{l_i} x,$$

also wieder die Gl. (75, 1); denn $\overline{A}_1 x - \Sigma P_i \zeta_i$ ist nach Gl. (50, 3 a) gleich dem Biegemoment im Punkt x des Ersatzbalkens. — Was für beliebig viele Einzellasten gilt, gilt auch für jede beliebige verteilte Belastung, da wir eine solche immer als eine Ansammlung von vielen Einzelkräften auffassen können.

Der Gelenkdruck G folgt aus der Gleichgewichtsbedingung $\Sigma V_i = 0$, angewandt auf den Schleppträger:

$$A - 2 + G = 0.$$

Dies gibt mit $A = 1{,}50$:

$$G = 0{,}50 \text{ Mp}.$$

B folgt aus der Gleichgewichtsbedingung $\Sigma M_i = 0$ um den Punkt c, angewandt auf den Kragträger:

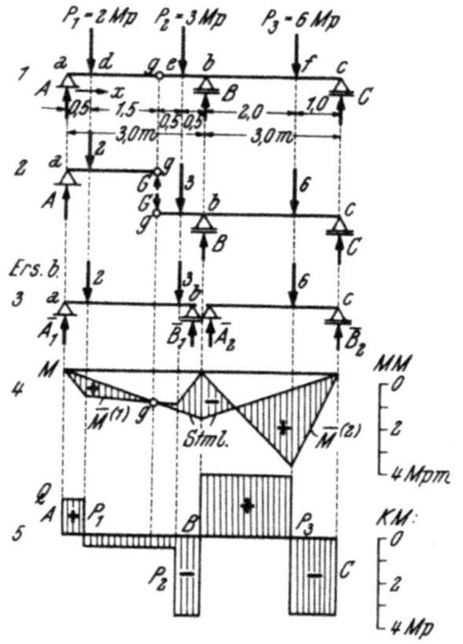

Abb. 134

$$G \cdot 4 + 3 \cdot 3{,}5 - B \cdot 3 + 6 \cdot 1 = 0.$$

Wird für $G = 0{,}50$ eingesetzt, so liefert diese Gleichung:

$$B = 6{,}17 \text{ Mp}.$$

C folgt aus der Momentengleichung für den Kragträger um den Punkt b:

$$G \cdot 1 + 3 \cdot 0{,}5 - 6 \cdot 2 + C \cdot 3 = 0,$$

$$C = 3{,}33 \text{ Mp}.$$

Wir machen die Probe, ob die Summe aller Lasten gleich der Summe aller Auflagerdrücke ist:

$$\sum_{i=1}^{3} P_i = 2 + 3 + 6 = 11 \text{ Mp},$$

$$A + B + C = 1{,}5 + 6{,}17 + 3{,}33 = 11 \text{ Mp}.$$

b) Wir wollen die Auflagerdrücke nochmals berechnen, diesmal aber den Träger im ganzen lassen und A, B, C aus den Gl. (74, 1) und (74, 2) ermitteln. Diese lauten

$$\sum H_i = 0, \qquad \sum V_i = 0, \qquad \sum M_i = 0, \qquad M_g = 0.$$

Dabei erstrecken sich die Summen über sämtliche an dem Träger angreifenden äußeren Kräfte, also über P_1, P_2, P_3, A, B, C. Das Biegemoment M_g um den Gelenkpunkt g kann entweder aus den Kräften links von g, also A, P_1, oder rechts von g, also P_2, P_3, B, berechnet werden.

Wir haben vier Unbekannte zu berechnen, nämlich zwei Komponenten von A: A_h, A_v und ferner B und C. Aus der Gleichung $\Sigma H_i = 0$ folgt

$$A_h = 0{,}00;$$

somit ist $A_v = A$. Wir berechnen A, indem wir die Gleichung $M_g = 0$ anwenden (Einheiten Mp und m):

$$M_g = A \cdot 2 - P_1 \cdot 1{,}5 = 0.$$

Daraus folgt mit $P_1 = 2$

$$A = \frac{2 \cdot 1{,}5}{2} = 1{,}50 \text{ Mp}.$$

Nun wenden wir die Gleichung $\Sigma M_i = 0$ um den Punkt c an und erhalten

$$-A \cdot 6 - B \cdot 3 + P_1 \cdot 5{,}5 + P_2 \cdot 3{,}5 + P_3 \cdot 1 = 0.$$

Nach Einsetzen der Werte von A, P_1, P_2, P_3 folgt daraus

$$B = \frac{1}{3}\,(2 \cdot 5{,}5 + 3 \cdot 3{,}5 + 6 \cdot 1 - 1{,}50 \cdot 6) = 6{,}17\ \text{Mp}.$$

Schließlich liefert die Anwendung der Gleichung $\Sigma V_i = 0$

$$A + B + C - P_1 - P_2 - P_3 = 0,$$

woraus wir C erhalten:

$$C = 2 + 3 + 6 - 1{,}50 - 6{,}17 = 3{,}33\ \text{Mp}.$$

(Vgl. die oben erhaltenen Werte.)

c) Zur Gewinnung der Momentenverteilung benötigen wir zunächst die Momentenlinien $\bar{M}^{(1)}$ und $\bar{M}^{(2)}$ der beiden Ersatzbalken $a \ldots b$ und $b \ldots c$ (Bild *3*). Dazu berechnen wir zunächst deren Auflagerdrücke (in Mp):

$$\bar{A}_1 = \frac{1}{3}\,(2 \cdot 2{,}5 + 3 \cdot 0{,}5) = 2{,}17 \qquad \bar{A}_2 = \frac{1}{3}\,6 \cdot 1 = 2{,}00$$

$$\bar{B}_1 = 2 + 3 - 2{,}17 = 2{,}83 \qquad \bar{B}_2 = 6 - 2 = 4{,}00.$$

Sodann berechnen wir die Ordinaten der Eckpunkte der $\bar{M}$-Linien (in Mpm):

$$\bar{M}_a{}^{(1)} = 0 \qquad \bar{M}_b{}^{(2)} = 0$$

$$\bar{M}_d{}^{(1)} = 2{,}17 \cdot 0{,}5 = 1{,}09 \qquad \bar{M}_f{}^{(2)} = 2 \cdot 2 = 4{,}00$$

$$\bar{M}_e{}^{(1)} = 2{,}83 \cdot 0{,}5 = 1{,}42 \qquad \bar{M}_c{}^{(2)} = 0.$$

$$\bar{M}_b{}^{(1)} = 0.$$

Nach Wahl eines entsprechenden Momentenmaßstabes können die beiden polygonalen $\bar{M}$-Linien gezeichnet werden (Bild *4*). Die Stützmomentenlinie ist durch die Lage des Punktes g vollständig bestimmt, und es ergibt sich die durch Schraffen angedeutete Verteilung der Biegemomente M im Gerberträger.

Die Verteilung der Querkräfte Q im Gerberträger wird mit Hilfe der bekannten Werte der Auflagerdrücke A, B, C auf ganz die gleiche Art zeichnerisch dargestellt wie beim Träger auf zwei Stützen (Bild *5*).

Es ist nicht schwer, auch für den Gerberträger die Gleichungen der Q- und der M-Linie aufzustellen. So gilt z. B. für die Querkraft längs des Trägerstücks $a \ldots d$: $Q = A = 1{,}5$ und im Bereich $d \ldots e$: $Q = A - P_1 = -0{,}5$ usw. Für das Moment gilt im Bereich $a \ldots d$: $M = Ax = 1{,}5\,x$, im Bereich $d \ldots e$: $M = Ax - P_1(x - 0{,}5) = -0{,}5x + 1$ usw.

77. Zeichnerische Behandlung mittels des Seilpolygons. Außer nach dem in den beiden vorigen Nummern besprochenen gemischt zeichnerischen und rechnerischen Verfahren kann man Auflagerdrücke, Momenten- und Querkraftverlauf des Gerberträgers auch auf rein zeichnerischem Weg finden (Abb. 135).

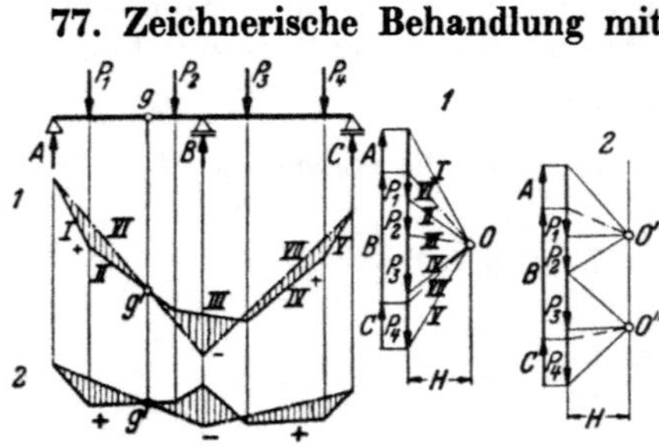

Abb. 135

Abb. 135

Da die Auflagerdrücke A, B, C und die Lasten ein im Gleichgewicht befindlichesKraftsystem darstellen, muß für dieses nach Nr. 14 Krafteck und Seileck geschlossen sein. Genau wie beim Träger auf zwei Stützen stellen auch hier die Ordinaten des geschlossenen Seilpolygons ein Maß für das Biegemoment dar. Bezüglich des Momentenmaßstabes gilt dasselbe wie in Nr. 55. Zeichnen wir zunächst das Seileck *I* ... *V* für die Lasten (voll ausgezogen), so ist es noch durch zwei Seilstrahlen *VI* und *VII* zu schließen, die sich auf der Wirkungslinie von *B* schneiden müssen. Aus der Bedingung $M_g = 0$ [Gl. (74, 2)] folgt, daß der Seilstrahl *VI* durch den Punkt g' gehen muß, womit dann auch die Lage des Seilstrahls *VII* gegeben ist. Im Kräfteplan muß dann zwischen den Polstrahlen *VI* und *VII* der Auflagerdruck *B* liegen, ferner finden wir zwischen den Polstrahlen *VI* und *I A* und zwischen *V* und *VII C*[1]. Mit Hilfe der bekannten Auflagerdrücke kann nun auch die Querkraftlinie gezeichnet werden.

Das Seileck *1* der Abb. 135 hat den Nachteil, daß es, insbesondere für Gerberträger auf vielen Stützen, sehr viel Platz braucht. Nun ist es ja vollkommen gleichgültig, wo der Pol des Kraftecks gewählt wird, er muß nur, soll der Momentenmaßstab der gleiche bleiben, immer denselben Abstand *H* von den Kräften haben. Geben wir dem Pol die Lage O' (Krafteck *2*), so wird das Seileck, soweit es im ersten Feld verläuft, flacher zu liegen kommen, dafür aber im zweiten Feld um so steiler nach aufwärts steigen. Das Umgekehrte tritt ein, wenn wir als Pol den Punkt O'' nehmen. Wir werden daher vom ersten Seileck nur jenen Teil benützen, der im ersten Feld liegt, vom zweiten nur den, der sich für das zweite Feld ergibt (Seileck *2*). Alle weiteren Einzelheiten sind aus der Abbildung zu ersehen.

Als *Beispiel* wurden in Abb. 136 die Auflagerdrücke und der Momentenverlauf für den in Nr. 76 behandelten Träger rein zeichnerisch ermittelt. Man vergleiche die in Abb. 134 rechnerisch gewonnene Momentenverteilung mit der zeichnerisch bestimmten. Sie stimmen, infolge geeigneter Wahl der Polweite *H*, auch maßstäblich vollkommen überein.

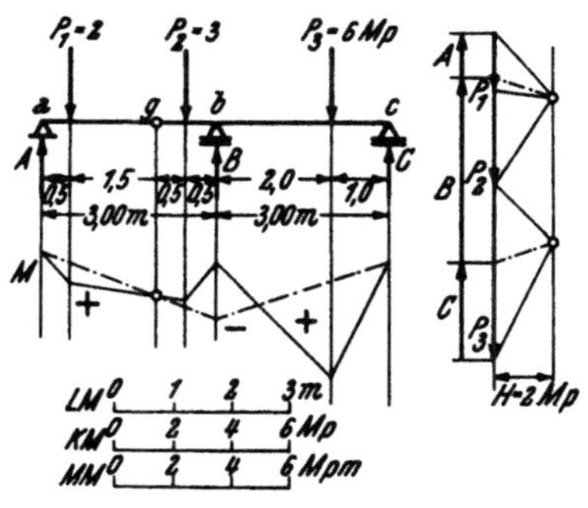

Abb. 136

78. Gerberträger auf beliebig vielen Stützen. Wie wir schon in Nr. 44 festgestellt haben, stellt ein Durchlaufträger über *n* Stützen (ein festes, $n-1$ bewegliches Auflager) ein $n-2$fach statisch unbestimmtes System

[1] Die Aufgabe, sämtliche Lasten durch drei parallele Kräfte ins Gleichgewicht zu setzen, wäre zunächst unendlich vieldeutig (siehe Nr. 25). Sie wird eindeutig durch die Forderung, daß sich das Seileck im Punkt g' überschneiden muß.

dar; denn $n+1$ unbekannten Auflagerkomponenten stehen bloß die drei Gleichgewichtsbedingungen des starren Körpers gegenüber. Nun vermindert, wie wir in Nr. 74 gezeigt haben, der Einbau eines Gelenks den Grad der statischen Unbestimmtheit eines Systems um eins. Wenn wir also in den Durchlaufträgern $n-2$ Gelenke einbauen, so können wir zu einem statisch bestimmten System kommen, denn dann treten zu den drei Gleichgewichtsbedingungen (bei denen die Summen wieder über alle äußeren Kräfte zu erstrecken sind) noch $n-2$ Gleichungen hinzu, die besagen, daß in jedem Gelenk das Biegemoment gleich Null sein muß. (Allgemein sind immer so viele Gelenke einzubauen, als Innenstützen vorhanden sind.)

Jedoch ist eines zu beachten. Die Gelenke dürfen nicht ganz beliebig angeordnet werden, sondern nur so, daß sich ein in allen Teilen unverschiebliches Tragwerk ergibt. Zum Beispiel erfordert der in Abb. 137 dargestellte Träger auf vier Stützen die Anbringung von zwei Gelenken. Diese können etwa nach Bild *1*, *2* oder *3* angeordnet werden, nicht aber nach Bild *4*, denn bei dieser Anordnung wäre der Träger im ersten Feld beweglich (wenn man auf das erste Gelenk drückt, klappt es nach unten durch) und über den beiden letzten Feldern statisch unbestimmt. In der Praxis ordnet man gewöhnlich in jedem zweiten Feld ein Gelenkpaar an und läßt die dazwischenliegenden Felder gelenkfrei (Abb. 140). Die Verbindungsstücke zwischen den einzelnen Kragträgern werden dann *Schwebe-*, *Einhänge-* oder *Koppelträger* genannt[1].

Die rechnerische Bestimmung der Auflagerdrücke geschieht am einfachsten dadurch, daß man sich den Gerberträger wieder aus lauter einzelnen Trägern auf zwei Stützen bestehend denkt, wie es für den in Abb. 138 dargestellten Gerberträger auf fünf Stützen (also mit drei

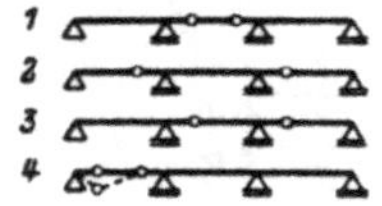

Abb. 137

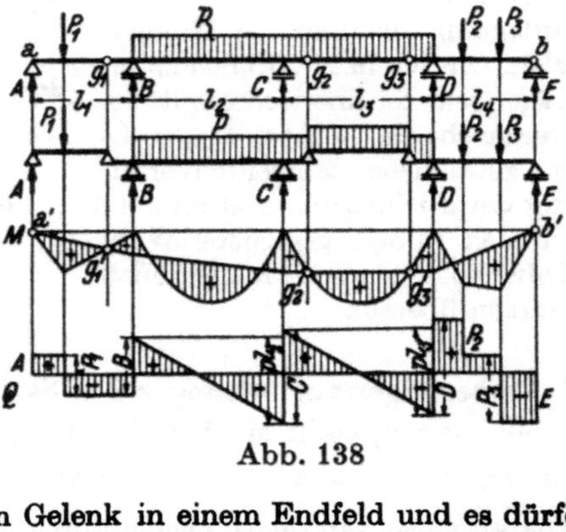

Abb. 138

[1] Es darf nie mehr als ein Gelenk in einem Endfeld und es dürfen nie mehr als zwei Gelenke in einem Innenfeld liegen. Die Einhaltung dieser Bedingung reicht aber im allgemeinen noch nicht hin, um ein unverschiebliches System zu erhalten.

Gelenken) angedeutet ist. Zuerst werden die Auflagerdrücke des Schlepp- und des Koppelträgers bestimmt. Diese belasten dann, neben den eingeprägten Kräften, als Gelenkdrücke die Kragträger.

Die Momentenverteilung kann wieder dadurch gewonnen werden, daß man zunächst die Momentenlinien für die Ersatzbalken (das sind wieder lauter Träger auf zwei Stützen von der Länge der Feldweiten) zeichnet und diesen die Stützmomentenlinie überlagert. Die Stützmomentenlinie besteht aus lauter Geradenstücken, die an den Feldgrenzen aneinanderstoßen. Wir können sie zeichnen, wenn wir beachten, daß in jedem Gelenk und auch an den beiden Trägerenden $M = 0$ sein muß. In Abb. 138 z. B. ziehen wir zunächst eine Gerade durch die Punkte a' und g_1' und eine zweite durch die Punkte g_2' und g_3', wodurch wir die Stützmomentenlinie im ersten und dritten Feld erhalten. Nun können wir sie für das zweite und vierte Feld ergänzen.

Mit Hilfe der bekannten Auflagerdrücke bietet die Zeichnung der Querkraftlinie keine Schwierigkeit.

Auflagerdrücke und Momentenverlauf können auch nach der in der vorigen Nummer besprochenen rein zeichnerischen Methode gefunden werden.

Beispiel. Für den in Abb. 139 dargestellten *Gerberträger über fünf Stützen* (also mit drei Gelenken) sollen die Auflagerdrücke sowie der Verlauf der Biegemomente und der Querkräfte ermittelt werden. (Damit die Wärmeausdehnung des Trägers nicht bloß nach einer Seite hin erfolgt und dadurch am Trägerende relativ groß wird, ordnet man das feste Auflager gewöhnlich nicht am Ende, sondern mehr in der Mitte an, so daß die Ausdehnung nach beiden Seiten hin erfolgen kann.)

Zur Berechnung der Auflagerdrücke zerlegen wir den Gerberträger in die vier darunter gezeichneten Träger, an denen außer den gegebenen Lasten und den gesuchten Auflagerdrücken A, B, C, D, E noch die zunächst ebenfalls unbekannten Gelenkdrücke G_1, G_2, G_3 angreifen. Wir bestimmen diese sieben Unbekannten, indem wir auf die einzelnen Träger die Gleichgewichtsbedingungen anwenden.

Zunächst liefert für den ersten Träger, den Schleppträger, die Gleichung $\Sigma M_i = 0$ um den Punkt 2 (Einheiten Mp und m)

$$- A \cdot 3 + 6 \cdot 1 = 0,$$

woraus

$$A = 2{,}00 \text{ Mp}$$

folgt. Die Gleichgewichtsbedingung $\Sigma V_i = 0$, angewandt auf diesen Träger, liefert

$$A + G_1 - 6 = 0,$$

woraus mit dem obigen Wert von A

$$G_1 = 4{,}00$$

folgt.

Wir gehen nun zum dritten Träger, zur Koppel, über. Es ist ganz gleichgültig, ob wir die Last 5 Mp, die auf dem Gelenk des Gerberträgers steht, auf die Koppel oder auf den Kragarm des vierten Trägers stellen. Wir haben das erstere getan. Die Gleichung $\Sigma M_i = 0$ um den Punkt 8 liefert für die Koppel

$$-G_2 \cdot 3 + 3 \cdot 2 = 0,$$

woraus folgt

$$G_2 = 2{,}00.$$

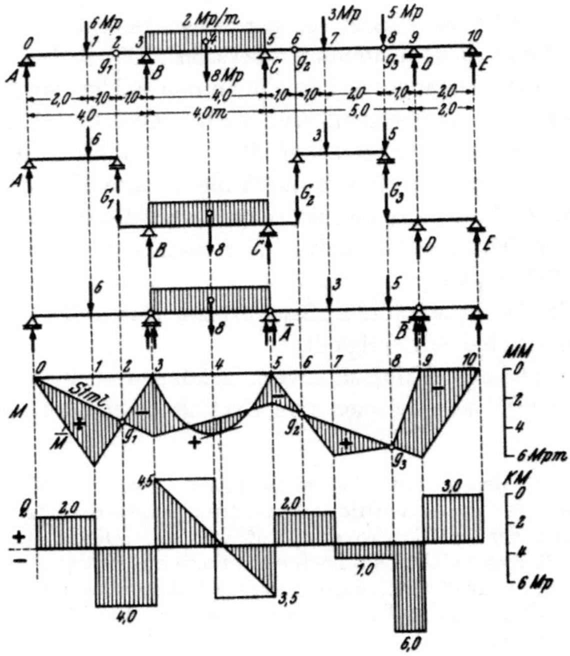

Abb. 139

Aus $\Sigma V_i = 0$ folgt für diesen Träger

$$G_3 = 3 + 5 - G_2 = 3 + 5 - 2 = 6{,}00.$$

Nun können wir den zweiten Träger, der ein Kragträger ist, behandeln. $\Sigma M_i = 0$ um den Punkt 5 liefert, wenn wir die Streckenlast in eine Resultierende zusammenfassen

$$G_1 \cdot 5 - B \cdot 4 + 8 \cdot 2 - G_2 \cdot 1 = 0,$$

woraus sich nach Einsetzen der Werte von G_1 und G_2

$$B = \frac{1}{4}(4 \cdot 5 + 8 \cdot 2 - 2 \cdot 1) = 8{,}50$$

ergibt. Die Gleichung $\Sigma V_i = 0$ liefert dann

$$C = G_1 + 8 + G_2 - B = 4 + 8 + 2 - 8{,}5 = 5{,}50.$$

Nun zum vierten Träger, der ebenfalls ein Kragträger ist. Für ihn liefert $\Sigma M_i = 0$ um den Punkt 10

$$G_3 \cdot 3 - D \cdot 2 = 6 \cdot 3 - D \cdot 2 = 0,$$

also

$$D = 9{,}00.$$

Aus $\Sigma V_i = 0$ erhalten wir schließlich

$$E = G_3 - D = 6 - 9 = -3{,}00.$$

E wirkt also nach unten (Abheben).

Mit Hilfe der Werte der Auflagerdrücke $A \ldots E$ kann nun die Querkraftlinie gezeichnet werden, wobei man die Gelenkdrücke gar nicht zu beachten braucht. Sie erscheinen als Querkräfte unter den Gelenken.

Zur Ermittlung des Momentenverlaufs zeichnen wir die vier Ersatzträger mit den Spannweiten der einzelnen Felder ein, indem wir einfach einen durchlaufenden Träger über alle fünf Auflager zeichnen und über jeder Innenstütze ein Gelenk anbringen. Für den ersten dieser vier Träger erhalten wir das Größtmoment im Punkt 1 zu

$$\bar{M}_1 = \frac{Pl}{4} = \frac{6 \cdot 4}{4} = 6{,}00 \text{ Mpm}.$$

Für den zweiten Träger herrscht das Größtmoment im Punkt 4 und ist gleich

$$\bar{M}_4 = \frac{p l^2}{8} = \frac{2 \cdot 4^2}{8} = 4{,}00.$$

Für den dritten Träger benötigen wir zuerst die Auflagerdrücke, die wir mit $\bar{A}$ und $\bar{B}$ bezeichnen. ($\bar{A}$ und $\bar{B}$ sind nicht die Gesamtauflagerdrücke der Ersatzträger an der Stütze 5 bzw. 9, sondern nur jener Teil, der vom dritten Träger herrührt. Sie stimmen auch nicht mit den Auflagerdrücken des Gerberträgers an diesen Stützen überein.) Wir erhalten

$$\bar{A} = \frac{1}{5}(3 \cdot 3 + 5 \cdot 1) = 2{,}80,$$

$$\bar{B} = \frac{1}{5}(3 \cdot 2 + 5 \cdot 4) = 5{,}20.$$

Damit folgen die Momente

$$\bar{M}_7 = 2{,}8 \cdot 2 = 5{,}60, \qquad \bar{M}_8 = 5{,}2 \cdot 1 = 5{,}20.$$

Für den vierten Ersatzträger sind die Momente $\bar{M} = 0$ im ganzen Träger.

Wir zeichnen nun, nach Wahl eines geeigneten Momentenmaßstabes, die vollständige $\bar{M}$-Linie ein und überlagern ihr die Stützmomentenlinie. Von dieser zeichnen wir zuerst das Teilstück im ersten Feld des Gerberträgers, indem wir eine Gerade durch die Punkte O und g_1 der $\bar{M}$-Linie legen, sodann das Teilstück im dritten Feld, eine Gerade durch die Punkte g_2 und g_3. Hierauf ergänzen wir durch eine Gerade im zweiten und im vierten Feld, welch letztere wieder auf die Bezugslinie herunterführt. Die zwischen der $\bar{M}$- und der Stützmomentenlinie liegenden Ordinaten stellen die Momente im Gerberträger dar.

Die *Berechnung* des Biegemoments und der Querkraft an irgendeiner Stelle des Gerberträgers kann genau so durchgeführt werden wie bei einem Träger auf zwei Stützen. Soll etwa das Stützmoment im Punkt 5 berechnet werden, so erhalten wir von links her

$$M = A \cdot 8 + B \cdot 4 - 6 \cdot 6 - 8 \cdot 2 = 2 \cdot 8 + 8{,}5 \cdot 4 - 6 \cdot 6 - 8 \cdot 2 = -2{,}00 \text{ Mpm},$$

und für die Querkraft im Feld $5 \ldots 6$

$$Q = A + B + C - 6 - 8 = 2 + 8{,}5 + 5{,}5 - 6 - 8 = +2{,}00 \text{ Mp}.$$

Wenn man jedoch die Gelenkdrücke bereits berechnet hat, dann kommt man viel schneller zum Ziel, wenn man (in unserem Fall) von dem Kragträger 2 . . . 6 ausgeht. Dann erhalten wir für den Punkt 5

$$M = -G_2 \cdot 1 = -2 \cdot 1 = -2{,}00 \text{ Mpm},$$

und für den Kragarm 5 . . . 6

$$Q = +G_2 = 2{,}00 \text{ Mp}.$$

Der mit G_2 belastete Arm des Kragträgers ersetzt also die Wirkung des ganzen rechts von Punkt 6 liegenden Teils des Gerberträgers. Desgleichen ersetzen, wenn wir knapp rechts vom Punkt 5 durchschneiden, M und Q die Wirkung des gesamten rechts vom Punkt 5 befindlichen Gerberträgerteils.

79. Beispiel einer Gelenkpfette.

In der Praxis werden stählerne Dachpfetten häufig als Gerberträger ausgeführt und dann als *Gelenkpfetten* bezeichnet. Man ordnet dabei die Ge-

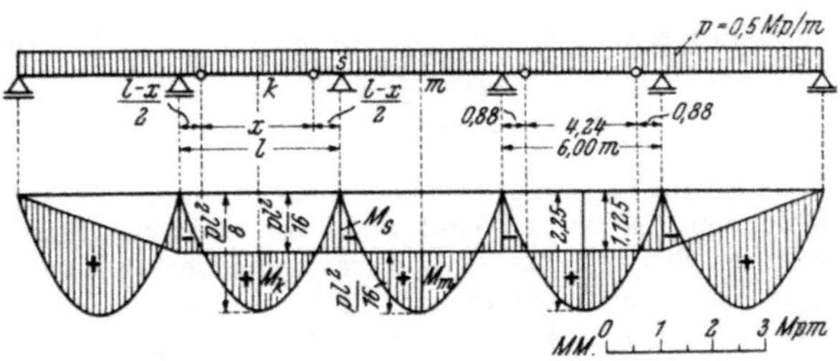

Abb. 140

lenke paarweise in jedem zweiten Feld so an, daß die größten positiven und die größten negativen Biegemomente, die in der Pfette infolge der Belastung auftreten, einander gleich werden.

Betrachten wir zwei benachbarte Innenfelder einer Gelenkpfette auf beliebig vielen Stützen, die mit einer durchgehenden Gleichlast p belastet ist (Abb. 140). Wir bezeichnen die Stützweite, die für alle Felder gleich sein soll, mit l und die Länge des Koppelträgers mit x. Extremwerte des Biegemoments werden in folgenden Punkten auftreten: Im Mittelpunkt k des Koppelträgers das Moment M_k, über der Stütze s das Moment M_s, im Mittelpunkt m des Kragträgers das Moment M_m. M_k und M_m sind positiv, M_s ist negativ. x soll nun so bestimmt werden, daß die Absolutbeträge dieser drei Momente einander gleich sind:

$$M_k = M_m = |M_s|. \tag{79, 1}$$

Wir erhalten den Momentenverlauf in unserem Träger, indem wir zunächst die $\overline{M}$-Linie zeichnen und ihr die Stützmomentenlinie überlagern. Und zwar soll diese so liegen, daß Gl. (79, 1) erfüllt ist (siehe Abbildung). Da nun die $\overline{M}$-Linie aus lauter kongruenten Parabeln mit der Scheitelhöhe $\frac{pl^2}{8}$ besteht, muß jedes der drei obigen Momente gleich $\frac{pl^2}{16}$ sein:

$$M_k = M_m = |M_s| = \frac{pl^2}{16}. \tag{79, 2}$$

Denken wir uns die Koppel abgehoben, so ist sie ein Träger auf zwei Stützen von der Länge x, der mit der Gleichlast p belastet ist. Folglich ist

$$M_k = \frac{p\,x^2}{8}.$$

Dies in Gl. (79, 2) eingesetzt, liefert den gesuchten Abstand der Gelenke zu

$$x = \frac{l}{\sqrt{2}} = 0{,}707\,l. \qquad (79,\,3)$$

Werden also die Gelenke in jedem zweiten Innenfeld paarweise in diesem Abstand angeordnet, so gilt für die Größtmomente in den Innenfeldern die Gl. (79, 2).

Wir erkennen daraus deutlich den Vorteil der Ausführung der Pfette als Gerberträger. Würden wir sie aus lauter einzelnen frei aufliegenden Trägern von der Länge l zusammensetzen, so wären die auftretenden Größtmomente gleich $\frac{p l^2}{8}$, also doppelt so groß wie bei der Ausbildung der Pfette als Gerberträger. Lediglich in den Endfeldern der Gelenkpfette ergeben sich etwas größere Momente als nach Gl. (79, 2).

Um das eben Ausgeführte an einem Zahlenbeispiel zu erläutern, betrachten wir eine Gelenkpfette auf sechs Stützen, die also vier Gelenke erfordert (Abb. 140). Die Stützweite sei $l = 6{,}00$ m und die Belastung $p = 0{,}5$ Mp/m. Wir wollen den Verlauf der Momente bestimmen.

Als Länge des Koppelträgers ergibt sich aus Gl. (79, 3)

$$x = 0{,}707 \cdot 6 = 4{,}24\ \text{m}.$$

Für die Größtmomente in den Innenfeldern gilt nach Gl. (79, 2)

$$M_m = M_k = |M_s| = \frac{0{,}5 \cdot 6^2}{16} = 1{,}125\ \text{Mpm}.$$

Die $\overline{M}$-Parabeln haben eine Scheitelhöhe von $\frac{p\,l^2}{8} = 2 \cdot 1{,}125 = 2{,}25$ Mpm. Genau in der halben Höhe muß die in den Mittelfeldern horizontale Stützmomentenlinie verlaufen. In den Endfeldern fällt sie geradlinig zum Wert Null ab. Die gültigen Momentenflächen wurden schraffiert.

Aufgabe: Der Leser berechne das größte Moment im ersten Feld. Es ergibt sich $M_{\max} = \frac{49}{512}\,p l^2 = 1{,}72$ Mpm, im Abstand $\frac{7}{16}\,l = 2{,}63$ m vom ersten Auflager. ($M_{\max} = 0{,}0957\,p l^2 \approx p l^2/10$.)

80. Der Gerberträger in Fachwerkausführung. Die miteinander gelenkig verbundenen Teile eines Gerberträgers müssen nicht immer vollwandige Träger sein, so wie wir es bisher angenommen haben, sondern können auch als Fachwerke ausgeführt werden. In diesem Falle vollzieht sich die Bestimmung der Auflager- und Gelenkdrücke genau auf die gleiche Art wie beim vollwandigen System. Jedes Teilstück des Gerberträgers erscheint demnach mit einer Anzahl Lasten und bekannten Reaktionskräften belastet und es können, vorausgesetzt, daß die einzelnen Fachwerke nicht etwa innerlich statisch unbestimmt sind, die Stabkräfte nach irgendeiner der in Kapitel IV angegebenen Methoden bestimmt werden.

Beispiel. Abb. 141 zeigt einen *Fachwerk-Gerberbalken* über vier Stützen, der im Mittelfeld die Lasten 6 Mp und 3 Mp trägt. Die Gelenke befinden sich in den Punkten g_1 und g_2. Die gestrichelt gezeichneten Stäbe 3 ... 4 und 8 ... 9 sind sogenannte *Blindstäbe.* Diese Stäbe werden nur an einem Ende fest angeschlossen, am anderen jedoch längsbeweglich (mittels Langlöchern) und sind daher spannungslos. Dadurch wird die Beweglichkeit der Gelenke ermöglicht. Diese Stäbe könnten also auch ganz weggelassen werden; sie sind nur des besseren Aussehens halber angebracht, damit der einheitliche Umriß des Fachwerks nicht unterbrochen wird.

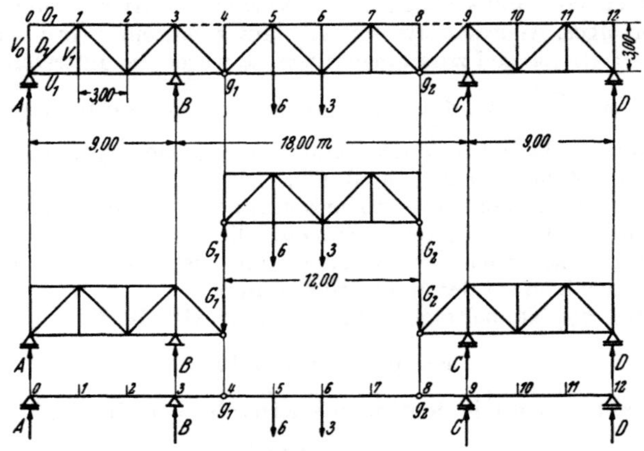

Abb. 141

Wir wollen sämtliche Stabkräfte berechnen. Dazu brauchen wir zunächst die Auflagerdrücke. Sie werden wieder am besten dadurch gewonnen, daß wir uns den Träger in den Gelenken auseinandergenommen denken und an diesen die Gelenkdrücke als äußere Kräfte anbringen. Die Gelenkdrücke G_1 und G_2 folgen aus dem Gleichgewicht des Schwebeträgers zu

$$G_1 = \frac{1}{12}(6 \cdot 9 + 3 \cdot 6) = 6{,}00,$$

$$G_2 = \frac{1}{12}(6 \cdot 3 + 3 \cdot 6) = 3{,}00.$$

(Einheiten Mp und m.) Sodann erhalten wir für den linken Kragträger

$$A = -\frac{1}{9} G_1 \cdot 3 = -2{,}00,$$

$$B = \frac{1}{9} G_1 \cdot 12 = 8{,}00.$$

Am linken Auflager tritt also Abheben ein. Für den rechten Kragträger ergibt sich

$$C = \frac{1}{9} G_2 \cdot 12 = 4{,}00,$$

$$D = -\frac{1}{9} G_2 \cdot 3 = -1{,}00.$$

Der rechte Kragträger erscheint also mit genau halb so großen Kräften belastet wie der linke, und daher werden auch seine Stabkräfte genau halb so groß sein wie die des linken Trägers.

Die Stabkräfte ergeben sich aus den in Nr. 69 abgeleiteten Formeln. Wir denken uns dazu das Fachwerk durch einen vollwandigen Gerberträger der gleichen Bauart ersetzt, auf den sich die folgenden Momente und Querkräfte beziehen (Ersatzträger, Abb. 141 unten). Man wird diesen Träger im allgemeinen nicht eigens aufzuzeichnen brauchen. Für die Gurtstäbe des Fachwerks gilt dann

$$O = -\frac{M}{h}, \qquad U = +\frac{M}{h},$$

wo M das Moment in jenem Punkt des Vollwandträgers bedeutet, der dem dem betreffenden Fachwerksstab in der Netzmasche gegenüberliegenden Knotenpunkt des Fachwerks entspricht. Die Fachwerkshöhe $h = 3$ m.

Für die gegen die Mitte des Trägers ansteigenden Diagonalstäbe gilt in der linken Hälfte des Fachwerks

$$D = -\frac{Q}{\sin\varphi},$$

in der rechten Hälfte

$$D = +\frac{Q}{\sin\varphi}.$$

Für die gegen die Mitte zu fallenden Diagonalen gilt in der linken Hälfte:

$$D = +\frac{Q}{\sin\varphi},$$

in der rechten:

$$D = -\frac{Q}{\sin\varphi}.$$

Q ist die Querkraft in jenem Feld des Vollwandträgers, über dem im Fachwerk das zu berechnende D liegt. $\varphi = 45°$, also $\frac{1}{\sin\varphi} = \sqrt{2} = 1{,}414$.

Die Vertikalen können leicht aus Rundschnitten um die betreffenden Knoten berechnet werden.

Die Querkräfte und die Momente werden am besten wieder mittels des in Nr. 54 angegebenen Schemas berechnet (Tabelle 13). Nach den Gl. (54, 4) und (54, 3) gilt

$$Q^{(i)} = Q^{(i-1)} - P_{i-1}, \qquad M_i = M_{i-1} + Q^{(i)} \lambda_i.$$

Die Rekursion beginnt mit $Q^{(1)} = A = -2$, $M_0 = 0$. Die Kräfte wurden in die Tabelle gleich mit dem negativen Vorzeichen der obigen Formel eingetragen, so daß nach abwärts wirkende Kräfte negativ, nach aufwärts wirkende positiv erscheinen. Da wir die Momente auch in solchen Punkten brauchen, wo keine Kräfte angreifen, wurden dort Kräfte von der Größe Null gedacht.

Tabelle 13

Punkt	Kraft Mp	$Q^{(i)}$ Mp	λ_i m	$Q^{(i)}\lambda_i$ Mpm	M_i Mpm	M_i/h Mp	$Q^{(i)}/\sin\varphi$ Mp
0	−2				0	0	
		−2		− 6			−2,828
1	0				− 6	−2	
		−2		− 6			−2,828
2	0				−12	−4	
		−2		− 6			−2,828
3	+8				−18	−6	
		+6		+18			+8,484
4	0				0	0	
		+6		+18			+8,484
5	−6				+18	+6	
		0	konstant = 3	0			0,000
6	−3				+18	+6	
		−3		− 9			−4,242
7	0				+ 9	+3	
		−3		− 9			−4,242
8	0				0	0	
		−3		− 9			−4,242
9	+4				− 9	−3	
		+1		+ 3			+1,414
10	0				− 6	−2	
		+1		+ 3			+1,414
11	0				− 3	−1	
		+1		+ 3			+1,414
12	−1				0	0	

Damit ergibt sich für die Ober- und Untergurtstäbe (in Mp) (die Bezeichnung der Stäbe ist aus der Abbildung ersichtlich):

$$O_1 = -\frac{M_0}{h} = 0{,}000, \qquad U_1 = U_2 = +\frac{M_1}{h} = -2{,}000,$$

$$O_2 = O_3 = -\frac{M_2}{h} = +4{,}000, \qquad U_3 = U_4 = +\frac{M_3}{h} = -6{,}000,$$

$$O_4 = O_5 = -\frac{M_4}{h} = 0{,}000, \qquad U_5 = U_6 = +\frac{M_5}{h} = +6{,}000,$$

$$O_6 = O_7 = -\frac{M_6}{h} = -6{,}000, \qquad U_7 = U_8 = +\frac{M_7}{h} = +3{,}000,$$

$$O_8 = O_9 = -\frac{M_8}{h} = 0{,}000, \qquad U_9 = U_{10} = +\frac{M_9}{h} = -3{,}000,$$

$$O_{10} = O_{11} = -\frac{M_{10}}{h} = +2{,}000, \qquad U_{11} = U_{12} = +\frac{M_{11}}{h} = -1{,}000.$$

$$O_{12} = -\frac{M_{12}}{h} = 0{,}000.$$

Für die Diagonalen erhalten wir:

$$\left.\begin{array}{l} D_1 = - \\ D_2 = + \\ D_3 = - \\ D_4 = + \\ D_5 = - \\ D_6 = + \end{array}\right\} \frac{Q}{\sin\varphi} \begin{array}{l} = +2{,}828 \\ = -2{,}828 \\ = +2{,}828 \\ = +8{,}484 \\ = -8{,}484 \\ = \quad 0{,}000 \end{array} \qquad \left.\begin{array}{l} D_7 = - \\ D_8 = + \\ D_9 = - \\ D_{10} = + \\ D_{11} = - \\ D_{12} = + \end{array}\right\} \frac{Q}{\sin\varphi} \begin{array}{l} = +4{,}242 \\ = -4{,}242 \\ = +4{,}242 \\ = +1{,}414 \\ = -1{,}414 \\ = +1{,}414 \end{array}$$

Schließlich erhalten wir für die Vertikalen:

$$V_0 = V_1 = V_2 = V_4 = V_6 = V_7 = V_8 = V_{10} = V_{11} = V_{12} = 0,$$
$$V_3 = -8{,}000, \quad V_5 = +6{,}000, \quad V_9 = -4{,}000.$$

Wiederum ist bei einem solch einfachen Fachwerk die graphische Lösung weit umständlicher als die rechnerische. Wenn man schon einen Cremonaplan zeichnet, dann behandle man, nachdem man die Gelenkdrücke ermittelt hat, jeden Teil des Trägers für sich. Es wäre ja auch möglich, einen Cremonaplan für den ganzen Träger zu zeichnen, ausgehend von einem Krafteck, bestehend aus den Lasten 6 und 3 Mp und den Auflagerdrücken A, B, C, D. Dieser Plan würde jedoch sehr unübersichtlich sein, da die Pläne für die einzelnen Abschnitte des Trägers zum Teil übereinander zu liegen kommen und häufig zahlreiche Stabkräfte in ein und derselben Geraden liegen. Der Leser mag immerhin die zeichnerische Lösung versuchen und die hierfür aufgewendete Mühe mit der Rechenarbeit vergleichen.

VI. Der Dreigelenkbogen

81. Allgemeines. Lagern wir einen krummen Stab auf zwei festen Auflagern (Gelenklagern) a und b, so erhalten wir ein praktisch viel verwendetes Tragwerk, den *Zweigelenkbogen* (Abb. 142, Bild *1*). Er ist einfach statisch unbestimmt. Denn an den beiden Gelenklagern treten insgesamt vier unbekannte Auflagerkomponenten auf, denen nur die drei Gleichgewichtsbedingungen für einen starren Körper gegenüberstehen:

$$\sum H_i = 0, \qquad \sum V_i = 0, \qquad \sum M_i = 0 \tag{81, 1}$$

(die Summen zu erstrecken über sämtliche Lasten und Auflagerdrücke). Bauen wir jedoch an irgendeiner Stelle in den Bogen ein Gelenk ein, so vermindert sich, nach den Ausführungen des vorigen Kapitels (Nr. 74), der Grad der statischen Unbestimmtheit des Systems um eins, und wir erhalten ein unverschiebliches, *statisch bestimmtes* Tragwerk[1], den *Drei-*

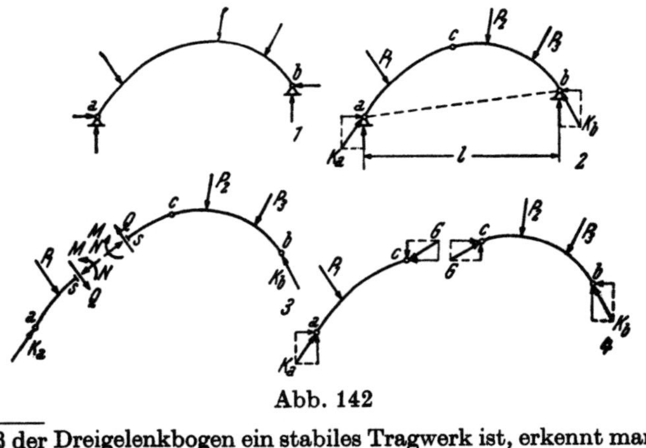

Abb. 142

[1] Daß der Dreigelenkbogen ein stabiles Tragwerk ist, erkennt man daraus, daß die beiden Bogenschenkel ac und bc zusammen mit der Unterlage ein System von drei miteinander gelenkig verbundenen Scheiben bildet, das nach Nr. 23 unverschieblich ist, wenn man eine Scheibe festhält. Es ist lediglich zu beachten, daß die drei Bogengelenke nicht auf einer Geraden liegen dürfen, da sie dann nicht mehr die Eckpunkte eines Dreiecks bilden würden. Man erhielte sonst ein Tragwerk, das „wackelt“, so wie das in Abb. 111, Bild *3* der Nr. 63 dargestellte Fachwerk.

gelenkbogen (Abb. 142, Bild *2*). Zu den drei Gleichgewichtsbedingungen (81, 1), die auch für den [erstarrt (siehe Nr. 26) zu denkenden] Dreigelenkbogen gelten müssen, tritt als vierte Gleichung wieder die Bedingung hinzu, daß die äußeren Kräfte links bzw. rechts vom Gelenk c um diesen Punkt das resultierende Moment Null haben müssen. Dieses Moment der äußeren Kräfte links bzw. rechts von irgendeinem Bogenquerschnitt, bezogen auf die Schnittstelle, werden wir später wieder als das Biegemoment in dem betreffenden Querschnitt bezeichnen und können daher sagen, daß das Biegemoment im Gelenkpunkt c verschwinden muß:

$$M_c = 0. \tag{81, 2}$$

Wie beim Gerberträger auf drei Stützen besagt diese Gleichung, daß sich die beiden Bogenhälften um das Gelenk c nicht drehen. Denn wie dort liegt auch hier ein System von vier Freiheitsgraden vor, dessen vierte Gleichgewichtsbedingung Gl. (81, 2) darstellt.

Die beiden Gelenke a und b, mit denen sich der Bogen auf die Unterlage stützt, werden *Kämpfergelenke*, die betreffenden Auflagerdrücke *Kämpferdrücke* (K_a, K_b) genannt. Die Verbindungslinie der beiden Kämpfergelenke heißt *Bogensehne*, ihre Projektion auf die Waagrechte ist die Spannweite des Bogens (l). Das Gelenk c wird *Scheitelgelenk* genannt. Die beiden Bogenschenkel können entweder vollwandig oder auch als Fachwerke ausgeführt werden. Die Verbindungslinie der Querschnittsschwerpunkte des vollwandigen Bogens ist die *Bogenachse*. Wir betrachten zunächst nur den vollwandigen Dreigelenkbogen. Hier kann die Belastung aus Einzellasten oder aus verteilten Lasten bestehen. Die Querschnittsabmessungen des Bogens sollen stets klein gegenüber seiner Länge sein, so daß die Bogenschenkel als krumme Stäbe betrachtet werden können.

Mit Hilfe der Gl. (81, 1) und (81, 2) können wir also die insgesamt vier unbekannten Komponenten der Kämpferdrücke bestimmen und damit auch die Kämpferdrücke selbst berechnen. Zu beachten ist wieder, daß die Summen in den Gl. (81, 1) über sämtliche äußeren Kräfte, das sind für den in Abb. 142 dargestellten Fall die Kräfte P_1, P_2, P_3, K_a, K_b, zu erstrecken sind, während in Gl. (81, 2) entweder die Summe der Momente der Kräfte K_a, P_1 oder die Summe der Momente der Kräfte P_2, P_3, K_b um den Punkt c gleich Null zu setzen ist. Welchen der beiden Ausdrücke man Null setzt, ist, wie schon erwähnt, gleichgültig (siehe Nr. 74).

Die Schnittgrößen M, N, Q definieren wir am Bogen folgendermaßen. Das Biegemoment M in irgendeinem Querschnitt s ist gleich dem resultierenden Moment der inneren Kräfte an der Schnittstelle, genommen um eine Achse durch den Querschnittsschwerpunkt, senkrecht zur Zeichenebene. Die Resultierende der inneren Kräfte wird zerlegt in eine Komponente in der Bogenachse, oder besser, in der Richtung der Bogentangente, und in eine Komponente senkrecht zur Bogenachse oder in der Richtung der Bogennormale. Die erstere ist die Normalkraft N, die letztere die Querkraft Q. M, N, Q werden als positiv bezeichnet, wenn sie so wirken, wie es in Abb. 142, Bild *3*, dargestellt ist. Danach ist, wie beim Träger, ein positives Biegemoment ein solches, das in den oberen Fasern des Bogens Druck, in den unteren Zug hervorruft. Das Umgekehrte ist der Fall bei einem negativen Biegemoment. Ein positives Biegemoment trachtet also den Bogen einzudrücken, ein negatives ihn auszubauchen. Eine positive Querkraft wirkt am linken Teil nach abwärts, am rechten nach aufwärts. Nur die Normalkraft wird, im Gegensatz zum Träger, am Bogen in der Regel dann als positiv bezeichnet, wenn sie eine Druckkraft ist, da Zugkräfte am Bogen eine Ausnahme darstellen[1]. Indem wir nun, wie es in Abb. 142, Bild *3*, geschehen ist, den Bogen an irgendeiner Stelle s durchschneiden, an dieser Stelle die Schnittgrößen anbringen und auf einen der abgeschnittenen Teile die Gleichgewichtsbedingungen anwenden, können wir, nachdem die Kämpferdrücke bestimmt sind, M, N, Q aus den Gleichgewichtsbedingungen ermitteln. (Sollte in dem betreffenden Bogenteil das Scheitelgelenk liegen, so ist dieser Teil als erstarrt zu betrachten.) So ergibt sich, daß M gleich ist der Summe der Momente aller an dem betrachteten Bogenteil angreifenden äußeren Kräfte um die Schnittstelle, N gleich der Summe aller Komponenten der äußeren Kräfte in der Richtung der Bogentangente, Q gleich der Summe aller Komponenten in der Richtung der Bogennormale.

Da wir also am Dreigelenkbogen für eine gegebene Belastung sowohl die Kämpferdrücke als auch in jedem beliebigen Querschnitt die Schnittgrößen lediglich mit Hilfe der Gleichgewichtsbedingungen ermitteln können, *stellt der Dreigelenkbogen ein statisch bestimmtes System dar*.

Ähnlich wie beim Gerberträger können wir auch hier die beiden Bogenhälften als zwei starre Körper betrachten, von denen jeder im Gleichgewicht sein muß. Denn da der ganze Bogen im Gleichgewicht ist, muß dies auch für jeden seiner Teile zutreffen. Die beiden Scheiben sind dann außer mit den Lasten und den Kämpferdrücken noch mit dem nach Größe und Richtung unbekannten Gelenkdruck G belastet[2] (Abb. 142, Bild *4*). Für jede Scheibe gelten die drei Gleichgewichtsbedingungen des starren Körpers, und diese insgesamt sechs Gleichungen reichen aus zur Bestimmung von je zwei Komponenten der Kräfte K_a, K_b und G.

---

[1] Zugkräfte, also negative N, können auftreten, wenn auf den Bogen Kräfte von unten nach oben wirken, wie dies z. B. bei Sogkräften infolge Windbelastung vorkommt.

[2] Wieder ist nach dem Gegenwirkungssatz der Gelenkdruck, den die rechte Scheibe auf die linke ausübt, gleich groß und entgegengesetzt gerichtet dem Gelenkdruck, den die linke Scheibe auf die rechte ausübt.

82. Zeichnerische Ermittlung der Kämpferdrücke. Die Stützlinie. Ist der Bogen mit beliebig gerichteten Lasten belastet, so wollen wir zunächst die Ermittlung der Kämpferdrücke bloß auf zeichnerischem Wege behandeln. Die rechnerische Bestimmung folgt in Nr. 89 bis 91.

1. Wir betrachten zunächst den Fall, daß auf den Bogen nur eine einzige Last P wirke, die etwa an der linken Bogenhälfte angreifen möge (Abb. 143). Dann ergeben sich die Kämpferdrücke auf Grund folgender Überlegung. Jede Scheibe muß für sich im Gleichgewicht sein. An der rechten Scheibe greifen nur zwei Kräfte an: der Kämpferdruck K_b und

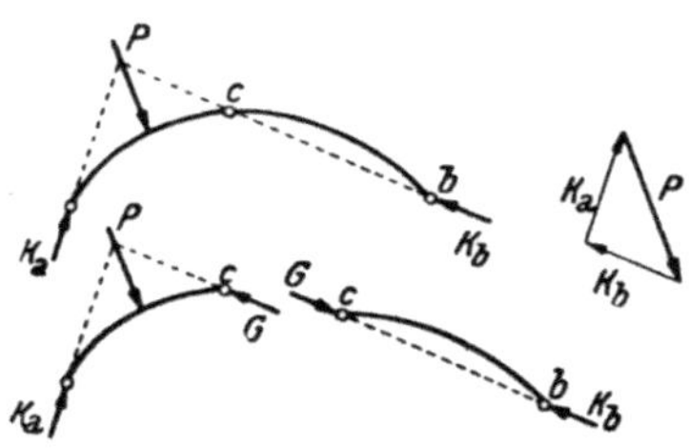

Abb. 143

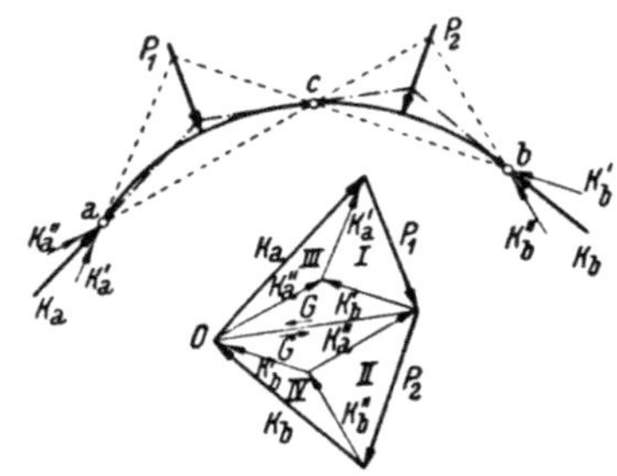

Abb. 144

der Gelenkdruck G. Da Gleichgewicht herrscht, muß nach Nr. 15 $G = K_b$ sein, und beide Kräfte müssen in der Geraden $c \ldots b$ liegen. An der linken Scheibe greifen drei Kräfte an: K_a, P und G. Ihre Wirkungslinien müssen, da Gleichgewicht herrscht, nach Nr. 15 durch denselben Punkt gehen. Dieser ist durch den Schnitt von P mit G, d. h. von P mit der Geraden $c \ldots b$ gegeben[1]. Damit sind die Richtungen der beiden Kämpferdrücke bekannt. Da der ganze Bogen im Gleichgewicht ist, müssen P, K_a, K_b ein geschlossenes Krafteck mit stetigem Umlaufsinn bilden. Aus ihm folgen Größe und Richtungssinn der beiden Kämpferdrücke.

2. Betrachten wir nun einen Bogen mit einer Last P_1 auf der linken und einer Last P_2 auf der rechten Bogenhälfte (Abb. 144). Um in diesem Falle die Kämpferdrücke K_a und K_b zu bestimmen, denken wir uns zunächst nur die Last P_1 allein wirkend und ermitteln nach der unter 1. angegebenen Konstruktion die dadurch hervorgerufenen Kämpferdrücke K_a' und K_b' (Krafteck I). Sodann denken wir uns P_2 allein wirkend und bestimmen mittels derselben Konstruktion die nunmehr auftretenden Kämpferdrücke K_a'' und K_b'' (Krafteck II). Diese beiden Belastungsfälle geben überlagert den ursprünglich gegebenen Belastungszustand. K_a muß sich also als Resultierende von K_a' und K_a'', K_b als Resultierende

[1] Dies kann man auch folgendermaßen einsehen: Da $M_c = 0$ sein muß und K_b die einzige Kraft rechts von c ist, muß sie durch c hindurchgehen, damit ihr Moment um c gleich Null ist.

von K_b' und K_b'' ergeben. (Kraftecke *III* und *IV*. Man achte stets auf das zwischen den Kraftecken entstehende Parallelogramm!)

Auch die Größe des Gelenkdrucks G kann im Kräfteplan abgelesen werden. G muß mit K_a und P_1 bzw. mit K_b und P_2 zusammen ein geschlossenes Krafteck bilden. Im Lageplan müssen sich die Wirkungslinien von G, P_1, K_a und die von G, P_2, K_b in je einem Punkt schneiden. Fassen wir den Punkt O als Pol des Kraftecks der Lasten P_1 und P_2 auf, so sind K_a, G, K_b die Polstrahlen. Die Parallelen im Lageplan bilden dann ein Seileck, das durch die drei Gelenke des Bogens geht. Dieses Seileck nennt man *Stützlinie*. Die Stützlinie ist in Abb. 144 strichpunktiert eingezeichnet.

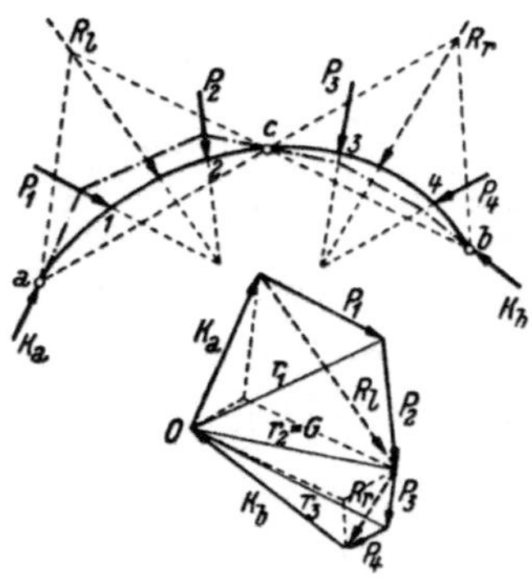

Abb. 145

3. Wirken auf den Bogen beliebig viele Lasten (eventuell auch verteilte Belastungen), so fassen wir die Lasten auf der linken Bogenhälfte zu einer Resultierenden R_l, die auf der rechten zu einer Resultierenden R_r zusammen. Mit Hilfe dieser beiden Kräfte bestimmen wir wie unter 2. die Kämpferdrücke (Abb. 145). Greift eine Last im Punkt c an, so ist es gleichgültig, ob man sie zu den Kräften der linken oder der rechten Bogenhälfte zählt.

Fassen wir den Punkt O wieder als Pol des Kraftecks der Lasten auf und ziehen die zu sämtlichen Kräften gehörigen Polstrahlen sowie die dazu parallelen Seilstrahlen, so bilden die letzteren wieder die Stützlinie. Betrachten wir das Krafteck, so sehen wir, daß die einzelnen Polstrahlen gleich sind den Resultierenden der aufeinanderfolgenden äußeren Kräfte am Bogen: Der erste Polstrahl ist gleich K_a. Der zweite, r_1, ist gleich der Resultierenden aus K_a und P_1, der dritte, r_2, ist gleich der Resultierenden aus r_1 und P_2 bzw. der Resultierenden aus K_a, P_1, P_2 und damit gleich dem Gelenkdruck G usw. Betrachten wir nun die Stützlinie, so sehen wir, daß sie über dem Bogenstück *a . . . 1* mit der Wirkungslinie von K_a, über dem Bogenstück *1 . . . 2* mit der Wirkungslinie von r_1, über dem Bogenstück *2 . . . 3* mit der Wirkungslinie von r_2 zusammenfällt. Denn r_1 muß im Lageplan durch den Schnittpunkt von K_a und P_1, r_2 durch den Schnittpunkt von r_1 mit P_2 gehen. Wir kommen also zu dem wichtigen Ergebnis, daß die Stützlinie stets die Wirkungslinie der Resultierenden der am Bogen aufeinanderfolgenden äußeren Kräfte angibt. Dabei ist es natürlich gleichgültig, ob man die Kräfte von links her oder von rechts her kommend geometrisch addiert.

Der Begriff der Stützlinie ist nicht an den Dreigelenkbogen gebunden, und man kann auch für Rahmen und Gewölbe Stützlinien zeichnen.

Allgemein versteht man unter der Stützlinie eines Tragwerks jenen Linienzug, den man erhält, wenn man für sämtliche Querschnitte die Wirkungslinie der Resultierenden aller äußeren Kräfte links bzw. rechts von der Schnittstelle bestimmt. So ergibt sich bei Belastung des Tragwerks mit Einzelkräften ein Polygonzug, bei verteilter Belastung eine stetig gekrümmte Kurve. Im letzteren Falle gibt die Tangente in einem beliebigen Punkt der Kurve die Wirkungslinie der Resultierenden aller äußeren Kräfte links bzw. rechts vom zugehörigen Querschnitt an.

Da die Stützlinie des Dreigelenkbogens unter anderem auch die Wirkungslinie des Gelenkdrucks enthält, muß sie für jede beliebige Belastung stets durch das Scheitelgelenk hindurchgehen. Da sie außerdem noch durch die beiden Kämpfergelenke gehen muß, kann sie auch als dasjenige Seilpolygon der Lasten definiert werden, das durch die drei Gelenke des Bogens hindurchgeht[1].

Wir beachten, daß die Form der Stützlinie des Dreigelenkbogens nur von der Lage und Größe der Lasten und von der Lage der drei Gelenke abhängt, nicht aber von der Form der zwischen den Gelenken liegenden Bogenteile.

Es kann vorkommen, daß sich der Schnittpunkt von R_l mit der Geraden $c \ldots b$ oder der von R_r mit $a \ldots c$ nicht zeichnen läßt. Dann verfährt man ähnlich, wie es in Nr. 45 beim Träger ausgeführt wurde. Im ersten Fall z. B. ist die Richtung von K_b' bekannt, und von K_a' weiß man, daß es durch den Punkt a geht. Man zeichnet daher ein Seileck für die Lasten auf der linken Bogenhälfte, dessen ersten Seilstrahl man durch den Punkt a zieht und dessen letzten Seilstrahl man mit der Geraden $c \ldots b$ schneidet. Damit kann die Schlußlinie des Seilecks gezeichnet werden, deren Parallele im Krafteck (ganz ähnlich wie in Nr. 45) zunächst die Größe von K_b' liefert. Durch Schließung des Kraftecks ergibt sich dann K_a'.

83. Bestimmung von Biegemoment, Normal- und Querkraft mit Hilfe der Stützlinie. Ist die Stützlinie für eine bestimmte Belastung des Bogens bekannt, dann können wir mit ihrer Hilfe sehr einfach M, N, Q in jedem beliebigen Bogenquerschnitt bestimmen. Sei dieser Querschnitt etwa die Stelle s des in Abb. 146 dargestellten Bogens, so schneiden wir durch und betrachten etwa den linken abgeschnittenen Teil. Hier müssen K_a, P_1, M, N, Q im Gleichgewicht sein. K_a und P_1 können wir in ihre Resultierende r_1 zusammenfassen, deren Lage durch die Stützlinie gegeben ist und deren Größe aus dem Krafteck entnommen werden kann. Es müssen also r_1, M, N, Q im Gleichgewicht sein. Ist t die Tangente, n die Normale der Bogenachse an der Stelle s, so müssen zunächst die Summen der Komponenten aller Kräfte sowohl in der Richtung t als auch in der

[1] Diese Definition ist eindeutig. Man kann zeigen, daß es für eine bestimmte Belastung nicht etwa mehrere Seilecke gibt, die durch die drei gegebenen Punkte a, b, c gehen.

Richtung n gleich Null sein, und drittens muß noch die Summe der Momente aller Kräfte um einen beliebigen Punkt, als den wir den Schwerpunkt des betrachteten Querschnitts wählen, verschwinden. Schließt die Richtung der Stützlinie (es ist immer jener Teil der Stützlinie zu betrachten, der zu dem Bogenteil gehört, in welchem s liegt) mit der von t den Winkel ψ ein, hat ferner die Stützlinie vom Schwerpunkt des Querschnitts den Abstand ϱ, so liefern die genannten drei Gleichgewichtsbedingungen:

$$M = r_1 \varrho, \qquad N = r_1 \cos\psi, \qquad Q = r_1 \sin\psi. \tag{83, 1}$$

(Das Vorzeichen von ψ ist zu beachten. ψ ist positiv im Gegenzeigersinn von der Richtung t aus zu messen.) Bei bekannter Stützlinie können wir also nach diesen Gleichungen M, N, Q an jeder Stelle des Bogens bestimmen. Wir können jedoch auch schon aus dem bloßen Anblick der Stützlinie einige Schlüsse ziehen. Es wird z. B. nach der ersten Gleichung M überall dort gleich Null sein, wo $\varrho = 0$ ist, wo also die Stützlinie die Bogenachse schneidet oder tangiert. Da in einem Gelenk niemals ein Biegemoment übertragen werden kann, muß also die Stützlinie durch die drei Gelenke des Bogens hindurchgehen, was wir in der vorigen Nummer schon festgestellt haben. M ist positiv, falls die Stützlinie oberhalb der Bogenachse verläuft, so wie in Abb. 146, Bild *2*. Liegt die Stützlinie hingegen unterhalb der Bogenachse, wie etwa im rechten Teil des Bogens der Abb. 146, dann treten in den zugehörigen Querschnitten negative Biegemomente auf. Der Bogen wird sich dort nach oben ausbuchten. Indem man die Bogenachse dem Verlauf der Stützlinie anpaßt, kann man es sogar erreichen, daß für eine bestimmte Belastung im ganzen Bogen $M = 0$ wird (siehe Nr. 88). Wir erkennen ferner, daß die Stützlinie mit der Bogenachse gewöhnlich nur kleine Winkel einschließt. Nach der letzten der Gl. (83, 1) ist daher die Querkraft stets klein und ihre Wirkung kann am Bogen in vielen Fällen vernachlässigt werden.

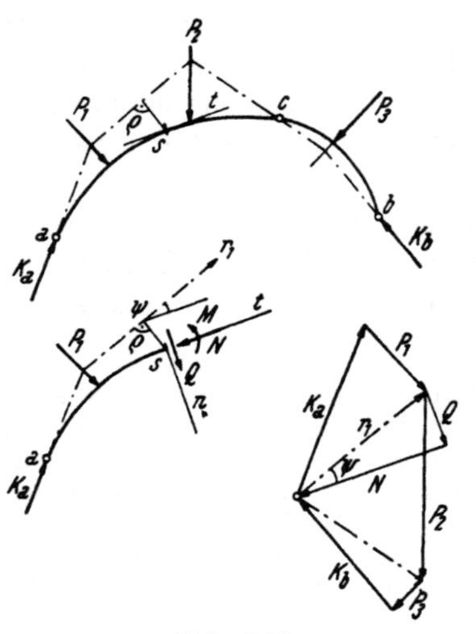

Abb. 146

Nachdem wir ϱ gemessen haben und mittels r_1, das dem Krafteck entnommen wurde, M berechnet haben, können wir auch N und Q dem Krafteck entnehmen. Wir setzen einfach r_1 durch zwei Kräfte der Richtungen t und n ins Gleichgewicht. Die erstere ist N, die letztere Q (Abb. 146, Bild *3*).

84. Rechnerische Behandlung des Bogens bei lotrechter Belastung. Bei lotrechter Belastung ist neben der zeichnerischen Behandlung des Dreigelenkbogens auch die rechnerische in einfacher Weise durchführbar. Wir betrachten den in Abb. 147 dargestellten Bogen von der Spannweite l, dessen Sehne unter dem Winkel α gegen die Waagrechte geneigt ist und der mit den lotrechten Lasten $P_1, P_2, \ldots P_n$ belastet ist. Zur Berechnung der Kämpferdrücke K_a und K_b denken wir uns jeden von ihnen in zwei Komponenten zerlegt, eine lotrechte und eine in der Richtung der Bogensehne: K_a in $\bar{A}$ und H', K_b in $\bar{B}$ und H''. Wenden wir auf den ganzen Bogen die Gleichgewichtsbedingung $\Sigma H_i = 0$ an, so erhalten wir

$$H' \cos\alpha - H'' \cos\alpha = 0$$

oder

$$H' = H''. \tag{84, 1}$$

Die Horizontalprojektionen dieser beiden Komponenten, das sind also gleichzeitig die Horizontalkomponenten der beiden Kämpferdrücke, nennt man den *Horizontalschub* oder den *waagrechten Schub H* des Bogens. Diese Kräfte verhindern, daß die beiden Bogenschenkel auseinanderklappen. Es gilt (siehe Abb. 147)

$$H = H' \cos\alpha = H'' \cos\alpha. \tag{84, 2}$$

Es ist zu beachten, daß beim Bogen auch bei lotrechter Belastung stets horizontale Komponenten der Auflagerdrücke auftreten, im Gegensatz zum Träger. Bei lotrechter Belastung des Bogens tritt an jedem Kämpfer der gleiche waagrechte Schub auf, jedoch von entgegengesetzter Richtung.

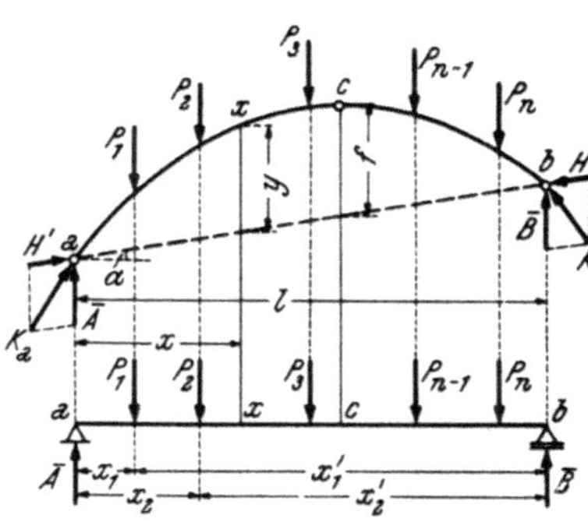

Abb. 147

Zur Bestimmung der Komponenten $\bar{A}$ und $\bar{B}$ wenden wir die Gleichgewichtsbedingung $\Sigma M_i = 0$ um die beiden Kämpfergelenke an. Für den Punkt b ergibt sich mit der aus Abb. 147 ersichtlichen Bezeichnung

$$-\bar{A}\, l = P_1 x_1' + P_2 x_2' + \ldots + P_n x_n' = 0.$$

Daraus folgt

$$\bar{A} = \frac{1}{l} \sum_{i=1}^{n} P_i x_i'. \tag{84, 3 a}$$

Für den Punkt a ergibt sich

$$\bar{B}\, l - P_1 x_1 - P_2 x_2 - \ldots - P_n x_n = 0,$$

woraus folgt

$$\bar{B} = \frac{1}{l} \sum_{i=1}^{n} P_i x_i. \tag{84, 3 b}$$

Wir sehen, daß $\bar{A}$ und $\bar{B}$ mit den Auflagerdrücken eines Trägers auf zwei Stützen von der Spannweite l übereinstimmen, der mit derselben Belastung versehen ist wie der Bogen [siehe die Gl. (46, 2)]. Wir nennen diesen Träger den *Ersatzbalken* des Bogens. Er ist in Abb. 147 unter dem Bogen dargestellt.

Wir führen folgende Bezeichnung ein: $\bar{A}$, $\bar{B}$, $\bar{M}$, $\bar{Q}$ bedeuten Auflagerdrücke, Biegemoment und Querkraft am Ersatzbalken (eine Normalkraft tritt am Ersatzbalken nicht auf). M, N, Q bedeuten Biegemoment, Normalkraft und Querkraft am Bogen[1]. Einander entsprechende Punkte am Bogen und am Ersatzbalken wollen wir mit denselben Buchstaben bezeichnen.

Um die Berechnung der Kämpferdrücke zu Ende führen zu können, trachten wir, den Horizontalschub H zu ermitteln, und berechnen dazu das Biegemoment M im Punkt x des Bogens (Abb. 147 und 148). Wir denken uns den Bogen im Punkt x durchschnitten und wenden auf den linken abgeschnittenen Teil die Gleichgewichtsbedingung $\Sigma M_i = 0$ an, mit dem Bezugspunkt x. Mit den aus Abb. 148 ersichtlichen Bezeichnungen gilt

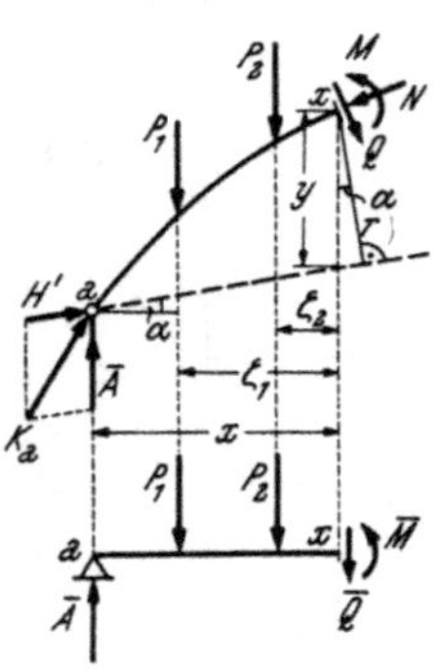

Abb. 148

$$M - \bar{A}x + P_1\zeta_1 + P_2\zeta_2 + H'r = 0.$$

Nach Gl. (84, 2) ist

$$H' = \frac{H}{\cos\alpha}.$$

Ferner gilt

$$r = y\cos\alpha,$$

wo y die Ordinate der Bogenachse an der Schnittstelle x ist, und zwar von der *Bogensehne* aus gemessen und nicht etwa von einer Horizontalen durch den Punkt a. Es gilt also

$$H'r = Hy,$$

und wir erhalten

$$M = \bar{A}x - P_1\zeta_1 - P_2\zeta_2 - Hy.$$

$\bar{A}x - P_1\zeta_1 - P_2\zeta_2 = \bar{M}$ ist das Biegemoment im Punkt x des Ersatzbalkens [siehe Gl. (50, 3 a)]. Somit gilt für das Biegemoment in einem

[1] Wir weisen darauf hin, daß die hier eingeführte Bezeichnung abweicht von jener in der „Einführung in die Baustatik" von E. Melan (Springer-Verlag, Wien 1950, S. 206 ff.).

beliebigen Bogenquerschnitt die einfache Gleichung

$$M = \overline{M} - Hy, \tag{84, 4}$$

in der uns nur noch die Größe des Horizontalschubes H unbekannt ist. Wir erhalten jedoch sofort eine Gleichung für H, wenn wir bedenken, daß nach Gl. (81, 2) das Biegemoment im Scheitelgelenk des Bogens gleich Null sein muß. Bezeichnen wir das Biegemoment im Punkt c des Ersatzbalkens mit $\overline{M}_c$, ferner die Ordinate des Scheitelgelenks (gemessen von der Bogensehne) mit f, so muß nach Gl. (84, 4) gelten

$$\overline{M}_c - Hf = 0,$$

woraus folgt

$$H = \frac{\overline{M}_c}{f}. \tag{84, 5}$$

Nun können wir die Berechnung der Kämpferdrücke zu Ende führen. Die waagrechte Komponente jedes der beiden Kämpferdrücke hat die Größe H. Die lotrechte Komponente K_{av} von K_a wird sich zusammensetzen aus $\overline{A}$, vermehrt um die lotrechte Komponente von H' (Abb. 149). Diese ist $H' \sin\alpha = H \operatorname{tg}\alpha$ [siehe Gl. (84, 2)]. Damit ist

$$K_{av} = \overline{A} + H \operatorname{tg}\alpha. \tag{84, 6 a}$$

Auf die gleiche Art ergibt sich die Vertikalkomponente von K_b zu

$$K_{bv} = \overline{B} - H \operatorname{tg}\alpha. \tag{84, 6 b}$$

Es gilt dann

$$K_a = \sqrt{H^2 + K_{av}^2}, \qquad K_b = \sqrt{H^2 + K_{bv}^2}. \tag{84, 7}$$

Um die Normalkraft N und die Querkraft Q an der Stelle x des Bogens zu berechnen, stellen wir die Bedingungen auf, daß für den abgeschnittenen Bogenteil die Summe der Komponenten aller Kräfte einmal in der Richtung der Tangente t und zweitens in der Richtung der Normalen n der Bogenachse an der Schnittstelle verschwinden muß (Abb. 150). Bezeichnen wir den Winkel, den t mit der Waagrechten einschließt, mit φ und projizieren alle Kräfte auf die Richtung t, so lautet die erste Gleichgewichtsbedingung

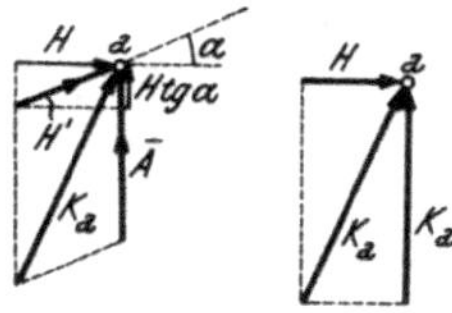

Abb. 149

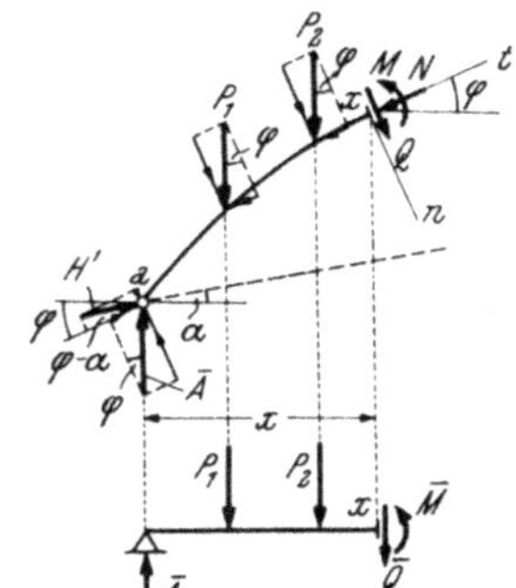

Abb. 150

$$H' \cos(\varphi - \alpha) + \overline{A} \sin\varphi - P_1 \sin\varphi - P_2 \sin\varphi - N = 0.$$

Setzen wir für $H' = \frac{H}{\cos\alpha}$ [Gl. (84, 2)] ein, so erhalten wir

$$N = (\bar{A} - P_1 - P_2)\sin\varphi + H\frac{\cos(\varphi - \alpha)}{\cos\alpha}.$$

$\bar{A} - P_1 - P_2 = \bar{Q}$ ist die Querkraft im Punkt x des Ersatzbalkens. Damit erhalten wir

$$N = \bar{Q}\sin\varphi + H\frac{\cos(\varphi - \alpha)}{\cos\alpha}. \qquad (84, 8)$$

Für den häufig vorkommenden Fall, daß beide Kämpfergelenke gleich hoch liegen, ist $\alpha = 0$, und es gilt

$$N = \bar{Q}\sin\varphi + H\cos\varphi. \qquad (84, 8\,a)$$

Die Gleichgewichtsbedingung für die Richtung n liefert

$$-H'\sin(\varphi - \alpha) + \bar{A}\cos\varphi - P_1\cos\varphi - P_2\cos\varphi - Q = 0.$$

Daraus folgt

$$Q = \bar{Q}\cos\varphi - H\frac{\sin(\varphi - \alpha)}{\cos\alpha}, \qquad (84, 9)$$

bzw. für den Fall $\alpha = 0$

$$Q = \bar{Q}\cos\varphi - H\sin\varphi. \qquad (84, 9\,a)$$

In sämtlichen Formeln sind $\bar{Q}$, φ, α mit ihren Vorzeichen einzusetzen. φ bzw. α sind positiv, wenn Bogentangente bzw. Bogensehe in der Richtung x ansteigen.

85. Beispiel zur rechnerischen Ermittlung von *M*, *N*, *Q*.

Für den in Abb. 151 dargestellten parabelförmigen Dreigelenkbogen von 12 m Spannweite, der vier Einzellasten trägt, soll M, N, Q im Punkt $x = 3{,}00$ m berechnet werden.

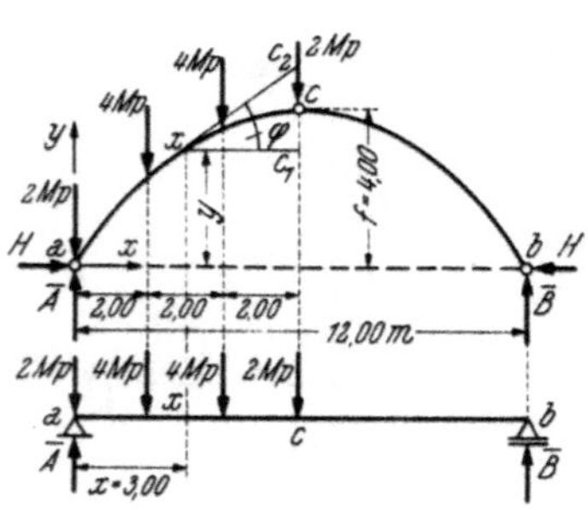

Abb. 151

Da $\alpha = 0$ ist, vollzieht sich die Berechnung nach den Gl. (84, 4), (84, 8 a) und (84, 9 a). Zur Gewinnung der Ordinate y des Punktes x stellen wir die Gleichung der Bogenachse $y = y(x)$ auf. Ist allgemein die Spannweite des Bogens l und die Scheitelhöhe f, so muß die gesuchte Parabelgleichung die folgenden drei Bedingungen erfüllen: 1. Für $x = 0$ muß $y = 0$ sein; 2. für $x = l$ muß $y = 0$ sein; 3. für $x = \frac{1}{2}l$ muß $y = f$ sein. Die ersten beiden Bedingungen besagen, daß die gesuchte Gleichung die Faktoren x und $x - l$ haben muß. Da sie vom zweiten Grad ist, kann sie nur die Form haben

$$y = kx(x - l),$$

wo k eine Konstante ist, deren Wert sich aus der dritten Bedingung zu $k = -4f/l^2$ ergibt. (Man setze in obige Gleichung für $x = \frac{1}{2}l$, für $y = f$ ein und rechne k aus.) Allgemein lautet demnach die Gleichung einer Parabel durch die drei Punkte, a, b, c

$$y = \frac{4f}{l^2} x(l - x). \qquad (85, 1)$$

In unserem Beispiel, wo $l = 12$ und $f = 4$ ist, erhalten wir

$$y = \frac{1}{9} x(12 - x).$$

Daraus folgt für $x = 3 \ldots y = 3$.

Die zur Berechnung von N und Q nötigen Werte $\sin\varphi$ und $\cos\varphi$ gewinnen wir am besten aus dem Dreieck $x c_1 c_2$ der Abb. 151. $x c_1 = 3$, ferner ist nach einer bekannten Parabeleigenschaft $c_1 c = c c_2$, so daß sich wegen $c_1 c = f - y = 1$, $c_1 c_2 = 2$ ergibt. Somit ist

$$\sin\varphi = \frac{2}{\sqrt{3^2 + 2^2}} = \frac{2}{\sqrt{13}}, \qquad \cos\varphi = \frac{3}{\sqrt{3^2 + 2^2}} = \frac{3}{\sqrt{13}}. \qquad (85, 2)$$

Zur Berechnung von $\bar{M}$ und $\bar{Q}$ im Punkt x des Ersatzbalkens sowie von $\bar{M}_c$ brauchen wir die Auflagerdrücke des Ersatzbalkens $\bar{A}$ und $\bar{B}$. Denken wir uns die vier Lasten zu einer Resultierenden vom Betrag 12 Mp vereinigt, die im Abstand von 3 m vom linken Auflager angreift, so folgt aus den Gl. (46, 4)

$$\bar{A} = 9\,\text{Mp}, \qquad \bar{B} = 3\,\text{Mp}.$$

Damit erhalten wir

$$\bar{M} = (\bar{A} - 2) \cdot 3 - 4 \cdot 1 = 17\,\text{Mpm}.$$

$$\bar{Q} = \bar{A} - 2 - 4 = 3\,\text{Mp}.$$

Ferner ergibt sich das Moment im Punkt c des Ersatzbalkens zu

$$\bar{M}_c = \bar{B} \cdot 6 = 18\,\text{Mpm}.$$

Damit ergibt sich nach Gl. (84, 5) der Horizontalschub

$$H = \frac{\bar{M}_c}{f} = \frac{18}{4} = 4{,}50\,\text{Mp}.$$

Nun können wir nach Gl. (84, 4) das Biegemoment im Punkt x des Bogens berechnen:

$$M = \bar{M} - Hy = 17 - 4{,}5 \cdot 3 = 3{,}50\,\text{Mpm}.$$

Aus Gl. (84, 8 a) folgt die Normalkraft

$$N = \bar{Q}\sin\varphi + H\cos\varphi = 3\frac{2}{\sqrt{13}} + 4{,}5\frac{3}{\sqrt{13}} = 5{,}41\,\text{Mp}$$

und aus Gl. (84, 9 a) die Querkraft

$$Q = \bar{Q}\cos\varphi - H\sin\varphi = 3\frac{3}{\sqrt{13}} - 4{,}5\frac{2}{\sqrt{13}} = 0{,}00.$$

86. Zeichnerische Bestimmung des Momentenverlaufs bei lotrechter Belastung. Für lotrechte Belastung ist mit der zeichnerischen Ermittlung der Stützlinie auch der Verlauf der Biegemomente gegeben, denn wir werden zeigen, daß die in lotrechter Richtung gemessene Strecke n zwischen Bogenachse und Stützlinie ein Maß für das Biegemoment an jeder beliebigen Stelle des Bogens darstellt (Abb. 152).

Nach Gl. (84, 4) gilt für das Biegemoment im Bogen

$$M = \overline{M} - Hy.$$

Wollen wir M in Mpm erhalten, so ist $\overline{M}$ in Mpm, H in Megapond, y in Metern einzusetzen. Die Momente $\overline{M}$ im Ersatzbalken werden zeichnerisch dargestellt durch die Ordinaten m eines geschlossenen Seilpolygons der am Ersatzbalken angreifenden Kräfte (siehe Nr. 55). Als ein solches Seilpolygon können wir aber die Stützlinie mit der Bogensehne als Schlußlinie auffassen (siehe Abb. 152, wo die Konstruktion für einen mit zwei Lasten belasteten Bogen durchgeführt ist). Die Polweite dieses Seilpolygons ist der Horizontalschub H. Ist die Zeichnung in einem solchen Längenmaßstab entworfen, daß 1 cm in der Zeichnung λ Meter in Wirklichkeit entsprechen, so ist nach Gl. (55, 5 b) der Momentenmaßstab $\mu = \lambda \cdot H$ (Mp); das heißt, daß 1 cm in der Zeichnung μ Mpm in Wirklichkeit entsprechen. Messen wir die Ordinaten m unserer Zeichnung in cm, so gilt

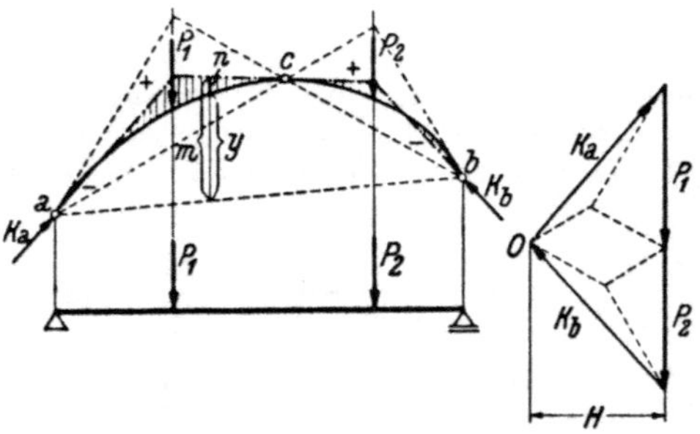

Abb. 152

$$\overline{M} = m\,(\text{cm}) \cdot \mu.$$

Davon ist der Betrag Hy abzuziehen. Messen wir y ebenfalls in cm, so haben wir es noch mit dem Längenmaßstab λ zu vervielfachen, um seinen Wert in Metern zu erhalten. Wir haben dann den Betrag $y\,(\text{cm}) \cdot \lambda \cdot H = y\,(\text{cm}) \cdot \mu$ von $\overline{M}$ abzuziehen, und es ergibt sich

$$M = (m - y) \cdot \mu$$

oder

$$M = n\,(\text{cm}) \cdot \mu, \qquad \mu = \lambda \cdot H\,(\text{Mp}). \tag{86, 1}$$

Die in Abb. 152 durch Schraffen angedeuteten Strecken n ergeben also mit dem Momentenmaßstab multipliziert das Biegemoment an der betreffenden Stelle des Bogens.

Wir beachten, daß die Momente im Bogen (M) gegenüber denen in einem geraden Balken derselben Spannweite ($\overline{M}$) erheblich verkleinert sind. Dafür treten im Bogen beträchtliche Normalkräfte auf, die jedoch z. B. von Mauerwerk viel besser vertragen werden als Biegemomente. Wie beim Balken hat auch am Bogen die Momentenlinie unter jeder

Einzellast eine Ecke. Dazwischen ist aber jetzt der Momentenverlauf nicht mehr linear.

87. Beispiel zur zeichnerischen Ermittlung des Momentenverlaufs. In Abb. 153 wurde der Momentenverlauf für den in Nr. 85 behandelten Bogen zeichnerisch ermittelt. Als Längenmaßstab wurde 1 cm $\triangleq$ 2,5 m, als Kraftmaßstab 1 cm $\triangleq$ 2,5 Mp gewählt. Mit Hilfe der Resultierenden aller Lasten $R = 12$ Mp wurden zunächst die Kämpferdrücke ermittelt und damit der Pol O des

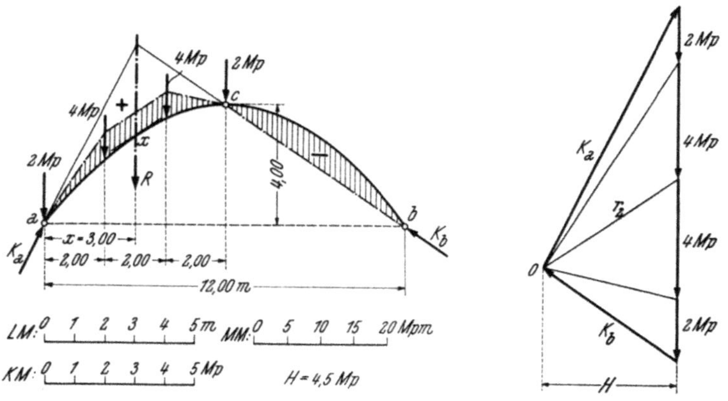

Abb. 153

Kraftecks festgelegt. Die gemessene Polweite beträgt 1,80 cm, es ist also $H = 1{,}80 \cdot 2{,}5 = 4{,}5$ Mp. Damit ergibt sich der Momentenmaßstab: 1 cm $\triangleq 2{,}5 \cdot 4{,}5 = 11{,}25$ Mpm. Nun wurden von O aus die übrigen Polstrahlen gezogen und im Lageplan die Stützlinie gezeichnet. Wir sehen, daß in der linken Bogenhälfte die Momente durchwegs positiv, in der rechten negativ sind. Der im Punkt $x = 3$ m gemessene Wert $n = 0{,}3$ cm. In diesem Querschnitt wirkt also ein Biegemoment $M = 0{,}3 \cdot 11{,}25 = 3{,}4$ Mpm, was mit dem in Nr. 85 errechneten Wert hinreichend gut übereinstimmt.

Wir sehen, daß die Stützlinie parallel zu der im Punkt x an die Bogenachse gelegten Tangente verläuft. Nach den Gl. (83, 1) ist also in diesem Querschnitt, da $\psi = 0$ ist, $Q = O$ und N gleich der Teilresultierenden r_2 aller Kräfte etwa links vom Punkt x. Aus dem Kräfteplan lesen wir ab: $r_2 = N = 2{,}15 \cdot 2{,}5 = 5{,}4$ Mp.

88. Bogen mit Streckenlast. Eine auf den Bogen wirkende Streckenlast wird zweckmäßig nicht auf die Längeneinheit der Bogenachse, sondern auf die Längeneinheit ihrer Horizontalprojektion bezogen. Die zeichnerische Ermittlung der Kämpferdrücke vollzieht sich in genau der gleichen Weise wie bei dem mit Einzelkräften belasteten Bogen, indem man die Belastung auf jeder Bogenhälfte durch ihre Resultierende ersetzt.

Die Stützlinie, die unter der Streckenlast als stetig gekrümmte Kurve verläuft, werden wir zunächst durch einen Polygonzug annähern, der sich ergibt, wenn wir die Streckenlast in geeigneter Weise durch Einzellasten ersetzen. Ebenso wie die Momentenlinie des Trägers wird die genaue Stützlinie von der genäherten in den Punkten unter den Trennungslinien der Belastungsfläche tangiert.

In Nr. 86 stellten wir fest, daß die Stützlinie des Bogens als Momentenlinie des Ersatzbalkens aufgefaßt werden kann. Ist nun der Bogen mit einer durchgehenden Gleichlast belastet (Abb. 154), so ist die Momentenlinie des Ersatzbalkens eine Parabel (Nr. 53). Die Stützlinie ist also eine Parabel, die durch die drei Gelenke des Bogens geht. Verläuft auch die Bogenachse parabelförmig, so müssen Stützlinie und Bogenachse zu-

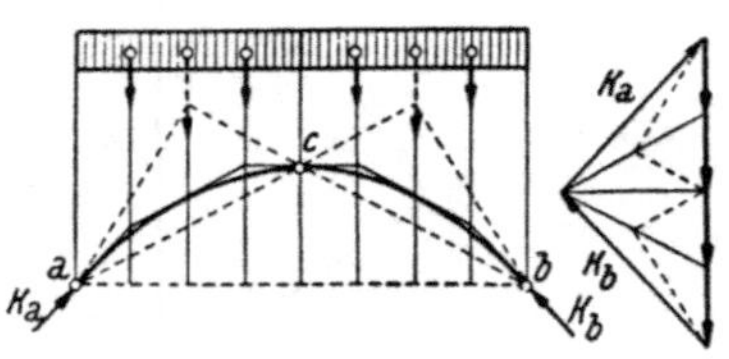

Abb. 154

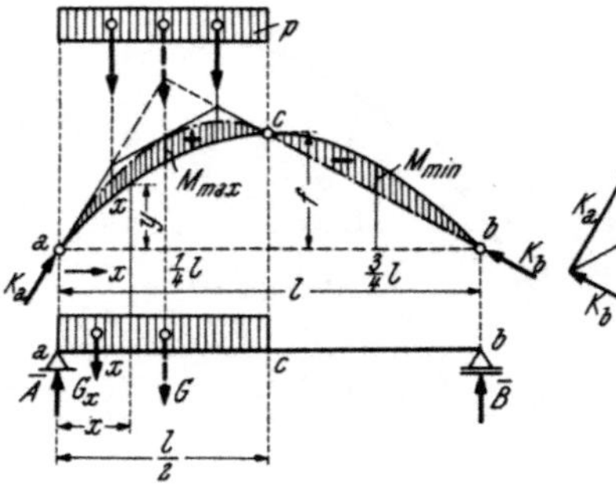

Abb. 155

sammenfallen, denn eine Parabel mit vorgeschriebener Achsenrichtung (diese wollen wir beim Bogen stets als lotrecht voraussetzen) ist durch drei Punkte eindeutig bestimmt (Nr. 85). In einem solchen Bogen treten also bei durchgehender Gleichlast nach Nr. 83 nirgends Biegemomente und auch keine Querkräfte auf, sondern lediglich Normalkräfte.

Für den in Abb. 154 dargestellten Parabelbogen wurden zunächst die Kämpferdrücke zeichnerisch ermittelt, wozu die Gleichlast über jeder Bogenhälfte durch eine Resultierende ersetzt wurde. Die genäherte Stützlinie wurde dann mit Hilfe von vier der Streckenlast gleichwertigen Einzellasten gezeichnet. Wir sehen, daß sie die Bogenachse, die sich mit der genauen Stützlinie deckt, einhüllt.

Während durchgehende Gleichlast den Bogen sehr günstig beansprucht, ist bei halbseitiger Gleichlast das Gegenteil der Fall. Wir wollen für einen symmetrischen, parabelförmigen Dreigelenkbogen mit halbseitiger Gleichlast p die größten auftretenden Biegemomente berechnen (Abb. 155). Wir werden zu diesem Zweck M als Funktion von x darstellen und durch Differenzieren die Extremwerte bestimmen. Nach Gl. (84, 4) ist

$$M = \overline{M} - Hy .$$

Das Gesamtgewicht der Belastung ist $G = \frac{1}{2}\,pl$. Damit ergeben sich die Auflagerdrücke des Ersatzbalkens

$$\bar{A} = \frac{3}{4}\,G = \frac{3pl}{8}, \qquad \bar{B} = \frac{1}{4}\,G = \frac{pl}{8}.$$

Betrachten wir zunächst die linke Bogenhälfte $(0 \leqq x \leqq l/2)$, so gilt mit $G_x = px$ für das Biegemoment in einem beliebigen Punkt x des Ersatzbalkens

$$\bar{M} = \bar{A}x - G_x\frac{x}{2} = \frac{3pl}{8}\,x - \frac{px^2}{2}.$$

Für den Punkt c erhalten wir das Moment

$$\bar{M}_c = \bar{B}\,\frac{l}{2} = \frac{pl^2}{16}.$$

Damit ist nach Gl. (84, 5)

$$H = \frac{\bar{M}_c}{f} = \frac{pl^2}{16f}.$$

Für y ist die Gleichung der Bogenachse einzusetzen [Gl. (85, 1)]:

$$y = \frac{4f}{l^2}\,x(l-x).$$

Setzen wir diese Werte für $\bar{M}$, H und y in die Gleichung für M ein, so erhalten wir nach einigen unschwierigen Umformungen

$$M = \frac{p}{8}\,(lx - 2x^2), \qquad \left(0 \leqq x \leqq \frac{l}{2}\right).$$

Wir differenzieren nach x und setzen den Differentialquotienten gleich Null:

$$\frac{dM}{dx} = \frac{p}{8}\,(l - 4x) = 0,$$

woraus sich die Stelle, wo das Extrem zu erwarten ist, zu

$$x = \frac{l}{4}$$

ergibt. Dieser Wert in die Gleichung für M eingesetzt, liefert das gesuchte Extrem (es ist ein Maximum) zu

$$M_{\max} = \frac{pl^2}{64}. \qquad (88,\ 1\ \text{a})$$

Indem man die Gleichung für M in der rechten Bogenhälfte aufstellt, findet man auf ganz die gleiche Art (der Leser versuche es), daß hier im

Punkt $x = \frac{3}{4} l$ ein Moment

$$M_{\min} = -\frac{pl^2}{64} \tag{88, 1 b}$$

auftritt. Das größte positive und das größte negative Biegemoment sind also einander gleich und treten in den Viertelpunkten der Spannweite des Bogens auf. In Abb. 155 ist die Stützlinie und damit der gesamte Momentenverlauf für den halbseitig belasteten Bogen eingezeichnet.

89. Rechnerische Behandlung des Dreigelenkbogens bei beliebig gerichteter Belastung (1. Methode). In Nr. 82 und 83 wurde der unter beliebig gerichteter Belastung stehende Dreigelenkbogen zeichnerisch behandelt. Nun soll auch die rechnerische Behandlung durchgeführt werden. Es sollen zunächst die Kämpferdrücke ermittelt werden und sodann die Schnittgrößen M, N, Q in einem beliebigen Bogenquerschnitt[1].

In Abb.156, Bild a, ist ein Dreigelenkbogen von ganz beliebiger Form und beliebiger Lage der Gelenke dargestellt, der mit den beliebig gerichteten Kräften $P_1, \ldots P_n$ belastet ist. Um zunächst die Kämpferdrücke K_a und K_b zu bestimmen, denken wir sie uns in ihre Horizontal- und Vertikalkomponente zerlegt[2]: K_a in K_{ah}, K_{av} und K_b in K_{bh}, K_{bv}. Die Vertikalkomponenten zählen wir als positiv, wenn sie nach oben gerichtet sind. Die Horizontalkomponenten sollen als positiv gelten, wenn sie *bogeneinwärts* gerichtet sind (wie es ja im allgemeinen der Fall sein wird). Demnach gilt also K_{ah} als positiv, wenn es nach rechts, K_{bh}, wenn es nach links weist. Wir zerlegen ferner die Lasten P_i in ihre waagrechten und lotrechten Komponenten P_{ih} und P_{iv}.

Die vier unbekannten Komponenten der Kämpferdrücke ergeben sich aus den vier Gleichgewichtsbedingungen für den Bogen, den Gl. (81, 1)

---

[1] Man kann hierzu auf verschiedene Weise vorgehen. So wurde in der 6. und 7. Auflage dieses Buches ein Verfahren dargestellt, das, ähnlich wie die in Nr. 84 entwickelte rechnerische Behandlung eines Bogens mit lotrechter Belastung, an einen Ersatzträger anknüpft. Dieser ist jedoch bei schiefer Belastung kein gerader Träger mehr, sondern ein Träger mit krummer Achse, der aus dem Bogen hervorgeht, wenn man das Scheitelgelenk sperrt und dafür eines der Kämpfergelenke durch ein bewegliches Auflager ersetzt. Wir haben in dieser Auflage einen etwas anderen Weg eingeschlagen, der, obwohl weniger elegant als der vorgenannte, in seiner Unmittelbarkeit dem Praktiker vielleicht mehr zusagt. Eine weitere Methode der rechnerischen Behandlung des beliebig belasteten Bogens bringen wir in Nr. 91.

[2] Man könnte natürlich auch hier, so wie in Nr. 84, jeden Kämpferdruck in eine lotrechte Komponente und in eine Komponente in der Richtung der Bogensehne $a \ldots b$ zerlegen. Dies hätte den Vorteil, daß man bei Anwendung der Gleichgewichtsbedingung $\Sigma M_i = 0$ um die Punkte a bzw. b auch bei nicht waagrechter Bogensehne immer eine Gleichung mit nur einer Unbekannten erhalten würde.

und (81, 2), welche lauten:

$$\sum H_i = 0, \qquad \sum V_i = 0, \qquad \sum M_i = 0, \qquad M_c = 0. \qquad (89, 1)$$

In den ersten drei Gleichungen sind die Summen über sämtliche am Bogen angreifenden Kräfte, also Lasten und Auflagerdrücke, zu erstrecken; in der dritten Gleichung können die Momente auf einen beliebigen Punkt bezogen werden. In der letzten Gleichung bedeutet M_c das Gesamtmoment aller Kräfte auf der linken *oder* auf der rechten Bogenhälfte um das Scheitelgelenk c.

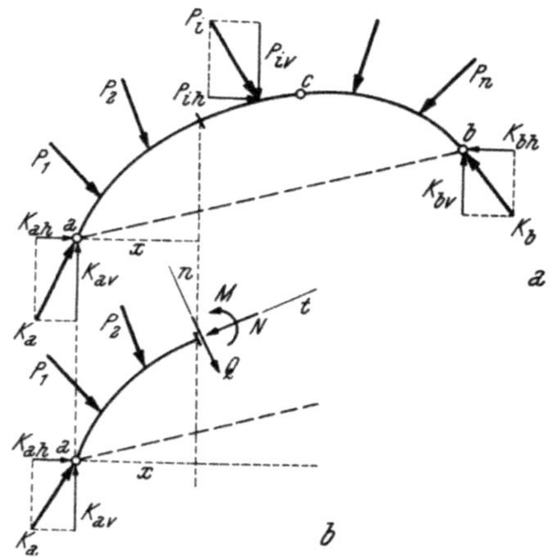

Abb. 156

Wir beachten, daß hier, bei schiefer Belastung, im Gegensatz zu dem lotrecht belasteten Bogen, die beiden waagrechten Komponenten der Kämpferdrücke im allgemeinen nicht einander gleich sind. Denn die Gleichgewichtsbedingung $H_i = 0$ liefert, wenn wir nach rechts gerichtete P_{ih} als positiv zählen,

$$K_{ah} + \sum_{i=1}^{n} P_{ih} - K_{bh} = 0$$

(siehe Abb. 156, Bild a). Daraus folgt

$$K_{ah} - K_{bh} = -\sum_{i=1}^{n} P_{ih}, \qquad (89, 2)$$

was im allgemeinen nicht gleich Null sein wird.

Die Schnittgrößen M, N, Q in einem beliebigen Bogenquerschnitt erhalten wir, indem wir den Bogen an dieser Stelle durchschneiden, an der Schnittstelle M, N, Q in dem in Nr. 81 als positiv vereinbarten Sinn anbringen und auf den linken oder auf den rechten abgeschnittenen Teil die drei Gleichgewichtsbedingungen des starren Körpers anwenden (Abb. 156, Bild b). Zweckmäßig werden wir, wie wir dies schon in Nr. 83 getan haben, einmal die Summe aller Kraftkomponenten in der Richtung der an der Schnittstelle liegenden Bogentangente t gleich Null setzen, dann das gleiche für die Richtung der Normalen n an der Schnittstelle ausführen und schließlich die auf die Schnittstelle bezogene Summe aller Momente gleich Null setzen. So erhalten wir drei Gleichungen, von denen jede immer nur eine der gesuchten Unbekannten enthält. Um die Kraftkomponenten in der Richtung t bzw. n zu erhalten, brauchen wir keine neue Komponentenzerlegung der Kräfte vorzunehmen, sondern projizieren einfach die bereits ermittelten waagrechten und lotrechten Komponenten einmal auf die Richtung t und dann auf die Richtung n.

Beispiel. Für den in Abb. 157, Bild *a* dargestellten parabelförmigen Dreigelenkbogen, der mit den unter den angegebenen Winkeln geneigten

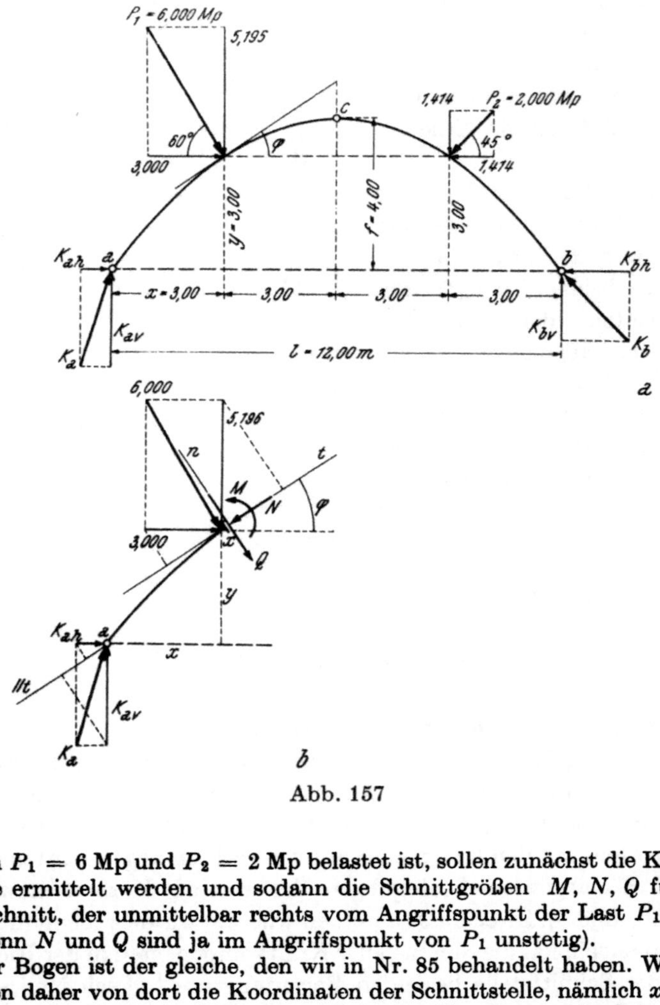

Abb. 157

Lasten $P_1 = 6$ Mp und $P_2 = 2$ Mp belastet ist, sollen zunächst die Kämpferdrücke ermittelt werden und sodann die Schnittgrößen M, N, Q für einen Querschnitt, der unmittelbar rechts vom Angriffspunkt der Last P_1 gelegen ist (denn N und Q sind ja im Angriffspunkt von P_1 unstetig).

Der Bogen ist der gleiche, den wir in Nr. 85 behandelt haben. Wir übernehmen daher von dort die Koordinaten der Schnittstelle, nämlich $x = 3$ m, $y = 3$ m, und die für den Neigungswinkel φ der Tangente an der Schnittstelle geltenden Winkelfunktionen

$$\sin\varphi = \frac{2}{\sqrt{13}}, \qquad \cos\varphi = \frac{3}{\sqrt{13}}. \tag{89, 3}$$

Die Lasten P_1 und P_2 zerlegen wir in ihre waagrechten und lotrechten Komponenten, deren *Beträge* sich wie folgt ergeben (im folgenden liegen als Einheiten Mp und m zugrunde):

$$P_{1h} = 6 \cdot \cos 60 = 6 \cdot 0{,}500 = 3{,}000, \quad P_{2h} = 2 \cdot \cos 45 = 2 \cdot 0{,}707 = 1{,}414,$$
$$P_{1v} = 6 \cdot \sin 60 = 6 \cdot 0{,}866 = 5{,}196, \quad P_{2v} = 2 \cdot \sin 45 = 2 \cdot 0{,}707 = 1{,}414.$$

Zur Berechnung der Kämpferdrücke wenden wir die Gl. (89, 1) an. Die Gleichgewichtsbedingung $\Sigma H_i = 0$ liefert

$$K_{ah} + 3{,}000 - 1{,}414 - K_{bh} = 0,$$

woraus folgt

$$K_{bh} = K_{ah} + 1{,}586. \qquad (89, 4)$$

Nun wenden wir die Bedingung $\Sigma M_i = 0$ zweimal an. Für den Punkt b als Bezugspunkt erhalten wir

$$-K_{av} \cdot 12 + 5{,}196 \cdot 9 + 1{,}414 \cdot 3 - 3{,}000 \cdot 3 + 1{,}414 \cdot 3 = 0.$$

Daraus folgt

$$K_{av} = \underline{\underline{3{,}854 \text{ Mp}}}. \qquad (89, 5)$$

Für den Punkt a als Bezugspunkt ergibt sich

$$K_{bv} \cdot 12 - 5{,}196 \cdot 3 - 1{,}414 \cdot 9 - 3{,}000 \cdot 3 + 1{,}414 \cdot 3 = 0.$$

Daraus folgt

$$K_{bv} = \underline{\underline{2{,}756 \text{ Mp}}}. \qquad (89, 6)$$

Die Gleichgewichtsbedingung $\Sigma V_i = 0$ liefert eine Kontrolle. Es muß gelten:

$$K_{av} + K_{bv} - 5{,}196 - 1{,}414 = K_{av} + K_{bv} - 6{,}610 = 0.$$

Tatsächlich ist nach den Gl. (89, 5) und (89, 6)

$$K_{av} + K_{bv} = 3{,}854 + 2{,}756 = 6{,}610.$$

Wenden wir schließlich die Bedingung $M_c = 0$ etwa auf die linke Bogenhälfte an, so ergibt sich

$$K_{ah} \cdot 4 - K_{av} \cdot 6 + 3{,}000 \cdot 1 - 5{,}196 \cdot 3 = 0,$$

woraus wir, nach Einsetzen des Wertes für K_{av} aus Gl. (89, 5), erhalten:

$$K_{ah} = \underline{\underline{1{,}134 \text{ Mp}}}. \qquad (89, 7)$$

Setzen wir diesen Wert in Gl. (89, 4) ein, so ergibt sich

$$K_{bh} = \underline{\underline{2{,}720 \text{ Mp}}}. \qquad (89, 8)$$

Damit sind sämtliche Komponenten der Kämpferdrücke berechnet, und aus ihnen folgen die Beträge der Kämpferdrücke selbst:

$$\left.\begin{aligned} K_a &= \sqrt{K_{ah}^2 + K_{av}^2} = \sqrt{1{,}134^2 + 3{,}854^2} = \underline{\underline{4{,}017 \text{ Mp}}}, \\ K_b &= \sqrt{K_{bh}^2 + K_{bv}^2} = \sqrt{2{,}720^2 + 2{,}756^2} = \underline{\underline{3{,}872 \text{ Mp}}}. \end{aligned}\right\} \qquad (89, 9)$$

Nun zur Berechnung der Schnittgrößen M, N, Q in dem angegebenen Bogenpunkt. Wir betrachten den linken abgeschnittenen Bogenteil (Abb. 157, Bild b) und wenden zunächst die Bedingung $\Sigma M_i = 0$ an, wobei wir als Bezugspunkt die Schnittstelle wählen. Das Moment von K_a drücken wir durch das Moment seiner Komponenten aus (siehe Satz von der Momentensumme). Wir erhalten:

$$M + K_{ah} \cdot 3 - K_{av} \cdot 3 = 0,$$

woraus sich, nach Einsetzen der oben berechneten Werte von K_{ah} und K_{av}, für das Biegemoment

$$M = (3{,}854 - 1{,}134) \cdot 3 = \underline{8{,}160 \text{ Mp}} \qquad (89,10)$$

ergibt. Normalkraft N und Querkraft Q ergeben sich durch Nullsetzen aller Kraftkomponenten in der Richtung der Tangente t bzw. der Normalen n an der Schnittstelle. An Stelle von K_a und P_1 projizieren wir ihre Komponenten auf die jeweilige Richtung. Damit ergibt sich:

$$-N + (K_{ah} + 3{,}000)\cos\varphi + (K_{av} - 5{,}196)\sin\varphi = 0,$$

$$-Q - (K_{ah} + 3{,}000)\sin\varphi + (K_{av} - 5{,}196)\cos\varphi = 0.$$

Nach Einsetzen der Werte für K_{ah} und K_{av} sowie der Werte der Winkelfunktionen gemäß Gl. (89, 3) folgt daraus

$$N = \frac{1}{\sqrt{13}}\,[(1{,}134 + 3{,}000) \cdot 3 + (3{,}854 - 5{,}196) \cdot 2] =$$

$$= \frac{1}{\sqrt{13}}\,(4{,}134 \cdot 3 - 1{,}342 \cdot 2) = \underline{2{,}659 \text{ Mp},} \qquad (89,11)$$

$$Q = \frac{1}{\sqrt{13}}\,(-4{,}134 \cdot 2 - 1{,}342 \cdot 3) = \underline{-3{,}409 \text{ Mp}.} \qquad (89,12)$$

90. Rechnerische Behandlung des Dreigelenkbogens mit waagrechter Belastung. Im folgenden soll ein Dreigelenkbogen behandelt werden, der mit den waagrecht gerichteten Kräften $P_1, \ldots P_n$ belastet ist. Die beiden Kämpfergelenke des Bogens sollen in gleicher Höhe liegen, sonst braucht der Bogen keinerlei Symmetrieeigenschaften aufzuweisen (Abb. 158, Bild *a*).

Zur Berechnung der Kämpferdrücke K_a und K_b denken wir uns diese in ihre horizontalen und vertikalen Komponenten, also in K_{ah}, K_{av} bzw. K_{bh}, K_{bv} zerlegt, und, wie in Nr. 89, zählen wir die Vertikalkomponenten als positiv, wenn sie nach aufwärts gerichtet sind, während K_{ah} und K_{bh} dann als positiv gelten, wenn sie bogeneinwärts weisen (also wenn K_{ah} nach rechts, K_{bh} nach links gerichtet ist). Wieder müssen die vier Gleichgewichtsbedingungen des Bogens, also die Gl. (89, 1), erfüllt sein, und sie geben uns die Möglichkeit, die vier unbekannten Komponenten der Kämpferdrücke zu berechnen.

Die beiden lotrechten Komponenten K_{av} und K_{bv} erhalten wir durch Anwendung der Bedingung $\sum M_i = 0$ um die Gelenke b bzw. a. Ist y_i die (hier stets positive) von der Bogensehne aus gemessene Ordinate des Angriffspunkts der Last P_i und l die Spannweite des Bogens, so ergibt sich

$$K_{av} = -\frac{1}{l}\sum_{i=1}^{n} P_i y_i = -K_{bv}. \qquad (90,1)$$

Darin ist P_i als positiv einzusetzen, wenn es nach rechts, negativ, wenn es nach links weist. Wir sehen, daß die lotrechten Komponenten der

Kämpferdrücke dem Betrag nach gleich, jedoch von entgegengesetzter Richtung sind, was ja auch aus der Gleichgewichtsbedingung $\sum V_i = 0$ hervorgehen würde.

Bei der Anwendung der Bedingung $M_c = 0$ sehen wir, daß, wenn f die Ordinate des Punktes c ist, das Moment der Kraft P_i um c gleich $P_i(f - y_i)$ ist. Unter Beachtung der obigen Vorzeichenregel für P_i erhält dieses Moment auch stets das richtige Vorzeichen. Ist x_c die Abszisse des Punktes c (gemessen vom linken Auflager), so gilt, wenn wir von der linken Bogenhälfte ausgehen:

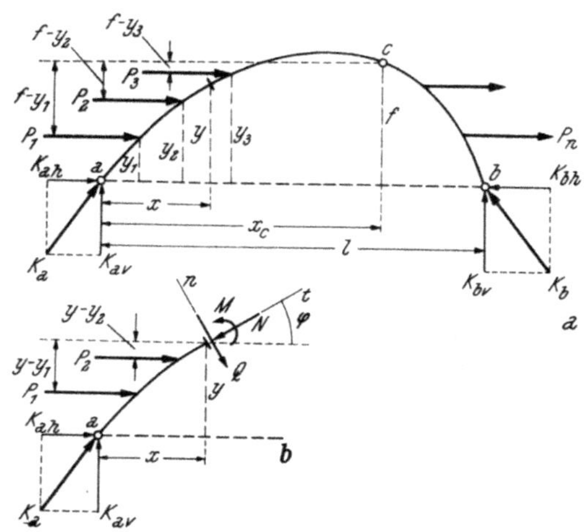

Abb. 158

$$M_c = -K_{av}x_c + \sum_l P_l(f - y_l) + K_{ah}f = 0.$$

Darin soll der Index l anzeigen, daß über alle P_i auf der linken Bogenhälfte zu summieren ist. Da uns K_{av} bereits aus Gl. (90, 1) bekannt ist, ergibt sich

$$K_{ah} = \frac{1}{f}\left[K_{av}x_c - \sum_l P_l(f - y_l)\right]. \qquad (90,2)$$

Die Gleichgewichtsbedingung $\sum H_i = 0$, angewandt auf den ganzen Bogen, liefert schließlich

$$K_{ah} + \sum_{i=1}^{n} P_i - K_{bh} = 0,$$

wo für P_i wieder die obige Vorzeichenregel gilt, und die Summe über *alle* Lasten auf dem Bogen zu erstrecken ist. Wir erhalten daraus

$$K_{bh} = K_{ah} + \sum_{i=1}^{n} P_i, \qquad (90,3)$$

worin uns K_{ah} nach Gl. (90, 2) bereits bekannt ist.

Damit sind sämtliche Komponenten der Kämpferdrücke berechnet, und diese selbst folgen dem Betrage nach aus

$$K_a = \sqrt{K_{ah}^2 + K_{av}^2}, \qquad K_b = \sqrt{K_{bh}^2 + K_{bv}^2}. \qquad (90,4)$$

Um die Schnittgrößen M, N, Q in einem beliebigen Bogenquerschnitt mit der Abszisse x und der Ordinate y zu finden, schneiden wir den Bogen an dieser Stelle durch, bringen die Schnittgrößen in dem in Nr. 81 als positiv vereinbarten Sinn an und wenden etwa auf den linken abgeschnittenen Teil (Abb. 158, Bild b) die drei Gleichgewichtsbedingungen an. (Dem Leser wird es nicht schwerfallen, die entsprechenden Gleichungen für den rechten Teil aufzustellen.)

Beachten wir, daß der senkrechte Abstand der Wirkungslinie der Kraft P_i von der Schnittstelle gleich $y - y_i$ ist, so liefert (wieder unter Berücksichtigung der obigen Vorzeichenregel für P_i) die Bedingung $\sum M_i = 0$ mit der Schnittstelle als Bezugspunkt die Gleichung

$$M - K_{av}x + \sum' P_l'(y - y_l') + K_{ah}y = 0,$$

wo $\sum'$ hier wie auch später andeuten soll, daß über sämtliche Lasten links von der Schnittstelle zu summieren ist. Aus dieser Gleichung folgt für das Biegemoment

$$M = K_{av}x - \sum' P_l'(y - y_l') - K_{ah}y. \tag{90, 5}$$

Zur Berechnung der Normalkraft N bzw. der Querkraft Q setzen wir die Summe der Komponenten aller Kräfte in der Richtung der an der Schnittstelle gelegten Tangente t bzw. in der Richtung der Normalen n gleich Null, wobei wir an Stelle von K_a dessen Komponenten K_{ah} und K_{av} auf die Richtung t bzw. n projizieren. Ist φ der Neigungswinkel der Tangente gegen die Waagrechte, so erhalten wir

$$-N + K_{av}\sin\varphi + (K_{ah} + \sum' P_l')\cos\varphi = 0,$$
$$-Q + K_{av}\cos\varphi - (K_{ah} + \sum' P_l')\sin\varphi = 0.$$

Daraus folgt

$$N = K_{av}\sin\varphi + (K_{ah} + \sum' P_l')\cos\varphi, \tag{90, 6}$$
$$Q = K_{av}\cos\varphi - (K_{ah} + \sum' P_l')\sin\varphi. \tag{90, 7}$$

Ein Beispiel hierzu folgt in Nr. 91.

91. Rechnerische Behandlung des Dreigelenkbogens bei beliebiger Belastung (2. Methode). Wir setzen zunächst, wie in Nr. 90, einen Bogen voraus, dessen Kämpfergelenke auf einer Waagrechten liegen, der aber sonst beliebig gestaltet sein kann. Die Belastung sei beliebig gerichtet. Wollen wir zur Berechnung der Kämpferdrücke und der Schnittgrößen nicht nach der in Nr. 89 angegebenen Methode vorgehen, so können wir auch wie folgt verfahren, was zuweilen seine Vorteile hat: Wir zerlegen die Lasten in ihre lotrechten und waagrechten Komponenten und betrachten den Bogen einmal nur unter der Belastung durch die lotrechten Komponenten und dann nur unter dem Einfluß der waagrechten. Für den ersten Belastungsfall verwenden wir die Formeln aus Nr. 84, für den zweiten die Formeln aus Nr. 90. Schließlich überlagern wir die

Ergebnisse, d. h. addieren (algebraisch) die Komponenten der Kämpferdrücke und die Schnittgrößen (Überlagerungsprinzip, siehe Nr. 56).

Hat der Bogen Kämpfergelenke, die in verschiedener Höhe liegen, so können wir die Voraussetzung, unter der die Formeln der Nr. 90 gelten, dadurch erfüllen, daß wir die Lasten in Komponenten parallel und senkrecht zur Bogensehne (der Verbindungslinie der beiden Kämpfergelenke) zerlegen, und bezüglich dieser Komponenten in der oben angegebenen Weise verfahren. Ob man jedoch diesen Weg einschlägt oder ob man lieber nach der in Nr. 89 angegebenen Methode verfährt, wird von Fall zu Fall zu entscheiden sein.

Beispiel. Wir wollen den Bogen, den wir in Nr. 89, Abb. 157, nach der ersten Methode berechnet haben, nun nach der hier angegebenen zweiten Methode behandeln und uns überzeugen, daß wir (abgesehen von gelegentlichen kleinen Abweichungen infolge der Zahlenabrundungen) zu denselben Ergebnissen kommen.

In Abb. 157, Bild *a* wurde die Komponentenzerlegung der beiden Lasten P_1 und P_2 bereits durchgeführt. Wir spalten nun unsere Berechnung in zwei Belastungsfälle und versehen im 1. Belastungsfall den Bogen bloß mit den lotrechten Komponenten der beiden Lasten (Abb. 159, Bild *a*), im 2. Belastungsfall nur mit den waagrechten Komponenten (Abb. 159, Bild *c*) und überlagern die Ergebnisse. Im 1. Fall bezeichnen wir die Komponenten der Kämpferdrücke so wie in Nr. 84, also die beiden lotrechten Komponenten mit $\bar{A}$ bzw. $\bar{B}$ und die waagrechten mit H. Die Schnittgrößen bezeichnen wir mit $M^{(1)}, N^{(1)}, Q^{(1)}$. Im 2. Fall bezeichnen wir die Komponenten der Kämpferdrücke mit $K_{av}{}^{(2)}$, $K_{ah}{}^{(2)}$ bzw. $K_{bv}{}^{(2)}$, $K_{bh}{}^{(2)}$ und die Schnittgrößen mit $M^{(2)}, N^{(2)}, Q^{(2)}$. Wie in Nr. 89 liegt die Schnittstelle wieder unmittelbar rechts von dem Bogenpunkt mit den Koordinaten $x = 3$, $y = 3$ (wegen der Unstetigkeit von N und Q in diesem Punkt). Als Einheiten liegen Mp und m zugrunde.

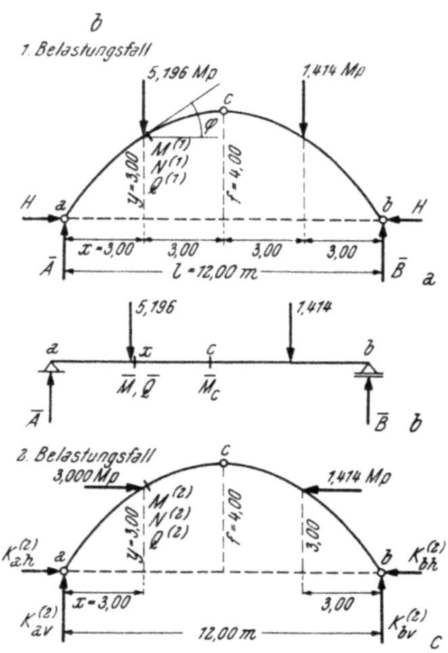

Abb. 159

1. Belastungsfall. Nach den Gl. (84, 3) gilt für die lotrechten Komponenten der Kämpferdrücke bzw. für die Auflagerdrücke des in Abb. 159, Bild *b* dargestellten Ersatzbalkens:

$$\bar{A} = \frac{1}{12}\,(5{,}196 \cdot 9 + 1{,}414 \cdot 3) = \underline{4{,}251},$$

$$\bar{B} = \frac{1}{12}\,(5{,}196 \cdot 3 + 1{,}414 \cdot 9) = \underline{2{,}359}.$$

Damit erhalten wir für den Punkt x bzw. für den Punkt c des Ersatzbalkens:

im Punkt x: $\bar{M} = 4{,}251 \cdot 3 = 12{,}753$,

„ $\bar{Q} = 4{,}251 - 5{,}196 = -0{,}945$ (Wert von $\bar{Q}$ rechts vom Punkt x),

im Punkt c: $\bar{M}_c = 4{,}251 \cdot 6 - 5{,}196 \cdot 3 = 9{,}918$.

Der Horizontalschub H am Bogen ergibt sich nach Gl. (84, 5) zu

$$H = \frac{\bar{M}_c}{f} = \frac{9{,}918}{4{,}00} = \underline{2{,}480}.$$

Nach den Gl. (84, 4), (84, 8 a) und (84, 9 a) erhalten wir damit und mit den Winkelfunktionen für den Neigungswinkel φ der Tangente am Bogen [siehe Gl. (89, 2)]

$$\sin\varphi = \frac{2}{\sqrt{13}}, \qquad \cos\varphi = \frac{3}{\sqrt{13}},$$

die Schnittgrößen am Bogen:

$$M^{(1)} = \bar{M} - Hy = 12{,}753 - 2{,}480 \cdot 3 = \underline{5{,}313\ \text{Mpm}},$$

$$N^{(1)} = \bar{Q}\sin\varphi + H\cos\varphi = \frac{1}{\sqrt{13}}(-0{,}945 \cdot 2 + 2{,}480 \cdot 3) = \underline{1{,}539\ \text{Mp}},$$

$$Q^{(1)} = \bar{Q}\cos\varphi - H\sin\varphi = \frac{1}{\sqrt{13}}(-0{,}945 \cdot 3 - 2{,}480 \cdot 2) = \underline{-2{,}162\ \text{Mp}}.$$

2. Belastungsfall. Nach Gl. (90, 1) gilt für die lotrechten Komponenten der Kämpferdrücke

$$K_{av}^{(2)} = -K_{bv}^{(2)} = -\frac{1}{12}(3{,}000 \cdot 3 - 1{,}414 \cdot 3) = \underline{-0{,}397\ \text{Mp}}$$

($K_{av}^{(2)}$ ist also nach abwärts gerichtet, $K_{bv}^{(2)}$ nach aufwärts). Für die waagrechten Komponenten gelten die Gl. (90, 2) bzw. (90, 3):

$$K_{ah}^{(2)} = \frac{1}{4}[(-0{,}397) \cdot 6 - 3{,}000 \cdot 1] = \underline{-1{,}346\ \text{Mp}}$$

(weist also bogenauswärts) und

$$K_{bh}^{(2)} = -1{,}346 + 3{,}000 - 1{,}414 = \underline{0{,}240\ \text{Mp}}.$$

Damit und mit den obigen Werten der Winkelfunktionen folgen nach den Gl. (90, 5), (90, 6) und (90, 7) die Schnittgrößen am Bogen:

Tabelle 14

	linkes Auflager lotrecht Mp	linkes Auflager waagrecht Mp	rechtes lotrecht Mp
1. Belastungsfall	$\bar{A} =$ 4,251	$H =$ 2,480	$\bar{B} = 2{,}359$
2. Belastungsfall	$K_{av}^{(2)} = -0{,}397$	$K_{ah}^{(2)} = -1{,}346$	$K_{bv}^{(2)} = 0{,}397$
zusammen	$K_{av} =$ 3,854	$K_{ah} =$ 1,134	$K_{bv} = 2{,}756$

$$M^{(2)} = (-0{,}397) \cdot 3 - 0{,}000 - (-1{,}346) \cdot 3 = \underline{2{,}847 \text{ Mpm}},$$

$$N^{(2)} = \frac{1}{\sqrt{12}} [(-0{,}397) \cdot 2 + (-1{,}346 + 3{,}000) \cdot 3] = \underline{1{,}156 \text{ Mp}},$$

$$Q^{(2)} = \frac{1}{13} [(-0{,}397) \cdot 3 - (-1{,}346 + 3{,}000) \cdot 2] = \underline{-1{,}248 \text{ Mp}}.$$

Überlagerung. In der folgenden Tabelle 14 ist die Überlagerung der beiden Belastungsfälle durchgeführt. Man vergleiche die Ergebnisse mit jenen des Beispiels von Nr. 89.

92. Der Dreigelenkbogen in Fachwerkausführung. Wie schon in Nr. 81 erwähnt, können die beiden Bogenhälften auch als Fachwerke ausgeführt werden. In diesem Fall erfolgt die Bestimmung der Kämpferdrücke sowie des Druckes im Scheitelgelenk genau wie beim vollwandigen Bogen. Jede der beiden Scheiben steht somit unter dem Einfluß einer Anzahl bekannter Kräfte, und es können die Stabkräfte nach irgendeinem der in Kapitel IV angegebenen Verfahren ermittelt werden.

Zur Berechnung der Stabkräfte werden wir also in erster Linie das Rittersche Verfahren anwenden (siehe Nr. 64). Bei Versagen desselben wird man so, wie in Nr. 64, Absatz b) angegeben, vorgehen. Selbstverständlich ist auch das Rundschnittverfahren anwendbar (Nr. 64, Absatz c). Es ist wichtig zu beachten, daß für einen mit lotrechten Lasten belasteten Fachwerk*bogen* nicht die in Nr. 67 hergeleiteten Formeln für die Stabkräfte eines lotrecht belasteten Fachwerk*trägers* angewandt werden dürfen, da der Bogen auch bei lotrechter Belastung waagrechte Komponenten der Auflagerdrücke aufweist, im Gegensatz zum Träger. Es lassen sich wohl auch für den Fachwerkbogen Formeln für die Stabkräfte bei lotrechter Belastung herleiten, nach denen etwas bequemer gerechnet werden kann als bei direkter Anwendung der Rittermethode. Indessen wird der Dreigelenks-Fachwerkbogen in der Praxis selten ausgeführt, so daß wir hier von der Entwicklung dieser Formeln absehen wollen.

Tabelle 14

Auflager waagrecht Mp	Biegemoment Mpm	Normalkraft Mp	Querkraft Mp
$H = 2{,}480$	$M^{(1)} = 5{,}313$	$N^{(1)} = 1{,}539$	$Q^{(1)} = -2{,}162$
$K_{bh}{}^{(2)} = 0{,}240$	$M^{(2)} = 2{,}847$	$N^{(2)} = 1{,}156$	$Q^{(2)} = -1{,}248$
$K_{bh} = 2{,}720$	$M = 8{,}160$	$N = 2{,}695$	$Q = -3{,}410$

Auch die zeichnerischen Verfahren zur Ermittlung der Stabkräfte eines Fachwerks sind auf den Dreigelenks-Fachwerkbogen ohne weiteres anwendbar. Man wird sich in erster Linie des Cremonaplans bedienen.

Beispiel. Abb. 160 zeigt einen *Dreigelenkbogen in Fachwerkausführung*, dessen sämtliche Stabkräfte wir ermitteln wollen. Das Scheitelgelenk befindet sich im Punkt c und wurde, ähnlich wie beim Gerber-Fachwerkbalken (Nr. 80), dadurch wirksam gemacht, daß der Stab O_2 als Blindstab ausgebildet wurde, d. h. nur an einem Ende fest, am anderen jedoch längsbeweglich angebracht wurde. O_2 erhält daher keine Spannung.

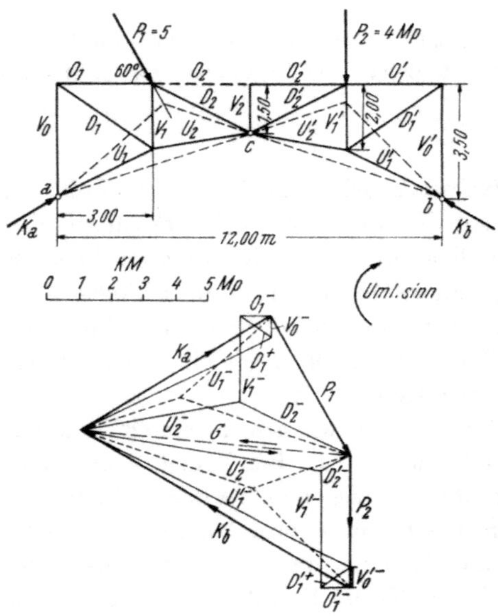

Abb. 160

Die Kämpferdrücke K_a und K_b können entweder zeichnerisch nach Nr. 82 oder rechnerisch nach Nr. 89 gefunden werden. Wir erhalten auf zeichnerischem Wege

$$K_a = 6{,}9\ \text{Mp}, \quad K_b = 9{,}7\ \text{Mp}.$$

An die Stelle der Schnittgrößen M, N, Q beim vollwandigen System treten beim Fachwerkbogen die Zug- bzw. Druckkräfte in den einzelnen Stäben. Sie können zeichnerisch mit Hilfe eines *Cremonaplans* gefunden werden. der sogleich an jenes Krafteck angehängt wurde, welches zur Ermittlung der Kämpferdrücke diente. Ausgehend vom Knoten a des Fachwerks wurde nach rechts hin weiter geschritten bis zum Knoten b. Zeichnen wir G, den Druck im Scheitelgelenk, in das Krafteck ein, so sehen wir, daß zu jeder Bogenhälfte ein geschlossener Cremonaplan gehört. Der für die linke Bogenhälfte hängt an dem Krafteck K_a, P_1, G, der für die rechte an dem Krafteck K_b, G, P_2. Sollten also die beiden Pläne einander in unübersichtlicher Weise übergreifen, so können sie auch getrennt gezeichnet werden. Die auf diese Art ermittelten Stabkräfte haben die aus Tabelle 15 ersichtlichen Werte. Sie sind zum überwiegenden Teil Druckkräfte, entsprechend der Tatsache, daß ja auch der Vollwand-Bogen überwiegend Druckspannungen aufweist.

Tabelle 15

Stab	Mp	Stab	Mp	Stab	Mp	Stab	Mp
O_1	−1,0	U_1	−6,6	V_0	−0,7	D_1	+1,2
O_2	0,0	U_2	−5,0	V_1	−2,6	D_2	−3,9
O_2'	0,0	U_2'	−7,6	V_2	0,0	D_2'	−1,0
O_1'	−0,9	U_1'	−9,4	V_1'	−3,6	D_1'	+1,1
				V_0'	−0,6		

Der Leser berechne einige Stabkräfte nach dem Ritterschen Verfahren.

93. Der Dreigelenkbogen mit Zugband. Oft wird beim Dreigelenkbogen, sei er nun vollwandig oder als Fachwerk ausgeführt, nur eines der beiden Auflager als Gelenk ausgebildet, das andere hingegen als bewegliches Lager. Zur Aufnahme des Horizontalschubes H wird dann zwischen den beiden Lagern ein Zugband gespannt (Abb. 161). Bei lotrechter Belastung des Bogens haben dann die Mauern, auf denen der Bogen auffliegt, nur die lotrechten Komponenten der Kämpferdrücke aufzunehmen. Die waagrechten Kräfte, welche die Mauern erheblich auf Biegung beanspruchen, sind damit ausgeschaltet. Zeichnerische und rechnerische Behandlung eines Dreigelenkbogens mit Zugband vollzieht sich in genau der gleichen Weise wie bei den bisher behandelten Bogen.

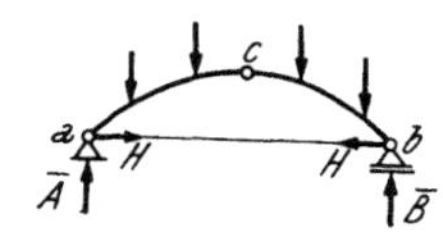

Abb. 161

Bei schiefen Lasten, wo der Horizontalschub an den beiden Kämpfern im allgemeinen nicht gleich groß ist (Nr. 89), nimmt das Zugband die Schubkraft auf, die an jenem Auflager auftritt, das durch das Rollenlager ersetzt wurde; im Fall der Abb. 161 also K_{bh}. Mit dieser Kraft zieht dann das Zugband auch am Auflager a, und zwar nach rechts. Da hier insgesamt der Schub K_{ah} ausgeübt werden muß, hat die linke Mauer noch die Differenz $K_{ah} - K_{bh}$ zu übernehmen bzw. auf den Kämpfer a auszuüben. Diese Kraft ist nach Gl. (89, 2) dem Betrage nach gleich der Summe der Horizontalkomponenten aller Lasten, also gleich $|\sum P_{ih}|$, was ja auch daraus hervorgeht, daß die waagrechte Auflagerkomponente am Auflager a der Summe der waagrechten Komponenten der Lasten das Gleichgewicht halten muß.

VII. Weitere statisch bestimmte Systeme

94. Rahmen und ihre statisch bestimmten Grundsysteme.

a) Wir behandeln im folgenden Tragwerke, die aus geraden Stäben bestehen, welche (im Gegensatz zum Fachwerk) biegungssteif miteinander verbunden sind. Als biegungssteif bezeichnet man eine Verbindung, die keine Änderung des Winkels zwischen den zusammentreffenden Stabachsen erlaubt, im Gegensatz zu einem Gelenk. Im Sinne einer strengen Bezeichnung sollte man ein Tragwerk nur dann einen *Rahmen* bzw. einen *Bogen* nennen, wenn es bei krummer Achse mindestens zwei feste Auflager besitzt, welche Gelenklager oder Einspannungen sein können[1]. Ist die krumme Achse stückweise gerade (also nach einem Polygon geformt), dann spricht man von einem *Rahmen*, ist die Achse stetig gekrümmt, von einem *Bogen*. Dagegen sollte man von einem *Träger mit krummer Stabachse* sprechen, wenn der krumme Stab mit einem festen und einem beweglichen Lager versehen ist (siehe etwa Nr. 44, Abb. 69). Bei einem Rahmen bzw. einem Bogen treten auch bei lotrechter Belastung stets waagrechte Schübe, d. h. waagrechte Komponenten der Auflagerdrücke auf, während beim Träger, sei seine Achse gerade oder krumm, bei lotrechter Belastung und waagrechter Gleitbahn des beweglichen Lagers immer nur lotrechte Auflagerdrücke auftreten.

Ein Rahmen ist z. B. das in Abb. 162 *a* dargestellte Tragwerk, das auf zwei festen Lagern (Gelenklagern) aufruht. Es ist dies der sehr häufig praktisch ausgeführte *Zweigelenkrahmen*. Ebenso wie der Zweigelenkbogen (Nr. 81) ist der Zweigelenkrahmen *einfach statisch unbestimmt*, da vier unbekannten Auflagerkomponenten nur drei Gleichgewichtsbedingungen gegenüberstehen. Man nennt diejenigen Stäbe des Rahmens, die auf dem Untergrund aufstehen und die entweder lotrecht oder leicht geneigt sind, die *Stiele*. Über ihnen liegt der *Querriegel*, auch kurz *Riegel* genannt. Dieser kann gerade sein wie in Abb. 162 *a* oder auch gebrochen

[1] Ausgenommen sind geschlossene Stabzüge, z. B. ein geschlossenes Rechteck, das auf einem festen und einem beweglichen Lager gestützt ist und doch als Rahmen bezeichnet wird, da es dreifach statisch unbestimmt (innerlich statisch unbestimmt) ist. Wir besprechen nur Stabzüge, die offen sind, wenn wir sie von der Unterlage abheben.

wie in Abb. 162 *b*. Bei dem letzten Tragwerk, einem *eingespannten Rahmen*, sind die Stiele im Boden eingespannt. An jeder Einspannstelle treten drei unbekannte Auflagerkomponenten auf, nämlich zwei Kraftkomponenten und ein Einspannmoment (siehe Nr. 42). Es liegen daher im ganzen sechs unbekannte Auflagerkomponenten vor, die, zusammen mit den Lasten, wieder bloß drei Gleichgewichtsbedingungen genügen müssen. Das System ist also dreifach statisch unbestimmt.

Einen statisch bestimmten *Dreigelenkrahmen* zeigt Abb. 162 *c*. Er ist genau wie der vollwandige Dreigelenkbogen zu behandeln und hat, wie dieser, auch bei lotrechter Belastung, waagrechte Komponenten der Auflagerdrücke.

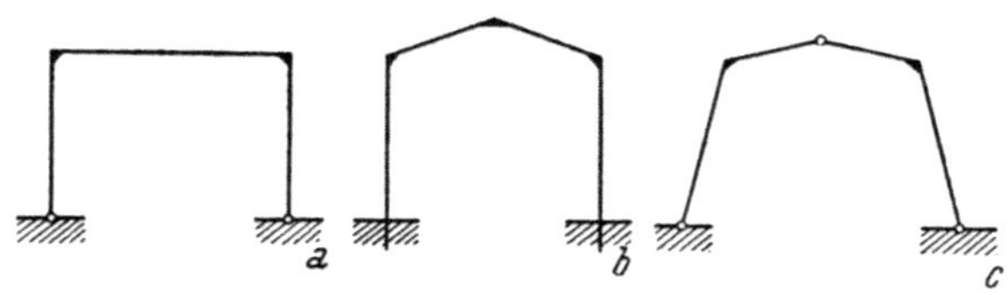

Abb. 162

Zur Behandlung eines statisch unbestimmten Rahmens (siehe Festigkeitslehre, Kapitel VIII) muß man von einem statisch bestimmten Tragwerk ausgehen, das aus dem gegebenen statisch unbestimmten System dadurch hervorgeht, daß man an ihm irgendwelche Veränderungen vornimmt (z. B. völlige oder teilweise Lösung von Auflagerungen, Einbau von Gelenken usw.), und zwar so viele, bis das Tragwerk statisch bestimmt geworden ist. Man nennt ein solches statisch bestimmtes System, das aus dem statisch unbestimmten hervorgegangen ist, ein zu dem statisch unbestimmten System gehöriges *statisch bestimmtes Grundsystem.* So erhalten wir z. B. aus dem Zweigelenkrahmen der Abb. 162 *a* ein statisch bestimmtes Tragwerk, also ein Grundsystem, indem wir eines der beiden festen Lager durch ein bewegliches ersetzen. Es ergibt sich dann ein Tragwerk wie das in Abb. 165 dargestellte. Wie unter c) gezeigt wird, hat es bei lotrechter Belastung auch lotrechte Auflagerdrücke, genau so wie ein Träger auf zwei Stützen. Diese Art von Systemen, die aus statisch unbestimmten Rahmen hervorgehen, wenn man diese mit einem festen und einem beweglichen Auflager versieht, werden praktisch, als Tragwerke, kaum ausgeführt; sie genießen jedoch als Grundsysteme statisch unbestimmter Systeme eine große Bedeutung, und die Ermittlung ihrer Auflagerreaktionen sowie der Verteilung von M, N, Q infolge einer gegebenen Belastung ist für die Behandlung der statisch unbestimmten Systeme Voraussetzung. Wir werden daher im folgenden diese Tragwerke eingehender behandeln.

Im Sinne der obigen Definition eines Rahmens wären diese Tragwerke eigentlich keine Rahmen. Sie werden jedoch üblicherweise auch als Rahmen, und zwar als „statisch bestimmt gelagerte Rahmen" bezeichnet. Wir betrachten im folgenden solche Rahmen unter der Einwirkung einer aus beliebig gerichteten Einzel- oder verteilten Lasten bestehenden Belastung, die nur in der Ebene des Tragwerks liegen soll.

Betrachten wir etwa das in Abb. 163 dargestellte Tragwerk, so sind zunächst drei Auflagerkomponenten zu ermitteln, zwei am festen Lager (A_h, A_v) und eine am beweglichen (B), was mittels der drei Gleichgewichtsbedingungen geschieht. Unser nächstes Ziel ist die Bestimmung von M, N, Q, Biegemoment, Normalkraft und Querkraft in jedem beliebigen Querschnitt. Zunächst ist eine Vereinbarung bezüglich der Vorzeichen dieser Größen zu treffen. Für gewöhnlich bezeichnet man ein

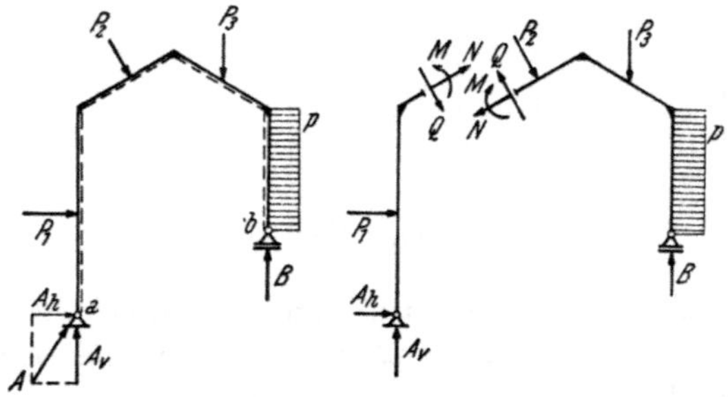

Abb. 163

Biegemoment an einem Rahmen dann als positiv, wenn es an der Innenseite des Rahmens Zugspannungen hervorruft. Diese Festsetzung wollen wir auch für die von uns betrachteten Tragwerke beibehalten. Man deutet diese vereinbarungsgemäß als Zugseite für positive Biegemomente festgesetzte Seite der einzelnen Stäbe gewöhnlich durch eine strichlierte Linie an. Ruft ein Moment auf der Seite der strichlierten Linie Druckspannungen hervor, dann ist es also negativ. Die Vorzeichen von N und Q werden dann genauso wie bei einem Träger festgesetzt. Man denke sich den betreffenden Stab wie einen Träger vor sich liegen, also mit der strichlierten Linie unten. N gilt dann als positiv, wenn es eine Zugkraft ist, und Q ist positiv, wenn es am linken Teil nach abwärts, am rechten nach aufwärts wirkt.

Schneiden wir das Tragwerk irgendwo durch, so daß es in zwei getrennte Teile zerfällt, so muß jeder der beiden abgeschnittenen Teile unter dem Einfluß der an ihm angreifenden äußeren Kräfte und Schnittkräfte im Gleichgewicht sein; es müssen also für jeden Teil die drei Gleichgewichtsbedingungen erfüllt sein. Bei dem in Abb. 163 dargestellten Tragwerk reichen sie aus, um an jeder Stelle M, N, Q zu berechnen, da außer diesen drei sonst keine Unbekannten an dem abgeschnittenen Teil auftreten. Wieder müssen sich die gleichen Werte für M, N, Q ergeben, gleichgültig, ob wir vom rechten oder vom linken abgeschnittenen Teil ausgehen. M, N, Q können dann in Form von Schaubildern dargestellt werden.

b) Als *Beispiel* behandeln wir das in Abb. 164 dargestellte Tragwerk, das mit einer schiefen Einzellast $P = 20$ Mp am Riegel und einer waagrecht nach rechts wirkenden Gleichlast $p = 2$ Mp/m am linken Stiel belastet ist.

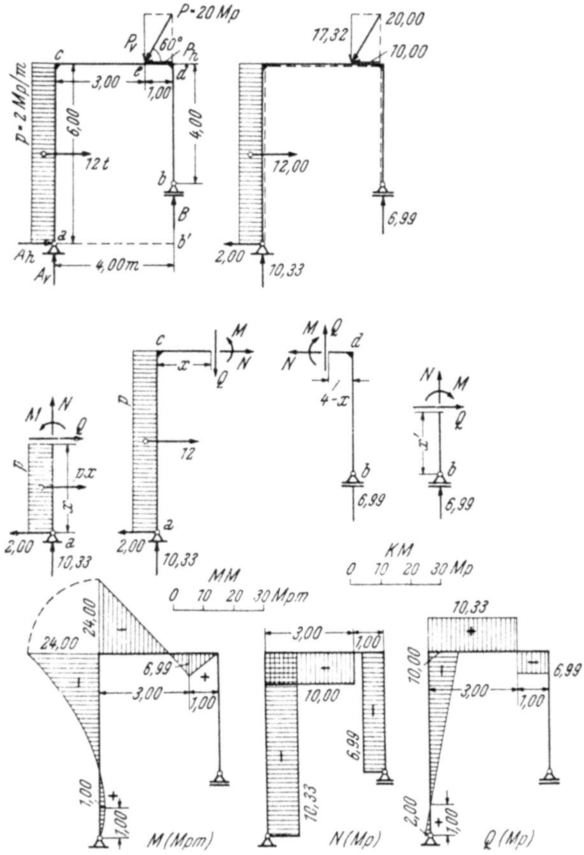

Abb. 164

Wir bestimmen zunächst die Auflagerdrücke und zerlegen hierzu die Last P in eine waagrechte und eine lotrechte Komponente, deren Beträge gegeben sind durch (Einheiten sind im folgenden Mp und m):

$$P_h = 20 \cdot \cos 60 = 20 \cdot 0{,}500 = 10{,}00,$$
$$P_v = 20 \cdot \sin 60 = 20 \cdot 0{,}866 = 17{,}32.$$

Dann liefert die Gleichgewichtsbedingung $\Sigma H_i = 0$, angewandt auf alle äußeren Kräfte

$$A_h + 12 - 10 = 0,$$

also

$$A_h = -2{,}00\ \text{Mp}.$$

A_h weist also nicht, wie angenommen, nach rechts, sondern nach links. Die Gleichung $\Sigma M_i = 0$ um den Punkt b' (da wir A_h bereits kennen, könnten wir sie auch um den Punkt b anwenden) liefert

$$-A_v \cdot 4 - 12 \cdot 3 + 10{,}00 \cdot 6 + 17{,}32 \cdot 1 = 0,$$

woraus folgt

$$A_v = 10{,}33\ \text{Mp}.$$

Die Gleichung $\Sigma M_i = 0$ um den Punkt a liefert

$$B \cdot 4 + 10{,}00 \cdot 6 - 17{,}32 \cdot 3 - 12 \cdot 3 = 0$$

und daraus

$$B = 6{,}99\ \text{Mp}.$$

Probe: aus $\Sigma V_i = 0$ folgt

$$A_v + B = P_v,$$

$$10{,}33 + 6{,}99 = 17{,}32.$$

In Abb. 164 ist das Tragwerk nochmals aufgezeichnet und mit den eben berechneten Werten der Auflagerdrücke versehen.

Man könnte die Auflagerdrücke auch zeichnerisch ermitteln, auf die gleiche Art wie beim geraden Träger auf zwei Stützen; man macht jedoch von dieser Möglichkeit im allgemeinen nur wenig Gebrauch (siehe Abb. 69).

Zur Ermittlung des Verlaufs von M, N, Q gehen wir schrittweise vor. Die Vorzeichen wurden in der oben beschriebenen Weise festgesetzt. Wir betrachten zunächst den Stiel $a \ldots c$, schneiden im Abstand x vom Punkt a durch, bringen die Schnittgrößen an und wenden auf den abgeschnittenen Teil die Gleichgewichtsbedingungen an. Die hieraus gewonnenen Ausdrücke gelten dann im Bereich $0 \leqq x \leqq 6$. Zunächst liefert die Gleichung $\Sigma M_i = 0$ um die Schnittstelle (Einheiten Mp und m):

$$M = 2x - px\frac{x}{2} = x(2-x).$$

Sodann ergeben die Gleichungen $\Sigma V_i = 0$ bzw. $\Sigma H_i = 0$

$$N = -10{,}33, \qquad Q = 2 - px = 2(1-x).$$

Die Momentenlinie ist eine Parabel. Wir erkennen unschwer, daß hier wieder die Beziehung $\frac{dM}{dx} = Q$ erfüllt ist (siehe Nr. 54), finden also die Lage des Extremwerts von M, also den Scheitel der Parabel, indem wir $Q = 0$ setzen. Dies liefert $x = 1$, was in die Gleichung für M eingesetzt $M_{max} = +1{,}00$ liefert. Dies ist jedoch nicht das absolut größte Moment, das im linken Stiel auftritt. Für $x = 0$ erhalten wir $M = 0$, für $x = 6$ (Punkt c) erhalten wir $M = -24$. Dieser negative Größtwert an der Grenze der Gültigkeit der Gleichung der M-Linie kann nicht durch Differenzieren bzw. durch Nullsetzen von Q gewonnen werden, da ja, wie der in der Abbildung dargestellte Momentenverlauf zeigt, im Punkt c keine waagrechte Tangente vorliegt. Der Verlauf der Momentenlinie wird am besten durch Berechnung einiger Punkte ermittelt.

Den Riegel müssen wir in zwei Abschnitte zerlegen. Betrachten wir zunächst das Stück links von der Kraft P, also den Bereich $0 \leqq x \leqq 3$, wo x jetzt die Koordinate im Riegel ist, schneiden irgendwo durch und betrachten das Gleichgewicht des linken abgetrennten Teils, so liefert die Gleichung

$\Sigma M_i = 0$ angewandt um die Schnittstelle

$$M = 10{,}33x + 2{,}00 \cdot 6 - 12 \cdot 3 = 10{,}33x - 24.$$

Die Gleichungen $\Sigma H_i = 0$ bzw. $\Sigma V_i = 0$ liefern

$$N = 2 - 12 = -10{,}00, \qquad Q = +10{,}33.$$

Die Momentenlinie ist eine geneigte Gerade. Für $x = 0$ (Punkt c) erhalten wir $M = -24$ (also den gleichen Wert wie im Stiel), für $x = 3$ (Punkt e) ergibt sich $M = +6{,}99$. Damit kann die Gerade gezeichnet werden. N und Q sind konstant.

Für den Teil des Riegels, der zwischen den Punkten e und d liegt, also für $3 \leqq x \leqq 4$ erhalten wir, wenn wir die Gleichgewichtsbedingungen auf den rechten abgeschnittenen Teil anwenden,

$$M = 6{,}99(4-x), \qquad Q = -6{,}99, \qquad N = 0{,}00.$$

Für $x = 3$ ergibt sich $M = +6{,}99$ und für $x = 4$ erhalten wir $M = 0$. Damit kann auch die M-Linie in diesem Teil des Riegels gezeichnet werden, sie schließt an die des linken Teils stetig, jedoch mit einem Knick, an.

Schließlich erhalten wir im rechten Stiel $b \ldots d$, also für $0 \leqq x' \leqq 4$

$$M = 0{,}00, \qquad N = -6{,}99, \qquad Q = 0{,}00.$$

Damit ergibt sich der in der Abbildung dargestellte Verlauf von M, N, Q. Die Schraffen stehen immer auf demjenigen Stab senkrecht, zu dem die betreffende Kurve gehört, sie stellen also die Werte von M, N, Q in den einzelnen Querschnitten des Stabes dar. Wo M positiv ist, dort herrscht nach unserer Vereinbarung an der Innenseite des Tragwerks Zug und außen Druck, und daher krümmt sich das Tragwerk mit der konvexen Seite nach innen. Wo $M = 0$ ist, wie z. B. im rechten Stiel, bleibt der betreffende Stab gerade.

c) *Lotrechte Belastung.* Abb. 165 zeigt einen statisch bestimmt gelagerten Rahmen bei *lotrechter Belastung*. Die Gleichung $\Sigma H_i = 0$ liefert $A_h = 0$ und daher ist $A_v = A$. Die Gleichung $\Sigma M_i = 0$ um den Punkt b bzw. um den Punkt a liefert

$$A = \frac{1}{l} \sum P_i x_i', \qquad B = \frac{1}{l} \sum P_i x_i,$$

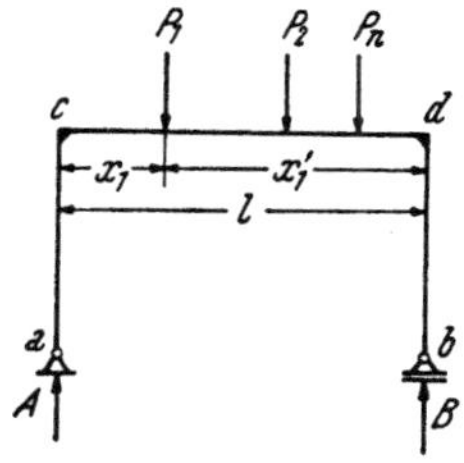

Abb. 165

also genau die gleichen Ausdrücke wie für die Auflagerdrücke eines Trägers auf zwei Stützen von der gleichen Länge und mit der gleichen Belastung wie der Riegel [siehe die Gl. (46, 2)]. Die Auflagerdrücke werden durch die Stiele zu den Endpunkten des Riegels hinaufgeleitet. In den Stielen ist $M = Q = 0$ und $N = -A$ bzw. $N = -B$. Im Riegel ist $N = 0$, und die Momenten- und Querkraftverteilung ist die gleiche, als wäre der Riegel als Träger auf zwei Stützen in den Punkten c und d gelagert.

95. Zwei weitere statisch bestimmte Systeme.

a) Abb. 166 zeigt einen *Träger* von der Länge $l = 10$ m, an dem ein *lotrechter Arm* von der Länge $l_1 = 2$ m biegungssteif angeschlossen ist. An diesem Arm greift eine waagrecht gerichtete Kraft $P = 6$ Mp an. Es sei die Verteilung der M, N, Q im Träger sowie im Arm zu ermitteln.

Zunächst berechnen wir die Auflagerdrücke. Die Gleichung $\Sigma H_i = 0$ liefert (Einheiten Mp und m)

$$A_h = -P = -6{,}0;$$

A_h weist also nach links. Die Gleichung $\Sigma M_i = 0$ liefert, angewandt um den Punkt b bzw. a

$$A_v = -\frac{P\,l_1}{l} = -\frac{6 \cdot 2}{10} = -1{,}2, \qquad B = +\frac{P\,l_1}{l} = +1{,}2.$$

A_v ist also nach abwärts gerichtet (Abheben), B nach aufwärts.

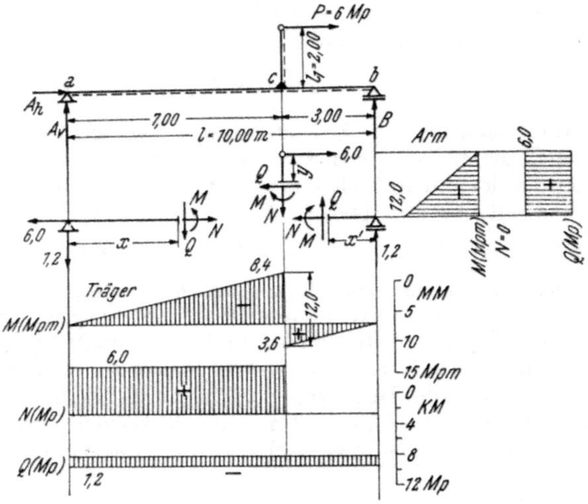

Abb. 166

Wir berechnen nun M, N, Q zunächst für den Träger. Für den Abschnitt $0 \leqq x < 7$ erhalten wir, ausgehend vom linken abgeschnittenen Teil (siehe Abbildung)

$$M = -1{,}2x, \qquad Q = -1{,}2, \qquad N = +6{,}0.$$

Die M-Linie ist eine geneigte Gerade; für $x = 0$ ist $M = 0$, für $x = 7$ ist $M = -8{,}4$. Dieser Wert gilt unmittelbar links vom Punkt $x = 7$, da, wie wir sehen werden, M dort unstetig ist. Im rechten Trägerabschnitt, also für $0 \leqq x' < 3$ gilt, wie aus dem Gleichgewicht des rechten abgeschnittenen Teils folgt,

$$M = +1{,}2x', \qquad Q = -1{,}2, \qquad N = 0.$$

Für $x' = 0$ ist $M = 0$, für $x' = 3$ ist $M = +3{,}6$ (unmittelbar rechts vom Punkt c). M hat also eine Sprungstelle im Punkt c, und zwar ist der Sprung gerade so groß wie das Moment der Kraft P um c, nämlich 12 Mpm.

Aus dem gleichen Grund wie im vorigen Beispiel können hier die Extreme von M nicht durch Nullsetzen der Querkraft gefunden werden. Q ist im ganzen Träger konstant, entsprechend der Tatsache, daß die M-Linie überall die gleiche Neigung hat.

Der Arm wird wie ein Freiträger beansprucht. Im Abstand y vom freien Ende ergibt sich

$$M = -6y, \qquad Q = +6{,}0, \qquad N = 0.$$

Am freien Ende, für $y = 0$, ist $M = 0$; im Punkt c, für $y = 2$, ist $M = -12$.

b) Mit dem Rahmen bzw. seinem in Nr. 94 behandelten Grundsystem verwandt ist das in Abb. 167, Bild α dargestellte *Stabwerk*. Dieses Tragwerk ist kein Fachwerk, da die Gelenke in den Punkten c, d, e, g sogenannte *Halbgelenke* sind, d. h. daß z. B. der Stab $a \ldots c$ an den *durchlaufenden* Stab $f \ldots h$ im Punkt c gelenkig angeschlossen ist, ohne daß $f \ldots h$ im Punkt c unterbrochen ist. Ebenso sind die Stäbe $a \ldots c$ und $b \ldots d$ an den Stellen der Halbgelenke e bzw. g nicht unterbrochen. Wären die beiden Streben $e \ldots f$ und $g \ldots h$ nicht vorhanden, so wäre das Tragwerk um die Ecken c und d beweglich. Die beiden Streben machen diese Ecken steif und damit das Tragwerk stabil. Statten wir es mit einem festen und einem beweglichen Auflager aus, so liegt ein statisch bestimmtes System vor. Es muß daher möglich sein, mit Hilfe der Gleichgewichtsbedingungen jede gewünschte statische Größe zu berechnen.

Wir zerlegen zunächst die einzige Last $P = 8{,}48$ Mp in zwei Komponenten vom Betrag $P_h = P_v = 6{,}00$. Dann bestimmen wir wie in den beiden vorigen Beispielen die Auflagerdrücke. A_h folgt aus der Gleichung $\Sigma H_i = 0$, A_v und B folgen aus der Gleichung $\Sigma M_i = 0$ um den Punkt b bzw. a. So erhalten wir (Einheiten Mp und m)

$$A_h = -6, \quad A_v = \frac{1}{3}(6 \cdot 1 - 6 \cdot 5) = -8, \quad B = \frac{1}{3}(6 \cdot 2 + 6 \cdot 5) = +14.$$

Probe: $A_v + B = -8 + 14 = P_v = 6$.

Demnach weist A_h nach links, A_v nach unten (Abheben), B nach oben, so wie es in Bild β dargestellt ist.

Nun denken wir uns das Tragwerk in den Gelenken auseinandergenommen (Bilder γ bis η). In jedem Gelenk wird ein uns noch unbekannter Gelenkdruck übertragen, der im allgemeinen zwei unbekannte Komponenten hat. Jeder Stab muß unter dem Einfluß dieser Gelenkdrücke und allenfalls noch an ihm angreifender äußerer Kräfte (Lasten und Auflagerdrücke) im Gleichgewicht sein. Alle diese an dem Stab angreifenden Kräfte müssen also die drei Gleichgewichtsbedingungen erfüllen. Damit können wir für jeden Stab höchstens drei unbekannte Kraftkomponenten berechnen. Wir müssen also mit einem solchen Stab beginnen, an dem nicht mehr als drei unbekannte Kraftkomponenten angreifen.

Greifen wir etwa den Stab $a \ldots c$ heraus (Bild δ). Auf ihn wirken im Punkt a die beiden Auflagerkomponenten 6 und 8 Mp, Im Punkt c die beiden unbekannten Komponenten H_1 und V_1 und im Punkt e die beiden unbekannten Komponenten S_{1h} und S_{1v}. Diese beiden letzteren sind jedoch nicht voneinander unabhängig. Da der Stab $e \ldots f$ (Bild γ), außer an seinen Enden, unbelastet ist und an den Enden gelenkig angeschlossen ist, müssen (wie bei einem Fachwerkstab) die an seinen Endpunkten übertragenen Kräfte gleich groß und entgegengesetzt gerichtet sein und in dieselbe Wirkungslinie, d. h. in die Stabachse fallen (Nr. 63). S_{1h} und S_{1v} müssen also eine Resultierende S_1 ergeben, die in der Stabachse liegt. Zwischen ihnen muß also die Beziehung bestehen

$$S_{1v} = S_{1h} \operatorname{tg} \varphi,$$

also in unserem Fall, wo $\varphi = 45°$ ist,

$$S_{1v} = S_{1h}.$$

Wirkt also auf die Strebe $e \ldots f$ im Punkt e die Kraft S_1, so wirkt auf sie im Punkt f die gleiche, aber entgegengesetzt gerichtete Kraft S_1.

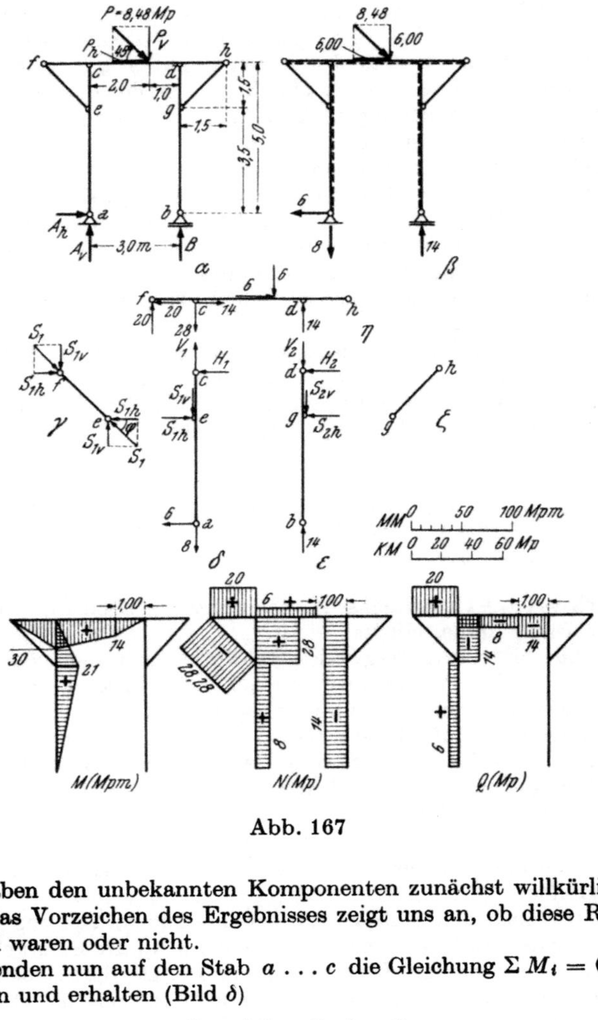

Abb. 167

Wir gaben den unbekannten Komponenten zunächst willkürliche Richtungen. Das Vorzeichen des Ergebnisses zeigt uns an, ob diese Richtungen zutreffend waren oder nicht.

Wir wenden nun auf den Stab $a \ldots c$ die Gleichung $\Sigma M_i = 0$ um den Punkt c an und erhalten (Bild δ)

$$S_{1h} \cdot 1{,}5 - 6 \cdot 5 = 0.$$

Daraus folgt, unter Berücksichtigung obiger Beziehung,

$$S_{1h} = S_{1v} = 20.$$

Die angenommenen Richtungen dieser Komponenten waren also richtig. Auf den Stab $e \ldots f$ wirken diese beiden Komponenten nach dem Gegenwirkungssatz in umgekehrter Richtung (Bild γ). Auf diesen Stab wird also eine *Druckkraft* von der Größe

$$S_1 = 20\sqrt{2} = 28{,}28$$

ausgeübt. M und Q sind in diesem Stab gleich Null.

Wir wenden nun auf den Stab $a \ldots c$ die Gleichgewichtsbedingungen $\Sigma H_i = 0$ und $\Sigma V_i = 0$ an, was mit den nunmehr bekannten Werten von S_{1h} und S_{1v} liefert:

$$S_{1h} - H_1 - 6 = 0, \qquad V_1 - S_{1v} - 8 = 0,$$
$$H_1 = 20 - 6 = 14; \qquad V_1 = 20 + 8 = 28.$$

Damit sind alle an dem Stab $a \ldots c$ angreifenden Kräfte bekannt, und es kann damit in jedem seiner Querschnitte M, N, Q bestimmt werden.

In gleicher Weise verfahren wir nun mit dem Stab $b \ldots d$ (Bild ε). Wir bringen zunächst die unbekannten Komponenten H_2, V_2, S_{2h}, S_{2v} an. Wieder ist $S_{2h} = S_{2v}$. Die Gleichung $\Sigma M_i = 0$, angewandt um den Punkt d, liefert

$$S_{2h} = 0,$$

und damit ist auch

$$S_{2v} = 0.$$

Somit ist im Stab $g \ldots h$ (Bild ζ) die Stabkraft

$$S_2 = 0,$$

in diesem Stab ist also $M = N = Q = 0$.

Sodann liefern die Gleichgewichtsbedingungen $\Sigma H_i = 0$ bzw. $\Sigma V_i = 0$ für den Stab $b \ldots d$

$$H_2 = 0, \qquad V_2 = 14.$$

Dieser Stab ist also bloß durch Druckkräfte an seinen Enden belastet, für ihn ist in jedem Punkt $M = Q = 0$, $N = -14$.

Nun bleibt noch der waagrechte Stab $f \ldots h$ (Bild η). Er ist in den Gelenken mit den gleichen, aber entgegengesetzten Kraftkomponenten beansprucht wie jene, die wir eben ermittelt haben. Außerdem wirkt auf ihn noch die Last P. Für diesen Stab müssen ebenfalls die drei Gleichgewichtsbedingungen erfüllt sein, was, da alle Kräfte bereits bekannt sind, als Kontrolle dienen kann. M, N, Q können unschwer für jeden Querschnitt ermittelt werden.

In der Abbildung ist die M-, N-, Q-Verteilung im ganzen Tragwerk dargestellt.

Namen- und Sachverzeichnis

Bei häufig wiederkehrenden Begriffen sind nur jene Seiten angegeben, wo diese Begriffe erstmals oder an besonders wichtiger Stelle vorkommen.

GPSR Compliance

The European Union's (EU) General Product Safety Regulation (GPSR) is a set of rules that requires consumer products to be safe and our obligations to ensure this.

If you have any concerns about our products, you can contact us on ProductSafety@springernature.com

In case Publisher is established outside the EU, the EU authorized representative is:

Springer Nature Customer Service Center GmbH
Europaplatz 3
69115 Heidelberg, Germany

Batch number: 10577876

Printed by Printforce, the Netherlands